Karl Rihaczek

Datenverschlüsselung in Kommunikationssystemen

DuD-Fachbeiträge

herausgegeben von Karl Rihaczek, Paul Schmitz, Herbert Meister

1 *Karl Rihaczek*
Datenschutz und Kommunikationssysteme

2 Einheitliche Höhere Kommunikationsprotokolle – Schicht 4
Hrsg.: Bundesministerium des Innern

3 Einheitliche Höhere Kommunikationsprotokolle – Schichten 5 und 6
Hrsg.: Bundesministerium des Innern

4 *Helmut Höfer*
Erfordernisse der Personaldatenverarbeitung im Unternehmen

5 *Ulrich von Petersdorff*
Medienfunktion und Fernmeldewesen

6 *Karl Rihaczek*
Datenverschlüsselung in Kommunikationssystemen

Karl Rihaczek

Datenverschlüsselung in Kommunikationssystemen

Möglichkeiten und Bedürfnisse

Friedr. Vieweg & Sohn Braunschweig/Wiesbaden

CIP-Kurztitelaufnahme der Deutschen Bibliothek

Rihaczek, Karl:
Datenverschlüsselung in Kommunikationssystemen:
Möglichkeiten u. Bedürfnisse/Karl Rihaczek. –
Braunschweig; Wiesbaden: Vieweg, 1984.
(DuD-Fachbeiträge; 6)
ISBN 978-3-528-03599-0 ISBN 978-3-322-93910-4 (eBook)
DOI 10.1007/978-3-322-93910-4

NE: GT

ISBN 978-3-528-03599-0

Vorwort

Wenn man die Entwicklung der Informatik seit dem Auftauchen der ersten elektronischen Rechenanlagen betrachtet, dann findet man, daß bis auf geheimdienstliche Anwendungen die Datenverschlüsselung innerhalb dieses Zeitraums von immerhin etwa 40 Jahren erst im letzten Jahrzehnt eine Rolle gespielt hat. Dies ist umso bemerkenswerter, als die Verschlüsselung von Nachrichten eine sehr alte Kunst ist, die schon in der Antike geübt wurde. Dafür, daß man sich erst so spät mit diesen Fragen beschäftigte, gibt es vor allem zwei Gründe: einerseits liegt der Beginn eines verbreiteteren Aufbaus von Datenbanken und die häufigere Anwendung der Datenübertragung erst wenig mehr als ein Jahrzehnt zurück, andererseits kamen gerade erst durch diese Entwicklungen die Probleme des Persönlichkeitsschutzes in die Diskussion.

Weil man sich erst so kurze Zeit mit der Datenverschlüsselung für die diesbezüglichen Anwendungen der Datenverarbeitung beschäftigt, konnten bisher keine ausreichenden praktischen Erfahrungen gewonnen werden. Trotzdem wurde in kurzer Zeit bereits eine verwirrende Vielfalt von Anwendungsweisen theoretisch entwickelt, und nun ist es an der Zeit, auch den Bedarf in der Anwendungspraxis genauer zu untersuchen. Praktische Erfahrungen mit der Datenverschlüsselung gibt es bisher nur im militärischen, im diplomatischen und im Sicherheitsbereich. In allen anderen Bereichen fehlt in der Regel jede Erfahrung. Bei diesen anderen Anwendern sind die Möglichkeiten, die durch die Datenverschlüsselung gegeben sind, nur wenig bekannt. Bei ihnen gibt es eine weit verbreitete Unsicherheit darüber, inwieweit die Datenverschlüsselung notwendig ist und welches die Gründe sind, die eine Nutzung der Verschlüsselung nahe legen. Zum erheblichen Teil sind noch Standards und Normen zu entwickeln, an denen sich die Anwender orientieren könnten.

Diese Gründe bewogen das zuständige Gremium im DIN-Normenausschuß Informationsverarbeitung, den Unterausschuß "Datenverschlüsselung" (UA2.1), einer Untersuchung des Bedarfs nach Verschlüsselung die höchste Priorität zu geben. Der Obmann des UA2.1, Lothar Krause (GMD/Institut für DV im Rechtswesen), brachte diesen Gedanken in die GMD ein, die zur Durchführung einen Antrag auf Förderung des Vorhabens beim Bundesminister für Forschung und Technologie stellte. Dabei versicherte man sich der Hilfe des UA2.1 als projektbegleitendes Gremium.

Die GMD gewann Herrn Dr. Karl Rihaczek für die Durchführung der Arbeiten. Von besonderem Wert war dabei, daß von ihm neben der Auswertung der Umfrage (siehe Anlage) auch über den unmittelbaren Projektauftrag hinaus eine vertiefte Behandlung des gesamten Fragenkomplexes der Datenverschlüsselung in Kommunikationssystemen geleistet werden konnte. Einerseits war diese Leistung ein sehr hilfreicher Hintergrund für die erfolgreiche Abwicklung der Befragungsaktion, andererseits konnten die bei der Befragung gewonnenen Einsichten in diese Behandlung vertiefter und weitergehender einbezogen werden.

Wenn man die möglichen Anwendungen und Auswirkungen der Datenverschlüsselung im kommerziellen Bereich einigermaßen vollständig erfaßt, wie dies in diesem Bericht versucht wird, dann kommt man weit über die klassische Anwendung, nämlich das Geheimhalten von Information, hinaus. So muß man insbesondere auch die Authentifikation von Nachrichten einbeziehen, welche in diesem Bericht eine wichtige Stellung einnimmt. Außerdem ergeben sich Bezüge zu anderen Aufgabengebieten, an denen in der GMD ebenfalls gearbeitet wird. Solche Gebiete sind z.B. die Gestaltung höherer Protokolle in Netzen (Open Systems Interconnections) und das Recht der Informationsverarbeitung. Die Möglichkeiten und Notwendigkeiten der Datenverschlüsselung müssen künftig in all diesen Bereichen beachtet und in zukünftige Konzepte einbezogen werden.

Wir begrüßen daher diese Veröffentlichung, die einen Ansatz für ein Gedankengebäude und für eine systematische Klärung der Problemlandschaft darstellt. Es ist zu hoffen, daß sich im Zuge der weiteren wissenschaftlich-fachlichen und praxisbezogenen Diskussion daraus eine umfassende methodische und begriffliche Architektur entwickelt.

F. Krückeberg H. Fiedler

INHALT

---

*) "Konzelation" bedeutet das Verbergen von Information.

1. Einleitung

Der Verfasser führte für den Normenausschuß Informationsverarbeitung NI des DIN im Auftrag der Gesellschaft für Mathematik und Datenverarbeitung und gefördert durch das Bundesministerium für Forschung und Technologie eine Befragung einer beschränkten Anzahl (etwa 40) datenverarbeitender Stellen in der Bundesrepublik durch. Dabei war nach den Bedürfnissen für eine Datenverschlüsselung in offenen Kommunikationssystemen zu fragen. Der dadurch gewonnene Überblick soll Entschlüsse bei der Normungsarbeit erleichtern. Der Auftrag erstreckte sich vom 01. 11. 1980 bis zum 31. 01. 1982.

Die Fragen wurden auf einem Fragebogen erfaßt und von den Befragten beantwortet. Die ausgefüllten Fragebögen wurden vom Verfasser ausgewertet und diskutiert. Das Ergebnis erscheint im Anhang zu diesem Buch.

Der Hauptteil dieses Buchs wurde als Bericht zum Projektstatus angelegt. In dieser Form wurde er roh gefaßt an Experten, insbesondere an den UA 2.1 "Datenverschlüsselung" und den AA 16 "Offene Kommunikationssysteme der Informationsverarbeitung" des NI zur Kritik verteilt. Die Kritik wurde jeweils eingearbeitet und das Papier auf diese Weise fortgeführt. Gleichermaßen flossen auch Erkenntnisse ein, die sich aus der Befragung der Zielgruppe ergaben.

1.1 Problematik

Der Normungsgegenstand ist die Datenverschlüsselung bei der Datenverarbeitung und der Datenübertragung, insbesondere der mittels öffentlicher Kommunikationssysteme. Das sollte verständlich machen, daß diese Normung nicht isoliert stattfinden kann, sondern mit existierenden und sich anzeigenden neuen Normen der Datenverarbeitung und -übertragung verträglich sein muß.

Der Umstand der Normung schließt die wenig reflektierte aber weit verbreitete Ansicht aus, daß Verschlüsselung eine sehr private Angelegenheit sei und deshalb den Betreiber eines öffentlichen Kommunikationssystems und die öffentliche Normung nichts angehe. So mag es zwar derzeit gehalten werden; wer verschlüsseln will, legt sich ein Privatsystem zu oder versucht, verschlüsselte Daten über öffentliche Netze zu übertragen, ohne daß die verschlüsselten Daten im Netze auffielen. Dies ist ein hartes Brot und kein billiges. Es steht zudem unter dem Odium der Geheimnistuerei, die unbedacht gerne mit Unehrlichkeit assoziiert wird.

Die Verschlüsselung mag also derzeit als ein kompliziertes und deshalb teueres Leistungsmerkmal eines öffentlichen Kommunikationssystems empfunden werden. Sie wird zudem falsch eingeschätzt, weil man sie gemeinhin mit einer ihrer Anwendungen gleichsetzt, nämlich dem Schutz von Information vor der Kenntnisnahme durch Unbefugte. Als Mittel für diesen Zweck hält man sie für übertrieben.

Sie taugt aber keineswegs allein für die Verheimlichung von Information. Das ist eher ihr geringerer Nutzen. Mit der Verschlüsselung kann man auch einen Klartext dagegen sichern, daß ihn jemand unerkannt fälscht; man kann Teilnehmer authentizieren und Nachweise führen; man kann z.B. die Funktionen und die Verbindlichkeit einer eigenhändigen Unterschrift realisieren. Das bedeutet, daß man auch digitalen Daten - gespeicherten oder übertragenen - Dokumentencharakter geben kann. Man ist in dieser Beziehung nicht mehr auf die Briefpost und auf Papier angewiesen oder auf den guten Willen des Partners.

Damit soll aber nicht der Eindruck entstehen, daß die Sicherung von Daten gegen unbefugte Kenntnisnahme etwa nicht wichtig wäre. Ein verlorener Gegenstand kann dem Eigentümer zurückgegeben werden, nicht aber ein verlorenes Geheimnis; in dieser Hinsicht ist wertvolle Information wesentlich gefährdeter als es Wertgegenstände sind. Es ist sicher nicht übertrieben, Kommunikationssysteme so einzurichten, daß sie diesem Umstand Rechnung tragen.

Wir fordern heute mit Recht eine beherrschbare, sichere Technik. Jedoch kann man weder von den Datenverarbeitungs- noch von den Kommunikationssystemen behaupten, daß sie für jeden sinnvollen Bedarf ausreichend sicher sind. Die geforderte Sicherheit kann aber sehr teuer sein. Die Bundespost muß z.B. Garantieforderungen zur Sicherheit der Übertragung ablehnen, allein schon weil dafür ein unerschwinglicher Aufwand getrieben werden müßte. Ein Mittel, die Kosten entscheidend zu reduzieren, ist die Datenverschlüsselung; kann man doch z.B. mit ihr davon absehen, die grundsätzlich unsicheren Übertragungskanäle und Speichermedien im einzelnen gegenständlich zu sichern. In diesem Sinne ist die Datenverschlüsselung für die Sicherung der Systeme ein Rationalisierungsund Kostenreduktionsmittel.

Die Datenverschlüsselung ermöglicht es, gewisse an die Ordnungsmäßgikeit von Datenverarbeitungsanwendungen gestellte Forderungen zu erfüllen. Mit ihr lassen sich formale Richtigkeit, Vollständigkeit und Prüfbarkeit gewährleisten. Man beachte: Hier geht es nicht allein um Sicherheit sondern auch um eine besondere Funktionalität. Die Übertragung von Nachrichten ist ja heute bereits möglich; sie mag zu sichern sein. Ein disputabler Nachweis der Richtigkeit aber bedingt eine Funktion, die in heutigen Fernmeldesystemen nicht verfügbar ist; nicht zuletzt um diese geht es. Mit der Datenverschlüsselung kann man auch Aufgaben lösen, die derzeit ungelöst oder nur notdürftig gelöst sind.

Die Aufgabe der Untersuchung stellte sich also folgendermaßen dar: Den bislang noch unbeachteten Eigenschaften der Verschlüsselung ist besondere Beachtung zu schenken. In diesem Zusammenhange sind es vor allem diejenigen, welche die Einbettung der Verschlüsselung in allgemein verwendete Kommunikationssysteme bestimmen. Sie einzubetten, heißt, daß die Verschlüsselung einerseits den vorhandenen technischen Kommunikationssystemen und andererseits den Bedürfnissen der potentiellen Anwender angepaßt wird.

Hier gibt es also zwei Anpassungsprobleme, die aber voneinander abhängig sind. Man kann nur das an der Verschlüsselung nutzen, was sich technisch realisieren läßt, und sollte nur das realisieren, was den gesuchten Nutzen bringt. Die technischen Möglichkeiten sind zwar besser bekannt als der gesuchte Nutzen, aber ihre Auswahl muß von letzterem abhängen. Das ergibt das übliche verzirkelte Problem der Entwicklung technischer Systeme. Die Technik eröffnet nutzbare Möglichkeiten. Erst wenn sie realisiert sind, stellt es sich heraus, ob sie auch nützlich sind. Vermutlich war dies schon bei der Erfindung des Rads so, aber auch bei Fehlentwicklungen, die längst vergessen sind.

Heute können Fehlentwicklungen nicht nur sehr kostspielig sondern auch für das wirklich Benötigte fatal werden. Technische Entwicklung und Normung können in Sackgassen führen, aus denen es kein Herauskommen mehr gibt. Wie schwierig ist es z.B., auf ein metrisches System umzustellen. Die vorliegende Arbeit ist von der Sorge getragen, daß Kommunikationssysteme unbedacht so genormt werden oder sich pragmatisch so entwickeln könnten, daß die Möglichkeit verpaßt würde, sie in dem Maße funktional und sicher zu machen, wie es eine richtige Einbettung der Verschlüsselung gewährleisten kann.

Bei den Überlegungen wird deshalb ein Schritt vorwärts gewagt. Zuweilen sind sie abstrakt, durch keine praktischen Erfahrungen gefärbt; in ihnen werden Kommunikationssysteme und Technologien in Ansatz gebracht, die heute noch nicht selbstverständlich sind. Im Gegenteil, der Weg dahin mag manchem Praktiker weit und mühsam erscheinen; er ist aber absehbar. Diese Situation ist für die Entwicklung der technischen Kommunikation nichts neues; es sind bereits viele mühsame Wege zurückgelegt worden; man sollte aber der bequemen Täuschung nicht nachgeben, daß wir den Gipfel erreicht haben. Die Technologie der Mikroprozessoren hat ja z.B. hier kaum Eingang gefunden. Voraussichtlich wird sich mit ihr die Verschlüsselung zufriedenstellend und in der vorhandenen Masse billig einführen lassen.

In der folgenden Darstellung ist mit Absicht nicht die gesamte im Zuge der Normung interessierende Problematik aufgerissen worden; z.B. werden die in der Öffentlichkeit diskutierten Verschlüsselungsalgorithmen nicht im einzelnen beschrieben. Dies wäre einerseits in der für die Untersuchung zur Verfügung gestellten Zeit nicht zu schaffen gewesen; andererseits sollten gewisse zur Beschlußfindung des Normungsausschusses wichtige Gedankengänge nicht zu stark mit Einzelheiten belastet werden.

1.2 Zusammenfassung von Erkenntnissen

Gewisse plausible Erkenntnisse lassen sich zusammenfassen und können in dieser Form dem Leser zur Einstimmung dienen:

! Die Verschlüsselung dient zwar in ihrer herkömmlichen Anwendung dem
! Verbergen von Information vor Unbefugten; ihren eigentlichen Wert
! für die moderne Kommunikation entwickelt sie jedoch für Zwecke der
! Authentikation (von Nachrichten, Teilnehmern und deren Zwischenbe-
! ziehungen).

Mit der Authentikation kann sichergestellt werden, daß nicht nur technische Störungen sondern auch Fälschungsversuche intelligenter Unbefugter vereitelt oder zumindest erkannt werden.

! Die Authentikation durch Verschlüsselung kann sowohl der Sicherung
! von Kommunikationssystemen, als auch der Bereitstellung und Siche-
! rung von unfälschbaren Nachweisen dienen.

In diesem Sinne könnte die Verschlüsselung bei digital übertragenen und gespeicherten Texten z.B. die eigenhändige Unterschrift ersetzen und für die Erstellung und Verifizierung entsprechender Dokumente eingesetzt werden.

! Für die Nachweiseignung muß das technische System strengeren Bedin-
! gungen genügen als für normale praktische Sicherungsbedürfnisse. Für
! erstere kann die Verschlüsselung vorrangig notwendig werden.

Auch dort, wo ein kalkuliertes Sicherheitsrisiko eingegangen und auf eine Verschlüsselung verzichtet werden könnte, muß man gegenüber einem Gegner, der die Nachweisechtheit bestreitet, ausschließen können, daß eine Fälschung überhaupt möglich ist.

! Zur Nachweissicherung benötigt man eine dritte, vertrauenswürdige
! Stelle, die im Streitfalle die Nachweisechtheit verifizieren bzw be-
! zeugen kann.

Eine solche Stelle ist auch notwendig, um Teilnehmer eines offenen Kommunikationssystems miteinander authentikabel bekannt zu machen. Ferner wird sie für eine ökonomische Lösung des Schlüsselerzeugungs- und -verteilungsproblems benötigt. Letzteres hat ihr die Benennung "Schlüsselverteilungszentrale" eingebracht, die aber auf einen zwar auffälligen aber weniger wichtigen Teilaspekt anspielt und deshalb leicht zu einer Fehleinschätzung ihrer Bedeutung führt.

! In einem offenen Kommunikationssystem muß die Schlüsselverteilungs-
! zentrale Aufgaben öffentlicher Art übernehmen. Dazu gehören auch
! Aufgaben, die in vergleichbaren Fällen solche der öffentlichen Ver-
! waltung sind und zum Teil Hoheitscharakter tragen.

Die Schlüsselverteilungszentrale ist jedoch weniger aus rechtlichen Gründen notwendig; sie soll vielmehr einer effektiven gesicherten Kommunikation dienen. Führt man sie nicht ein, kann man zwar über andere vertrauensdwürdige Dritte die Rechtsverbindlichkeit erreichen; die Kommunikation bleibt aber wenig effektiv. In dieser Hinsicht dient die Schlüsselverteilungszentrale zur Verbesserung des Kommunikationssystems.

! Das zentrale Problem der Einführung der Verschlüsselung in offenen
! Kommunikationssystemen ist deren Einbettung in der Rechtsordnung.
! Z.B. ohne eine von dieser anerkannte Nachweiseignung läßt sich ihr
! Potential nicht annähernd ausschöpfen.

Die intensiven internationalen Bemühungen um eine Normung der Verschlüsselung zur Einführung in länderübergreifenden offenen technischen Kommunikationssystemen müssen weitgehend leerlaufen, wenn ihre Eignungen nicht von der Rechtsordnung gewürdigt werden.

Zu beachten ist, daß die Kommunikationssysteme offen, d.h. jedem zugänglich sein sollen. Geschlossene Systeme mögen gelegentlich ihre Vorteile haben; sie bergen aber die Gefahr, daß sie sich zu künstlichen geschlossenen Marktnischen entwickeln, die einen volkswirtschaftlich günstigen Wettbewerb behindern.

2. Begriffliches

Es mag für diese Einstiegssituation typisch sein, daß man bei der Ordnung des Themas zunächst auf terminologische Probleme stößt. Eine dem gewidmete Anstrengung konnte auch hier nicht ausbleiben. Gerade deren Ergebnisse bedürfen natürlicherweise der Diskussion und Zustimmung. Im vorliegenden Zusammenhange sollen sie aber vornehmlich der Verständlichkeit des in der Folge Gesagten dienen; wenn sie auch auf gewissen Begriffsnormen aufbauen, erheben sie dennoch nicht den Anspruch auf Normbarkeit.

2.1 Grundlegende Begriffe

Einige häufig und unterschiedlich gebrauchte Begriffe sollen nun hinsichtlich ihrer Verwendung in den folgenden Ausführungen näher beschrieben werden. Dabei soll möglichst auf Begriffen aufgebaut werden, die bereits von DIN definiert sind.

2.1.1 System, Kommunikationssystem

Nach DIN 19226 (DIN 1) ist ein System "eine abgegrenzte Anordnung von aufeinander einwirkenden Gebilden. Solche Gebilde können sowohl Gegenstände als auch Denkmethoden und deren Ergebnisse (z. B. Organisationsformen, mathematische Methoden, Programmiersprachen) sein. Diese Anordnung wird durch eine Hüllfläche von ihrer Umgebung abgegrenzt oder abgegrenzt gedacht. Anmerkung: Durch zweckmäßiges Zusammenfügen und Unterteilen von solchen Systemen können größere und kleinere Systeme entstehen. ..."

Unter einem Kommunikationssystem soll ein mit technischen Mitteln eingerichtetes System verstanden werden, das seinen Teilnehmern (siehe 2.1.5) für den Prozeß (siehe 2.1.2) der Kommunikation (Übermittlung, Speicherung, Datenverarbeitung sowie -ein- und -ausgabe) dient.

Der Begriff "Gebilde" wird hier nicht näher definiert. Er wird im weiteren gleichbedeutend mit "Phänomene" verwendet und gelegentlich durch letzteren Begriff ersetzt.

2.1.2 Prozeß

Nach DIN 19226 ist ein Prozeß "eine Gesamtheit von aufeinander einwirkenden Vorgängen in einem System (siehe 2.1.1), durch die Materie, Energie oder auch Information umgeformt, transportiert oder auch gespeichert wird. Anmerkung: Durch geeignete Abgrenzungen des Systems können Teilprozesse oder umfassende Prozesse festgelegt werden. ..."

Nach DIN 44300 ist ein Prozeß in einem Rechensystem (also ein Prozeß besonderer, zielgerichteter Art) "ein (einzigartiger) Vorgang, der unter vorgegebenen Randbedingungen nach Aufgabe oder Wirkung abgegrenzt ist."

Eine entsprechende Zielgerichtetheit soll auch dem Prozeß (im wesentlichen Kommunikationsprozeß) unterstellt werden, wie er hier gemeint ist.

Das ISO-Schichtenmodell (ISO 1) kennt den Begriff "Application Process" und verwendet ihn (also "Prozeß") im Sinne von "Teilnehmer" nach 2.1.5, also anders als hier vorgeschlagen.

Für die weiteren Betrachtungen ist es sinnvoll, zwischen folgenden Prozeßaspekten zu unterscheiden:

- Realisieren (einschließlich: Entwerfen, Auslegen, Implementieren, Verändern, Anpassen, Lenken, Betreiben, Benutzen etc)

- Sichern (einschließlich: Verhindern von Abweichungen - wie z. B. von Fehlern, Störungen, Fehlfunktionen, Mißverständnissen, Mißbrauch etc und Beseitigen ihrer Folgen für das System)

- Kontrollieren (einschließlich: Entdecken von Abweichungen, Feststellen von deren Beseitigung, Feststellen der Vollständigkeit / Richtigkeit / Verfügbarkeit des Systems)

- Nachweisen (einschließlich: Dokumentieren von Vorgängen nach logischen oder rechtlichen Gesichtpunkten, um andere von der Richtigkeit einer auf einen Vorgang bezogenen Behauptung zu überzeugen; Demonstrieren des Dokumentierten)

Man beachte, daß der Begriff des Realisierens sehr weit gefaßt ist.

Die obigen vier Aspekte sind insofern zueinander orthogonal, als sie einander zugleich voraussetzen und zur Folge haben; sie lassen sich nicht hierarchisch ordnen. Man kann z. B. das Realisieren kontrollieren und das Kontrollieren realisieren; man kann beides sichern sowie nachweisen und auch das Sichern und das Nachweisen sowohl realisieren als auch kontrollieren etc.

Eine gewisse Hierarchisierung kann so erreicht werden, daß die obigen Prozeßaspekte mehreren Dienstleistungsschichten zugeordnet werden (siehe z.B. Bild 1). Dabei wird die von einer Schicht geleistete Realisierung einschließlich der Sicherung grundsätzlich von der darübergelegenen Schicht aus kontrolliert. Diese Kontrolle und eine entsprechende Korrektur schließen die Sicherung der höheren Schicht ab, die wiederum von der darübergelegenen Schicht aus kontrolliert wird etc.

Das Nachweisen bringt ein nicht-technisches Element in die hier angestellten Betrachtungen. Insbesondere sollte auf den Unterschied zwischen Sichern und Nachweisen geachtet werden. Ein Nachweis muß so geartet sein, daß man mit seiner Hilfe nicht allein sich selbst von der Richtigkeit einer Behauptung überzeugen kann, sondern daß man auch andere überzeugen kann. Dabei kann es entscheidend sein, ob dies auch bei einem neutralen Dritten - etwa einem Richter - gelingt. Im letzteren Falle ergibt sich die Nachweiskraft nicht allein aus einer logischen Herleitung sondern auch aus Bestimmungen der Rechtsordnung.

2.1.3 Schichtenmodell

Beide Begriffsdefinitionen - sowohl die von "System" als auch die von "Prozeß" - sind insofern rekursiv zu verstehen, als auch ihre Teile bzw Zusammensetzungen in der Regel ihresgleichen sind. Teilungsprodukte, bei denen dies nicht der Fall ist, sind nach dem in den Definitionen 2.1.1 und 2.1.2 verwendeten Sprachgebrauch "Gebilde" bzw "Vorgänge". Letztere Begriffe sind also allgemeinerer Art und umfassen die Begriffe "System" bzw "Prozeß". Insofern ist ein System ein Gebilde und ein Prozeß ein Vorgang.

System und Prozeß hängen miteinander zusammen. Das System bezieht sich auf die räumliche, der Prozeß auf die zeitliche Entfaltung des beiden zugrundeliegenden Phänomens, z.B. einer Funktionseinheit nach 2.1.4. Bei Denkprozessen verallgemeinert sich der zeitliche Ablauf zu einer Ursache-Folge-Kette bzw zu einer logischen Struktur im Denksystem.

Betrachtet man einen solchen allgemeineren Zusammenhang zu einem bestimmten Zeitpunkt bzw an einem Punkt in der Ursache-Folge-Kette, dann kann man zwischen dem Prozeß (erster Art) unterscheiden, der (vor diesem Zeitpunkt) zum betrachteten System geführt hat, und dem Prozeß (zweiter Art), der von da an im System stattfindet. Bei Denksystemen, z.B. beim ISO Reference Model of Open Systems Interconnections <ISO 1>, handelt es sich um logische Prozesse, die an den betrachteten Punkten ähnlich ablaufen und sich ähnlich trennen lassen wie die zeitlichen Prozesse.

Der Prozeß erster Art ist gewissermaßen ein historischer bzw ein logischer Sedimentierungsprozeß, der das System geprägt hat. Als logischer Sedimentierungsprozeß kann er den Schichten einen hierarchischen Charakter gegeben haben. Als Denkprozeß kann er entsprechend zu einem geschichteten Denk-Modell führen, dessen Schichten in einer hierarchischen Ordnung stehen.

Der Prozeß zweiter Art läuft aktuell ab. Er enthält Teilprozesse, die den einzelnen Schichten des Systems zugeordnet werden können (z. B. denen des ISO Reference Model of Open Systems Interconnections) <ISO 1>, <Jar>.

Die beiden Prozesse können über einen Lernprozeß zusammenhängen, der im Sinne des ersteren Prozesses aktuell wirkt, indem er er das System (von einem übergeordneten System aus gesteuert) verändert.

Ein Schichtenmodell ist also im vorliegenden Zusammenhange ein logisches Systemmodell, das durch einen logischen Schichtungsprozeß der ersten Art in dem Sinne eine hierarchische Struktur erhalten hat, daß schichtenspezifische Teilprozesse der zweiten Art der jeweils höher gelegenen Schicht Dienstleistungen erbringen. Jede Schicht (außer der untersten) empfängt Dienstleistungen von der Schicht unter ihr, ergänzt diese und fügt sie zusammen zu Dienstleistungen, die an die nächst höhere Schicht weitergegeben werden. Die Dienstleistungen einer Schicht haben einen einheitlichen Funktionalitätscharakter und Abstraktionsgrad. Die Dienstleistungen unterschiedlicher Schichten unterscheiden sich in dieser Hinsicht.

2.1.4 Funktionseinheit

Eine Funktionseinheit ist nach DIN 44300 "ein nach Aufgabe oder Wirkung abgrenzbares Gebilde", also ein zielgerichteter Sonderfall eines Systems.

Im vorliegenden Zusammenhange soll man sich aber darunter ein (Teil-) System mit dem darin ablaufenden zielgerichteten (Teil-) Prozeß vorstellen, der mit dem Umformen, Transportieren (Senden, Empfangen) und Speichern von Information befaßt ist.

Damit kann nach 2.1.1 (System als ungegenständliches Gebilde) eine Funktionseinheit auch auf ungegenständlichen Gebilden beruhen. In dieser Hinsicht sollen hier auch Programme als Funktionseinheiten gesehen werden, nicht jedoch Denkmethoden allgemeinerer Art. Ein Programm soll als reine Information und nicht etwa als eine von mehreren möglichen Kopien verstanden werden.

Der Umstand, daß man hier von einer "Einheit" spricht, deutet darauf hin, daß man sie in Funktionszusammenhängen als unteilbar sieht; die Funktion bleibt ihren Teilen nicht erhalten. *)

2.1.5 Teilnehmer, Instanz

Teilnehmer sind entscheidungsfähige (unteilbare) Funktionseinheiten nach 2.1.4 - insbesondere Personen und Automaten - die sich des Kommunikationssystems für die vorgesehenen Kommunikationszwecke bedienen. Im Sinne von 2.1.1 können sie auch mit dem System zu einem umfassenderen System zusammengefügt werden.

In der Terminologie des Ausschusses ISO/TC97/SC16 "Open Systems Interconnections" {ISO 1,S.84} wird für den durch Automaten realisierten Teilnehmer die Benennung "Entity" verwendet. Sie bezieht sich ausdrücklich auf ein Schichtenmodell und wird als "aktives Element" bezeichnet. Gelegentlich wird in dieser Arbeit der Begriff "Instanz" als Übersetzung von "Entity" praktisch gleichbedeutend mit "Teilnehmer" verwendet, vor allem dort, wo der Eindruck vermieden werden soll, daß es sich beim Teilnehmer um eine Person handeln könnte.

---

*) Man sollte beachten, daß die Begriffe "System" und "Prozeß" jeweils ein Gesamtes (universum) ansprechen, das teilbar ist. Ihre Teilungsprodukte und Kombinationen (z.B. Funktionseinheit nach 2.1.4) stellt man sich ebenfalls als etwas für sich Gesamtes und Teilbares vor. Als begrifflichen Gegenpol zum Gesamten ist das Unteilbare (individuum) zu sehen, das sich in anderen hier gebrauchten Begriffen - wie "Person", "Automat", "Instanz" oder "Einheit" zeigt. Ordnet man sie einer Funktionseinheit zu, erscheint diese als "schwarzer Kasten", der allein durch die Funktionen definiert ist, die er ausübt, und dessen innerer Aufbau einschließlich der internen funktionalen Zusammenhänge austauschbar und in diesem Sinne uninteressant ist; interessant sind allein die Spezifikationen der Schnittstellen zur Systemumgebung.

Teilnehmer bzw Instanzen unterscheiden sich also von anderen Funktionseinheiten durch ihre Entscheidungsfähigkeit. Diese muß im Rahmen eines Kommunikationsprozesses als solche gesehen werden. Sie kann auch bei der Realisierung eines Kommunikationssystems einer Instanz einprogrammiert worden sein. In diesem Sinne kann also auch ein Automat entscheidungsfähig sein und etwa - für den Kommunikationsprozeß gleichberechtigt - mit einem personalen Teilnehmer oder auch mit einem anderen Automaten verkehren.

Man beachte: Teilnehmer sind hier in den Bereich des teilbaren Gesamten hineindefiniert. Unteilbar (Individuen) sind sie insofern, als ihnen die Eigenschaft (Funktion) einer Person oder eines Automaten zugeordnet wird und sie als "schwarzer Kasten" erscheinen, dessen Inneres im jeweils diskutierten Zusammenhang nicht interessiert.

Personen können natürlicher oder juristischer Art sein. Es kann sich auch um Personengruppen (z. B. um einen Haushalt) handeln.

Automaten können gegenständlicher Natur sein (z.B. Datenverarbeitungsanlagen, Terminals, Verschlüsselungseinheiten etc); sie können reinen Informationscharakter haben (z. B. Programme).

Personale Teilnehmer sollen im folgenden grundsätzlich nicht als Teil des technischen Kommunikationssystems betrachtet werden, wenngleich man sich das auch vorstellen kann, etwa für den Fall, daß eine Person eine Funktion nur als biomechanisches Glied - also gesteuert und mit eingeschränkter Entscheidungsfähigkeit - ausführt.

Wann ein Automat als Teilnehmer und wann er als Teil des Systems betrachtet wird, hängt davon ab, auf welcher Ebene des Schichtenmodells die Betrachtung geführt wird. Ist er Instanz der betrachteten Schicht, gilt er als Teilnehmer (peer entity nach ⟨ISO 1⟩); ist er eine Instanz, mit der nicht gleichberechtigt verkehrt wird, also eine Instanz jenseits der Schnittstelle zur nächst niedrigeren Schicht, eine (N-1)-entity nach ⟨ISO 1⟩, gilt er als Teil des Systems. Siehe auch 3.4.5.

2.1.6 Nachricht

Als Nachricht bezeichnet DIN 44300 "eine Zusammenstellung von Zeichen oder Zuständen, die zur Übermittlung von Information dient."

Die folgenden Ausführungen halten sich im wesentlichen an diese Definition, sofern "Übermittlung" nicht allein auf Fernmeldesysteme bzw die Überbrückung größerer Entfernungen beschränkt verstanden wird. Wenn z.B. ein Teilnehmer einer Endeinrichtung des technischen Systems sein Password eingibt, ist dieser Vorgang eine Übermittlung und das Password eine Nachricht. Der Schlüsseltext des Passwords mag dabei eine andere Nachricht sein.

Bezüglich der Nachricht werden gelegentlich ihre Existenz, ihr Format/Struktur und ihr Inhalt betrachtet. Zuweilen mag es z.B. darum gehen, die Existenz der Nachricht zu verbergen, zuweilen nur ihren Inhalt. Der Inhalt der Nachricht und ihres Schlüsseltexts ist im Idealfalle der gleiche.

Bild 1: Schichtenstruktur verwendeter Begriffe

Glaubwürdigkeit		Gesichertheit
Nachweisbarkeit	Echtheit	Systemsicherheit
	Sicherung (erkennend)	
C-Authentikation		Geheimhaltung
P-Authentikation		Konzelation
	Schlüsselung	
Verschlüsselung		Entschlüsselung

2.2 Verschlüsselung / Entschlüsselung

Dieses Begriffspaar soll im folgenden enger verstanden werden, als es üblicherweise der Fall ist. Das liegt insbesondere daran, daß unter einem Schlüssel ausschließlich eine Zahl verstanden werden soll. Zu seiner hierarchischen Einordnung siehe Bild 1.

Verschlüsselung E und Entschlüsselung D sind zueinander inverse informationsumformende Prozesse,

$$E_{Ke}(X) \dashrightarrow Y, \qquad (1.1)$$

$$D_{Kd}(Y) \dashrightarrow X \qquad (1.2)$$

bei denen mit Hilfe vom Zahlen Ke, Kd - Schlüssel genannt - Information aus einer digitalen Darstellung X in eine andere Y gebracht wird, die gegenüber der ersteren einen erheblich größeren oder kleineren Verständlichkeitsabstand hat. Der Inhalt der Information ist bezüglich der Prozesse invariant.

Die Zahlenbereiche, denen X und Y entnommen sind, können unterschiedlich mächtig sein. Der Schlüsseltext kann z.B. erheblich länger als der Klartext sein. Daraus können sich Eindeutigkeitsprobleme ergeben (siehe 2.2.2 und 3.2).

Invers sind diese Prozesse insofern, als sie nacheinander angewandt eine Zahl X bzw einen Text in sich selbst abbilden:

$$D_{Kd}(E_{Ke}(X)) \dashrightarrow X, \qquad (2.1)$$

$$E_{Ke}(D_{Kd}(Y)) \dashrightarrow Y \qquad (2.2)$$

Diese Operationen brauchen nicht in dem Sinne kommutativ sein, daß bei mehrfacher Anwendung mit unterschiedlichen Schlüssel - unabhängig von der Reihenfolge - stets das gleiche Ergebnis auftritt. Siehe 2.2.4.

Der Verständlichkeitsabstand ist der Unterschied der Verständlichkeit einer Darstellungsform gegenüber einer einem menschlichen Leser verständlichen Form, dem Klartext. Der Abstand ist mittels des Aufwands (work factor) zu messen, der von jemandem erbracht werden muß, der das Geheimnis der Informationsumformung, den Schlüssel, nicht kennt. Der jeweils inverse Prozeß soll nur mit Hilfe des gleichen Schlüssels (Ke = Kd) oder eines diesem eindeutig zugeordneten Schlüssels durchgeführt werden können. Jeder andere Prozeß, der das gleiche Ergebnis liefert, soll entweder unmöglich oder sehr aufwendig sein.

Man beachte: Verschlüsselung und Entschlüsselung sind als ein Paar zueinander inverser Operationen definiert und hinsichtlich ihrer Funktion austauschbar. Sie unterscheiden sich nicht etwa dadurch, daß die eine grundsätzlich Schlüsseltext und die andere grundsätzlich Klartext liefert, sondern nur dadurch, daß die eine jeweils invers zur anderen ist. Insofern ist die Benennung dieses Begriffspaares unglücklich gewählt und irreführend. Sie hat sich jedoch in den Sprachgebrauch so sehr eingeführt, daß man sie nicht ändern sollte.

Ein Algorithmenpaar ist einem Schloß zu vergleichen, das in beiden Richtungen sperren kann; in welcher Richtung es tatsächlich sperrt, hängt davon ab, wie es zum Zwecke seiner Anwendung eingebaut ist.

Wird ein Klartext prozessiert, ist das Ergebnis - unabhängig davon, welche der beiden Operationen durchgeführt wird - stets ein Schlüsseltext; wird ein Schlüsseltext prozessiert, kann das Ergebnis sowohl ein Schlüsseltext als auch ein Klartext sein.

Ver- und Entschlüsselung gelten als Prozesse, deren Ziel die Änderung einer Darstellungsform ist. Man sollte diese Begriffe nicht unmittelbar auf einen bestimmten Nutzen beziehen. Das sollte Begriffen wie "Authentikation" (siehe 2.3.1) oder "Konzelation" (siehe 2.3.2) vorbehalten bleiben. Erst zu solchen Anwendungen legt man z.B. fest, an welcher Stelle des Prozesses Klartext und an welcher Schlüsseltext erscheinen soll.

Es kommt vor - etwa bei gewissen Authentikationsanwendungen (z.B. K43 in 6.5.1) - daß mit einem Entschlüsselungsvorgang aus Klartext Schlüsseltext und umgekehrt (K46) gemacht wird.

Gelegentlich wird auch von "Umschlüsseln" (Re-encrypt) ⟨Eve⟩ gesprochen, wenn aus einem Schlüsseltext ein anderer gemacht wird, wobei sich der Verständlichkeitsabstand nicht wesentlich zu ändern braucht, wohl aber der verwendete Schlüssel.

Der Begriff "Verschlüsselung" wird über die hier definierte Bedeutung hinaus auch für das Phänomen aller unter Benutzung von Schlüsseln ablaufenden informationsumformenden Prozesse - also auch z.B. für den Entschlüsselungsprozeß verwendet. Um diesen doppelten Gebrauch zu vermeiden, werden gelegentlich für den allgemeineren Begriff die Bezeichnungen "Kryptierung" oder "Schlüsselung" vorgeschlagen. Der Begriff soll aber hier nicht nur einer dieser wenig eingeführten Bezeichnung zugeordnet werden. Lediglich in Zweifelsfällen soll von Kryptierung oder Schlüsselung gesprochen werden.

Auf die mathematischen Aspekte der Verschlüsselung soll hier nicht eingegangen werden. Eine gute Übersicht dazu findet man in ⟨Rys⟩. Jedoch sollen gewisse Symmetrieeigenschaften, die für das folgende wichtig sind, hier unterschieden werden.

2.2.1 Symmetrische Verschlüsselungsalgorithmen

Ein Algorithmenpaar E, D ist dann symmetrisch, wenn zu beiden Prozessen nur ein und der gleiche geheime Schlüsssel K verwendet wird, wenn also in den oben angeschriebenen Gleichungen (2.1), (2.2) Ke = Kd = K ist. Dann werden (2.1) und (2.2) zu

$$D_K(E_K(X)) \longrightarrow X \quad (3.1)$$

$$E_K(D_K(Y)) \longrightarrow Y \quad (3.2)$$

Ein symmetrisches Algorithmenpaar ist einem Schloß mit zwei Riegeln zu vergleichen, die man mit dem gleichen Schlüssel einlegen und lösen kann (siehe Bild 2) .

Ein Beispiel für einen symmetrischen Algorithmus ist der DEA1 ‹ISO 2›, ‹DES›. Er bildet Klartext und Schlüsseltext jeweils in den gleichen Zahlenbereich ab. Sie sind einander eineindeutig zugeordnet.

2.2.2 Asymmetrische Verschlüsselungsalgorithmen

Ein Algorithmenpaar E, D ist dann asymmetrisch, wenn für den Verschlüsselungsprozeß ein anderer Schlüssel (Ke) verwendet werden muß als für den Entschlüsselungsprozeß (Kd). Die Schlüssel Ke und Kd sind einander eineindeutig zugeordnet. Es muß leicht sein, Ke aus Kd zu berechnen aber praktisch unmöglich, Kd aus Ke zu bestimmen, wenn man dazu nicht die geheime Relation kennt.

Ein asymmetrisches Algorithmenpaar ist einem Schloß (siehe Bild 2) zu vergleichen, das zwei Riegel aufweist und das man in unterschiedlicher Richtung mit jedem von zwei Schlüsseln zusperren kann. Zum Aufsperren braucht man jedoch den jeweils anderen Schlüssel. Einer von beiden ist jedermann zugänglich. Man kann mit ihm, je nach Zustand des Schlosses, nach der einen Richtung den einen Riegel einlegen, also zusperren oder nach der gleichen Richtung den anderen Riegel lösen oder aufsperren. Umgekehrt löst der andere Schlüssel den Riegel nach der einen und legt ihn nach der anderen Richtung ein. Ihn muß man sorgfältig verwahren, dann kann sonst niemand den gleichen Riegel sowohl zu- als auch aufsperren.

Ein Beispiel für einen asymmetrischen Algorithmus ist der RSA ‹Riv›. Er bildet Klartext und Schlüsseltext jeweils in den gleichen Zahlenbereich ab. Sie sind einander eineindeutig zugeordnet.

Ein weiteres Beispiel ist der Knapsack-Algorithmus ‹Mer›. Der Schlüsseltext ist in diesem Falle umfangreicher als der Klartext. Nicht jeder Text aus dem Schlüsseltextbereich kann also einen Klartext ergeben. Die Abbildung (1.2) ist nicht für jedes Y möglich. Will man z.B. einen Klartext mit (1.2) in einen Schlüsseltext überführen (d.h. unterschreiben), dann muß man ihn in der Regel passend auf ein solches Y erweitern, dem ein X entspricht.

2.2.3 Einwegfunktion

Unter einer Einwegfunktion wird hier ein Algorithmus verstanden, der eine Zahl eindeutig in eine andere abbildet, ohne daß es eine praktisch durchführbare Möglickeit gibt, aus dem Abbild auf die ursprüngliche Zahl zu schließen, auch wenn man den (eventuellen) Schlüssel kennt. Von den Beziehungen (1.1) und (1.2) kann in diesem Sinne nur eine erfüllt sein.

Es bleibt:

$$F_K(X) \dashrightarrow Y \qquad (4)$$

Die Operation sorgt für einen deutlichen Verständlichkeitsabstand zwischen X und Y. Der Schlüssel K bietet keine Hilfe, den Verständlichkeitsabstand zwischen X und Y entscheidend zu veringern. Dann mag auch keine Notwendigkeit bestehen, ihn auszuwechseln; er mag als solcher nicht in Erscheinung treten bzw überhaupt nicht notwendig sein. Damit ist nicht gesagt, daß nicht K oder ein anderer Schlüssel für andere Zwecke, siehe ⟨Ong⟩, gebraucht wird.

Notwendig ist der Schlüssel dann, wenn die Abbildung der einzugebenden Zahl durch Schlüsselwechsel veränderbar gehalten werden muß. Das ist z.B. der Fall, wenn bei Zahlungsautomaten, die von mehreren Banken bedient werden, jede Bank mit ihrem eigenen Schlüssel den Kunden authentizieren möchte.

Geheimzuhalten ist der Schlüssel dann, wenn nicht die Größen X und Y sondern ihre Zuordnung geheimzuhalten ist, z.B. bei der Nachrichtenauthentikation: Sowohl Klartext X als auch Schlüsseltext Y werden übertragen; daran, daß ihre geheime Zuordnung reproduzierbar ist, erkennt man, daß sie nicht verändert worden sind (siehe 3.2).

Die Einwegfunktion ist einem Schloß (siehe Bild 2) vergleichbar, das irreversibel nur in einer Richtung sperrt bzw auch ohne Schlüssel zuschnappt.

Man kann in eine Einwegfunktion ein sogenanntes Trapdoor, eine geheime Aufschließmöglichkeit, einbauen. Das ist ein Algorithmus, der seinem Kenner die Möglichkeit bietet, aus dem unverständlichen Text Y wieder den verständlichen Text X abzuleiten. Ist diese Möglichkeit allgemein bekannt bzw weiß man, daß es diese Möglichkeit gibt, dann wird damit aus der Einwegfunktion ein normales Algorithmenpaar. Man kann umgekehrt ein Algorithmenpaar als zwei solcher Einwegfunktionen auffassen, die einander ein Trapdoor bieten.

Ist diese Möglichkeit nur einem Eingeweihten bekannt, wird aus der Aufschließmöglichkeit in der Tat eine Falltüre für denjenigen, der die Einwegfunktion einsetzt. Es ist nicht auszuschließen, daß es mehrere solcher Falltüren gibt und daß auch ein normales Algorithmenpaar neben den bekannten Aufschließmöglichkeiten eine geheime Falltür aufweist.

Literatur zur Einwegfunktion: ⟨Poh⟩, ⟨Eva⟩, ⟨Nee⟩, ⟨Wil⟩, ⟨Dow⟩, ⟨Fak⟩

2.2.4 Kommutative Verfahren

Sind Verfahren insofern kommutativ, als sich bei Mehrfachverschlüsselung die Reihenfolge der Schlüsselungsoperationen beliebig vertauschen läßt, ohne daß sich das Ergebnis (5) der Gesamtoperation dabei ändert, kann eine solche Kommutativität von besonderem Wert sein. Dazu zwei Beispiele:

$$E_{Ka}(E_{Kb}(X)) = E_{Kb}(E_{Ka}(X)) \qquad (5)$$

Beispiel 1:

Die Kommutativität erlaubt es, daß jeder von zwei Teilnehmern A und B für sich an einer bekannten Zahl seine Operation durchführt und jeder die vom jeweils anderen erzeugte Schlüsselzahl seiner Operation unterwirft; dann besitzt jeder den gleichen Schlüsseltext.

A: $E_{Ka}(Z) = Sa$

B: $E_{Kb}(Z) = Sb$

Dann überträgt A sein Ergebnis an B und B überträgt seines an A:

A: Sa ======> B
B: Sb ======> A

Das Verschlüsselungsverfahren muß so geartet sein, daß ein Angreifer aus der Kenntnis von Z, Sa und Sb keine Schlüsse auf einen oder beide verwendeten Schlüssel ziehen kann.

Die beiden Partner verschlüsseln die übertragenen Zahlen Sa bzw Sb mit ihrem Schlüssel:

A: $E_{Ka}(Sb) = Sba$

B: $E_{Kb}(Sa) = Sab$

Bei Kommutativität gilt Sba = Sab = S.

Beide Partner verfügen also nach zwei Übertragungsvorgängen über die gleiche Zahl S, die der nicht notwendig geheimen Zahl Z eineindeutig zugeordnet ist. Niemand, der wohl Z nicht aber die Schlüssel Ka und Kb kennt, kann die Zahl S feststellen; sie läßt sich also geheim halten. Übermittelt wird sie (im unsicheren System) in Form ihres nicht geheimen Bildes Z und der gleichfalls nicht geheimen Schlüsselzahlen Sa und Sb, wobei es nicht darauf ankommt, daß Sa und Sb vom jeweiligen Partner entschlüsselt werden können. Diese brauchen also dazu auch keinen gemeinsamen Schlüssel; die Schlüssel Ka und Kb können von A bzw B unabhängig und willkürlich gewählt werden.

S kann keine für seinen Empfänger verständliche Nachricht sein, denn es ist ja ein mit zwei willkürlichen Schlüsseln verschlüsselter Klartext; es kann allerdings als gemeinsamer Schlüssel verwendet werden und kann auch sonstige Funktionen erfüllen, z.B. als eine geheime Prüfgröße; es wird deshalb in der Regel geheimzuhalten sein.

In diesem Falle führte also die Kommutativität dazu, daß eine geheime Größe nach zwei Übertragungsvorgängen bei beiden Partnern erzeugt werden kann, ohne selbst übermittelt zu werden oder überhaupt vorher bekannt zu sein.

Die Größen Sa und Sb sowie die entsprechenden Größen weiterer Teilnehmer können an öffentlicher Stelle geführt und von da abgerufen werden. Sie brauchen nicht für jeden Kommunikationsvorgang erneut erstellt werden.

Ein solches Verfahren ist in <Dif> beschrieben.

Beispiel 2:

Man kann aber auch mit kommutativen Verfahren einen Klartext X verschlüsselt übermitteln, ohne vorher sich auf einen gemeinsamen Schlüssel geinigt zu haben. Das geht folgendermaßen:

Teilnehmer A will die Nachricht X an Teilnehmer B verschlüsselt übermitteln: Dazu verschlüsselt er X mit seinem geheimen Masterschlüssel Ka zu Y und sendet Y an B.

A: $E_{ka}(X)$ --} Y

A: Y ======} B

B verschlüsselt Y mit seinem geheimen Masterschlüssel Kb zu Y' und sendet Y' an A zurück.

B: $E_{kb}(Y)$ --} Y'

B: Y' ======} A

A vollzieht mit Kb eine Entschlüsselungsoperation an Y', erzeugt damit Y" und sendet dieses an B.

A: $D_{ka}(Y')$ --} Y"

A Y" ======} B

B vollzieht mit Kb eine Entschlüsselungsoperation an Y"

B: $D_{Kb}(Y")$ --} X

und erhält damit den Klartext X, denn aufgrund der Kommutativität (5) und der Reziprozität (3.1) und (3.2) gilt

$$D_{Kb}(D_{Ka}(E_{Kb}(E_{Ka}(X)))) = X$$

Mit drei Übertragungs- und vier Schlüsselungsvorgängen kann also hier eine Nachricht (im "Mental-Poker-Verfahren") verschlüsselt übertragen werden, ohne daß die beiden Partner einen gemeinsamen Schlüssel haben. In der Praxis wird dieses Verfahren in der vorliegenden Form wenig interessant sein , vor allem weil es für die Übermittlung einer Nachricht drei Übertragungsvorgänge erfordert.

Kommutative Verfahren haben also Vorteile, allerdings auch den Nachteil, daß man die Reihenfolge mehrerer Schlüsselungsoperationen (z.B. an einem Klartext) nicht erkennen und authentizieren kann. Bei nicht-kommutativen Verfahren ist es z.B. möglich, der Reihenfolge der Unterschriften eine besondere Bedeutung beizulegen; siehe 3.6.8.

Für die Kommutativität dürfte es erforderlich sein, daß der Schlüsselungsalgorithmus auf einer geschlossenen mathematischen Funktion beruht, etwa auf der Exponentialfunktion. Allerdings mag auch diese nur dann ausreichend Sicherheit bieten, wenn sie modulo einer großen Zahl (mit guten Prim-Eigenschaften) erfolgt. Dann ist zur Kommutativität erforderlich, daß den Operationen der gleiche Modulus zu Grunde liegt. Muß aber dieser geheim bleiben, dann kann er nur auf sicherem Wege vereinbart werden. Damit verflüchtigt sich der Vorteil der Kommutativität.

2.3 Anwendungen der Verschlüsselung

Wie unter 2.2 definiert, ist die Verschlüsselung / Entschlüsselung ein (zielgerichteter) informationsumformender Prozeß, dem aber kein Zweck zugeordnet ist. Wird ihr ein solcher Zweck zugeordnet, soll hier von Anwendungen der Verschlüsselung die Rede sein. Auch sie sind aber nur informationsumformende Prozesse, wenn auch zweckgerichtete.

"Ziel" und "Zweck" unterscheiden sich im vorliegenden Zusammenhange insofern, als ersteres den Prozeß abschließt und letzteres die Realisierung eines (übergeordneten) Prozesses bestimmt. Die Verschlüsselung wirkt auf das Ziel der Ableitung eines Schlüsseltexts hin; die Konzelation hat den Zweck, Information zu verbergen. In diesem Sinne hat also "Ziel" nur eine finale und "Zweck" auch eine kausale Bedeutung.

2.3.1 Authentikation, Authentifikation

Die Authentikation *) ist ein logisch richtiger Prozeß nach 2.1.2, der zum Ziele hat, die Sicherheit und erforderlichenfalls einen Nachweis dafür zu liefern, daß eine Annahme/Behauptung zur Identität eines uneingeordnet vorhandenen Phänomens mit einem bereits bekannten/authentizierten Phänomen richtig ist.

Im strengen Sinne wird die Identität auf einen Vergleich zurückgeführt und durch diesen festgestellt. Im Bereich der technischen Kommunikation muß dieser Vergleich binärstellenweise nachvollziehbar sein.

Das o.e. Phänomen ist der Gegenstand der Authentikation; es kann eine Person - Authentikand - oder eine Sache / Information - Authentikat - sein. Im technischen Kommunikationsprozeß wird es in der Regel Information sein. Deshalb soll im weiteren "Authentikat" auch als pars pro toto, "Authentikand" einschließend, gemeint sein. Der authentizierende Teilnehmer kann mit "Authentikant" bezeichnet werden.

Das bedeutet, daß für die Zwecke der technischen Kommunikation dem Authentikat jeweils eine als Information dargestellte Vergleichsgröße - der Authentikator eineindeutig zugeordnet werden muß, um die geforderte Identität feststellen zu können. Mittels dieser Zuordnung wird das Authentikat genormt. Man kann durch Nachvollziehen oder Invertieren des Zuordnungsprozesses das wiederauftretende Phänomen an der Norm und umgekehrt erkennen.

Unter "Authentifikation" *) soll ein Prozeß verstanden werden, der einen ju-

---

*) Von anderen (Rys S.335) wird einheitlich "Authentifikation" auch für "Authentikation" verwendet. Hier soll aber auf den Unterschied hingewiesen sein. Dort wo beides gemeint sein kann, soll der kürzere Begriff "Authentikation" verwendet werden, zumal er entsprechend auch im Englischen verwendet wird. "Authentizieren" leitet sich aus dem lateinischen, dem Griechischen entlehnten, Wort" authenticare" ab (neben dem es auch ein "authentificare" gibt).

ristischen Nachweis erbringt, zu dem die (technische) Authentikation eine von mehreren zu erfüllenden Voraussetzungen ist. Z.B. muß die Richtigkeit einer Behauptung im Dispute zweier Kommunikationspartner durch einen vertrauenswürdigen Dritten bezeugt werden können.

Der Authentikationsprozeß besteht also aus folgenden Teilprozessen:

- Ableitung der Vergleichsgröße bzw des Normauthentikators aus dem Authentikat - primäre Authentikation

- Identifikation (siehe 2.3.3) des Phänomens durch Angabe des zugeordneten Normauthentikators

- Nachvollzug der Ableitung eines Prüfauthentikators aus dem Authentikat oder Ableitung des Authentikats aus dem Normauthentikator und Verifizierung/Falsifizierung der Identität - sekundäre Authentikation

Die primäre Authentikation muß mindestens immer dann stattfinden, wenn sich das Phänomen ändert. Wenn es sich nicht ändert, kann sie auch einmalig sein. Die sekundäre Authentikation - einschließlich der Identifikation - muß in jedem einzelnen Prüffall durchgeführt werden.

Der Authentikator - als Zahl dargestellt - muß aus einem ausreichend großen Zahlenbereich ausgewählt sein, damit er nicht leicht erraten werden kann. Sämtliche Authentikatoren seiner vom System verwendeten Art dürfen nur einen sehr geringen Teil dieses Zahlenbereichs belegen, damit ein Angreifer nicht irgendeinen gültigen Authentikator leicht erraten könne. Wählt man z.B. für 1000 Authentikatoren den Zahlenbereich 0 - 999, dann könnte ein Angreifer mit jeder dreistelligen Zahl einen Treffer erzielen. Die Stellenzahl des Authentikators sollte also ein Vielfaches davon betragen. Die Redundanz, die damit eingeführt wird, kann allerdings auch für andere Zwecke (siehe 6.1.2) verwendet werden.

Der Normauthentikator wird dazu benützt, das Authentikat dem Kommunikationspartner zu identifizieren.

Der Authentikation genügt in der Regel nicht ein einfacher Vergleich von Zahlen allein, sondern sie erfordert häufig den Vergleich komplexerer Zusammenhänge (siehe 3.4.1). Entsprechend komplex kann ein Authentikator sein. Er braucht nicht notwendigerweise ein Zahl (in der üblichen Bedeutung) zu sein. Er muß allerdings beschreibbar sein.

Zuweilen wird unter einem Authentikator eine numerische Größe verstanden, die der Authentikation in dem Sinne dient, daß ein positives Vergleichsresultat für eine erfolgreiche Authentikation notwendig aber nicht auch hinreichend ist. Eine solche für eine vollständige Authentikation nicht hinreichende numerische Größe soll hier Partial- oder P-Authentikator genannt werden.

Zur vollständigen Authentikation können nicht nur mehrere solcher Größen erforderlich sein, sondern man muß im allgemeinen Fall auch auf die Beziehungen dieser Größen zueinander prüfen. Die P-Authentikatoren und deren Beziehungen zueinander ergeben den C-Authentikator ("C" für "complete", complex"), sofern sie für die Authentikation des Phänomens hinreichend sind.

P-Authentikatoren werden in der Regel als unabhängige, C-Authentikatoren dagegen als von diesen abhängige Größen auftreten.

Es erscheint als notwendig, zwischen P- und C-Authentikatoren zu unterscheiden, weil sich die Bezeichnung "Authentikator" zunächst bei P-Authentikatoren eingeführt hat (z.B. beim SWIFT-System) *), deren Vergleich jedoch noch keine vollständige Authentikation erbringt; man muß z.B. außer den "Authentikatoren" auch den Klartext vergleichen oder auf seine Plausibilität hin prüfen (siehe z.B. 3.2). Wo aber im folgenden auf die Unterscheidung von P- und C-Authentikatoren verzichtet werden kann, soll dies getan werden.

Siehe auch Bild 1. Zur Übersicht über eine in Bezug auf den Authentikationsgegenstand verwendete hierarchische Begriffsgliederung siehe Bild 3.

Wie die Unterscheidung in P- und C-Authentikatoren nahelegt, ist die C-Authentikation in der Regel ein komplexer Vorgang, der sich in einer Authentikationskette aus P-Authentikationen zusammensetzt. Leztere müssen zueinander in einem geschlossenen logischen Verhältnis stehen; deshalb der Ausdruck "Kette". Ist eine P-Authentikation oder eine ihr gleichwertige nicht vollziehbar, dann ist auch die C-Authentikation nicht vollziehbar. Die Authentikationskette kann sich (wie in 3.4.5) auf (Kommunikations-) Vorgänge beziehen.

Man beachte:

- Die Authentikation setzt den Zweifel daran voraus, daß die zu authentizierende Behauptung richtig ist. Besteht an der Richtigkeit kein Zweifel, mag eine besondere Authentikationsanstrengung überflüssig sein. Die Authentikation baut jedoch auf solch Unzweifelhaftem auf (siehe auch 3.1.1 "Logisch evidente Authentikation"). Wo kein Zweifel besteht, braucht man zwar aus Sicherheitsgründen nicht zu authentizieren. Der vorgebrachte Zweifel ist aber interessenabhängig. Wer einen authentikablen Nachweis fordert oder ihn als Schiedsinstanz zu beurteilen hat, wird eher zweifeln als derjenige, der ihn zu erbringen hat. Für Nachweiszwecke muß man also das Unzweifelhafte auf jeden Fall als Grundlage und möglichst auch als Glied der Authentikationskette dokumentieren.

- Die Authentikation ist eine Anwendung der Verschlüsselung. Sie setzt Bedingungen dafür, an welchen Stellen des Systems und des Prozesses Klartext und an welchen Schlüsseltext auftreten soll, wann der Ver- und wann der Entschlüsselungsprozeß abzulaufen hat. Der Begriff "Verschlüsselung" wird zur Definition des Begriffs "Authentikation" nicht gebraucht. Die Verschlüsselung kann - muß aber nicht - für die Authentikation verwendet werden.

- Die Authentikation ist ein Vorgang, bei dem der Gegenstand authentiziert wird und nicht etwa ein Vorgang, bei dem der Gegenstand sich

---

*) Die Verfasser von (LMM) verstehen allerdings unter einem "Authenticator" einen zentral gelegenen Automaten im Kommunikationssystem, der Teilnehmer in Form einer Dienstleistung "on-line" authentiziert.

Bild 2: Schematischer Vergleich von Verschlüsselungsverfahren

Symmetrisches Verfahren

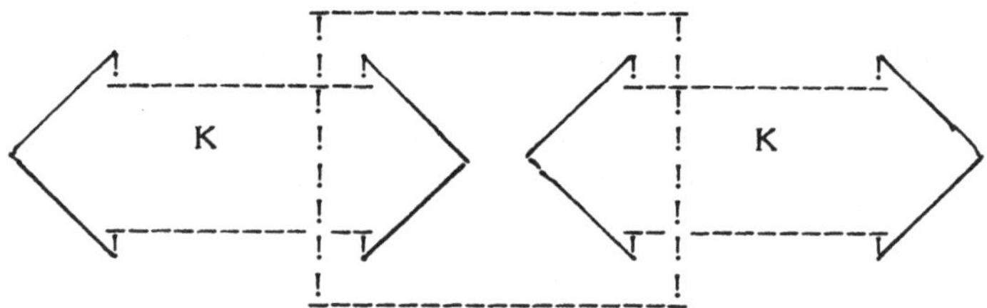

Asymmetrisches Verfahren

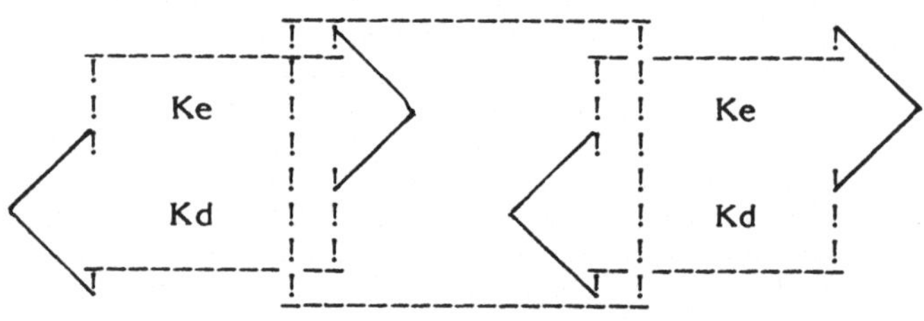

Einwegfunktion

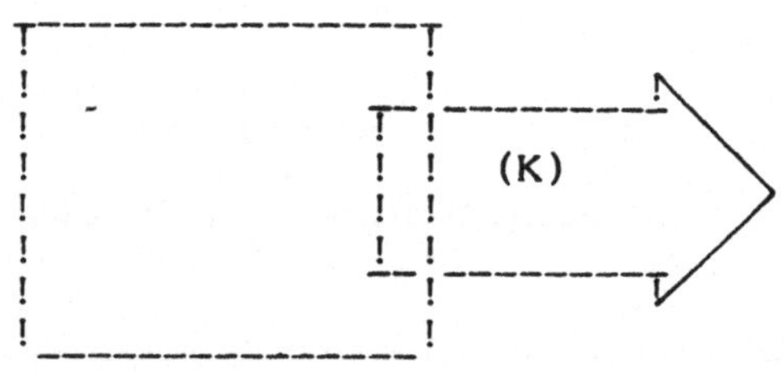

Bild 3: Begriffsgliederung zur Authentikation

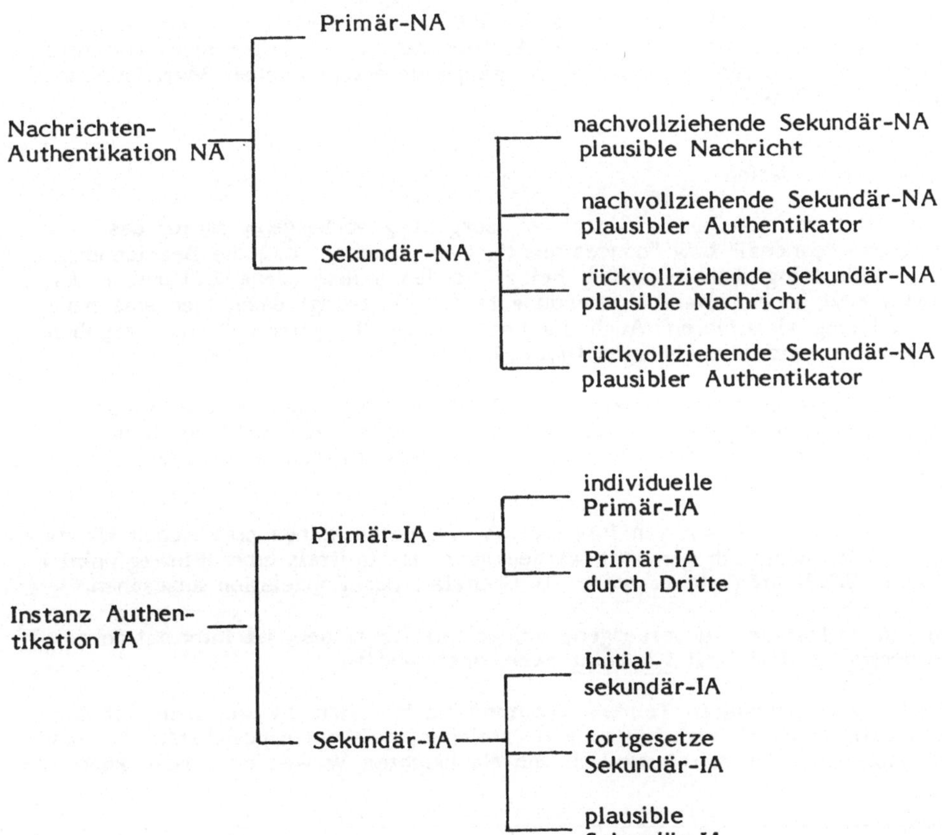

selbst authentiziert. Für den letzteren aktiven Vorgang wird (in 2.3.3) die Bezeichnung "Identifikation" gewählt.

- Die Authentikation ist sehr wohl von der Autorisation (siehe 2.4) zu unterscheiden.

- Die hier vorgenommene Definition ist für den technischen Bereich gedacht; im juristischen mag sich der Begriff anders ausnehmen.

Gelegentlich wird unter "Authentikation" ein Vorgang verstanden, der sich aus Identifikation und Verifikation zusammensetzt, wobei die Verifikation im wesentlichen den Umfang dessen einnimmt, was hier unter "Authentikation" definiert wird. Jedoch wurde hier eine solche Definition absichtlich vermieden, denn sie wäre nur dann praktisch, wenn sich der Gegenstand auf Teilnehmer beschränkte. Hier geht es aber auch um Nachrichten, die - vor allem wenn sie kurz sind - auch ohne Ableitung eines Identifikators / Authentikators authentiziert werden können. Der Begriff der Identifikation wäre in diesem Falle leer und der der Authentikation auf den der Verifikation verkürzt. Es wäre irreführend, wenn man unter Authentikation von Teilnehmern und Authentikation von (kurzen) Nachrichten Vorgänge unterschiedlichen Begriffsumfangs verstehen müßte.

2.3.2 Konzelation

Abgeleitet von lateinisch "concelare" (sorgfältig verbergen); daraus das englische "conceal" bzw "concealment". Der Umstand, daß die Bezeichnung "Verschlüsselung" bereits anders belegt werden mußte (siehe 2.2) und in der Praxis eine noch weitere Verwendung findet *), zwingt dazu, hier eine neue Bezeichnung einzuführen. Auch die Bezeichnung "Kryptierung" wäre gegebenenfalls besser anders zu belegen (siehe 2.2).

Die <u>Konzelation</u> ist ein Prozeß nach 2.1.2, der zum Ziele hat, Information denjenigen Stellen gesichert unkenntlich zu machen, die nicht zu ihrer Kenntnis befugt sind, und den Befugten die Kenntnisnahme gesichert zu ermöglichen.

Ein Unkenntlichmachen von Information, die unter keinen praktischen Umständen wieder kenntlich gemacht werden kann, ist (mittels einer Einwegfunktion - siehe 2.2.3) möglich; es wäre als Grenzfall der Konzelation anzusehen.

Ist ein Teilnehmer zu verbergen, soll er mit <u>Konzeland</u>, ist Information zu verbergen, soll sie mit <u>Konzelat</u> bezeichnet werden.

Analog zur sekundären Teilnehmerauthentikation nach 3.4 will man mit der Konzelation (durch Verschlüsselung) erreichen, daß ein ungesicherter Kommunikationskanal für den Austausch von Nachrichten verwendet werden kann, ohne

---

*) Z.B. spricht man auch von Schlüsseln und Verschlüsselung, wenn man damit die Zuordnung von Zeichenfolgen zu Begriffen meint, die man zur Rationalisierung der Datenverarbeitung und -dokumentation einführt; gelegentlich auch mit "Nummerung" bezeichnet.

daß man dabei entsprechend der Ungesichertheit Gefahr läuft, von einem Angreifer ausgehorcht oder getäuscht zu werden. Das Konzelierte kann öffentlich zugänglich gehalten werden; man wird nur seinen Bestand (gegen Zerstörung oder Verlust) sichern.

Man beachte:

- Die Konzelation ist eine Anwendung der Verschlüsselung. Sie setzt Bedingungen dafür, an welchen Stellen des Systems und des Prozesses Klartext und an welchen Schlüsseltext auftreten soll, wann der Ver- und wann der Entschlüsselungsprozeß abzulaufen hat.

- Die Konzelation wurde hier ohne Verwendung des Begriffs "Verschlüsselung" definiert. In diesem Sinne entspricht die Definition auch dem Verständnis des englischen Begriffs "Concealment", der Verschlüsselung nicht voraussetzt. Wendet man für Zwecke der Konzelation die Verschlüsselung an, dann führt man Klartext (siehe 2.2) in Schlüsseltext (siehe 2.2) über, um diesen an anderer Stelle und/oder zu einem anderen Zeitpunkt wieder in den ursprünglichen Klartext zurückzuführen. Dabei liege die Absicht zu Grunde, den Klartext nur unter bestimmten Bedingungen verfügbar zu machen.

Konzelation und Authentikation werden zwar hier nebeneinander aufgeführt; sie sind aber nicht etwa hierarchisch gleichwertige Anwendungen der Verschlüsselung. Das zeigt sich schon darin, daß zwischen (partieller) P- und (vollständiger) C-Authentikation unterschieden wird. In dieser Hinsicht ist die Konzelation der P-Authentikation vergleichbar. Sie kann z.B. (wie die P-Authentikation) für die Teilnehmerauthentikation, eine C-Authentikation, eingesetzt werden, indem man den geheimen Teilnehmer-Identifikator (siehe 2.3.3) in einem als Authentikator dienenden Schlüsseltext verbirgt.

Es ergibt sich also etwa die in Bild 1 dargestellte Schichtung der Begriffe. Man kann sich die jeweils tiefere als dienstleistend für die darüberliegende Schicht vorstellen.

2.3.3 Identifikation

Die Identifikation ist ein Prozeß nach 2.1.2, bei dem ein Teilnehmer (nach 2.1.5) Information über sich selbst oder eine Nachricht (Identifikat) liefert, die ihm bzw der Nachricht eindeutig zugeordnet ist. Diese Information - der <u>Identifikator</u> - kann im Sinne von 2.3.1 als Authentikator dienen.

"Eindeutig zugeordnet" heißt hier, daß zwar beliebig viele Identifikatoren existieren können, daß jedoch jeder unverwechselbar nur einem möglichen Teilnehmer bzw Identifikat zugordnet werden kann. Diese Eigenschaft darf nicht verlorengehen, solange der Identifikator als Normauthentikator dient.

Eine eindeutige Zuordnung im strengen Sinne scheint nur bei der Identifikation (einer endlichen Menge) von Information voll erreichbar zu sein, wobei es aber nicht auf die Unterscheidung zwischen Kopien ankommen darf. Bei anderen Gebilden - z. B. bei Personen - ist dies nur beliebig annähernd erreichbar. Siehe auch 3.4.

Laut dieser Definition wird nicht etwa der Teilnehmer vom Partner identifiziert - was sich ja ebenfalls nach dem üblichen Sprachgebrauch darunter verstehen ließe - sondern er identifiziert sich selbst. Für den passiven Vorgang wurde (in 2.3.1) die Bezeichnung "Authentikation" gewählt. Die Identifikation der Nachricht wird von ihrem Sender, einem Teilnehmer, durchgeführt, wobei auch ein Automat ein solcher Teilnehmer sein kann. Die Nachricht wird nach der obigen Definition nicht etwa von ihrem Empfänger identifiziert, sondern analog zu oben von ihm authentiziert.

Man beachte: Die Identifikation ist nicht notwendigerweise ein informationsumformender Prozeß.

2.4 Autorisation

Die Autorisation ist die Zulassung eines Teilnehmers nach 2.1.5 zu einem Teilprozeß im Kommunikationssystem durch einen anderen Teilnehmer. In diesem Sinne soll zwischen Autorisierendem und Autorisiertem unterschieden werden.

Auch die Autorisation kann in einem Schichtenmodell ablaufen. Entgegen der Authentikation unterliegt jedoch die Autorisation nicht den Zwängen der logischen Konsistenz eines Nachweises. Obwohl das Autorisieren grundsätzlich von einem Autorisierten aus erfolgen sollte, ist dies nicht logisch notwendig. Die darin liegende Rekursivität kann jedoch im Einzelfalle gefordert werden. Desgleichen kann auch gefordert werden, daß nur authentizierte Teilnehmer autorisiert werden dürfen.

Während die Authentikation sich auf beliebige Gebilde im Sinne des Gebrauchs von 2.1.1 (also z. B. auch auf Nachrichten) beziehen läßt, ist dies bei der Autorisation nur in Bezug auf Teinehmer möglich.

Man beachte: Die Autorisation ist nicht notwendigerweise ein Prozeß. Sie stellt einen Eingriff oder eine Eingabe in das System dar.

2.5 Protokoll

Im ISO Reference Model of Open Systems Interconnenctions (ISO 1 S.92) wird ein Schichtenprotokoll "(N)-protocol" definiert, das die Belange einer einzelnen Schicht N regelt. Ein solches Protokoll ist demnach der Satz von Regeln (semantischer und syntaktischer Art), welche das Kommunikationsverhalten der schichtenspezifischen Instanzen - (N)-Entities - bezüglich der Durchführung schichtenspezifischer Funktionen - (N)-functions - bestimmen.

Die Bezeichnung "Protokoll" wird hier (siehe 8.4) auch im allgemeineren Sinne - also nicht schichtbezogen - (als Satz von Regeln) verwendet.

Wenn es im folgenden auf diesen Unterschied ankommt, soll im besonderen Falle vom "Schichten-Protokoll" die Rede sein bzw gesagt werden, welcher dieser Begriffe gemeint ist.

Nachrichtentechniker verstehen unter "Protokoll" zuweilen nicht die Regeln sondern die zwischen den Instanzen den Regeln nach ausgetauschte Information - im ISO-Schichtenmodell: "(N)-protocol-control-information". Dies dürfte vermutlich durch die Umgangssprache unterstützt sein, in der man unter einem Protokoll die Aufzeichnung von Ereignissen in ihrem zeitlichen Ablauf versteht. Vor dieser Verwechslung muß man sich hüten

In 3.1.2, "Protokollgestützte Authentikation", soll aber "Protokoll" in eben diesem umgangssprachlichem Sinne (als Aufzeichnung von Ereignissen in ihrem zeitlichen Ablauf) verstanden werden.

2.6 Geheim

Unter "geheim" soll verstanden werden, daß sich die Kenntnis einer Information auf eine definiert beschränkte Gruppe von Personen bezieht; daß außerhalb der Gruppe niemand Kenntnis von ihr besitzt. Die Gruppe kann aus einer einzelnen Person bestehen.

Entweder dies ist der Fall, dann ist unabhängig von der Größe der Gruppe die Information geheim, oder sie ist es nicht. Ein Mehr-oder-weniger-geheim läßt dieses Verständnis nicht zu.

Die geheimzuhaltende Information ist ein Geheimnis. Es ist immer auf eine Gruppe bzw eine Person zu beziehen.

Wird die geheime Information Stellen außerhalb der definiert beschränkten Gruppe bekannt, dann soll sie als proliferiert gelten.

3. Authentikationsaspekte der Verschlüsselung

Der Authentikation unterliegt der Zweifel daran, daß etwas, auf das man sich verlassen möchte, in der Tat richtig ist. Wo kein solcher Zweifel besteht, ist eine Authentikation überflüssig. Nur dort, wo man sich nicht sicher ist, hat die Authentikation ihren Sinn. Der Zweifel muß seine Berechtigung auch darin finden können, daß eine Änderung des Authentikats mit subversiver Absicht versucht wird.

Man kann so die Authentikation als eine Sicherungsmaßnahme auffassen. Sie soll unerwünschte Veränderungen des Authentikats aufdecken; sie ist in dem Sinne eine erkennende Maßnahme. Weder verhindert sie aber Veränderungen, noch kann sie diese beheben.

Will man das angestrebte Sicherungsziel (Sicherheit, Nachweisbarkeit, siehe Bild 1) erreichen, muß man sie durch verhindernde oder wiederherstellende Maßnahmen ergänzen. Wo man eine Veränderung verhindern kann, bzw wo eine solche nicht eintreten kann, mag man auf die Authentikation verzichten. In dieser Hinsicht kann man sich mit Verhinderungsmaßnahmen die Authentikation ersparen. Will man aber mit einer korrigierenden Maßnahme den erwünschten Zustand wiederherstellen und damit nachteilige Folgen eines Eingriffs verhindern, kann die Authentikation dafür unerläßlich sein.

Um einige wichtige praktische Erkenntnisse zu rekapitulieren:

! Die Authentikation soll nicht allein einen Beweis der Richtigkeit liefern. Dieser Beweis muß auch gegenüber Dritten nachweisfähig bzw für eine Authentifikation geeignet sein. Neben den beiden Partner muß ein neutraler Dritter (als Vertreter der Öffentlichkeit) beteiligt sein.

! Zumindest wegen ihrer Aufgaben zur Nachweissicherung muß man von der Authentikation verlangen, daß sie nachvollziehbar ist, d.h. unter gleichen Umständen stets zum gleichen Resultat führt.

! Mit der Authentikation sollen nicht allein zufällige Veränderungen, die etwa auf Übertragungsfehler zurückzuführen sind, entdeckt werden; vielmehr sollen absichtliche, von einem intelligenten Störer verursachte Veränderungen festgestellt werden.

! Deshalb muß die Authentikation auf geheimen Merkmalen beruhen, die unbefugten Dritten unzugänglich sind.

! In praktischen Anwendungen wird man mit einem unterschiedlich hohen Störpotential rechnen müssen. Dieses Störpotential und als Gegenmaßnahme auch die Zwecke der Authentikation sind im allgemeinen Fall interessenhängig.

Es genügt z.B. nicht in allen Fällen, sicherzustellen, daß niemand anderer als ein dazu Befugter eine bestimmte Unterschrift geleistet haben kann; man muß dies auch nachweisen können. Das kann - interessenbedingt - miteinander konfligieren; wenn z.B. zum Nachweis der Schlüssel benötigt wird, der für die Unterschrift erforderlich war, dann kann nicht ausgeschlossen werden, daß derjenige, der damit den Nachweis führen möchte, den Schlüssel zur Fälschung der Unterschrift verwandt hat. Die Authentikation mit dem Schlüssel verschafft ihm selbst Gewißheit - was ja zuweilen ausreichen kann - aber sie verschafft ihm nicht die Glaubwürdigkeit gegenüber Dritten.

In einem Falle ist der Besitz des Schlüssels wünschenswert; im anderen nicht; dort mag es vielmehr wünschenswert sein, daß man den Schlüssel nachweislich nicht besitzt. Dies ist vergleichbar dem Fall, daß man einerseits eine Waffe führen möchte, um seine objektive Sicherheit zu erhöhen; andererseits möchte man aber den Nachweis führen können, daß man keine Waffe besitzt, weil dies in einer durch gesellschaftliche Regeln bestimmten Interessenschicht von Vorteil ist; man setzt sich z.B. nicht dem Verdacht aus, geschossen zu haben.

Man muß sich Rechenschaft darüber abgeben, was der Zweck - und daraus abgeleitet - was der Gegenstand der Authentikation sein soll. Von einem Fall zum anderen können Wertinversionen auftreten. Ein dokumentierter Nachweis mag in einem Bereich von Wert sein, aber er gefährdet im allgemeinen die Sicherheit, wenn die dokumentierte Information geheim ist. Der besondere Wert für den Nachweis stellt für die Geheimhaltung einen Unwert dar.

Dies weist darauf hin, daß man die Zwecke der Authentikation in mehreren Interessenbereichen des Menschen eingebettet sehen muß. Kommt es ihm nur auf eine objektive Sicherheit des Systems an, dann kann er auf die Nachweisfähigkeit gegenüber Dritten verzichten. Kommt es ihm auf seine Glaubwürdigkeit innerhalb einer Rechtsordnung an, dann benötigt er u.U. ein anderes Authentikationsverfahren, dann ist das Ziel der Authentikation eben nicht etwa die Gesichertheit der Nachricht sondern die eigene Glaubwürdigkeit.

Die Interessen der Teilnehmer können unterschiedlich sein. Der Aussteller einer Nachricht z.B. mag ein Interesse daran haben, seine Unterschrift so zu verderben, daß sie vom Empfänger nicht gegen ihn verwendet werden kann. Der Empfänger hingegen mag wohl daran interessiert sein, die Unterschrift fälschen zu können; er wird sie aber kaum verderben wollen, es sei denn, um den Aussteller einem Verdacht auszusetzen. Man mag deshalb größeren Wert auf diese Authentikation legen, wenn der Sender die Möglichkeit hat, die Unterschrift zu verderben, als wenn dem Empfänger diese Möglichkeit gegeben ist.

Im weiteren werden häufig diese unterschiedlichen Aspekte der Authentikation angesprochen. Sie sollen deshalb im folgenden entsprechend auseinandergehalten werden, als

- Erhöhung der Systemsicherheit

- Gewährleistung einer Nachweisbarkeit.

Sie getrennt zu behandeln, will nicht gelingen, weil ja das ihnen unterliegende Phänomen der Authentikation in diesem Sinne nicht aufteilbar ist. Eine ausführlichere Behandlung des Nachweisaspekts findet sich aber in 3.6.

Da Authentikation Aufwand verursacht und zwar, je nach verlangter Strenge, in unterschiedlichem Maße, wird es sinnvoll sein, den Aufwand möglichst abgestuft und den Interessen bzw einem Schutzzweck angemessen zu halten. Wenn man eine logisch zwingende unmittelbare Authentikation als das Optimum ansieht, kann man sich dazu auch weniger restriktive suboptimale Formen vorstellen. In diesem Sinne sollte es möglich sein, die Strenge der Beweisführung zu lockern, damit Aufwand zu sparen und das Prinzip der Verhältnismäßigkeit der Mittel einzuhalten.

Der Verhältnismäßigkeitsbereich spannt sich also zwischen einer logisch zwingenden Authentikation an einem Ende und einem Minimum an Strenge am anderen auf. Dieses Minimum sollte jedoch mehr bieten als ein bloßes Aufdecken zufälliger Störungen; absichtlichen Störungen sollte auf jeden Fall Rechnung getragen sein. Diese Gesichtspunkte werden in 3.1 behandelt.

Von besonderer Wichtigkeit ist der Gegenstand der Authentikation (was soll authentiziert werden?). Er wird im wesentlichen in 3.2 bis 3.5 behandelt. Um die Dezimalklassifikation der Inhaltsgliederung nicht noch um eine weitere Stelle ergänzen zu müssen, wird der Gegenstand der Authentikation nicht in einem besonderen Punkt behandelt; eine allerdings notwendige allgemeinere Diskussion zum Gegenstand wird in Form von 3.1.5 vorgezogen.

3.1 Vollständigkeit, Abstufungen, Gegenstand der Authentikation

Bei einer Authentikation im strengen Sinne müssen

- das Ableiten und Vergleichen von Authentikatoren logisch konsistente Prozesse sein,

- das Phänomen bzw das Authentikat eindeutig beschreibbar sein.

Diese Bedingungen sind jedoch nicht immer streng erfüllbar, zumindest nicht die zweite. Eine Person läßt sich z.B. kaum so beschreiben, daß sich nicht auch eine andere finden ließe, auf welche die Beschreibung zutrifft. Personen zu authentizieren, bietet also eine besondere Schwierigkeit; man muß Umwege gehen; siehe 3.4.1.

Wo die beiden obigen Forderungen nicht erfüllt sind, kann von einer vollständigen Authentikation - und streng genommen von einer Authentikation überhaupt - nicht die Rede sein. Dann wird häufig nicht das authentiziert, was man authentizieren möchte; es wird nur ein Teil der Authentikationskette verifiziert. Auch ein perfektes technisches Kommunikationssystem ist z.B. keine Garantie für eine richtige Teilnehmerauthentikation, wenn außerhalb des technischen Systems oder an der Schnittstelle zu ihm eine Authentikationslücke vorliegt.

Z.B. mag die durch Schlüssel und Algorithmus gegebene Zuordnung des Schlüsseltexts zum Klartext einer Nachricht authentiziert sein; die Nachricht selbst kann trotzdem gefälscht sein, weil ein Unbefugter die Kenntnis des

Schlüssels erlangt haben mag. Wenn ein Unbefugter den Authentikator eines Teilnehmers usurpiert hat, wird das System ihn fälschlicherweise ordnungsgemäß authentizieren. Zur vollständigen Authentikation fehlt der Nachweis, daß der Teilnehmerauthentikator von keinem anderen als seinem rechtmäßigen Besitzer angewendet wurde.

Zur Teilnehmerauthentikation würde z.B. die Kennung des Anschlusses (wie etwa im Telex-Netz) nicht ausreichen, da in der Regel mehrere Personen das angeschlossene Gerät beanspruchen können. Man kann nicht gesichert unterscheiden, welche der möglichen Personen den Anschluß betätigt. Auch kann sich ein Unbefugter des Teilnehmeranschlusses bemächtigen oder sich als ordentlicher Teilnehmer tarnen.

Man könnte für diesen Zweck als Maßnahme vorsehen, daß das System mit dem Teilnehmer geheime Kennwörter (als P-Authentikatoren) vereinbart und diese zur Sekundärauthentikation von ihm verlangt. Dies ist z.B. der Fall bei den derzeit laufenden Pilotprojekten zum Bildschirmtext-Dienst der Post; eine Bank (Köh),(Sen) schützt die Konten ihrer Bildschirmtext-Kunden mittels solcher Kennwörter (bis zu 3 feste Passwords und zusätzlich einmalig verwendbare Geldtransaktionsnummern), indem sie die Kunden per (unverschlüsseltem) Kennwort authentiziert und nur dem authentizierten Kunden Zugriff zu seinem Konto bietet. Damit sich nicht jemand der Kenninformation bemächtige und das Konto leere, wird jene in Form der Geldtransaktionsnummer (eines P-Authentikators) nur einmalig gebraucht; eine verbrauchte Kenninformation wird vom System als solche erkannt und zurückgewiesen. Die geheimen Einmal-Kennwörter bzw Geldtransaktionsnummern werden dem Teilnehmer von der Bank per Einschreiben zugestellt.

Die Authentikation muß also durch solcherlei Maßnahmen gesichert sein. Die Authentikationslücke muß damit geschlossen werden, daß anderweitige Maßnahmen getroffen und eindeutige Zustände geschaffen werden, die dort eine Authentikation überflüssig machen. Das kann man damit erreichen, daß man technische Sicherungen trifft. Was durch technische Vorkehrungen sichergestellt ist, an dessen Richtigkeit braucht ja nicht gezweifelt zu werden; es zu authentizieren, kann sich erübrigen.

Man kann es erreichen, indem man die intelligenten Teilnehmer so einander authentizieren läßt, daß Fehlauthentikation praktisch ausgeschlossen sind. Man überläßt also die Authentikation zumindest teilweise nicht dem Kommunikationssystem sondern den Teilnehmern.

Man kann u.U. auf Authentikationsanstrengungen in dieser Lücke verzichten, wenn man jemanden für ihre Sicherung verantwortlich machen kann. In der zivilrechtlichen Praxis mag z.B. der rechtmäßige Inhaber eines Authentikators die Gefahr dafür tragen, daß sich ein anderer des Authentikators bemächtigt. Wann immer die Authentikationslücke aufgerissen und mißbraucht wird, trägt der Verantwortliche den Schaden. In diesem Falle ist die Lücke zwar nicht gesichert aber rechtlich geregelt.

Abgesehen davon, daß es Authentikationslücken gibt, muß man auch beachten, daß sich die Authentikation in unterschiedlicher Strenge durchführen läßt. Sie kann logisch evident oder durch ein Protokoll gestützt sein.

3.1.1 Logisch evidente Authentikation

Dies ist eine Form der Authentizität, die unmittelbar ersichtlich ist. Wenn z.B. der Besitzer eines Dokuments festgestellt werden soll, dann ist dies logisch evident derjenige, der es vorweist; dies ergibt sich aus der Defnition von "Besitzer". Wenn eine Nachricht eineindeutig in einen Authentikator abgebildet ist, dann ist jede Nachricht die mit dem gleichen Abbildungsverfahren den gleichen Authentikator ergibt, mit der ersten Nachricht identisch; dies ergibt sich aus der Stimmigkeit eines geeigneten mathematischen Verfahrens.

Eine solche logisch evidente Authentikation ist z.B. das Vorweisen des Kraftfahrzeugbriefs oder eines Seefrachtkonnossements, also von Orderpapieren, bei denen das Recht aus dem Papier dem Recht am Papier folgt. Der Besitzer eines solchen besonderen Dokuments ist authentisch derjenige, dem die Ware auszufolgen ist. Das kann die Handhabung z.B. von Seefrachten erheblich vereinfachen.

Der rechtmäßige Eigentümer kann sich ohne besondere Vollmachten auszustellen vertreten lassen. Allerdings muß man ein solches Dokument sehr gut sichern, denn mit ihm kann sich jeder, auch ein unerkannter Dieb, in den Besitz der Ware setzen. Die Sicherung wirkt sich in der Regel verzögernd auf den Transport des Dokuments aus; in manchen Fällen kommt z.B. das Konnossement später an als die Seefracht selbst (ECE).

Im Grunde genommen ist die logisch evidente Authentikation diejenige, die sich erübrigt, weil ja kein Zweifel an der Richtigkeit der zu prüfenden Annahme besteht. Daß sie hier trotzdem erwähnt wird, liegt einerseits daran, daß sie nicht immer unmittelbar einsichtig ist - nicht z.B. als mathematischer Prozeß - und daß deshalb die Frage nach ihr gestellt wird, und andererseits daran, daß sie die Grundlage für jede andere, d.h. für die protokollgestützte Authentikation ist.

3.1.2 Protokollgestützte Authentikation

Wenn sich die Authentikation nicht auf unmittelbare logische Evidenz stützen kann, muß sie sich zumindest aus einer solchen ableiten lassen. Das Ableitungsprotokoll muß den Ableitungsprozeß vollständig und richtig beschreiben. Es darf nicht fälschbar sein.

Kommt es z.B. nicht - wie oben - auf den Besitz sondern auf das rechtmäßige Eigentum an einem Dokument an, folgt wie bei einem Rektapapier das Recht am Papier dem Recht aus dem Papier, dann genügt nicht das Vorweisen allein; der Besitzer muß außerdem sein Recht am Papier nachweisen, d.h. daß es rechtmäßig in seinen Besitz gelangt ist. Er muß sich legitimieren und muß z.B. Verträge, Vollmachten, Empfangsbestätigungen etc vorweisen. U.U. muß sich die Nachweiskette bis zu den Umständen der Erstellung des Dokuments erstrecken. In diesem Sinne beschreibt das Protokoll einen lückenlosen, logisch konsistenten Ablauf.

Eine solche Authentikation ist z.B. im internationalen Handelsrecht für die Handhabung von Seefrachtbriefen vorgesehen. Es ist umständlicher, mittels eines Seefrachtbriefs in den Besitz der Ware zu gelangen als mittels eines

Seefrachtkonnossements; dafür braucht der Seefrachbrief aber nicht so streng gesichert zu werden und ist es einfacher, ihn zu befördern.

Muß man bei der protokollgestützten Authentikation gegenüber der logisch evidenten Authentikation auf die Unmittelbarkeit verzichten, braucht man nicht notwendigerweise auch auf Strenge zu verzichten. Allerdings können Fehler oder Fälschungen im Ableitungsprotokoll zu einer falschen Authentikation führen. Deren Wahrscheinlichkeit wächst mit der Komplexität des Protokolls.

Eine größere Komplexität wirkt sich scheinbar sicherheitsfördernd aus: Man kann es zwar durch eine Vergrößerung der Komplexität des Protokolls sicherer machen, daß nicht ein Unbefugter zugelassen wird; die größere Komplexität bringt aber auch mit sich, daß dafür ein Befugter öfter abgewiesen wird. Nur wenn man letzteres riskieren kann, fährt man mit mehr Komplexität sicherer. Man wird deshalb das Protokoll einerseits möglichst einfach halten; auch weil sich eine komplexere Ableitung im allgemeinen schlechter sichern läßt. Andererseits kann es aber notwendig sein, Kontrollen einzulegen und damit das Protokoll zu komplizieren bzw die Authentikation für Gerechte und Ungerechte gleichermaßen zu erschweren.

3.1.2.1 Sachgestütztes Protokoll

Man mag logische Fehler ausschließen können; in der Regel wird man jedoch Fehler im Ableitungsprozesses nicht völlig ausschließen können. Selbst bei einem perfekt konstruierten System kann man sie nur so weit ausschließen, wie man ausschließen kann, daß die dem System zu Grunde gelegten (bekannten) Naturgesetze verletzt sein könnten.

Wenn z.B. die Erstellung eines Schlüssels, seine gesicherte Übertragung an eine einzige Verschlüsselungseinheit und die Verschlüsselung einer Nachricht durch diese Verschlüsselungseinheit automatisch vorgenommen werden, dann kann man mit einer sich auf Naturgesetze stützenden (hohen) Wahrscheinlichkeit behaupten, daß die Nachricht, wie sie entschlüsselt werden kann, auch verschlüsselt worden ist.

Streng genommen wäre es denkbar, wenn auch beliebig unwahrscheinlich, daß eine Täuschung vorliegt. Aber - und das kann in der Praxis entscheidend sein - die Täuschung wird kaum in der Absicht einer Person gelegen haben; dieser muß das Risiko eines Fehlschlags als viel zu groß erschienen sein. Wer würde schon damit rechnen wollen, daß etwa auf Grund mikrophysikalischer Vorgänge ein thermodynamischer Hauptsatz oder das Ohm'sche Gesetz verletzt sein könnten. Durch Erhöhen des Risikos, d.h. durch Veränderung der Interessenbezüge, etwa durch Strafandrohungen, kann man eine sachgestützte Authentikation noch sicherer machen; genauer gesagt: Man kann die Täuschungsversuche stark reduzieren und damit das Ziel der Authentikation auf anderem Wege erreichen.

Man sollte die Authentikation möglichst sachgestützt durchführen, indem man z.B. den Teilnehmer-Authentikator aus möglichst unverwechselbaren, unverlierbaren und unübertragbaren Merkmalen einer Person ableitet. Diese Ableitung muß gesichert sein. Damit sie gut zu sichern ist, soll sie überschaubar und einfach sein. Die Sicherung muß vor allem gegen menschliche Einwirkungen erfolgen. Eine Ableitung, bei der eine menschliche Einwirkung nicht auszuschließen ist, kann nicht als sachgestützte Authentikation angesehen werden.

3.1.2.2 Zeugengestütztes Protokoll

Vielfach läßt sich eine für die sachgestützte Authentikation erforderliche Beweiskette nicht anders als dadurch schließen, daß ein Teil oder das Ganze durch die Aussage eines vertrauenswürdigen Zeugen ersetzt wird. Wer immer diesem Zeugen vertraut, wird auch der zeugengestützten Authentikation bzw Authentifikation vertrauen. Die Rechtsordnung bestimmt, wann bezüglich einer Rechtsentscheidung einem solchen Zeugen zu vertrauen ist.

Eine zeugengestützte Authentikation ist häufig einfacher zu führen und einzusehen als eine sachgestützte. Sie ersetzt deshalb zuweilen eine sachgestützte auch dort, wo diese geführt werden könnte. Ein Richter z.B. ist selten in der Lage, eine sachgestützte Authentikation würdigen zu können. Er zieht es vor, einen sachverständigen Zeugen bzw Gutachter zuzuziehen. Der Zeuge mag, um sich selbst zu überzeugen und um seine Glaubwürdigkeit zu erhöhen, möglichst ein nachvollziehbares sachgestütztes Protokoll führen.

Eine ausschließlich zeugengestützte Authentikation wird nicht jeden überzeugen. Sie mag für einen Richter in einem Zivilgerichtsprozeß ausreichen; möglicherweise nicht in einem Strafgerichtsprozeß. Ein Historiker mag sie wiederum anders werten. Obwohl sie wie auch die sachgestützte durch Strafandrohungen unterstützt werden kann, geht die Unterstützung hier nicht so weit; man kann eine Zeugenaussage eher beugen als ein naturgesetzlich funktionierendes technisches System.

In der praktischen Anwendung werden sachgestützte und zeugengstützte Authentikation - wie im Beispiel des Richters und seines Sachverständigen - kombiniert auftreten; die eine wegen ihrer Beweiskraft, die andere wegen der leichteren Handhabbarkeit. Das gilt auch für Kommunikationssysteme. Z.B. könnte der unter 6.1 erwähnte Schlüsselerzeugungsautomat unter die Kontrolle einer vertrauenswürdigen Stelle gestellt werden. Das kann man entweder als eine Verbesserung der sachgestützten Authentikation oder als eine zeugengestützte Authentikation sehen, die sich ihrerseits auf den Sicherheitsgrad von Naturgesetzen stützt.

Obwohl die sachgestützte Authentikation sicherer ist als die zeugengestützte, dürfte in der Regel die letztere in Rechtsfragen eher Anerkennung finden als erstere; eine sachgestützte Authentikation bei der Verwendung von Fernmeldeeinrichtungen ist unserer Rechtsordnung noch fremd. Das liegt wohl auch daran, daß die Rechtsordnung ihren Rechtssubjekten Verantwortlichkeiten zuordnet und sich vorzugsweise an diese und nicht an technische Prozesse hält. Sie tut dies, weil sie offensichtlich in die Zeugenehrlichkeit des Menschen mehr Vertrauen zu setzen bereit ist, als in seine Fähigkeit, technische Prozesse richtig zu beurteilen. Jedoch sind der Rechtsordnung auch Naturgesetzlichkeiten nicht fremd. In dem Maße, in dem technische Prozesse als naturgesetzlich erkannt werden, könnte ihre rechtliche Bedeutung bzw. die Bedeutung der sachgestützten Authentikation zunehmen.

Man beachte auch, daß die zeugengestützte Authentikation - z.B. mittels eines von Zeugen unterschriebenen Protokolls - sich besser für Authentifikationszwecke eignen kann als eine nicht-dokumentierfähige sachgestützte (siehe dazu z.B. 3.6.2).

3.1.3 Mit Verschlüsselung gesicherte Authentikation

Das bis zu diesem Punkt in vorliegenden Unterkapitel (3.1) Gesagte ist allgemeiner Natur; es setzt wohl eine eindeutige gesicherte Ableitung von Authentikatoren und einen gesicherten Vergleich, nicht aber eine Verschlüsselung voraus, wenn sich die Sicherung anders erzielen läßt. Die Verschlüsselung bietet sich als eine allerdings sehr wirksame Hilfsmaßnahme an.

3.1.3.1 Geheimniswahrung durch Verschlüsselung

Die Authentikation erfordert, wie eingangs dieses Kapitels gesagt, die Einhaltung eines Geheimnisses. Dieses Geheimnis braucht sich jedoch nicht, wie oben erklärt, auf eine Verschlüsselung bzw einen Schlüssel zu beziehen. Ein geheimes Kennwort kann auch im Klartext übertragen und geprüft werden. Wenn es zur Sicherheit nur ein einzigesmal verwendet wird, braucht man es nicht unbedingt (durch Konzelation) vor Unbefugten zu verbergen. Es muß allerdings vor seiner Verwendung auf gesicherten Wege - also nicht etwa über das ungesicherte Kommunikationssystem selbst - dem Teilnehmer zukommen. Dieser Weg kann durch Verschlüsselung - d.h. durch deren Anwendung für Konzelationszwecke - gesichert werden.

Das Geheimnis der Authentikation kann auch auf dem Geheimnis eines

- Kennwort-Authentikators
- Schlüssels
- einer Kombination beider

beruhen. Sie gleichen sich in der Hinsicht, daß sie geheimzuhaltende Information darstellen. Der Gebrauch eines Schlüssels impliziert immer den Gebrauch der Verschlüsselung. Der Gebrauch eines Kennwort-Authentikators kann durch Verschlüsselung gesichert werden. Dabei ist zu beachten, daß Kennwörter nicht vom eigentlichen technischen Kommunikationssystem sondern nur von dessen Teilnehmern verwendet werden. Man kann z.B. eine übertragene Nachricht nicht durch Kennwort authentizieren. Diese Authentikationsformen können also nach dem Authentikationsgegenstand verschiedene Aufgaben haben.

3.1.3.2 Geheimhaltung von Authentikator, Authentikat und Schlüssel

Unter "Authentikator" soll hier der (vollständige) C-Authentikator gemeint sein. Dieser kann ja auch ein Schlüssel sein oder er kann einen Schlüssel als P-Authentikator beinhalten. Der C-Authentikator ist es, der geheimgehalten werden muß; er ist ja nach seiner Definition (2.3.1) die allein maßgebliche komplexe Größe, mit der der Authentikant das untersuchte Phänomen auf seine Richtigkeit hin prüft. Wenn es möglich wäre, diese Größe zu manipulieren oder beliebig zu erzeugen, könnte der Authentikant entsprechend getäuscht werden.

Das bedeutet nicht, daß auch jeder dem C-Authentikator zugehörige P-Authentikator geheimgehalten werden muß, sofern nur das Geheimnis des C-Authentikators durch eine andere Komponente gewahrt bleibt. Wenn immer aber ein Authentikator auftritt, der nicht geheimgehalten zu werden braucht, kann es kein C-Authentikator sein.

Ein Beispiel dafür, daß ein P-Authentikator öffentlich sein kann, nicht jedoch der C-Authentikator: Bei der Nachrichtenauthentikation, also der Authentikation übermittelter (neuer) Nachrichten, zeigt sich folgender Fall: Die Nachricht wird zu einem P-Authentikator verschlüsselt und mit diesem dem Empfänger über das ungesicherte Kommunikationssystem zugesandt. Der Empfänger verfügt aber nicht über deren Norm-Authentikator; dieser wäre dem Empfänger ja so neu wie die übermittelte Nachricht selbst und kann dann frühestens mit ihr gemeinsam durch das (unsichere) Kommunikationssystem übermittelt werden, womit ja das Ziel verfehlt wäre, denn erforderlich ist ein gesichert übermittelter C-Authentikator. Trotzdem übermittelt man den Authentikator mit der Nachricht. Beide - Authentikator und Nachricht - sind in diesem Falle P-Authentikatoren. Der C-Authentikator besteht nicht aus ihnen allein sondern auch aus ihrem geheimen Schlüsselungs-Verhältnis; der Schlüssel ist also ein weiterer P-Authentikator; er muß geheimgehalten werden, damit der C-Authentikator geheim bleibt.*)

Das Authentikat hingegen braucht für Authentikationszwecke nicht geheim gehalten zu werden, es sei denn daß es einem benachbartem Glied einer übergeordneten Authentikationskette (siehe 3.4.5) als geheimzuhaltender Authentikator dient. Wird etwa eine öffentliche Nachricht authentikabel übermittelt, kann sie ja selbst öffentlich bleiben. Z.B. würde es den meisten SWIFT- Kunden genügen, die zu authentizierenden Finanzinformationen neben dem P-Authentikator im Klartext zu übermitteln. Wird aber etwa ein Teilnehmerauthentikator übermittelt, der ja seinem Eigentümer nicht unverlierbar und unverwechselbar anhaftet, wird man ihn geheimhalten, damit er nicht von einem Unbefugten für einen Mißbrauch anläßlich späterer Authentikationsvorgänge usurpiert werden kann. Das einzelne Authentikationsprozeß-Element selbst - das einzelne Glied in der Authentikationskette - erfordert jedoch keine Geheimhaltung des Authentikats.

Wie steht es mit dem Schlüssel? Auch hier muß man davon ausgehen, daß es notwendig und hinreichend ist, daß der C-Authentikator geheim bleibt. Sofern die Geheimhaltung des Schlüssels für die Geheimhaltung des C-Authentikators erforderlich ist, muß sie eingehalten werden. Wenn sich z.B. die Authentizität aus der durch den Schlüssel bestimmten Beziehung zwischen Klartext und Schlüsseltext ergibt, dann muß der Schlüssel geheimgehalten werden, wenn Klartext und Schlüsseltext öffentlich übertragen werden.

Der Schlüssel braucht nicht unbedingt geheimgehalten zu werden, wenn sich die Beziehung anders geheimhalten läßt, etwa indem man den Klartext geheimhält. Dann mag es z.B. ausreichen, eine Teilnehmerauthentikation mit geheimgehaltenem Password durch eine öffentlichen Schlüssel und einen öffentlichen Algorithmus (AFN) vorzunehmen. Der Schlüssel dient in diesem Falle dazu, den gespeicherten Normauthentikator zu schützen. Wenn - wie bei asymmetrischen Verfahren oder bei Einwegfunktionen - sichergestellt ist, daß mit Hilfe des

---

*) Was hier authentiziert wird, ist - wie noch in 3.2 zu schildern - eine Nachricht-Nachricht-Beziehung. Es wird festgestellt, ob der Sender eine primärauthentizierte geheime Beziehung zwischen zwei Nachrichtformaten herstellen kann; dieser Authentikationsgegenstand - der C-Authentikator - ist also ein Geheimnis.

Schlüssels der Normauthentikator nicht aus seinem Schlüsseltext abgeleitet werden kann, kann der Schlüssel öffentlich sein. Bei symmetrischen Verfahren ist dies allerdings grundsätzlich nicht möglich.

Bei asymmetrischen Verfahren geht es folgendermaßen: Der Teilnehmer identifiziert sich z.B. dem System - etwa einem Geldausgabeautomaten - mit seinem geheimen Password. Das System verschlüsselt das Password unmittelbar mit einem öffentlichen Schlüssel zu einem Authentikator und vergleicht diesen mit dem abgespeicherten Norm-Authentikator. Aus dem Norm-Authentikator läßt sich umgekehrt mittels des öffentlichen Schlüssels nicht das geheime Password ableiten.

Man kann vor allem dort, wo nicht durch die Unterschiedlichkeit von Schlüsseln differenziert zu werden braucht, auf einen solchen auswechselbaren Schlüssel völlig verzichten und die Authentikation mittels einer öffentlich bekannten Einwegfunktion vornehmen (Eva). Ist es z.B. nur eine einzige Bank, die einen Zahlungsautomaten betreibt, braucht sie in diesem Falle keinen Schlüssel. Sind mehrere Banken am Betrieb des Geldausgabeautomaten beteiligt, werden sie zwar das gleiche Verfahren - etwa das RSA-Verfahren - anwenden, werden sich aber sinnvollerweise durch unterschiedliche Schlüssel unterscheiden. In diesem Falle reicht eine schlüssellose Einwegfunktion nicht aus.

Abschließenmd kann man zur Geheimhaltung sagen:

- Der C-Authentikator muß immer geheim gehalten werden.

  P-Authentikatoren brauchen nicht geheimgehalten zu werden, es sei denn daß sie den C-Authentikator kompromittieren würden. Es wird immer einen darunter geben, der aus diesem Grunde geheimzuhalten ist.

- Das Authentikat braucht (für Authentikationszwecke) nicht geheim gehalten zu werden, es sei denn, daß es in einem übergeordneten Authentikationsprozeß als geheimzuhaltender Authentikator dient.

- Der Schlüssel braucht (für Authentikationszwecke) nicht geheimgehalten zu werden, es sei denn, daß er als geheimzuhaltender P-Authentikator dient, oder daß man mit seiner Kenntnis einen solchen ableiten kann.

- Das zur Sicherung der Authentikation verwandte Verschlüsselungsverfahren braucht nicht geheimgehalten zu werden; es sollte in einem offenen Kommunikationssystem grundsätzlich nicht geheim sein.

Selbstverständlich kann sich die Notwendigkeit einer Geheimhaltung etwa der Nachricht - aus anderen als aus Authentikationsgründen ergeben.

3.1.3.3 Authentikationsrichtungen

Zur Sekundärauthentikation soll noch auf eine wichtige Unterscheidung im Ableitungsprotokoll des C-Authentikators hingewiesen werden:

Man kann zur Sekundärauthentikation grundsätzlich entweder den Prüf-Authentikator aus dem Authentikat durch eine Verschlüsselung ableiten und ihn mit dem Norm-Authentikator vergleichen, oder man kann das Authentikat aus dem Norm-Authentikator durch eine Entschlüsselung ableiten und die so erhaltene Prüfgröße mit der vorliegenden Normgröße des Authentikats vergleichen. In diesem Sinne ist zu unterscheiden zwischen

- nachvollziehender Authentikation

- rückvollziehender Authentikation

Siehe auch 3.2.

Für die Durchführung der rückvollziehenden Authentikation ist die Kenntnis eines geheimen Entschlüsselungs-Schlüssels Voraussetzung. Will man dies vermeiden, kann man eine nachvollziehende Authentikation wählen und kann auf den rückvollziehenden Vorgang - also eine Entschlüsselung - überhaupt verzichten. Dann ist auch die Frage, ob sich der Unbefugte den passenden Schlüssel verschaffen kann, irrelevant. Zur nachvollziehenden Authentikation genügt eine Einwegfunktion (siehe 2.2.3).

Eine Einwegfunktion eignet sich aber wenig für die Konzelation von Nachrichten, die man ja wieder in Klartext überführen möchte, für die also eine Rückabbildung möglich sein muß, wenn auch nur mit Hilfe eines geheimen Schlüssels. Wo also auch die Konzelation gefragt ist, wird man oft der Einfachheit halber die Authentikation rückvollziehend durchführen, um beides - Authentikation und Konzelation - mit einem Schlag zu erledigen.

Erst die Konzelation macht eine unverkürzte, in beiden Richtungen wirkende geheime Verschlüsselung/Entschlüsselung, wie in 2.2 definiert, notwendig. Für reine Authentikationsaufgaben genügt etwa der Verschlüsselungsprozeß allein; für sie ist prinzipiell eine Geheimhaltung nicht notwendig; in praktischen Fällen aber wohl, weil zumeist auch Konzelation erforderlich ist.

3.1.4 Abstufbarkeit der Authentikation

Wie eingangs des Unterkapitels erwähnt, kann eine strenge Authentikation einen Aufwand verlangen, der dem Zwecke nicht angemessen sein mag. In solchen Fällen erscheint es als sinnvoll, auf absolute Sicherheit zu verzichten und sich mit einer an Sicherheit grenzenden Wahrscheinlichkeit zufrieden zu geben. Es genügt in den meisten Fällen, wenn für einen Angreifer das Risiko groß genug ist, erheblich mehr Aufwand treiben zu müssen, als ihm ein erfolgreicher Angriff einbringen kann. Allerdings darf man nicht leichtsinnig sein; auch eine Sabotage, bei der der Schaden des Angegriffenen der Gewinn des Angreifers ist, sollte gebührend berücksichtigt werden.

3.1.4.1 Kryptologische Sicherheit

Ein Verzicht auf absolute Sicherheit tritt bereits ein, wenn Verschlüsselungsverfahren eingesetzt werden. Sie bieten nur eine kryptologische Sicherheit, die streng genommen keine eigentliche Sicherheit (100%-ige Wahrscheinlichkeit) ist; es bestehen zumeist extrem geringe Restwahrscheinlichkeiten dafür, daß entweder ein anderes Authentikat als richtig oder das richtige Authentikat als falsch befunden wird.

Dieser Sicherheitsverlust ist dadurch bedingt, daß alle praktizierbaren kryptologischen Verfahren mit beliebig großem Aufwand geknackt werden können. Allerdings kann der Aufwand so groß gehalten werden, daß er erheblich größer ist als sein erstrebter Gegenwert. Dann kann man davon ausgehen, daß die kryptologische Sicherheit für praktische Bedürfnisse so gut wie logische Evidenz ist.

3.1.4.2 Plausibilität

Zuweilen verzichtet man auf einen strengen Beweis, auch auf einen mit kryptologischer Sicherheit geführten, wenn es die Umstände erlauben oder nahelegen. Dies beruht zumeist auf einer der beiden Lockerungen:

- Man verzichtet auf die Eineindeutigkeit der Zuordnung von Authentikat und Authentikator.

- Man verzichtet auf einen strengen Vergleich des Norm- und des Prüfauthentikators.

Voraussetzung für einen solchen Verzicht ist, daß der Prozeß ein sehr plausibles Zwischenresultat aufweist. Ist z.B. der entschlüsselte Text verständlich und deckt das Verfahren Eingriffe in den Text durch Unplausibilitäten auf, braucht man sich nicht zu überzeugen, daß er genau dem Klartext vor der Verschlüsselung entspricht; man erspart sich die Übertragung des Klartexts.

Für die Plausibilität ist folgendes erforderlich:

- ausreichende Redundanz in der Darstellungsform entweder des Authentikats oder des Authentikators oder beider

- die Fähigkeit, mit der Redundanz ein ausreichend plausibles Zwischenresultat zu erreichen und als solches zu erkennen

Die Redundanz ist z.B. in der natürlichen Sprache und in dem auf sie bezogenen Konsensus gegeben. Plausible Nachrichten machen nur einen sehr geringen Bruchteil der möglichen Buchstabenkombinationen aus.

Daß dies nicht immer so ist, erkennt man, wenn man bedenkt, daß auch wenig redundante Nachrichten - etwa Meßergebnisse oder verschlüsselte Texte - verschlüsselt übertragen werden müssen, daß es also an Redundanz fehlen kann. Aber es kann auch an der Fähigkeit, die Plausibilität festzustellen, liegen; ein Automat dürfte z.B. erhebliche Schwierigkeiten haben, die Plausibilität einer in natürlicher Sprache gehaltenen Nachricht zu erkennen.

Die Authentikation wird häufig in den Vorstellungen zu einem Kryptosystem gegenüber der Konzelation vernachlässigt. Das dürfte zumeist daran liegen, daß man herkömmlicherweise allgemeinverständliche Texte verschlüsselte, um sie zu konzelieren; dabei fiel z.B. eine Nachrichtenauthentikation fast unbemerkt ab.

Wenn aber eine Entschlüsselung einen plausiblem Klartext ergibt, ist man geneigt anzunehmen, daß nicht nur dieser sondern auch sein Aussteller authentisch ist; eine solche Vernachlässigung des Teilnehmer-Authentikationsproblems kann jedoch schon gefährlich sein. Das gilt nicht allein für das nachrichtendienstliche Milieu. Wenn unplausible Nachrichten - wie z.B. Meßreihen - übertragen werden sollen, und wenn nicht immer ein Mensch zur Verfügung steht, Plausibilitätsprüfungen vorzunehmen, wenn disputable Unterschriften verlangt werden, d.h. der Partnerteilnehmer nicht als gutwillig vorausgesetzt werden kann, ist es notwendig, sich über die Authentikation differenzierte Gedanken zu machen.

Obwohl hier gezeigt wurde, daß man mit der Plausibilität keineswegs immer rechnen kann, soll außerhalb dieses Kapitels die Problematik nicht weiter vertieft werden, bzw es soll nicht immer gefragt werden, wie streng die Authentikation ist, von der gerade die Rede ist; vorausgesetzt, daß sie streng genug ist, um den praktischen Erfordernissen nachkommen zu können.

3.1.5 Gegenstand der Authentikation - Authentikate, Interessen

Wie bereits festgestellt, ist es wichtig, sich darüber im Klaren zu sein, was man authentizieren möchte, ob etwa die Echtheit einer Unterschrift oder die eigene Glaubwürdigkeit. Der primäre Gegenstand der Authentikation liegt in der Regel nicht im Problembereich der technischen Kommunikation sondern im Interessenbereich der Teilnehmer. Je nach Interessenlage verteilen sich also die Authentikationsaufgaben auf die Teilnehmer. Darunter können durchaus Teilnehmer im Sinne von 2.1.5 - also auch Automaten - verstanden werden.

Die primäre Authentikation kann in ihrem eigentlichen Sinne nur von beiden Kommunikationspartnern durchgeführt werden, denn beide müssen sich auf einem Norm-Authentikator einigen. Die sekundäre Authentikation wird in der Regel von nur einem Teilnehmer durchgeführt, der sich ja die Überzeugung und den Nachweis verschaffen will, daß der geprüfte Gegenstand echt ist, und der dies gegebenenfalls auch gegenüber seinem Partner oder gegenüber Dritten nachweisen möchte.

Die Interessen können aber so verteilt sein (siehe z.B. 5.4.2), daß auch beide Teilnehmer sich an der sekundären Authentikation beteiligen. Wenn z.B. eine übermittelte Nachricht authentiziert werden soll, dann mag der Empfänger aus der sekundären Authentikation den Nachweis der Senderunterschrift und der Sender die Empfangsbestätigung beziehen wollen. Dafür kann man z.B. vorsehen, daß sowohl ein geheimer Schlüssel des Senders als auch einer des Empfängers zur vollständigen Authentikation eingesetzt werden. Eine Nachweisgröße mag etwa mit beiden Schlüsseln verschlüsselt werden müssen. Keiner der beiden Teilnehmer kann ohne den anderen einen solchen Authentikator fälschen. Siehe als Beispiel dazu 3.6.3.

Im offenen Kommunikationssystem bietet sich zudem die Möglichkeit, Unterschrift und Empfangsbestätigung sich von einem vertrauenswürdigen Dritten beglaubigen zu lassen, bzw die Authentikation mittels seines geheimen Schlüssels vorzunehmen.

Die Interessen müssen in unterschiedlicher Weise in unterstützende technische Authentikationsmaßnahmen umgesetzt werden. Wenn also z.B. die eigene Glaubwürdigkeit bezüglich einer Reklamation authentiziert werden soll, dann muß nachgewiesen werden können, daß man nicht in der Lage war, die Unterschrift des Vertragspartners zu fälschen, bzw. daß man über den dafür benötigten Schlüssel nicht verfügen konnte.

Letzteres kann z.B. so sichergestellt werden, daß der Schlüssel nur von einem neutralen Dritten angewandt und authentiziert werden kann. Letzten Endes ergibt sich aus diesen Forderungen eine Forderung an die Einrichtung des technischen Systems, das z.B. einen solchen vertrauenswürdigen Dritten einbeziehen kann. Tut es dies nicht, dann muß der vertrauenswürdige Dritte auf herkömmlichen Wegen einbezogen werden, wenn das System wirklich offen und von der Öffentlichkeit her beurteilbar sein soll. Siehe dazu 3.6.3.

Im folgenden sollen deshalb die Authentikationsmöglichkeiten im technischen System untersucht werden. Dort erweisen sich als authentikationsfähig: Teilnehmer/Instanzen, übertragene Nachrichten, Prozesse und Zwischenbeziehungen dieser Phänomene (siehe auch 2.1). Da die Prozesse jeweils Instanzen und Nachrichten untereinander in Beziehung setzen, sollen sie in der folgenden Aufstellung unter "Beziehungen" subsummiert werden (zumal auch das ISO-Schichtenmodell unter einem Application Process einen Teilnehmer versteht). Solche Beziehungen brauchen aber keineswegs Prozesse zu sein.

In einem Kommunikationssystem können also folgende Authentikate auftreten:

- Nachrichten
- Instanzen (Teilnehmer)
- Nachricht-Nachricht-Beziehungen
- Instanz-Instanz-Beziehungen
- Nachricht-Instanz-Beziehungen
- Mehrfachbeziehungen

Was unter den Authentikaten "Nachricht" und "Instanz" (siehe 2.1.5 und 2.1.6) zu verstehen ist, dürfte klar sein. Über ihre Authentikation soll in 3.2 und 3.4 gesprochen werden.

Eine Nachricht-Nachricht-Beziehung ist z.B. die Aufeinanderfolge zweier Nachrichten. Auch die Zuordnung oder der Zuordnungsprozeß des Datums zu einer Nachricht kann als eine solche Beziehung aufgefaßt werden; desgleichen die Zuordnung vom Schlüsseltext zum Klartext einer Nachricht. Im letzten Fall zeigt sich, daß auch unterschiedliche Formate einer Nachricht im Sinne einer Nachricht-Nachricht-Beziehung aufgefaßt werden können.

Eine Instanz-Instanz-Beziehung ist z.B. die Verbindung zweier Instanzen im allgemeinen Sinne; z.B. Sender-Empfänger, Master-Slave etc; im besonderen Sinne kann es der Prozeß sein, der beide verbindet. Eine solche Beziehung läßt sich z.B. durch einen gemeinsamen Sessionsschlüssel authentizieren. Auch die geheimen Kennwörter, die im Falle der Bank (siehe 3.1.3) zwischen der Bank und ihren Kunden vereinbart werden, authentizieren eine Instanz-Instanz-Beziehung, im Gegensatz zum geheimen Teilnehmerauthentikator, der im Grunde genommen nur den Teilnehmer authentiziert und für diesen Zweck z.B. auch im Verkehr mit anderen Banken verwendet werden kann.

Eine Nachricht-Instanz-Beziehung ist z.B. die Zuordnung des Ausstellers zur Nachricht, was etwa bei der digitalen Unterschrift von Wichtigkeit ist. Siehe 3.6. Auch der Prozeß der Empfangsbestätigung des Empfängers fiele darunter.

Mehrfachbeziehungen mögen der Regelfall sein. Eine solche Beziehung liegt z.B. einer für einen bestimmten Empfänger unter eine Nachricht geleistete

Unterschrift zu Grunde; sie ist eine Instanz-Nachricht-Instanz-Beziehung. Solche komplexeren Beziehungen werden sich jedoch jeweils in Einzelbeziehungen zerlegen und als solche analysieren lassen. Desungeachtet werden die technischen Realisierungen durchaus besonders sein und sich nicht in jedem Fall aus den Realisierungen der Einzelkomponenten zusammensetzen.

Es kann im Gegenteil einfacher sein, eine komplexere Beziehung zu realisieren. Gelingt es z.B., eine Nachricht-Nachricht-Beziehung zu authentizieren, kann dies in der Regel nur gewährleistet sein, wenn neben der Beziehung der beiden Nachrichten zueinander auch jede der beiden Nachrichten für sich authentisch ist. Im Falle der Authentikation von übertragenen Nachrichten erweist sich der Umweg über die Authentikation der komplexeren Beziehung sogar als der einzige praktikable Weg (siehe 3.2).

Eine komplexe Beziehung ist nur dann authentisch, wenn die Phänomene, die zueinander in Beziehung stehen, jedes für sich authentisch sind. Wenn m und n zwei Phänomene wie z.B. Teilnehmer und Nachricht oder Nachricht und Nachricht oder Klartext und Schlüsseltext einer Nachricht sind, dann seien

$$a_m, a_n \in 0, 1$$

die Authentizitäten von m und n. Ist m bzw n authentisch, nehmen die Authentizitäten a_m bzw a_n den Wert 1, anderenfalls den Wert 0 ein.

Die Authentizität a_{mn} der komplexen Beziehung ist nur dann 1, wenn, die Teilbeziehungen ebenfalls den Wert 1 haben. Sie ergibt sich also aus einer logischen Und-Operation.

$$a_{mn} = a_m \,\&\, a_n$$

Tabelliert ergibt dies:

a_m	a_n	a_{mn}
0	0	0
0	1	0
1	0	0
1	1	1

Zuweilen werden nicht a_m und a_n authentiziert und daraus die Authentizität a_{mn} der komplexen Beziehung abgeleitet. Vielmehr wird erst die komplexe Beziehung authentiziert und daraus die einfachen Phänomene.

Um z.B. die Authentitziät einer übertragenen Nachricht festzustellen, wird die Nachricht sowohl in ihrer Klartext- als auch in ihrer Schlüsseltextversion übertragen. Die Beziehung zwischen den beiden, die durch den Verschlüsselungsprozeß bzw den geheimen Schlüssel bestimmt ist, ist die authentikable Größe. Aus ihr will man auf die Authentizität der eigentlichen Nachricht schließen (siehe 3.2).

Will man also z.B. a_m bestimmen, dann ergibt die logische Operation unter der Voraussetzung, daß die Umkehrung eindeutig ist, folgendes:

a_{mn}	a_n	a_m
0	0	0/1
0	1	0
1	0	f
1	1	1

/ = logisches Oder
f = Fehlzustand

Entsprechendes ergibt sich für a_n.

Das einfache Phänomen kann authentisch oder auch nicht authentisch sein, wenn das Phänomen, mit dem es in Beziehung steht, und die Beziehung selbst nicht authentisch sind. Ist z.B. die Nachricht-Nachricht-Beziehung nicht authentisch, kann dies auch daran liegen, daß das andere Phänomen nicht authentisch ist.

Das einfache Phänomen ist nur dann mit Sicherheit nicht authentisch, wenn das Phänomen, mit dem es in Beziehung steht, authentisch und die Beziehung selbst aber nicht authentisch ist. Im diesem Falle ist es ja der Grund für die Nicht-Authentizität der Beziehung.

Wird das andere Phänomen als nicht authentisch, die Beziehung aber als authentisch ausgewiesen, kann es sich nur um einen Fehlzustand handeln; wenn das andere Phänomen nicht authentisch ist, muß ja die Beziehung ebenfalls nicht-authentisch sein.

Das einfache Phänomen ist nur dann mit Sicherheit authentisch, wenn das Phänomen, mit dem es in Beziehung steht, und die Beziehung selbst authentisch sind.

Will man also aus der Authentizität der Beziehung auf die des einfachen Phänomens schließen, dann kann man dies streng genommen nur dann tun, wenn auch die Authentizität des anderen Phänomens geprüft wird. Verzichtet man aber auf diese Prüfung und kann man den Fehlerfall ausschließen, dann genügt es, zu wissen, daß die Beziehung authentisch ist, um das untersuchte Phänomen selbst als authentisch einzustufen. Allerdings kann man dann auch aus der Nicht-Authentizität der Beziehung nicht mit Sicherheit auf die Nicht-Authentizität des Phänomens schließen. Wenn man diese Möglichkeit vernachlässigt ist man aber in der Regel auf der sicheren Seite.

Ist allerdings die Umkehrung nicht eindeutig, gibt es z.B. zu a_m einen anderen Wert $a_{\not n}$ oder zu a_n einen anderen Wert $a_{\not m}$, mit dem es jeweils in der gleichen Beziehung a_{mn} steht, oder gibt es überhaupt andere Wertepaare mit der gleichen Beziehung a_{mn}, dann ist die Authentizität nicht gesichert. Von der Verschlüsselung wird man also Eineindeutigkeit verlangen (siehe auch 3.2).

Die Eineindeutigkeit schützt allerdings noch nicht dagegen, daß ein Phänomen-Paar $\not m$ und $\not n$ existiert, das die gleiche Beziehung wie m und n und mithin das gleiche a_{mn} aufweist. Es gibt in der Tat z.B. beliebig viele Klartext-Schlüsseltext-Paare, die mit dem gleichen Schlüssel verschlüsselt zum gleichen a_{mn} führen. Wenn man dieses ausschließen will, darf man entweder den Schlüssel (z.B. einen Sessionsschlüssel) nur ein einzigesmal verwenden, oder man darf die Nachricht nur ein einzigesmal senden, indem man z.B. den Sendezeitpunkt grundsätzlich zu einem Teil der Nachricht macht.

3.2 Nachrichtenauthentikation

Die Nachrichtenauthentikation ist ein Prozeß, der von einer Instanz an einer Nachricht vollzogen wird.

Eine Nachricht kann - etwa im Gegensatz zu einem Teilnehmer oder einer Instanz - ihr eigener Authentikator sein. Angenommen man erwartet eine bestimmte Nachricht und erhält diese, kann man die empfangene mit der erwarteten Nachricht buchstabenweise vergleichen und die empfangene damit authentizieren.

Man kann einer Nachricht jedoch im Prozeß der Primärauthentikation (siehe 2.3.1) einen besonderen Authentikator zuordnen. Dann kann die Zuordnung eineindeutig gehalten werden, wenn der Authentikator mindestens - Redundanz außer acht gelassen - die gleiche Länge aufweist wie die Nachricht selbst und der gleiche Zuordnungsprozeß keinen anderen Authentikator ergeben kann.

Man kann die Ableitung des Authentikators auch nur eindeutig halten, also so, daß der Verschlüsselungsprozeß der Nachricht nur diesen einzigen Authentikator ergeben kann, daß aber aus dem Authentikator nicht eindeutig auf die Nachricht geschlossen werden kann bzw daß es mehrere Nachrichten gibt, die zum gleichen Authentikator führen.

Die Ambiguität der Nachricht-Authentikator-Beziehung soll hier noch näher bezeichnet werden. Die Bedingungen für eine eineindeutige Beziehung sind folgende:

E(M) sei der Vorwärts-, D(A) sei der dazu inverse Prozeß. M ist die Nachricht (z.B. im Klartext) und A der Authentikator. Das Durchstreichen "/" eines Zeichens bedeutet die Negation. Dann muß für eine eineindeutige Beziehung gelten:

$$E(M) \rightarrow A \qquad (1.1)$$
$$E(\not{M}) \not\rightarrow A \qquad (1.2)$$
$$E(M) \not\rightarrow \not{A} \qquad (1.3)$$

Diese Bedingungen sind equivalent mit den zum inversen Prozeß:

$$D(A) \rightarrow M \qquad (2.1)$$
$$D(A) \not\rightarrow \not{M} \qquad (2.2)$$
$$D(\not{A}) \not\rightarrow M \qquad (2.3)$$

Z.B.: Die Verschlüsselung E einer Nachricht M muß den Authentikator A ergeben. Die Verschlüsselung E einer anderen Nachricht $\not{M}$ darf nicht den gleichen Authentikator A ergeben. Die Verschlüsselung E der Nachricht M darf nicht einen anderen Authentikator ($\not{A}$) als A ergeben

Es müßte also jeweils geprüft werden, ob nicht nur die Bedingungen (1.1) und (2.1) sondern auch die Bedingungen (1.2), (1.3), (2.2) und (2.3) erfüllt sind. Man müßte z.B. mit (1.2) oder (2.2) feststellen, ob es nicht für die Nachricht M ein Substitut $\not{M}$ gibt, das den gleichen Authentikator A ergibt. Dann könnte man ja auch das Substitut $\not{M}$ für die echte Nachricht unterschieben, ohne daß es der Empfänger merkte.

Wenn aber die Nachricht M sehr plausibel und jede Nachricht $\not{M}$ sehr unplausibel ist, kann man es bei einer Plausibilitätskontrolle belassen. Entsprechend kann man sagen: Wenn A gegenüber jedem möglichen $\not{A}$ sehr plausibel ist, kann man sich mit einer entsprechenden Plausibilitätskontrolle die Verifikation der Bedingung (1.3) bzw (2.3) ersparen.

Bei einer Nachrichtenauthentikation ist ferner grundsätzlich das folgende (in 3.1.5 bereits erwähnte) Dilemma zu lösen: Der Normauthentikator - für jede (neue) Nachricht ein anderer - steht dem Empfänger in der Regel nicht zur Verfügung. Er müßte zunächst gesichert übertragen werden; man kann aber das Übertragungsmedium - das es ja zu sichern gilt dafür nicht benützen. Stellt man aber den Normauthentikator dem Empfänger auf gesichertem Wege zu, so kann man dies auch mit der Nachricht selbst tun und auf die Benutzung eines technischen Kommunikationssystems samt Authentikation überhaupt verzichten.

Man übermittelt statt dessen sowohl Nachricht als auch Authentikator. Beide stehen aber nach einem geheimen Abbildungsprozeß miteinander in einer gleichermaßen geheimen Beziehung - einer Nachricht-Nachricht-Beziehung. Der Empfänger, der das Geheimnis kennt, authentiziert diese Beziehung, indem er z.B. den Abbildungsprozeß nachvollzieht. Dabei ist vorausgesetzt, daß die Beziehung nicht verifiziert werden kann, wenn entweder die Nachricht oder ihr Authentikator oder beide auf dem Wege vom Sender zum Empfänger verändert worden sind (siehe 3.1.5).

In diesem Falle dient eben diese Beziehung als Normauthentikator - etwa der geheime Schlüssel und ein leistungsfähiger Verschlüsselungsalgorithmus. Er ist in dieser Form in der Tat beim Empfänger vorhanden. Aus dem Umstand, daß die Beziehung verifiziert werden kann, schließt man, daß auch die Nachricht authentisch ist. Diese Nachrichtenauthentikation beruht also in Wirklichkeit auf der Authentikation einer Nachricht-Nachricht-Beziehung.

Was hier Authentikator genannt wird, ist im Grunde genommen nur ein P-Authentikator im Sinne der Definition von 2.3.1. Das ist insofern bedauerlich, als sich gerade für diese verkürzte Abbildung die Bezeichnung "Authentikator" eingeführt hat. Eher ließe es sich mit "Unterschrift" bezeichnen, denn auch eine Unterschrift erfüllt ihren Zweck nur in einer Beziehung zu einem Text. Allerdings fehlen dieser "Unterschrift" zumeist noch gewisse Eigenschaften, die sie - wie für eine Unterschrift erforderlich - disputabel machen. Siehe 3.6.

Man sollte sich darüber im Klaren sein: Von Klartext und Authentikator zu reden, kann hier irreführen, denn der eigentliche C-Authentikator ist die Beziehung, nämlich der geheime Schlüssel und der Algorithmus. Was hier

"Klartext" und "Authentikator" genannt wird, sind unterschiedliche Darstellungsformen eines Nachrichteninhalts, sind beides P-Authentikatoren. In dieser Eigenschaft sind sie gleichwertig. Sie können beide unverständlich sein, etwa dann, wenn ein Schlüsseltext authentikabel übertragen bzw dem Kommunikationssystem anstelle eines Klartexts ein Schlüsseltext angeboten wird.

Der Unterschied zwischen Klartext und verschlüsseltem Authentikator kommt allerdings dann zum tragen, wenn es darum geht, die Strenge der Authentikation abzustufen. Man kann z.B. empfängerseits eine Plausibilitätsprüfung am Klartext durchführen und auf einen Vergleich verzichten, womit man auch auf eine Übertragung des Klartexts verzichten kann. Dann muß allerdings die Nachricht im Authentikator voll enthalten und reproduktionsfähig sein; eine Verkürzung des Authentikators gegenüber der Nachricht wäre nicht tragbar.

Oben wird davon ausgegangen, daß der Klartext die für einen Plausibilitätsvergleich notwendige Redundanz hat, z.B. in einer natürlichen Sprache gehalten ist. Das leuchtet zwar ein; die Redundanz braucht aber deshalb nicht etwa auf den Klartext beschränkt zu sein. Man kann z.B. dem (verschlüsselten) Authentikator ebenfalls oder statt dessen Redundanz verleihen und an ihm die Plausibilitätskontrolle durchführen. Das könnte vor allem dort erfolgen, wo nicht ein Mensch diese Kontrolle durchführt sondern ein Automat; die Plausibilitätskontrolle könnte dann automatengerecht gemacht werden.

Wenn und nur wenn die Sprache, in der die Nachricht - sei es in ihrer Klartext- oder in ihrer Authentikatorform - dargestellt ist, ausreichend redundant ist, ergeben sich also für die beiden Formen der sekundären Authentikation unterschiedliche Erleichterungen. Man kann davon ausgehen, daß natürliche Sprachen das notwendige Ausmaß von Redundanz aufweisen.

Wenn die Beziehung durch einen Verschlüsselungsprozeß bestimmt wird, dann kann man sie in unterschiedlicher Weise verifizieren: Man kann als Empfänger an der Nachricht den gleichen Verschlüsselungsprozeß nachvollziehen, den der Sender angewandt hat (nachvollziehende Authentikation); man kann auch am Authentikator den dazu inversen Entschlüsselungsprozeß durchführen (rückvollziehende Authentikation). Im zweiten Falle vergleicht der Empfänger die empfangene und die entschlüsselte Nachricht im Klartext; im ersten Falle werden die Authentikatoren verglichen. Siehe auch 3.1.3.

Kombiniert mit den beiden oben herausgestellten Authentikationsformen ergeben sich dann folgende Authentikationsmöglichkeiten:

3.2.1 Nachvollziehende Sekundärauthentikation, plausible Nachricht

Bei der sekundären Authentikation wird in diesem Falle die gleiche Verschlüsselungsoperation angewandt wie beim Sender. Die Nachricht ist plausibel; d.h. man kann die Verifikation von Bedingung (1.2) durch eine Plausibilitätskontrolle ersetzen.

Der Authentikator A kann (erheblich) kürzer gehalten werden als die Nachricht und zwar bis zu dem Maße, bei dem der Plausibilitätsabstand von M und $\not{M}$, die das gleiche A ergeben, problematisch wird. Umgekehrt: je problematischer dieser Abstand werden könnte, umso weniger kann man den Authentikator gegenüber der Nachricht verkürzen; sollte stochastischer Text übertragen werden, müßte der Authentikator mindestens so lang wie die Nachricht gehalten werden.

Dieser Betrachtung liegt die Annahme zu Grunde, daß es einem Angreifer mit realisierbarem Aufwande möglich sein könnte, zu M mindestens ein $\not{M}$ zu finden, das den gleichen Authentikator ergibt. Bei einem geringen Plausibilitätsgrad der Nachricht - etwa bei Meßwertreihen - könnte auch ein solches $\not{M}$ als plausibel erscheinen; der Angreifer könnte mit erschwinglicher Mühe, eine Reihe anderer plausibler Meßwerte finden, die den gleichen Authentikator ergeben.

Bedingung (1.2) braucht also nur für plausible Nachrichten M bzw $\not{M}$ erfüllt zu sein; es dürfen nicht mehrere plausible Nachrichten den gleichen Authentikator A ergeben - was bei nicht zu kurzen Authentikatoren ausreichend gewährleistet ist. Dann braucht man also Bedingung (1.2) nicht zu prüfen. Von Bedingung (1.3) kann hingegen nicht abgelassen werden; sie muß vom Algorithmus erfüllt werden. Wenn sie erfüllt ist, ist die Abbildung, wie verlangt, eindeutig.

Da der D-Prozeß (Entschlüsselungsprozeß) nicht gebraucht wird, kann auf ihn verzichtet werden; die Bedingungen (2.1) bis (2.3) sind irrelevant. Statt dessen kann bei gleichen Kosten der E-Prozeß (Verschlüsselungsprozeß) sicherer oder bei gleicher Sicherheit billiger gemacht werden. Es genügt, wenn man statt eines Algorithmenpaars eine Einwegfunktion einführt.

Auf die Übermittlung des Authentikats kann nicht verzichtet werden. Man braucht es für den Vergleich zur sekundären Authentikation und, da ein rückvollziehender Prozeß ausgeschlossen ist, auch zum Erkennen der Nachricht.

Man kann also eine Nachricht, die viel Redundanz enthält im Klartext und zusätzlich einen allerdings erheblich verkürzten Authentikator übertragen. Dabei muß man darauf verzichten, die Nachricht konzeliert zu übertragen, es sei denn, daß man dies in einem gesonderten Verschlüsselungsvorgang besorgt.

Der hier beschriebene Fall ist z.B. im Kryptosystem von SWIFT (SWI S.5) realisiert. Er hat den Vorteil, daß bei Ausfall der Verschlüsselungseinrichtung die Nachricht im Klartext vorliegt und vorbehaltlich einer nachzuholenden Authentikation bereits unverbindlich verarbeitet werden kann.

3.2.2 Nachvollziehende Sekundärauthentikation, plausibler Authentikator

Hier wird wie auch bei 3.2.1 von Sender und Empfänger für die Authentikation die gleiche Verschlüsselungsoperation angewandt. Der Satz /A/ aller möglichen Authentikatoren muß einen kleineren Satz /Ap/ aller plausiblen Authentikatoren enthalten. Dem Satz /A/ aller möglichen Authentikatoren muß eine Satz /M/ aller möglichen Nachrichten, dem Satz /Ap/ aller plausiblen Authentikatoren muß ein Satz /Me/ aller erlaubten Nachrichten entsprechen. Jede erlaubte Nachricht Me muß einen plausiblen Authentikator Ap ergeben; zu keiner unerlaubten Nachricht aus dem Satz /M/ darf es einen Authentikator geben, der die Plausibilitätsbedingungen erfüllt. Es darf nicht möglich sein, daß mehrere erlaubte Nachrichten den gleichen plausiblen Authentikator ergeben. Die Bedingungen (1.1) bis (1.3) gelten hier entsprechend für Me und Ap, wobei die Verifikation der Bedingung (1.3) durch eine Plausibilitätskontrolle befriedigt werden kann.

Damit Ap plausibel sein kann, muß also auf der Authentikatorseite Redundanz eingeführt werden. Diese Redundanz ist auch auf der Nachrichtenseite erforderlich. Da der Authentikator plausibel ist, braucht er nicht übertragen zu werden. Übertragen wird die auf eine erlaubte Nachricht Me gestreckte Nachricht; sie braucht nicht konzeliert zu sein. Die Streckung muß aber ein geheimer, nicht-korruptibler Prozeß sein. Der Empfänger leitet aus der gestreckten Nachricht durch einen ebenfalls geheimen, nicht-korruptiblen Prozeß den Authentikator ab und prüft diesen auf Plausibilität.

Der Redundanz des Authentikators kann man eventuell weitere Funktionen übertragen, etwa die eines Teilnehmerauthentikators (3.4.1). Das ist möglich, weil ein Authentikator, der nicht übertragen wird, geheimgehalten werden kann.

Ein (gestreckte) erlaubte Nachricht Me könnte z.B. aus dem Klartext und einem Zusatz bestehen. Der Zusatz wäre so zu wählen, daß die Verschlüsselung von Me einen plausiblen Authentikator Ap ergibt; er wäre ein Schlüsseltext. Man hätte so den gleichen Fall wie unter 3.2.1: Nachricht im Klartext plus zusätzlicher (verkürzter) Schlüsseltext. Jedoch gibt es wichtige Unterschiede: Z.B. braucht man keine Plausibilität der Nachricht; diese kann irredundant sein - etwa ein Schlüsseltext sein oder aus stochastischen Meßwerten bestehen.

Wenn allerdings ein Angreifer die Zusatzinformation von der Nachricht unterscheiden und trennen, sowie eventuell ein Me finden kann, das die gleiche Zusatzinformation ergibt, könnte er auf diese Weise den Empfänger täuschen; bei unplausiblen Texten wäre dies viel leichter als bei plausiblen. Man darf es ihm also nicht etwa dadurch erleichtern, daß man eine zu kurze Zusatzinformation zuläßt, und kann es ihm dadurch erschweren, daß die Trennung nur mit Hilfe des geheimen Schlüssels vorgenommen werden kann. Allerdings begibt man sich im letzteren Falle der Möglichkeit, die Nachricht bereits vor ihrer Authentikation (die nur stichprobenweise durchgeführt werden mag) zu verarbeiten.

Mit unplausiblen Nachrichten läßt sich ein Verstecken der Zusatzinformation leichter erreichen als mit plausiblen. Hier wird also aus der Unplausibilität der Nachricht Gewinn geschlagen, wie im Falle 3.2.1 aus ihrer Plausibilität.

3.2.3 Rückvollziehende Sekundärauthentikation, plausible Nachricht

Bei der sekundären Authentikation wird in diesem Falle die (zur bei der primären Authentikation angewandten) inverse Operation angewandt. Da die Nachricht plausibel ist, kann man die Verifikation von Bedingung (2.2) durch eine Plausibilitätskontrolle an der Klartext-Nachricht erreichen.

Da man sie nicht zur Vergleichsoperation braucht, braucht sie nicht übermittelt zu werden. Es genügt der Authentikator allein, sofern er die Nachricht eindeutig enthält. Mit der inversen Operation wird aus dem Authentikator das Authentikat bzw die Nachricht wieder hergestellt.

Dabei besteht zwar die Möglichkeit, daß ein (unbefugt) veränderter Authentikator eine veränderte Nachricht $\not{M}$ ergibt. Jedoch wird es bei ausreichend redundanter Sprache äußerst unwahrscheinlich gehalten werden können, daß dieses $\not{M}$ sich plausibel darstellt und daß die Veränderung unbemerkt bleibt.

Man beachte, daß in diesem Falle auf die Eineindeutigkeit der Zuordnung von Authentikat und Authentikator bzw auf Bedingung (2.3) nicht verzichtet werden kann, denn das Authentikat muß ja aus dem Authentikator ermittelt werden, wenn es nicht übertragen werden soll.

Der hier beschriebene Fall läßt sich durch das Beispiel des (symmetrischen) DEA1 belegen; er gilt für alle ähnlichen Verfahren, bei denen zwei zueinander reziproke Prozesse vorliegen. Er läßt sich z.B. auch durch das (asymmetrische) RSA-Verfahren realisieren; man verschlüsselt das Authentikat (Nachricht) mit dem öffentlichen Schlüsel des Empfängers zu einem Authentikator, der sie voll enthält. Der Authentikator kann nur mittels des geheimen Schlüssels des Empfängers zum Authentikat (zur Nachricht) entschlüsselt werden. Ist sie plausibel, kann man auf die Klartextübermittlung verzichten.
Man beachte: Die Nachrichtenauthentikation erfolgt bei asymmetrischen Verfahren durch die Schlüsselungsfolge öffentlicher/geheimer Schlüssel, nicht etwa umgekehrt wie bei der Senderauthentikation, bei der mit dem geheimen Schlüssel verschlüsselt wird.

Man beachte ferner, daß eine solche Authentikation nur dann möglich ist, wenn die Nachricht redundant bzw in einer natürlichen Sprache gehalten ist und wenn die Plausibilitätsprüfung auch vorgenommen werden kann, was eventuell von einem Automaten nicht ausreichend sicher gewährleistet wird.

Symmetrische Verfahren sind hier besonders gefragt, weil man mit ihnen in einem Schlüsselungsvorgang nicht nur die (plausible) Nachricht authentizieren sondern gleichzeitig auch konzelieren kann.

3.2.4 Rückvollziehende Sekundärauthentikation, plausibler Authentikator

Wie schon in 3.2.2 erfordert auch hier ein plausibler Authentikator Redundanz, so daß der Satz /Ap/ aller plausiblen Authentikatoren eine Untermenge des Satzes /A/ aller möglichen Authentikatoren ist. Entsprechend muß auch die Nachricht auf eine erlaubte Nachricht Me gestreckt werden, so daß jedem Me eineindeutig ein Ap entspricht, wie auch jedem möglichen M ein mögliches A.

In diesem Falle kann Bedingung (2.3) durch eine Plausibilitätskontrolle geprüft werden, da man ein $\not{A}$p als unplausibel erkennt, bevor man entschlüsselt. Man muß aber (2.2) einhalten; die Entschlüsselung muß die Nachricht Me und darf nicht ein $\not{M}$e ergeben. Das heißt, daß der Authentikator, um plausibel zu erscheinen und eine stochastische Nachricht voll zu enthalten, länger als das Authentikat sein muß, und zwar so lang wie das erlaubte Authentikat Me.

Übertragen wird, wie in 3.2.2, die gestreckte Nachricht, wobei auch hier die dort angestellten Betrachtungen gelten: Die Streckung kann ein verschlüsselter Zusatz zum Klartext sein, der mit dem Klartext verwürfelt sein kann. Der Klartext kann irredundant sein. Der Unterschied zu 3.2.2 ist, daß der

Authentikationsprozeß rück- statt nachvollziehend ist. Das bedeutet, daß man aus dem Authentikator Ap das Authentikat, die gestreckte Nachricht, ableitet. Da diese fallweise verschieden ist (sonst wäre sie keine neue Nachricht), muß auch der Authentikator plausibel aber fallweise verschieden sein. Man muß ihn also auch fallweise übertragen. Die Plausibilität des Authentikators erspart also nicht wie im Falle 3.2.2 seine Übertragung. Dafür könnte man auf die Übertragung der Nachricht verzichten, aber nur dann, wenn die Plausibilitätskriterien geheimgehalten werden können oder wenn die Nachricht ebenfalls plausibel ist. Sonst könnte ja unterwegs der Authentikator durch einen anderen plausiblen Authentikator ausgetauscht werden. Die Plausibilität der Nachricht würde erfordern, daß auch eine wiederholte Nachricht als solche erkannt werden kann.

Wie immer man diesen Fall realisiert, der Authentikator müßte sowohl plausibel sein als auch eindeutig die Nachricht enthalten. Die Nachricht bräuchte weder plausibel zu sein, noch bräuchte sie klar übertragen zu werden. Man könnte z.B. eine unplausible, irredundante Nachricht konzeliert übertragen.

Wie sich in der Diskussion zeigt, verhalten sich die Fälle 3.2.1 (nachvollziehende Authentikation, plausibler Klartext) und 3.2.4 (rückvollziehende Authentikation, plausibler Authentikator) keineswegs, wie man vermuten könnte, symmetrisch zueinander. Das Gleiche gilt für das Paar 3.2.3 (rückvollziehende Authentikation, plausible Nachricht) und 3.2.2 (nachvollziehende Authentikation, plausibler Authentikator). Das liegt daran, daß wir in einer Klartextwelt leben, und unser Bezugspunkt stets der Klartext ist; die Symmetrie wäre nur dann sinnvoll herstellbar, wenn "Nachvollziehen" und Rückvollziehen" zueinander symmetrisch wären, wenn es auch sinnvoll wäre, Informationsverarbeitung, etwa mathematische Operationen, mit Schlüsseltexten zu betreiben.

Ein Prozeß wie in 3.2.2 oder 3.2.4 könnte etwa folgendermaßen ablaufen: Eine Nachricht wird durch einen öffentlichen Algorithmus E mit Hilfe eines geheimen Schlüssels eineindeutig verschlüsselt (Schlüssel- und Klartext gleich lang). Von diesem Schlüsseltext werden so viele Stellen vereinbart ausgewählt, wie der (plausible) Authentikator Ap umfaßt und diesem modulo 2 zuaddiert. Die so erhaltene Größe ist die oben erwähnte Zusatzinformation zur Nachricht; sie trägt damit die notwendige Plausibilität und wird mit der (Klartext-)Nachricht übertragen - eventuell nach einem weiteren geheimen Schlüssel verwürfelt. Der Empfänger trennt die Nachricht von der Zusatzinformation, verschlüsselt die Nachricht zu ihrem Schlüsseltext, addiert dessen ausgewählte Stellen modulo 2 zur übertragenen Zusatzinformation und prüft, ob er einen plausiblen Authentikator Ap erhalten hat. Ist die übertragene Größe, unplausible Nachricht mit eingemischter Zusatzinformation, unterwegs gestört worden, muß der Authentikationsprozeß einen deutlich unplausiblen Wert ergeben.

Um eine Nachricht fälschen zu können, müßte ein Angreifer den geheimen Schlüssel und den vereinbarten Authentikator kennen. Kennt er letzeren, kann er mit einem Aufwand, der vom Verkürzungsverhältnis Nachricht/Zusatzinformation abhängt, eventuell eine andere Nachricht finden, auf welche die Zusatzinformation paßt und die echte Nachricht durch diese unerkannt ersetzen. Eine Möglichkeit, den vereinbarten Authentikator festzustellen, ergibt sich für ihn dann, wenn er der verschlüsselten Nachricht habhaft wird und die Auswahl der Stellen kennt. Dann kann er den vereinbarten Authentikator aus der Zusatzinformation modulo 2 ableiten. Immerhin eröffnet sich hier die Möglichkeit, durch die Geheimhaltung einer vereinbarten Größe, z.B. eines Teilnehmerauthentikators, eine Verkürzung der Zusatzinformation zu erreichen, die anderenfalls subversiven Angriffen Raum böte.

Das hier geschilderte Verfahren ist teils rükvollziehend, teils nachvollziehend. Die Verquickung von Nachricht und Zusatzinformation wird durch eine Trennung rückvollzogen; die Verschlüsselung der Nachricht wird nachvollzogen. Der nachvollziehende Teil des Verfahrens ließe sich auch mit einem DEA1-Algorithmus realisieren. Aber auch hier genügte statt des symmetrischen Verfahrens eine Einwegfunktion.

Auf folgendes sei noch hingewiesen: Hier wurde die Authentikation unabhängig von der Konzelation untersucht. Man kann beides - Authentikation und Konzelation - mit einer einzigen Schlüsselungsoperation erreichen, etwa wie in 3.2.3; man kann jedoch auch Authentikation und Konzelation trennen, wie es z.B. im SWIFT-Kryptosystem, wo nach 3.2.1 authentiziert aber mit einer davon unabhängigen Leitungsverschlüsselung konzeliert wird. Asymmetrische Verfahren, bei denen man mit dem geheimen Schlüssel des Senders die Nachricht authentikabel macht und mit dem öffentlichen Schlüssel des Empfängers konzeliert, erfordern sogar eine Trennung von Authentikation und Konzelation. Für den britischen Telex-Dienst werden zur Authentikation (digital signature) und zur Konzelation (encipherment) unterschiedliche Algorithmen (RSA und DEA1) vorgeschlagen ⟨Dav 2⟩; ähnlich auch für verschiedene Dienstleistungen in Frankreich ⟨Gui⟩.

3.3 Authentikation zeitabhängiger Größen

Die Authentikation (mittels Normauthentikator) ist nur so lange sinnvoll, wie sich der Normauthentikator nicht ändert. Bei zeitabhängigen Authentikaten, wie Uhrzeit oder dem Kalenderdatum, ändert sich aber der Authentikator mit dem Authentikat. Eine Authentikation in dem Sinne, daß der Empfänger den vom Sender angegebenen Absendezeitpunkt mit einem bereits sicher übermittelten und gespeicherten Authentikator vergleicht, ist nicht möglich. Es ist auch nicht unbedingt notwendig; dem Empfänger genügt es, wenn ihm der Absendezeitpunkt mehr oder minder plausibel erscheint. Damit die Zeitangabe des Senders unterwegs von einem Dritten nicht unbefugt verändert werden kann, wird sie der Sender durch Verschlüsselung konzelieren. So muß z.B. verhindert werden, daß ein Angreifer einen alten gültig verschlüsselten Text mit einer neuen Zeitangabe versieht und der Empfänger auf diese Weise getäuscht wird.

Für den Fall, daß der Zeitpunkt zwischen Sender und Empfänger nicht disputiert zu werden braucht, mag dies vollauf genügen. Anders ist es hingegen, wenn etwa der Empfänger behauptet, er habe eine Nachricht nicht zu dem vom Sender angegebenen Zeitpunkt erhalten. Weder kann der Sender gegenüber dem Empfänger noch kann der Empfänger umgekehrt einen Nachweis führen; sie mögen beide den richtigen Zeitpunkt kennen; einer von ihnen oder gar beide sagen die Unwahrheit. Der Umstand, daß die Zeitangabe zur Übertragung verschlüsselt wird, bietet keinen Anhaltspunkt für die Entscheidung des Disputs, wenn jeder von beiden die Verschlüsselung durchgeführt haben kann, weil sie etwa beide über den gleichen Schlüssel verfügen.

Hier ergeben sich je nach Interesse unterschiedliche Gesichtspunkte: Geht es den Teilnehmern darum, sicherzustellen, daß eine Nachricht zeitgerecht abgeht und ankommt, genügt es, wenn der Sender den Sendezeitpunkt der Nachricht zufügt; der Empfänger kann diesen mit dem Empfangszeitpunkt vergleichen; wenn die Differenz zwischen beiden eine hinreichend kleine positive Größe ist, kann er sich damit zufrieden geben. Der Sender wird den Sendezeitpunkt zusammen mit der Nachricht verschlüsseln, um sicherzustellen, daß er nicht unterwegs gefälscht werden kann. Soweit dies also die Systemsicherheit betrifft, reicht eine solche Authentikation der Zeitangabe aus.

Sie reicht nicht aus, wenn ein Nachweis verlangt wird, aber weder Sender noch Empfänger einen Nachweis dokumentieren können, der nicht auch von ihnen gefälscht sein könnte. Das ist dann der Fall, wenn - bei symmetrischen Verfahren - beide über den gleichen Schlüssel verfügen.

Die beiden Teilnehmer können einander die Angaben über Zeitpunkte etwa durch digitale Unterschriften (siehe 3.6) bestätigen, wobei aber im Disputfalle die Bestätigung für einen neutralen Dritten - etwa einen Richter - anerkennungsfähig, d.h. authentifizierbar sein muß. Es ist ferner möglich, daß ein neutraler Dritter Angaben über Zeitpunkte abgibt und bestätigt. In jedem Falle aber muß ein Dritter zur Verfügung stehen, geht es doch für die Teilnehmer darum, sich im Streitfalle dem Dritten gegenüber glaubhaft zu machen. Genau betrachtet: Die strenge Authentikation eines Zeitpunkts ist nicht durchführbar, weil sie nicht nachvollziehbar ist; man kann einen verflossenen Zeitpunkt nicht wiederherstellen. Was hier authentiziert wird, ist nicht nur die Echtheit einer Angabe, sondern ihre Bestätigung bzw deren Herkunft. Es geht dann z.B. um die authentische Unterschrift des neutralen Dritten oder

der Partner, die einander den Zeitpunkt der Kommunikation bestätigen. Hier handelt es sich um das Authentikationsproblem einer Nachricht-Instanz-Beziehung (siehe dazu 3.5) bzw um eine disputable Unterschrift (siehe 3.6).

Eine andere Möglichkeit, zu einer disputablen Zeitangabe zu gelangen, wäre die, sie vom Transportsystem vornehmen zu lassen. Dann wäre das Transportsystem bzw sein Betreiber der vertrauenswürdige Dritte. Allerdings müßte man dazu auch vorsehen, daß diese Angabe nicht gefälscht dokumentiert werden kann. Das hieße aber praktisch, daß das Transportsystem die Zeitangabe verschlüsseln und auf Verlangen authentizieren müßte. Will man aber aus anderen Gründen die Verschlüsselung im Anwenderteil des Kommunikationssystems einbetten, dann wird man wohl eine Verschlüsselung im Transportsystem vermeiden wollen.

Man wird also hier unterscheiden müssen, ob man die Zeit authentizieren will, um sich über die Systemsicherheit gewiß zu sein; dazu möchte man z.B. verhindern, daß eine zwar gültige aber alte Nachricht in die Kommunikation eingespielt wird; oder ob man einen Nachweis gegenüber Dritten braucht.

Eine von einem Dritten authentizierbare Zeitangabe kann auch aus folgendem Grunde wichtig sein: Falls ein Unterschriftsschlüssel (siehe 3.6) einem Unbefugten zur Kenntnis käme, könnten sämtliche mit ihm geleisteten Unterschriften kompromittiert sein, wenn nicht nachgewiesen werden könnte, daß sie vor dem Zeitpunkt des Verlusts geleistet wurden. Kann man aber das Datum authentisch angeben, dann stehen nur diejenigen Unterschriften in Frage, die nach der Proliferation des Schlüssels getätigt wurden. Siehe auch 10.1.

3.4 Instanzauthentikation

Man beachte, daß "Teilnehmer" in 2.1.5 sehr allgemein definiert ist; es können nicht allein Personen sondern auch Automaten, Geräte, Programme, Instanzen (Entities) des ISO-Schichtenmodells etc Teilnehmer sein. Um Mißverständnissen vorzubeugen, daß etwa ein Teilnehmer als eine Person zu verstehen sein könnte, erscheint in der Überschrift die Bezeichnung "Instanz".

Instanzen bedienen sich des Kommunikationssystems. Sie können, von einer höheren Schicht aus gesehen, Teil des Systems sein. Eine besondere Klasse von Instanzen sind diejenigen, die sich von oberhalb der 7. Schicht des ISO-Modells des Kommunikationssystems bedienen. Auch sie können Automaten sein.

Bei dieser Gelegenheit soll wieder darauf hingewiesen werden: Eine Instanz-Authentikation ist nicht nur dann geboten, wenn eine Person authentiziert werden soll. Es kann z.B. auch notwendig sein, daß ein System, etwa ein Automat, von einer Person authentiziert werden muß. Das hängt - wie eingangs des 3. Kapitels ausgeführt - von der Interessenlage ab. Wenn zu befürchten ist, daß eine Person zu ihrem Vorteil ein System mißbraucht, muß sie vom System authentiziert werden. Ist hingegen zu befürchten, daß ein System so manipuliert wird, daß es eine Person zum Vorteil des Manipulateurs schädigt, dann muß sich das System der Person gegenüber ausweisen und von ihr authentiziert werden; könnte doch z.B. eine falsche System-Instanz so das Kennwort eines Teilnehmers abfangen (Rys S.339). Um im strengeren Sinne eine gesicherte Kommunikation zu gewährleisten, muß die Instanzauthentikation wechselseitig sein; anderenfalls könnte die verzichtende Stelle getäuscht werden.

Üblicherweise vertraut man dem System mehr als seinen Benutzern und verzichtet auf die Authentikation des Systems. Die Herren des Systems sind zumeist zum Positiven motiviert; wollte z.B. eine Bank ihre Kunden betrügen, würde sie bald ihre Konzession verlieren. Das kann allerdings auch daran liegen, daß der Herr des Systems seine Interessen besser durchsetzen kann, zumal er es ja ist, der die Konzeption des Systems bestimmen kann. Damit mag er aber auch die Gefährlichkeit des Systems erhöhen und riskieren, daß der Gesetzgeber eine für ihn nachteilige Gefährdungshaftung bestimmt. Es kann also durchaus auch im Interesse des Herrn des Systems liegen, für dessen Ungefährlichkeit zu sorgen und eine Authentikation des Systems zu ermöglichen. Man sollte daher die sich bietenden Authentikationsverfahren auch dahingehend prüfen, wie sie sich für eine wechselseitige Authentikation eignen.

Soll jedoch der Teilnehmer das System authentizieren können, ohne daß er dabei vom System bzw mit dessen Hilfe überlistet werden kann, dann braucht er ebenfalls Datenverarbeitungskapazität. Das wäre z.B. dann gegeben, wenn - wie für die Originalechtheit nach 3.6.10 erfoderlich - die versiegelte Ausweiskarte des Teilnehmers auch eine Verschlüsselungseinheit enthält.

Die versiegelte Karte kann in beiden Richtungen authentizieren: Vom System aus gesehen kann sie dessen Terminal ersetzen; sie kann zu diesem Zwecke auch den geheimen Schlüssel und ein Kennwort, Personal Identification Number PIN (LMM, Rih2, Tur), enthalten; sie prüft, ob der Teilnehmer das Kennwort (aus seinem Gedächtnis) richtig eingibt; sie teilt dann dem System auf gesicherte Weise das Ergebnis der Authentikation mit. Sie kann auch umgekehrt dem Teilnehmer helfen, das System zu authentizieren, wozu allerdings eine Möglichkeit vorgesehen werden müßte, dem Teilnehmer das Ergebnis der Authentikation anzuzeigen. Die versiegelte Teilnehmerkarte hätte also hier gewissermaßen eine öffentliche Funktion; sie würde die Interessen beider Partner-Teilnehmer verkörpern, z.B. die der Bank und ihres Kunden. Diese öffentliche Funktion könnte auch von einer öffentlichen Stelle gestützt werden.

Instanzen können unterschiedliche Funktionen haben und hinsichtlich dieser authentiziert werden müssen. So können z.B. personale Teilnehmer sein: Benutzer, Sender, Empfänger, Abrufer, Zusteller, Aussteller etc. Entsprechend unterschiedlich kann die Instanzauthentikation sein. "Teilnehmer" ist in diesem Sinne nur ein Gattungsbegriff; unter "Teilnehmerauthentikation" muß man sich entsprechend eine Gattung von Authentikationsarten vorstellen.

Eine gewisse Ordnung ergibt sich aus der des ISO-Schichtemodells; dort sind den einzelnen Schichten unterschiedliche Instanzen, unterschiedliche Dienstleistungen und damit diesbezüglich unterschiedliche Interessen zugeordnet.

Damit ist dieses Modell auch dazu geeignet, Ordnung in die Authentikationsarten zu bringen. Es bezieht sich aber nur auf das vornehmlich technische Kommunikationssystem. Darüberhinaus sind weitere Schichten mit unterschiedlichen Instanzen denkbar, etwa einer Instanz, welche die Daten erarbeitet, eine andere, die sie zur Übermittlung bereitsstellt, eine weitere, welche die Übermittlung auslöst etc. Da man in diesen zusätzlichen Schichten keine Normungsabsichten hat, hat man auf ihre Spezifizierung verzichtet. Das ändert jedoch nichts an der Tatsache, daß für diese Instanzen ebenfalls Dienstleistungen gebraucht werden, die ihnen über die jeweils unterliegende

Schicht zugeführt und von den Schichten des technischen Kommunikationssystems unterstützt werden müssen; das sind etwa Dienstleistungen, mit deren Hilfe man solche nach Funktionen unterschiedliche Instanzen authentizieren kann.

An dieser Stelle ist festzuhalten, daß die Instanz- oder Teilnehmerauthentikation viel Unterschiedliches umfaßt und nicht etwa wie die Nachrichtenauthentikation durch ein einziges Verfahren abgedeckt werden kann.

Die Instanz-Authentikation wird man nach Möglichkeit von zwei Partner-Instanzen vornehmen lassen, die sich an Ort und Stelle gegenüberstehen. Das ist allerdings nicht unbedingt notwendig; die Partner-Instanzen können auch weiter auseinanderliegen; dann muß allerdings die Übertragung der Authentikatoren gesichert werden, etwa durch eine Konzelation und Nachrichtenauthentikation. Ohne jede Verschlüsselung wird man also in einer Teilnehmerendeinrichtung nicht auskommen.

3.4.1 Instanzauthentikator

Eine Instanz kann eindeutig identifizierbar sein, ist es aber im allgemeinen Falle nicht; nicht z.B. eine Person. Eindeutig identifizierbar ist ein Programm, denn ein Programm besteht aus einer endlichen Menge von Information und ist durch diese beschrieben. Eine Programm-Instanz kann also als Authentikat auch ihr eigener Authentikator sein.

Da ein Programm beliebig lang sein kann, kann damit eine solche Authentikation auch beliebig langwierig sein. Man wird deshalb dem langen Programm wie auch einer langen Nachricht einen wesentlich kürzeren Authentikator geben. Ähnlich wie eine Nachricht kann man das Programm zu einem besonderen P-Authentikator verschlüsseln. Anders als bei einer Nachricht kann dieser als Normauthentikator vom Authentikanten gespeichert werden, weil ja das Programm, einmal primärauthentiziert, stets das gleiche bleiben soll. Bietet sich einem Teilnehmer ein Programm zur Authentikation an, dann verschlüsselt er es (mit seinem geheimen Schlüssel) zum Prüfauthentikator; dieser wird mit dem gespeicherten Normauthentikator verglichen; ist der Vergleich erfolgreich, gilt das Programm als authentiziert.

Dies ist ein Fall, in dem der P-Authentikator (der Nachrichtenauthentikation) auch als vollständiger C-Authentikator verwendet werden kann, wenn Verschlüsselung und Vergleich ausreichend gut gegen Unbefugte gesichert sind; anderenfalls können weitere P-Authentikatoren ins Spiel gebracht werden.

Anders erscheint zunächst dieses Problem bei Authentikaten, die nicht in Form einer endlichen Menge von Information allein realisiert sind. Das gilt vor allem für Personen. Sie müssen sich dem System per Information bzw per Authentikator mitteilen. Eine Person kann über mehrere Authentikatoren verfügen; das braucht der Eindeutigkeit ihrer Zuordnung keinen Abbruch zu tun; allerdings dürfte das für das System eine Erschwerung bedeuten, die man vermeiden wird, wo sie sich vermeiden läßt. Die größere Gefahr ist aber die, daß der Authentikator die Person nicht eindeutig beschreibt und daß eine andere Person den gleichen Authentikator aufweist. Schwerer noch wiegt der Umstand, daß ein Authentikator usurpiert werden kann, daß also eine andere Person dem ansonsten blinden System einen gestohlenen aber gültigen Authentikator anbieten kann. Man muß sich damit behelfen, daß man Authentikatoren wählt, die sich schwer usurpieren lassen, z.B. ⟨Rys S.337⟩ etwas, das der Benutzer

- weiß (Kennwort, Kenndialog)
- objektiv besitzt (Schlüssel, Ausweis)
- subjektiv als physisches Merkmal aufweist (Fingerabdruck, Stimme etc)

Am wirksamsten dürfte eine Kombination davon, d.h. eine Kombination von P-Authentikatoren, sein, die einen (vollständigen) C-Authentikator ergibt (siehe 3.7). Kennwort, Schlüssel, Ausweis etc mögen leicht verloren oder verraten werden können.

Ein Kennwort, daß sich der Teilnehmer merken muß, darf aus diesem Grunde nicht allzu lang sein; z.B. schlagen die Autoren von ⟨LMM⟩ dafür eine vierstellige Zahl vor; mit ihr lassen sich maximal 10.000 Teilnehmer auseinanderhalten; in der Praxis wird man aber entweder auf diese (partielle) Eindeutigkeit verzichten, oder viel weniger Zahlen zuteilen, damit nicht mit fast jeder vierstelligen Zahl ein gültiges Kennwnort erraten werden kann.

Bei einem Kenndialog ist die Authentikation bei gleicher Schwierigkeit für den Teilnehmer erheblich effektiver; allerdings wird damit die Aufgabe des Systems schwieriger.

Ergänzt man z.B. eine Kennwortprüfung um die Prüfung eines subjektiven Merkmals - etwa des Umrisses der aufgelegten Hand - mag damit das Eindringen entscheidend schwerer gemacht werden.

In jedem Falle muß aber das System den Normauthentikator kennen; d.h. der komplette C-Authentikator muß von ihm gespeichert werden. Ein Eindringling könnte also dem System den C-Authentikator entnehmen und ihn mißbrauchen, indem er mit ihm das System über seine Identität täuscht und sich so Zugang oder Zugriff verschafft. Dies gilt für alle der oben angeführten Fälle, ob einfach oder raffiniert. Man täuscht sich, wenn man sich diesbezüglich mit einem komplizierteren Verfahren sicherer wähnt. Die Fälle unterscheiden sich in dieser Hinsicht nur dadurch, daß der abgespeicherte C-Authentikator mehr oder weniger komplex und umfangreich ist; seine Sicherheit hängt dann allein von der Güte der physikalischen Maßnahmen ab, mit denen der Speicherbereich gesichert ist. Ist die Sicherheit des Speichers gewährleistet, dann ist bei einem komplizierterem Verfahren das System weniger leicht zu überlisten.

Um ein solches Aufbrechen und Überlisten des Systems zu verhindern, müssen die zu speichernden Normauthentikatoren möglichst so gewählt werden, daß sie einfach zu sichern sind. Sie können z.B., durch Konzelation gesichert, auch in ungeschützten Bereichen gespeichert werden. Die Verschlüsselungseinheit erhält vom Authentikanden den geheimen Normauthentikator im Klartext, verschlüsselt ihn und legt ihn ab. Für die Sekundärauthentikation kann also der Normauthentikator aus dem ungesicherten Speicherbereich bezogen werden.

Der Vergleich kann dann mit den verschlüsselten Authentikatoren angestellt werden. Allerdings darf der (verschlüsselte) Prüfauthentikator nur von der Verschlüsselungseinheit geliefert werden können, damit nicht ein Eindringling einen erfolgreichen Vergleich manipulieren kann. Am besten ist es, den Vergleich in der versiegelten Verschlüsselungseinheit selbst durchzuführen. Auch dürfen das Ergebnis des Vergleichs und weitere wesentliche Verarbeitungsschritte nicht manipuliert werden können.

3.4.2 Wechselseitige Authentikation

Eine andere Möglichkeit ist die, daß der Authentikand - also z.B. die sich identifizierende Person - dem System den Authentikator sowohl in Klartext als auch in Schlüsseltext anbietet - etwa in Form eines maschinenlesbaren Ausweises. Dann prüft das System lediglich, ob die beiden Authentikatorformen zueinander in der richtigen, durch den geheimen Schlüssel bestimmten Beziehung stehen. In diesem Falle braucht das System selbst keine Authentikatoren zu speichern. Es authentiziert eine Nachricht-Nachricht-Beziehung.

Das letztere Verfahren mag sich für eine wechselseitige Authentikation besser eignen als das erstere. Man kann - wollte man das erstere anwenden - nicht vom System erwarten, daß es seinen Authentikator, den es vielen Teilnehmern vorzuweisen hätte, geheimhalten kann. Es ist besser, wenn der Teilnehmer beide P-Authentikator-Formen in seiner Ausweiskarte speichert. Das System kann dann so authentiziert werden, daß es mit Hilfe seines geheimen Schlüssels aus einer Form die andere ableitet und dies dem Teilnehmer demonstriert. Allerdings kann man nicht die beiden P-Authentikator-Formen verwenden, die zur Authentikation des Teilnehmers vom System gebraucht werden.

Außerdem muß beachtet werden: Der oben gemachte Vorschlag, auch den Schlüssel in einer versiegelten Teilnehmerkarte und nicht im System zu speichern, sichert zwar eine Authentikation des Teilnehmers durch das System aber nicht auch umgekehrt; jedes System, das den (öffentlichen) Verschlüsselungsalgorithmus beherrscht, kann die Teilnehmerkarte bedienen; man kommt nicht darum herum, auch das System geheime Information speichern zu lassen, wenn es sich authentizieren soll; auch ein öffentlicher Schlüssel eines asymmetrischen Verfahrens reicht nicht aus. Allerdings legt man etwa bei einem Geldausgabeautomaten geringeren Wert darauf, daß er sich authentiziert, wenn er nur das verlangte Bargeld herausgibt; man traut ihm dann auch eine ordentliche Abbuchung zu. Zuweilen agiert das Terminal nur wie ein Torwächter; es läßt keinen Unbefugten zu; die endgültige gegenseitige Authentikation erfolgt zwischen dem Teilnehmer und er eigentlichen Partner-Instanz des Systems.

Ein vereinfachtes Verfahren könnte folgendes sein: Der Teilnehmer führt in seiner Ausweiskarte sowohl den Schlüssel- als auch den Klartext seines Authentikators; das System verfügt (allein) über den geheimen Schlüssel und über den Schlüsseltext des Teilnehmerauthentikators. Der Teilnehmer bietet mit Einführen seiner Ausweiskarte dem System (nur) den geheimen Authentikator-Klartext an. Das System verschlüsselt ihn zum Prüfauthentikator, vergleicht diesen mit dem abgespeicherten Normauthentikator und teilt ihn auch dem Teilnehmer bzw. der Elektronik der Ausweiskarte mit. Sie vergleicht ebenfalls Norm- und Prüfauthentikator. Fällt der Vergleich sowohl im System als auch in der Ausweiskarte positiv aus, haben sich System und Teilnehmer wechselseitig authentiziert. Das System erkennt die Ausweiskarte am Authentikator-Klartext, der zu einem positiven Vergleich führt. Die Ausweiskarte erkennt das nicht-manipulierte System daran, daß es mit Hilfe des geheimen Schlüssels in der Lage ist, den Authentikator-Klartext richtig zu verschlüsseln.

3.4.3 Primäre Instanzauthentikation

Nach 2.3.1 ist die primäre Authentikation die Ableitung des Normauthentikators vom Authentikat bzw vom Authentikand. Wie oben ausgeführt, kann die Ableitung vom Authentikat (als reiner Information) eindeutig gehalten werden, nicht jedoch die Ableitung von einer Person, einem Authentikand. Bezüglich der Authentikation einer Nachricht oder einer Programm-Instanz empfiehlt sich dafür eine Verschlüsselung des Authentikats. Andere Instanzen jedoch - insbesondere Personen - kann man nicht verschlüsseln und damit die Zuordnung Authentikand / Authentikator sichern; dies kann nur durch andere Geheimnisse gesichert werden, wie sie unter 3.4.1 aufgeführt sind.

Die primäre Instanzauthentikation muß - wie jede andere Authentikation - von einer Instanz durchgeführt werden; eine Instanz authentiziert also eine andere. Dies ist wichtig; man muß es auch z.B. bei Personen so halten. Eine Person könnte zwar ihren Authentikator selbst ableiten und zur Verfügung stellen; ließe man dies aber zu, dann hätte man keine Gewähr dafür, daß sich die Person nicht als eine andere ausgibt.

Vielfach wird eine Primärauthentikation - im Sinne des Austauschs von Authentikatoren - nicht durchgeführt. Man vereinbart nur auf sicherem Wege einen Schlüssel und leitet die Authentizität des Partners von dem Umstande ab, daß man in der Lage ist, sich mit ihm verschlüsselt verständigen zu können. Der Schlüssel ist in diesem Sinne ein Authentikator für eine Instanz-Instanz-Beziehung zwischen den beiden Teilnehmern; er ist nicht teilnehmertypisch sondern typisch für die Teilnehmerbeziehung. In einem System von n Teilnehmern kann es n unterschiedliche Teilnehmerauthentikatoren aber n(n-1)/2 Teilnehmerbeziehungen bzw dazu benötigte Authentikatoren geben. Die Authentikation der Beziehung ist mit Hilfe des Schlüssels erst nach der (erfolgreichen) Kommunikation möglich. Das mag für Ansprüche an die Sicherheit des Systems ausreichen, nicht jedoch für Ansprüche an die Nachweiseignung der Authentikation.

Der gesicherte Weg der primären Instanzauthentikation muß nicht unbedingt, wie etwa ein Kurierweg, deutlich erkennbar sein; Es können auch viele beschrittene Wege dazu führen, über die man vor dem betrachteten Kommunikationsvorgang mit einem Partner einen Konsensus erreicht hat, der es im Verlaufe der Kommunikation sehr plausibel erscheinen läßt, daß er der richtige Partner ist (siehe z.B. 3.4.4.3).

In der Tat ist der Konsensus bzw sind diese vielen Wege immer notwendig, um zu jeder Art von Primärauthentikation zu gelangen. Auch der Kurier muß dem Partner auf Grund eines ausreichenden Konsensus bekannt sein. Letzten Endes beruht die Primärauthentikation auf der Einbindung natürlicher Personen in der Gesellschaft. Man kann aber den vollständigen Authentikationsprozeß, der bis zu einem bestimmten Einwohnermeldeamt führen kann, für die praktischen Kommunikationsfälle abkürzen, systematisch von Mehrdeutigkeiten befreien und für das technische Kommunikationssystem realisierbar machen. Dies tut man durch die organisierte Primärauthentikation. Sie liefert den Konsensus, mit dessen Hilfe man den Partner identifizieren und authentizieren kann.

Ein solches Abkürzungsverfahren mittels besonderer Authentikatoren, mit denen man handlich umgehen kann, ist umso notwendiger, je offener ein technisches Kommunikationssystem ist und je mehr Teilnehmer es aufweist. Das schließt freilich nicht aus, daß in bestimmten Fällen dieses Verfahren weniger rationell sein mag, als die Authentikation über einen amorphen Konsensus, der z.B. die notwendigen Rückschlüsse auf die Authentizität aus dem Teilnehmerverhalten ermöglicht. Solche Sonderfälle, die möglicherweise weniger Sicherheit erfordern, sollten zwar in einem technischen Kommunikationssystem möglich sein, jedoch sollten sie Sonderfälle bleiben können. Der derzeitige Gebrauch der Verschlüsselung beschränkt sich allerdings auf solche Sonderfälle und bringt die Gefahr mit sich, daß es dabei bleibt.

Man kann also sowohl primäre als auch sekundäre Instanzauthentikation außerhalb des Kommunikationssystems (oberhalb der 7. Schicht, Verarbeitungsschicht, nach dem ISO-Schichtenmodell - siehe 9.3.7) durchführen, indem man dazu den unsystematischen Konsensus verwendet, der in der Besonderheit der Beziehung zweier Teilnehmer liegt. In solchen Fällen reicht es z.B., wenn man bei Verwendung eines asymmetrischen Verschlüsselungsverfahrens seinen öffentlichen Schlüssel bekanntgibt, ohne das dieser etwa von einem vertrauenswürdigen Dritten authentiziert werden muß. Man erkennt seinen Partner an zufälligen Merkmalen seiner Weise zu kommunizieren. Dieser Fall soll hier nicht weiter behandelt werden; er bietet gegenüber den vorhandenen technischen Möglichkeiten keinen Fortschritt.

Man kann die primäre Instanzauthentikation außerhalb und die sekundäre innerhalb des Kommunikationssystems vollziehen. Dieser Fall wird unter 3.4.3.1 geschildert. Man kann sowohl die primäre als auch die sekundäre Instanzauthentikation im Kommunikationssystem durchführen; das erfordert eine besondere System-Dienstleistung. Dieser Fall wird unter 3.4.3.2 ausgeführt.

3.4.3.1 Individuelle Primärauthentikation

Geht man von zwei Personen aus, die miteinander gesichert kommunizieren wollen, dann muß eine die andere primär authentizieren. Beide müssen sich auf beide Normauthentikatoren einigen und diese gegen die Preisgabe an Dritte sichern. Eine solche Primärauthentikation kann also logisch evident im Sinne von 3.1.1 gehalten werden.

In einem offenen Kommunikationssystem, in dem jeder mit jedem verschlüsselt verkehren möchte, könnte dieser Austausch von Normauthentikatoren sehr aufwendig werden. Bei n Teilnehmern müßten $n(n-1)/2$ solcher Austauschvorgänge stattfinden. Bei 1000 Teilnehmern wären dies bereits knapp eine halbe Million.

Bei geringem Anfall derartiger Sicherungsnotwendigkeiten kann also der direkte Austausch von Authentikatoren durch die Teilnehmer selbst zur gesuchten Sicherheit führen, weil er mit entsprechend geringem Aufwand verbunden ist.

Über diese Sicherheit hinaus auch die Nachweisfähigkeit gegenüber Dritten zu erreichen, ist allerdings auf diese Weise nicht möglich. Jedes Teilnehmerpaar ist hinsichtlich der vereinbarten Sicherung ein abgeschlossenenes System. Gegenüber dem Partner mag ein Nachweis geführt werden können; nicht hingegen gegenüber einem Dritten; dazu wäre eine Vereinbarung mit diesem bzw seine Einbeziehung in das System mittels einer weiteren Primärauthentikation notwendig.

Ein Primitivsystem zwischen zwei Partnern kann also nur die eine Forderung - nach Systemsicherheit - erfüllen; die andere - nach Nachweisfähigkeit gegenüber Dritten - erfüllt es nicht.

3.4.3.2 Primärauthentikation als Dienstleistung

Sowohl das Problem des vermehrten Austauschs von Authentikatoren als auch das der fehlenden Nachweisfähigkeit führt dazu, andere Wege zu gehen: In einem offenen Netz mit vielen Teilnehmern wird eine Stelle dazu bestimmt, mit jedem der Teilnehmer Authentikatoren auf sicherem Wege auszutauschen. Sie kann dann mit allen dergestalt gesichert authentikabel verkehren. In diesem Rahmen kann sie an die Teilnehmer Authentikatoren übermitteln, mit welchen sich diese gegenseitig authentizieren können. Sie werden gewissermaßen von der Stelle einander vorgestellt. Diese Authentikation ist so sicher, wie man sich der Integrität der Stelle sein kann; sie ist also von zeugengestützter Qualität.

In diesem Falle braucht man nur (n-1) besonders gesicherte Austauschvorgänge. Die übrigen - erheblich mehr, etwa das halbe Quadrat dieser Zahl - können je nach Bedarf über das ansonsten unsichere Kommunikationssystem vorgenommen werden. Die Initial-Primärauthentikation kann also von einer zentralen Stelle als Dienstleistung gewährt werden

3.4.4 Sekundäre Instanzauthentikation

Im Vergleich zur Primärauthentikation ist die Sekundärauthentikation ein wiederholter Prozeß. Ein Normauthentikator, der bei der Primärauthentikation erstellt wird, kann fortan bei jedem Kommunikationsfall angewendet werden. Im strengen Sinne müßte sie ein andauernder Prozeß sein, der sich jeweils über das gesamte Kommunikationsintervall erstreckt, wollen sich doch die Partner zu jedem Zeitpunkt der Kommunikation sicher sein, daß sie es noch sind, die miteinander verkehren, daß sich nicht etwa ein Unbefugter in die Verbindung eingeschaltet hat und die Kommunikation der beiden arglosen Partner kontrolliert und beeinflußt.

3.4.4.1 Initial-Sekundärauthentikation

Bei Aufnahme der Verbindung mögen die Kommunikanten ihre Authentikatoren (gesichert) austauschen und den übertragenen Prüfauthentikator mit dem gespeicherten Normauthentikator vergleichen. Nachdem diese Initial-Sekundärauthentikation erfolgreich abgeschlossen ist, kann die eigentliche Kommunikation anheben.

Die Authentikatoren müssen allerdings geheim bleiben, damit sie nicht von den Teilnehmern mißbraucht werden können. Sie sollten z.B. nie in ihrer Klartextform außerhalb einer Verschlüsselungseinheit erscheinen können, was zu der Forderung führt, daß sie innerhalb der Verschlüsselungseinheit auch gegen den Zugriff von deren Besitzer sicher sein müssen.

Handelt es sich nicht um teilnehmertypische Authentikatoren sondern um solche, die für die Verbindung zweier Teilnehmer typisch sind, z.B. um Sessionsschlüssel, dann brauchen sie nicht in jedem Falle gegen die Teilnehmer selbst gesichert sein. Sie können nicht eventuellen verwerflichen Interessen der Teilnehmer - etwa der Maskierung eines Teilnehmers als ein anderer - dienen. Jedoch sei daran erinnert, daß die Authentikation einer Teilnehmerverbindung nicht immer eine Teilnehmerauthentikation in allen ihren unterschiedlichen Funktionen ersetzen kann.

3.4.4.2 Fortgesetzte Sekundärauthentikation

Während des Übertragungsvorgangs könnte zwar die Initialauthentikation in Abständen wiederholt werden. Dies würde aber unangemessene Kosten verursachen. Man verläßt sich dabei auf den Anschein, daß sich seit der Aufnahme der Verbindung nichts an der Authentizität der tatsächlichen Partner geändert hat. Dieser Anschein wird dadurch besonders plausibel, daß man miteinander verschlüsselt verkehrt; wenn der Partner weiterhin den verschlüsselten Text sinnvoll entschlüsseln kann, dann kann man mit hoher Wahrscheinlichkeit annehmen, daß es sich fortgesetzt um den gleichen handelt.

Je länger allerdings eine solche Verbindung anhält, umso weniger sicher kann man sich der Authentizität des Partners sein; denn es könnte ja sein, daß das lange Kommunikationsintervall einen Angreifer gereizt und es ihm ermöglicht hat, sich erfolgreich einzuschalten.

3.4.4.3 Plausible Sekundärauthentikation

Man kann die Initial-Sekundärauthentikation ganz unterlassen. Die Teilnehmer können sich sagen: Wenn das Kommunikationsverhalten meines Partners beliebig nahe an das diesbezüglich erwartete kommt, und wenn kein anderer möglicher Teilnehmer sich so verhalten kann, kann man hinreichend sicher sein, daß man mit dem authentischen Partner verkehrt. Auf dieses Verhalten wird man am besten von dem Umstand aus schließen, daß der Partner einen Schlüssel verwendet, der eine verständliche Kommunikation ermöglicht. Mit dem Schlüssel wird man die übertragenen Nachrichten authentizieren. Die Plausibilität wird also durch eine Nachrichtenauthentikation gestützt.

Diese sekundäre Authentikation erfolgt ohne einen bereitgestellten Authentikator. Sie erfordert also keine besondere Primärauthentikation. Umgekehrt: Wenn keine primäre Instanzauthentikation vorliegt, die sich in einem Authentikator niedergeschlagen hätte, bleibt kein anderer Weg für die sekundäre Authentikation als der, außerhalb des Kommunikationssystems die Plausibiltäten zu prüfen, die sich aus dem angesammelten Konsensus ergeben. Sie paßt zu dem unter 3.4.3 geschilderten Fall, daß auch die Primärauthentikation über einen nicht näher spezifizierten allgemeinen Konsensus vermittelt wird.

Diese Authentikation beruht also auf Plausibilität und weist die üblichen Schwächen auf: Es werden mehr Konsensus und Redundanz gefordert; automatische Prozesse mögen wenig geeignet sein, den Konsensus zu führen und die Redundanz hinreichend gut auszunützen.

Da die Initialauthentikation fehlt, muß die Authentizität des Partners anfangs vergleichsweise als ungewiß erscheinen. Die Gewißheit wächst mit der Dauer der Kommunikation; besonders kurze Nachrichten können wie auch besonders lange für ein solches Verfahren weniger geeignet sein.

In diesem Sinne verhält sich diese Art von Sekundärauthentikation gegenläufig zur in 3.4.4.2 geschilderten fortgesetzten Sekundärauthentikation. Oder anders betrachtet: Sie kann bei langen Nachrichten die erstere ersetzen; wird die Gewißheit der Initial-Sekundärauthentikation mit der fortdauernden Kommunikation immer geringer, so wird diese wachsende Ungewißheit u.U. dadurch kompensiert, daß sich mehr und mehr Merkmale aus dem allgemeinen Konsensus zwischen den Partnern ergeben, welche die Authentizität wiederum plausibler machen.

Man beachte aber, daß dies nur u.U. gilt, nämlich nur dann, wenn ein solcher Konsensus zur Verfügung steht und verwertet werden kann.

3.4.5 Instanzauthentikation im Schichtenmodell

Stellt man sich ein Kommunikationssystem in Form eines Schichtenmodells vor, dann ordnet man jeder Schicht ein oder mehrere Instanzen zu. Die Instanzen der tiefergelegenen Schicht leisten den Instanzen der höher gelegenen Schicht Dienste, indem sie von dieser Daten übernehmen und an ihnen Weisungen ausführen, sowie auch an sie Daten übergeben. Diese Instanzen stehen also untereinander in einer Kommunikationsbeziehung. Die Verkettung dieser Beziehungen macht die Kommunikation zwischen den personalen Teilnehmern aus, die an den Enden der Kette stehen.

Man kann sich vorstellen, daß die Instanzen einander authentiziert werden müssen, um die Verbindung zu sichern. In diesem Sinne müßte zunächst eine Primärauthentikation im (unsicheren) System ablaufen, die jeder Instanz Normauthentikatoren ihrer Partner-Instanzen hinterläßt. Bei jedem Kommunikationsvorgang müßten die entsprechenden Sekundärauthentikationen vorgenommen werden.

Eine solche Forderung an das Kommunikationssystem ist nur dort angebracht, wo an dessen Sicherheit zu zweifeln ist; anderenfalls würde sie es unangemessen komplizieren. Man muß sich aber darüber im Klaren sein, daß die betroffenen Instanzen, wenn nicht in dieser dann in anderer Weise, gesichert werden müssen; man muß einen Eingriff unmöglich machen oder ihn zumindest sehr erschweren, um sich die Authentikation jeder Teilbeziehung ersparen zu können.

Der Aufwand einer alle Schichten durchlaufenden primären Authentikationskette kann aber zum guten Teil vermieden werden, indem man die Instanzen-Kette abkürzt und bestimmte schichtenspezifische Instanzen des rufenden und des gerufenen Teilnehmers miteinander die gegenseitige Authentikation per Schichtenprotokoll durchführen läßt. Gemäß der Darstellung in Bild 4 (dem ISO-Schichtenmodell nachempfunden) kann man also z.B. die Authentikationskette

$$P\ (n-1)/(n-2),\ \ldots\ P\ 2/1,\ P\ 1/2,\ \ldots\ P\ (n-2)/(n-1)$$

durch S(n-1) ersetzen. Die S-Authentikationen werden per Protokoll durchgeführt. Dann muß allerdings das Protokoll sicher übertragen werden. Das kann man mit der Verschlüsselung erreichen. Wenn auch nicht sämtliche schichtenspezifischen Protokolle verrschlüsselt werden müssen: Der Protokollteil, der die Authentizität der Partnerinstanzen sichern soll, muß in einem ansonsten unsicheren System verschlüsselt sein. Der gemeinsame Schlüssel muß auf einem anderen, sicheren Weg an die Partner gelangt sein. Die in einer Schicht miteinander kommunizierenden Instanzen der beiden Teilnehmer authentizieren einander mittels (verschlüsselt übertragener) Adressinformation.

Eine Übertragung von Daten, die dem Kommunikationssystem bereits verschlüsselt übergeben werden, mag zwar für die Konzelation ausreichen; eine Unbefugter, der den Schlüssel nicht kennt, kann sie nicht lesen; nicht sichergestellt ist allerdings, daß die Daten auch ihren richtigen Empfänger erreichen, wenn auf eine weitere Verschlüsselung (von Protokollinformation) verzichtet wird.

3.4.6 Instanzauthentikation und Verschlüsselungsverfahren

Wie in 3.2 zur Nachrichtenauthentikation gezeigt, kann man die Authentikation den Schlüsselungsprozeß nachvollziehend oder ihn rückvollziehend durchführen. Wie ferner schon in 3.4.1 ausgeführt, kann eine nachvollziehende Authentikation erhebliche Vorteile gegenüber einer rückvollziehenden aufweisen, weil man dann eine Einwegfunktion zur Verschlüsselung wählen kann, die auch öffentlich gehalten werden kann; man braucht keinen Schlüssel geheimzuhalten, weil er ohnedies nicht in der umgekehrten Richtung sperrt.

Einen ähnlichen Vorteil wie die Einwegfunktion bietet hier das (asymmetrische) RSA-Verfahren: Der Teilnehmer weist den mit einem geheimen Schlüssel verschlüsselten Authentikator dem System vor. Dieser kann mit Hilfe des dazugehörigen gespeicherten öffentlichen Schlüssels vom System in den Authentikator-Klartext übersetzt und in dieser Form geprüft werden. Es nützt einem Angreifer wenig, wenn er den Klartext des Authentikators kennt, denn der Authentikationsautomat spricht nur auf den verschlüsselten Authentikator an. Der Schlüssel, der vom Automat zu speichern ist, ist der öffentliche; er braucht nicht besonders geschützt werden, es sei denn gegen Sabotage. Er kann sogar auf der Ausweiskarte gespeichert sein und von ihr dem Automaten zur Verfügung gestellt werden; auf der Ausweiskarte des Teilnehmers, die ohnedies sicher zu halten ist, mag er auch der Sabotage weniger ausgesetzt sein. Allerdings kann mit Hilfe des öffentlichen Schlüssel der Teilnehmer das System nicht authentizieren; jedem System kann der gleiche öffentliche Schlüssel eingegeben werden, auch einem, das subversiv das richtige verdrängt (siehe 3.4.2).

Der geheime Schlüssel mag dem Teilnehmer gehören. Er kann auch einem Anbieter gehören, der das System für seine Dienstleistungen verwendet. Z.B. könnte ein Geldausgabeautomat von mehreren Banken betrieben werden. Jede davon würde dann den Authentikator ihres Kunden mit ihrem geheimen Schlüssel verschlüsseln und auf der von ihr dem Kunden ausgestellten Ausweiskarte speichern. Das ist in diesem Falle sicherlich die günstigere Lösung, da ja der anzuwendende Schlüssel vom Teilnehmer bzw Kunden angegeben und auch vom System gespeichert werden muß. Die Zahl der anbietenden Banken dürfte erheblich kleiner sein als die aller Kunden.

Ein symmetrisches Verfahren, wie das des DEA1, ist für eine solche Anwendung weniger geeignet; es setzt voraus, daß der Authentikationsautomat den geheimen Schlüssel speichert. Der wäre dann besonders zu sichern. Das könnte aber erhebliche Kosten verursachen, wollte man jeden Geldautomaten entsprechend sichern. Mittels des geheimen Schlüssels könnte allerdings das System, das ihn nachweisen kann, auch durch den Teilnehmer authentiziert werden.

Bild 4: Instanzauthentikation im Schichtenmodell

```
Schicht n      TIn <------------ Sn ------------> TIn
-----------P n/(n-1)-------------------------P (n-1)/n-------
Schicht n-1  TI(n-1) <--------- S(n-1) -------> TI(n-1)
----------P (n-1)/(n-2)--------------------P (n-2)/(n-1)----
                  .                                 .
                  .                                 .
                  .                                 .
                  .                                 .
------------P 3/2----------------------------P 2/3----------
Schicht 2      TI2 <------------ S2 ------------> TI2
------------P 2/1----------------------------P 1/2----------
Schicht 1      TI1 <------------ S1 ------------> TI1
-------------------------------------------------------------
```

TI1 bis TIn	schichtenspezifische Instanzen (Peer Entities)
P 2/1 bis P n/(n-1)	unmittelbare Instanzauthentikationen
S1 bis Sn	Instanzauthentikationen per Protokoll

Man könnte auch den geheimen Schlüssel, ähnlich wie oben, auf der Ausweiskarte speichern. Da diese einen geheimzuhaltenden Authentikator enthält, müßte sie ohnedies gesichert werden. Dann entfiele die Möglichkeit, das System zu authentizieren. Der Schlüssel müßte ferner auch gegen die Kenntnisnahme durch den Ausweiskarten-Besitzer gesichert werden. Diese Sicherung könnte bei der Vielzahl der Ausweiskarten mit größerer Wahrscheinlichkeit von irgendjemandem durchbrochen werden. Siehe auch ⟨Gui⟩.

3.5 Authentikation von Nachricht-Instanz-Beziehungen

Eine Nachricht und eine Instanz können in vielfältiger Beziehung zueinander stehen, so wie auch eine Instanz sehr unterschiedlicher Art sein kann (siehe eingangs 3.4). Diese Beziehungen hängen von den Funktionen der Instanz ab.

Die Funktionen der Instanzen des ISO-Schichtenmodells bieten sich grundsätzlich zur Authentikation an. Einerseits können sie selbst zu authentizieren sein. Andererseits können die Schichtinstanzen der Authentikation dienen, indem z.B. ihre authentizierte Zuordnung zu einer Nachricht oder zu einer anderen Instanz für die Authentikation einer bestimmten Nachricht-Teilnehmer- oder Teilnehmer-Teilnehmer-Beziehung gebraucht wird.

Wird z.B. eine Transportinstanz in Verbindung mit einer abgehenden Nachricht authentiziert, dann hat man damit eine Authentikation eines (spontan) sendenden oder (auf Anforderung) zustellenden Anschlusses erreicht. Wird dieser Anschluß etwa auch als gerufener Anschluß authentiziert, dann ist damit der (auf Anforderung durch den rufenden Anschluß) zustellende Anschluß authentiziert. Kann man zudem die Instanz der Darstellungsschicht authentizieren, kennt man den authentischen zustellenden Anwendungsprozeß der Nachricht. Hat ein Authentikationsdienst der Anwendungsschicht den Teilnehmer authentiziert, dann ist damit eine Nachricht-Teilnehmer-Beziehung authentiziert, die besagt, daß ein bestimmter Teilnehmer eine bestimmte Nachricht auf Anforderung durch einen anderen Teilnehmer diesem zugestellt hat. Man beachte, daß damit nicht nur nachgewiesen wird, daß eine Nachricht authentisch ausgestellt wurde, sondern daß dies auf eine Anforderung reagierend erfolgte. In einem anderen Fall mag zu erkennen sein, daß dies (von einem rufenden Anschluß aus) spontan erfolgte.

Der Teilnehmer kann in vielerlei Beziehung zur Nachricht stehen: Es kann ihr Sender, ihr Aussteller, ihr Adressat, ihr Empfänger, der "Briefkasten" etc sein. Es gilt also, diese differenzierten Beziehungen zu erkennen, zu sichern und möglichst auch nachweisfähig zu dokumentieren.

Die Plausibilität alleine nutzend wird man diese Differenzierung kaum erreichen können. Vergleichsweise muß man ja unterscheiden können: zwischen demjenigen, der ein Ferngespräch annimmt, der es beantwortet, der es zu beantworten berechtigt ist; zwischen einem unverbindlichen und einem unterschriebenen Brief etc.

Z.B. möchten die Benutzer des SWIFT-Systems sicherstellen können, daß eine jemandem zugedachte Nachricht eben diesen auch erreicht und nicht etwa auf Grund eines Fehlers des Operateurs an einen anderen Teilnehmer des SWIFT-

Systems übertragen wird. Der mag mit dieser Nachricht zwar nichts anfangen können; der eigentliche Adressat hat sie aber nicht erhalten; dem Absender wird dies nicht bekannt. Dadurch kann für den Absender oder den Adressaten erheblicher Schaden entstehen. Die Nachricht müßte also bereits auf höherer Ebene für den Adressaten ausgezeichnet sein; macht der Operateur einen Fehler, dann soll der Fehler vom System erkannt werden. Dieses müßte also eine Nachricht-Adressat-Beziehung authentizieren.

Eine weitere Nachricht-Instanz-Beziehung sind Datum und Uhrzeit (siehe 3.3), zu denen eine Nachricht von einem Sender abgegangen oder bei einem Empfänger angekommen ist. Sie mögen den Teilnehmern als richtig und plausibel erscheinen; zur Sicherung der Übertragung wird man sie deshalb nicht verschlüsseln müssen; aber es könnte sein, daß sie zwischen den Partnern disputiert werden; dann müssen sie nachweisbar sein (siehe dazu 3.6); u.U. wird eine Empfangsquittung benötigt oder doch wenigstens ein unfälschbares "Poststempeldatum".

In solchen Fällen dürften Plausibilitätsprüfungen kein ausreichend differenziertes Mittel sein. Dem Operateur oder gar dem Automaten, der eine Nachricht empfängt, mag dieser Vorgang plausibel erscheinen; dennoch kann die Nachricht an den falschen Empfänger gegangen sein. Die Plausibilität einer Datumsangabe genügt nicht, wenn diese bestritten wird.

Deshalb muß man für die Planung eines Kommunikationssystems ausreichende Mittel bereitstellen, um all das authentizieren zu können, was einerseits gesichert und andererseits nachgewiesen werden muß. Die Gefahr, daß man sich Wege verbaut, wenn man nur an den augenblicklich spürbaren Bedarf denkt, ist sehr groß.

Verfehlt wäre es, wenn man nur die herkömmlichen Authentikationsmethoden - etwa die durch die personale Unterschrift - in Kommunikationssystemen realisieren wollte und auf diejenigen keinen Wert legte, die sich darüberhinaus in einem modernen Kommunikationssystem bieten. Eine beglaubigte Unterschrift z.B. die von den beiden Kommunikanten auch gegen Dritte disputiert werden kann, wäre ebenso leicht zu realisieren, wie etwa eine für einen bestimmten Empfänger ausgestellte. Genaue authentizierbare Zeitangaben mit Empfangsbestätigung sind weitere Beispiele.

Denkt man an Authentikation, insbesondere an die von Nachricht-Instanz-Beziehungen, dürfte es sich empfehlen, nicht alles mit der Verteilung von Schlüsseln lösen zu wollen; für Authentikationsprobleme sollte man Authentikatoren vorsehen; Schlüssel sollten allein für die Sicherung einer Nachricht auf dem Übertragungswege und in Speichern verwendet werden. Dazu zählt selbstverständlich auch, daß man abgespeicherte Normauthentikatoren verschlüsselt und damit sichert. Der Zugang zu Schlüsseln andererseits wird mit Hilfe von Authentikatoren auf das Zulässige begrenzt. In diesen Sinne sind Kennwörter, Passwords, persönliche Identifikationsnummern (PIN) etc Authentikatoren. Sie sollten in das Kommunikationssystem integriert sein; bei der Normung des Kommunikationssystems, z.B. bei der Festlegung der Kommunikationsprotokolle, sollte man dafür Vorkehrungen treffen.

3.6 Dokumentierte Authentikation

Wenn im folgenden von Qualitäten der Unterschrift gesprochen wird, so sind damit in erster Linie die bezüglich der technisch-logischen Nachweisführung gemeint. Der Gebrauch der Bezeichnung "Unterschrift" soll nur der Verständlichkeit dienen. Er soll keineswegs implizieren, daß es sich bei der digtalen Unterschrift um etwas handelt, das die Formerfordernise einer eigenhändigen Unterschrift bereits erfüllt. Es soll höchstens gezeigt werden, wie sie erfüllt werden könnten. Um dies wirklich zu erreichen, bedarf es nicht nur einer technischen Realisierung sondern auch einer Einbettung im Rechtssystem; siehe dazu 10.1.

Wie bereits eingangs dieses Kapitels erwähnt, soll die Authentikation der Sicherung des Systems dienen.

A Auch mit beliebig viel Intelligenz geführte Störmaßnahmen Dritter sollen bei der Authentikation vom Teilnehmer erkannt werden können.

Diese Bedingung kann mit Einsatz der Verschlüsselung nur so lange erfüllt werden, wie sicher ist, daß ein Schlüssel nicht Unbefugten zur Kenntnis gelangt ist. Dieses hat naturgemäß zur Folge, daß dann auch die Erfüllung der weiteren Bedingungen, z.B. C, E etc und damit die Nachweiseignung in Frage gestellt wird. Siehe deshalb auch Forderung I nach Robustheit des Verfahrens. Auf dieses Problem wird in 10.1 näher eingegangen.

B Auch mißbräuchliche Eingriffe des Kommunikationspartners sollen vom Teilnehmer erkannt werden.

Man muß also beachten, daß nicht allein Dritte sondern auch reguläre Kommunikationspartner - zumal in einem offenen Netz - unehrlich sein können. Wenn Forderung B erfüllt ist, kann man einen durch den Partner ausgeführten Mißbrauch entdecken. In den Fällen, in denen sich ein Teilnehmer nicht den guten Willen seines Partners verscherzen darf, mag dies genügen, ihn vom Mißbrauch abzuhalten. Besser ist es aber, wenn man es ihm auch nachweisen kann, was allerdings mit Forderung B noch nicht erfüllt ist.

Für diesen Zweck sollen auch dokumentierfähige Nachweise für den Fall geliefert werden können, daß die Partner die Richtigkeit eines Kommunikationsphänomens disputieren. Es genügt im letzteren Falle nicht, wenn sich ein Kommunikationspartner etwa von der Authentizität einer Nachricht und ihres Ausstellers überzeugen kann; er muß dies auch dokumentieren und vorweisen können, wenn vom Partner oder von Dritten an der Authentizität gezweifelt wird.

C Die Authentikation muß für beide Partner dokumentierbar sein.

Damit ist noch nicht gefordert, daß das Dokumentierte nicht auch von den einzelnen Partnern gefälscht werden kann. Es ist nur gewährleistet, daß jeder Partner die Ordnungsmäßigkeit des internen Geschäftsablaufs einhalten kann. Er kann sich selbst und anderen, die ihm vertrauen, zurückliegende Vorgänge erhellen. Die Dokumentation kann aber von ihm gefälscht sein; sein Partner z.B. kann ihre Echtheit disputieren und ein Richter kann sie als Beweis nicht zulassen.

D Die Dokumentation darf vom Dokumentierenden nicht so verändert werden können, daß dies von anderen - insbesondere vom Partner - nicht bemerkt werden kann.

Sie darf also vom Dokumentierenden nicht fälschbar sein. Damit ist noch nicht gesagt, daß dies etwa einem Richter als Nachweis ausreicht und er damit einen Disput der beiden Partner entscheiden kann; es kann ja sein, daß auch eine unfälschbare Dokumentation lückenhaft ist. Es mag sein, daß nur beide Partner gemeinsam einen lückenlosen Nachweis führen können; die Beweismittel mögen auf beide verteilt sein (siehe 4.5.2). Beide können aber - etwa durch eine Rechtsbestimmung - darauf verpflichet sein, die unfälschbaren Beweismittel aufzubewahren und sie auch dann einander zur Verfügung zu stellen, wenn sie als Gegner die Echtheit - etwa einer Unterschrift - disputieren. Derjenige Partner, der seinen Teil der Dokumentation nicht zur Verfügung stellen kann bzw will, müßte Gefahr und Schaden tragen. Damit aber nicht ein Teilnehmer seinen Teil der Dokumentation fälschen und von seinem Partner dazu imaginäre Nachweise verlangen kann, müßten die Kommunikationsvorgänge näher bezeichenbar sein. Sie müßten etwa numeriert oder von einem Dritten bestätigt oder sonst bezeugbar sein. In manchen Rechtsbereichen - nicht aber z.B. im Strafrecht - könnte damit eine Disputabilität erreicht werden.

Es genügt also nicht immer, dem Gegner glauhaft zu erscheinen, indem man ihm gegenüber einen überzeugenden Nachweis führt, denn der Gegner mag dies nicht zur Kenntnis nehmen wollen; erst wenn er erkennen muß, daß der Nachweis auch gegenüber einem Richter geführt werden kann, wird er ihn als solchen anerkennen. Wenn die im Falle D gegebene Abhängigkeit vom Gegner vermieden werden soll, muß folgende Forderung erfüllt sein:

E Die Dokumentation eines disputierenden Teilnehmers muß gegenüber einem vertrauenswürdigen Dritten authentizierbar (d.h. ausreichend und vom Teilnehmer nicht fälschbar) sein.

Erst in diesem Falle kann der Teilnehmer die Echtheit ohne Gefahr gegenüber seinem Partner disputieren. Ein Richter kann den Nachweis als ausreichend anerkennen und den Disput entscheiden. Ein solcher Nachweis wird immer dann zufriedenstellen, wenn ihn die beiden Partner disputieren und wenn sie nicht etwa miteinander konspirieren.

Sie können aber z.B. gegenüber einem Dritten konspirieren, indem sie beide gemeinsam den Nachweis fälschen. Auf Wunsch des einen mag der andere etwa einen Brief zurückdatieren. Mit dem zurückdatierten Brief mag dem Dritten, z.B. dem Finanzamt, ein Schaden entstehen. In diesem Falle muß man verlangen:

F Die Dokumentation beider Teilnehmer darf nicht von ihnen gemeinsam so verändert werden können, daß dies von einem betroffenen Dritten nicht bemerkt werden kann.

In diesem Falle wird in der Regel ein vertrauenswürdiger Dritter - etwa ein Notar - zur Nachweiserstellung zugezogen werden müssen. Er wird dann möglichst sachgestützt die Echtheit des Nachweises bezeugen können.

Hier zeigt sich eine Schwäche der nach Forderung E disputablen Unerschrift: Deren Beweiskraft beruht zwar nicht unmittelbar auf der Vertrauenswürdigkeit der Dokumentierenden bzw Disputanten, aber doch auf der Einschätzung der Situation; der Richter vertraut darauf, daß sie eindeutig ist, daß die beiden Disputanten echt disputieren. Das mag aber nicht immer gewährleistet sein. Wenn man verlangt, daß ein vertrauenswürdiger Dritter den Nachweis bezeugt, z.B. die Unterschrift beglaubigt, ist noch nicht sichergestellt, daß nicht etwa dieser Dritte getäuscht wurde oder gar mitkonspirierte. In manchen Fällen, wenn es z.B. um die historische Wahrheit geht, mag Forderung F nicht ausreichen. Man kann zusätzlich die Forderung erheben:

G Die Dokumentation muß (möglichst) ohne Bezeugung durch einen Dritten gegenüber jedem authentizierbar sein.

Wenn diese Forderung erfüllt ist, ist menschliches Fehlverhalten nach Möglichkeit ausgeschlossen; es wird eine von niemandem fälschbare, gewissermaßen versiegelte Wahrheit geboten. Mit Erfüllung dieser Forderung erreicht man das Optimum an Nachweissicherheit.

Zuweilen wird nicht allein verlangt, daß ein Text nicht gefälscht werden kann, sondern daß einer Textausfertigung ihre Originalität erhalten bleiben muß. Dann reicht es nicht aus, ein unfälschbares Dokument erstellen zu können; man muß zudem sicherstellen, daß es nicht so kopiert werden kann, daß eine Kopie nicht vom Original unterschieden werden kann. Dies ist zumeist eine Forderung, die sich bei der Speicherung von Daten auf Magnetdatenträgern schwer erfüllen läßt; umso wichtiger mag es aber sein, daß sie berücksichtigt wird. Als weitere Forderung läßt sich also aufstellen:

H Die Originaltreue einer Nachweisausfertigung muß erhalten bleiben können.

Es versteht sich, daß nicht in jedem Falle alle der hier aufgestellten Forderungen erfüllt sein müssen bzw können.

Ist nur Bedingung A erfüllt, kann man nicht von einer Unterschrift reden; man kann mit ihr nur eine angemessene Sicherung gegen unbeabsichtigte und auch von Dritten intelligent angelegte Störungen erreichen.

Ist dazu Bedingung B erfüllt, wendet sich die Sicherung auch gegen intelligent angelegte Störungen durch den Kommunikationspartner; er kann einen nicht täuschen; allerdings liegt auch hier keine (dokumentierte) Unterschriftsqualität vor.

Ist auch Bedingung C erfüllt, ist die Nachricht-Instanz-Beziehung, das zu Unterschreibende, zwar dokumentiert, die Partner können sich und einander von der Richtigkeit dieser Beziehung überzeugen, aber die Dokumentation ist für beide Partner unerkannt fälschbar; sie kann also nicht verbindlich sein.

Erst wenn die Bedingung D erfüllt ist, kann man von einer Unterschrift reden, die den Aussteller identifiziert, das Dokument abschließt und seinen Inhalt authentiziert. Der Dritte kann sie bezeugen. Allerdings müssen die Partner zu Wohlverhalten verpflichtet werden; wenn einer dagegen verstößt, muß ihm dies größere Nachteile einzubringen drohen, als er daraus entsprechend an Vorteilen schöpfen kann.

Leichter läßt sich der Disputationsfall handhaben, wenn auch Bedingung E erfüllt ist. Dann sind die disputierenden Partner nicht auf das erzwungene Wohlverhalten des Gegners angewiesen. Erst diese Art von digitaler Unterschrift gleicht der herkömmlichen eigenhändigen Unterschrift.

Wenn Bedingung F erfüllt ist, liegt eine beglaubigte Unterschrift vor, wie sie herkömmlicherweise nur beim Notar erstellt werden kann. Damit soll aber nicht gesagt werden, daß sich die Funktionen eines Notars darin erschöpfen, Unterschriften in dieser Weise zu beglaubigen.

Wenn Bedingung G erfüllt ist, liegt ein Dokument vor, das bezüglich seines Inhalts von niemandem gefälscht werden kann, auch nicht von der vereinten (lebenden) Menschheit. Dies ist eine sehr strenge Bedingung. Man könnte sie sich etwa für die Bibel wünschen. Sie läßt sich durch die gewohnte eigenhändige Unterschrift gewiß nicht erfüllen.

Bedingung H bezieht sich weniger auf eine Unterschrift als auf eine Urkunde. Ohne daß sie erfüllt ist, kann man kein Dokument erstellen, das nur in einer beschränkten Zahl von Ausfertigungen existieren darf. Man kann zwar z.B. eine Willenserklärung ihrem Aussteller authentisch zuordnen, wobei ja nicht zu stören braucht, wenn sie in vielfacher Ausfertigung vorliegt; man kann oder will aber damit nicht verhindern, daß die Dokumentation des Nachweises beliebig oft reproduziert werden kann. Ist jedoch Bedingung H erfüllt, dann liegt eine unfälschbare Urkunde vor, z.B. eine Orderpapier, das wie eine Banknote nicht etwa vom Original ununterscheidbar reproduziert werden darf.

Letzteres ist häufig notwendig und kann mit ausreichender Qualität durch eine eigenhändige Unterschrift erbracht werden. Bei Computerprodukten fällt es jedoch sehr schwer, weil sich Computer darin nicht annähernd so sehr unterscheiden wie Menschen. Gleichwohl ist dies realisierbar; siehe 3.6.10.

Zu diesen für Ordnungsmäßigkeitsgrundsätze an sich ausreichenden Forderungen muß noch eine weitere gesetzt werden, die dem Umstand Rechnung trägt, daß es keine idealen Systeme gibt, mit denen man das Geforderte erfüllen kann, sondern daß Fehler allgemeiner Art auftreten können. Ist dies der Fall, dann muß das Verfahren gewährleisten, daß nur ein begrenzter Schaden entstehen kann.

I Das Verfahren muß ausreichend robust sein.

Tritt z.B. ein Übermittlungsfehler im Schlüsseltext auf, dann soll der daraus abgeleitete Klartext möglichst verständlich bleiben (allerdings ohne daß dabei Manipulationen unentdeckt bleiben könnten); die Fehlerausbreitung von Schlüssel- zu Klartext sollte gering sein. In dieser Hinsicht eignen sich verschiedene Verkettungsmodi der Verschlüsselung in unterschiedlicher und unterschiedlich zufriedenstellender Weise, die hier nicht näher untersucht werden soll.

Wird ein Operationsfehler begangen, dann soll ein Angreifer daraus möglichst keinen Nutzen ziehen können. Geht z.B. ein Schlüssel verloren, bzw gelangt er in unbefugte Hände, dann soll der Schaden, der dadurch verursacht wird, möglichst gering gehalten werden können. Siehe auch 10.1.

Man muß aber damit rechnen, daß es auch dem regulären Empfänger nicht gelingen mag, einen Schlüsseltext zu entschlüsseln, sei es daß er den Schlüssel auf Grund eines Fehlerfalles nicht zur Verfügung hat, sei es, daß die Entschlüsselungseinheit den Dienst versagt. Für solche Fälle sollte bei den eingesetzten Verfahren Vorsorge getroffen sein, z.B. in der unter 5.4.5 ausgeführten Art. Legt man auf Konzelation keinen Wert, mag es sich empfehlen, etwa wie in 3.2.2 ausgeführt, nur einen Authentikator zu verschlüsseln, damit wenigstens die Nachricht auch bei Ausfall der Entschlüsselungsmöglichkeit erkannt wird und die Arbeit fortgesetzt werden kann. Dies ist zumal dort sinnvoll, wo die Nachrichtenauthentikation auch später durchgeführt werden kann.

In diesem Unterkapitel wurde soweit eine möglicherweise überraschend große Zahl von Forderungen aufgeführt, die an die Nachweisechtheit zu stellen sind. Damit sind aber keineswegs alle Forderungen aufgelistet, denen eine eigenhändige Unterschrift nach der heutigen Rechtsordnung zu genügen hat. Z.B. erwartet man von der eigenhändigen Unterschrift, daß durch ihren Vollzug dem Unterschreibenden die Bedeutung seiner Willens- oder Meinungsbekundung nahegebracht wird.

Solche Fragen, die mit der Nachweisechtheit unmittelbar nichts zu tun haben, sollen hier nicht diskutiert werden. Dies bedeutet aber keineswegs, daß etwa eine digitale Unterschrift solche Forderungen nicht erfüllen kann. Z.B. könnte eine Warnfunktion darin gesehen werden, daß eine Person, die verschlüsselt unterschreibt, dies nicht ohne gewisse Umständlichkeiten tun kann; sie muß vom System authentiziert und zu Sicherheitsvorkehrungen veranlaßt werden. Dazu muß auch bedacht werden, daß man das System so differenziert auslegen kann, daß die Schwelle einer Warnung beliebig hoch gesetzt werden kann.

Umgekehrt argumentiert, darf der Umstand, daß Verschlüsselungsverfahren nicht immer alle oben aufgestellten Forderungen erfüllen, nicht so aufgefaßt werden, als ob andere Formen der Unterschrift, z.B. eine personale Unterschrift, alle Forderungen erfüllten, die man sinnvollerweise stellen könnte. Im Gegensatz zur digitalen Unterschrift ist z.B. die personale Unterschrift sowohl vom unterschriebenen Text als auch vom Adressat unabhängig. Man kann z.B. nicht sagen, ob eine vom Unterschreibenden nach Kenntnisnahme des Texts geleistete oder eine von ihm vorher blanko gegebene eigenhändige Unterschrift vorliegt.

Die Immutabilität der eigenhändigen Unterschrift, ihre Unverrückbarkeit und Verbundenheit mit dem unterschriebenen Text und damit auch ihre Abschlußfunktion sind keineswegs ausreichend technisch sicher. Der Text kann z.B. häufig unerkennbar ergänzt werden. Hinsichtlich der digitalen Unterschrift ist es aber selbstverständlich, daß man von ihr eine solche Immutabilität fordert (Rab).

Die Immutabilität läßt sich mit der digitalen Unterschrift nicht nur in Bezug auf den Text sondern vielfach auch in Bezug auf den Empfänger des Texts und eine offizielle Datumsangabe erreichen. Die digitale Unterschrift kann im Gegensatz zur personalen unmittelbar auf einen Adressaten bezogen sein, in dem Sinne, daß sie von Adressat zu Adressat, diesen bezeichnend, jeweils deutlich unterschiedlich ausfällt. In einem technischen Kommunikationssystem ist darüberhinaus erkennbar, ob der Aussteller der Unterschrift der rufende

Partner war, also in diesem Sinne seine Unterschrift spontan leistete, oder ob er vom Empfänger gerufen wurde und die Unterschrift der Nachricht reaktiv erfolgte.

Die digitale Unterschrift kann also auch eine unmittelbare gezielte Übertragungsfunktion übernehmen; nicht nur, daß sie den Unterschreibenden auf den unterschriebenen Text unfälschbar verpflichtet; sie hält auch den Adressaten und den Veranlasser immutabel fest.

Man muß allerdings dazusagen: Hätte die digitale Unterschrift nicht diese Immutablität, dann wäre es leicht, eine einmal geleistete Unterschrift zu beliebigen Texten hinzuzufälschen, da keines der bislang vorgeschlagenen, mit erträglichem Aufwand realisierbaren Unterschriftsverfahren die Bedingung H der Originaltreue erfüllt.

Um die Fälschung einer personalen Unterschrift festzustellen, bedarf es eines kostspieligen Sachverstands, wobei es dem Nicht-Fachmann nicht einsichtig zu sein braucht, warum in einem Fall eine gute Fälschung und im anderen eine echte Unterschrift vorliegt. Bei der digitalen Unterschrift kann die Echheit auch von einem Automaten festgestellt werden.

Allerdings ist die digitale Unterschrift für ihren Inhaber grundsätzlich nicht unverlierbar und unveräußerbar. Wer immer den geheimen Schlüssel zur Kenntnis bekommt, kann eine solche Unterschrift leisten. Auch Experten können eine solche Fälschung nicht erkennen. Deshalb müssen einerseits die Anstrengungen der Entwickler dahin gehen, eine Schlüsselsicherung zu erreichen, die - wenn sie schon nicht die Untrennbarkeit von Schlüssel und Inhaber ermöglicht - wenigstens sicherstellt, daß der Schlüssel beim Übergang an eine andere Person vor seiner Kenntnisnahme vernichtet wird.

Auch die eigenhändige Unterschrift ist im Grunde genommen nicht unverlierbar. Im Gegensatz zur digitalen Unterschrift beruht sie auf keinem Geheimnis; sie wird jedem bekannt, der sie sieht. Mit beliebigen Geschick kann sie jeder nachmachen. Erfreulicherweise haben Versuche ergeben, daß sowohl Fälschungen als auch echte Unterschriften von den meisten Experten richtig erkannt werden. Aber solche Versuche sind keineswegs ein Beweis dafür, daß eine zu untersuchende Unterschrift nicht auch für den Experten unerkennbar gefälscht ist. Man kann vielmehr annehmen, daß ein solcher Experte, der ja weiß worauf es Experten ankommt, seine Kollegen täuschen könnte.

Vor allem kann man aber eine Fälschung der eigenhändigen Unterschrift in der Regel nicht unmittelbar entdecken. Das verleitet auch zu relativ schlechten Fälschungsversuchen. Die Fälschung mag später erkannt werden, nicht aber der Fälscher, der bereits seinen Nutzen aus der Fälschung gezogen hat. Jedoch wird der unvollkommene Fälschungsversuch zu einer digitalen Unterschrift entdeckt, bevor ihr Empfänger eine Leistung erbringt. Das motiviert zu Ehrlichkeit.

Das Zivilrecht zweifelt zumeist nicht an der Erkennbarkeit einer Fälschung und toleriert es, daß sie zuweilen nur mit besonderer Mühe erkannt werden kann. Wer auf die Echtheit einer Unterschrift angewiesen ist, sichert sich deshalb mit anderen Mitteln gegen Fälschungen ab, indem er sich z.B. gegen entstehende Schäden versichert oder diese begrenzt. Wenn entsprechend die digitale Unterschrift Mängel aufweisen sollte, die nur mit unverhältnismäßig hohen Kosten zu beheben wären, könnte man auch diese ähnlich berücksichtigen und entschärfen.

Die vorgeschlagenen Verschlüsselungsverfahren (siehe auch 7.) eignen sich unterschiedlich zur Erfüllung der oben gestellten Forderungen A bis I. Um dies durch Beispiele zu belegen, sollen hier stellvertretend die aussichtsreichsten Algorithmen betrachtet werden: für symmetrische Verfahren der DEA1-Algorithmus <ISO 2>, <DES>, <Mey 2> und für asymmetrische der RSA-Algorithmus <Riv>.

3.6.1 Unterschrift mit asymmetrischen Verfahren

Mit dem von Rivest, Shamir und Adleman <Riv> beschriebenen asymmetrischen Verfahren läßt sich sowohl die Authentizität einer "digitalen Unterschrift" als auch ihre Nachweisbarkeit gegenüber Dritten sicherstellen, vorausgesetzt, daß eine Primärauthentikation (siehe 3.4.3) durchgeführt wurde. Sie erfüllt alle der Forderungen bis auf die letzte.

Der Empfänger einer (mit dem geheimen Schlüssel des Ausstellers) unterschriebenen Nachricht kann sicher sein, daß sie nur mit diesem verschlüsselt worden sein kann; wenn nur der Aussteller über den Schlüssel verfügt, ist damit auch sichergestellt, daß die Nachricht von keinem anderen stammt; zudem stellt das Verfahren sicher, daß die Nachricht selbst unverändert die abgegebene ist. Sie stammt unverfälscht vom Besitzer des geheimen Schlüssels. Die Bedingungen A und B sind erfüllbar.

Der Empfänger kann den Schlüsseltext der Nachricht speichern. Mit Hilfe des öffentlichen (authentizierten) Schlüssels des Ausstellers kann er auch gegenüber Dritten den Nachweis der Unterschrift öffentlich führen. Die Bedingungen D und E sind ebenfalls erfüllbar.

Neben dem Erst-Empfänger kann jeder weitere Empfänger nachweisen, daß die Nachricht ungefälscht vom Besitzer des geheimen Schlüssels stammt, denn dazu ist ja neben der verschlüsselten Nachricht nur ein öffentlicher Schlüssel notwendig. Diese Unterschrift ist also so öffentlich wie eine herkömmliche eigenhändige Unterschrift.

Sowohl der Empfänger wie auch der Sender, wie auch jedermann, der über die Dokumentation dieses Nachweises verfügt, kann diesen beliebig oft kopieren; ohne weitere aufwendige Maßnahmen kann nicht sichergestellt werden, daß eine Kopie unfälschbar als solche erkannt werden kann. Die Bedingung H ist also ohne weitere Maßnahmen nicht erfüllbar.

Bezüglich einer Diskussion der Bedingung I (Robustheit) siehe 10.1.

3.6.2 Unterschrift mit asymmetrisiertem symmetrischen Verfahren

Zur Realisierung einer "digitalen Unterschrift" wurde u.a. von Smid <Smi> und Everton <Eve> vorgeschlagen, den Data Encryption Standard DES <DES> zu verwenden, wobei aber sicherzustellen ist, daß der Empfänger einer unterschriebenen Nachricht, diese nur verifizieren nicht aber fälschen können darf. Dies läßt sich sicherstellen, wenn der Empfänger den Schlüssel, mit dem die Nachricht unterschrieben worden ist, nur für die inverse Operation verwenden kann. Man muß dazu die Verschlüsselungseinheit auf diese Beschränkung hin entsprechend auslegen und sie, bzw den Schlüssel, gegen ihren Besitzer sichern; sollte der Besitzer z.B. versuchen, den Schlüssel zur Kenntnis zu bekommen, muß dieser, bevor es gelingt, vernichtet werden. Letzteres Problem mag zwar noch nicht befriedigend gelöst sein; eine solche Lösung erscheint aber als durchaus möglich.

Mit dieser Methode läßt sich die Forderung nach der Systemsicherheit erfüllen. Der Empfänger kann nicht die Unterschrift des Senders fälschen, weil er einerseits den Schlüssel nicht im Klartext zur Kenntnis bekommt und andererseits die Verschlüsselungseinheit, die den Schlüssel im Klartext kennt, eine Unterschriftsoperation durch den Empfänger der Nachricht nicht zuläßt. Die Bedingungen A und B sind erfüllbar.

Zur Dokumentationsfähigkeitsfähigkeit: Der Empfänger kann den Vorgang dokumentieren. Er wird dazu den unterschriebenen verschlüsselten Text und zu diesem den gegen ihn gesicherten Schlüssel speichern. Gegen ihn gesichert heißt in diesem Falle, daß der Schlüssel mit dem Masterschlüssel des Empfängers verschlüsselt ist und dem Empfänger im Klartext nicht zur Kenntnis gelangen kann. Der Empfänger kann aber den verschlüsselten Text und den verschlüsselten Schlüssel seiner Verschlüsselungseinheit eingeben; sie wird jederzeit die Echtheit der Unterschrift verifizieren können und jederzeit jede andere Operation mit diesem Schlüssel verweigern; keinesfalls wird sie dem Empfänger den Klartext des Schlüssels mitteilen. Bedingung C ist erfüllbar; der Vorgang ist dokumentierbar.

Zur Nachweisfähigkeit: Der Empfänger kann wohl den Vorgang dem Sender demonstrieren und mag diesen überzeugen können. Der Sender kann aber einwenden, daß weder unterschriebener Text noch Schlüssel von ihm stammen und daß der Empfänger sich eine Fälschung besorgt habe. Der Empfänger kann dies nicht zurückweisen, es sei denn daß der Schlüssel öffentlich - d.h. von einem Dritten authentiziert - oder zumindest der Kommunikationsvorgang öffentlich bestätigt oder registriert ist. Im Gegensatz zum RSA-Verfahren muß aber der Schlüssel geheim gehalten werden, was durch eine öffentliche Registrierung entscheidend erschwert würde. Es läßt sich also in dieser Weise bestenfalls Bedingung D erfüllen, was ja in mancher Hinsicht nicht befriedigt. In 6.4.1 wird gezeigt, wie dies - allerdings mit Verletzung der Forderung F - ereicht werden kann.

Bedingung E ist nicht ohne Bedingung F erfüllbar; die Unterschrift muß jedem Partner beglaubigt werden, wenn er sie ohne (erzwungene) Hilfe des Partners nachweisen will; man kann den Nachweisschlüssel nicht öffentlich (authentisch) machen, um mit ihm der Öffentlichkeit oder jedem Dritten gegenüber den Nachweis führen zu können.

Außer dem Empfänger kann niemand sonst die Unterschrift verifizieren; möglicherweise mit Ausnahme des Senders, wenn dieser nicht in ähnlicher Weise am Entschlüsseln gehindert wird wie der Empfänger am Verschlüsseln. Eine solche Unterschrift ist also nicht in der Weise öffentlich wie die durch den geheimen Schlüssel eines asymmetrischen Verfahrens. Sie kann nicht vonn jedem öffentlich verifiziert werden. Es handelt sich hier um eine einem bestimmten Empfänger zugedachte und auf ihn beschränkte Form der Unterschrift, bzw um die Authentikation einer Instanz-Nachricht-Instanz-Beziehung. Das braucht kein Nachteil zu sein (siehe 3.6.6); im Gegenteil, hier wird gleichzeitig der Empfänger authentikabel gehalten.

Der Erfüllung der Forderung F steht allerdings - bis auf die oben erwähnte Unverträglichkeit mit der Forderung D - nichts entgegen. Die Unterschrift kann von einem vertrauenswürdigen Dritten - etwa der Schlüsselverteilungszentrale - beglaubigt werden. Wie in dieser Hinsicht durch entsprechende organisatorische Maßnahmen eine Nachweisbarkeit erreicht werden kann, wird in 3.6.4 ausgeführt; diese Möglichkeit wird den Ausführungen von 6.4 bis 6.6 unterstellt.

Bezüglich der Originalechtheit gilt auch hier das unter 3.6.1 Gesagte: Die dokumentierten Nachweise lassen sich beliebig oft reproduzieren, ohne daß man die Kopien von Original authentisch unterscheiden könnte. Die Bedingung H ist ohne weitere Maßnahmen nicht erfüllbar. Solche weiteren Maßnahmen werden in 3.6.10 geschildert.

Bezüglich einer Diskussion der Bedingung I (Robustheit) siehe 10.1.

3.6.3 Vereinbarte Unterschrift

Häufig werden Unterschriftsverfahren vorgeschlagen, die eine bilaterale Vereinbarung vorsehen ⟨Rab⟩, ⟨Kon⟩. Für diesen Zweck werden in der Regel zwischen zwei Partnern Listen von Kennwörtern vereinbart. Die Kennwörter werden in geeigneter Weise mit dem Authentikator der Nachricht durch einen symmetrischen Schlüsselungsvorgang oder eine Einwegfunktion verquickt. Dieser so geschützte abgeleitete Authentikator wird dem Klartext zur Übertragung beigegeben; nach einmaligem Gebrauch werden die Kennwörter aus der Liste gestrichen, wohl aber mit der Nachricht für Nachweiszwecke dokumentiert.

Zumeist wird vor der Verschlüsselung die Nachricht mit einer sogenannten Hash-Funktion zum Authentikator (fester Länge) verkürzt. Die Hash-Funktion soll diese Verkürzung möglichst eindeutig liefern; falls ein Zeichen der Nachricht geändert wird, muß dies auch eine Änderung des Authentikators bewirken. Die Hash-Funktion selbst bietet keine kryptologische Sicherheit; sie kann öffentlich bekannt sein; man wird diejenige mit den besten Eigenschaften wählen, etwa eine, welche die sicherste Eindeutigkeit der Zuordnung des Authentikators zur Nachricht gewährt.

Im Grunde genommen genügt für die Authentikation, weil sie nachvollziehend (siehe 3.2) erfolgt, eine Einwegfunktion. Wenn trotzdem auch symmetrische und rückvollziehende Verfahren verwendet werden, liegt das zumeist daran, daß manche zur Authentikation übertragene Information vor Dritten konzeliert werden muß.

Dabei muß selbstverständlich sichergestellt sein, daß kein Dritter und auch nicht der Partner die Unterschrift bzw ihre Zuordnung zum Text der Nachricht fälschen kann. Bedingungen A, B und C werden in der Regel erfüllt; die Authentikation ist gegen Dritte und gegen den Partner gesichert und dokumentabel.

Zur Erfüllung der Bedingung E - authentizierbar gegenüber einen vertrauenswürdigen Dritten - ist es notwendig, daß die beiden Partner einen Vertrag schließen, der das Verfahren und die Verbindlichkeiten regelt, welche sie mit der Leistung einer Unterschrift eingehen. Dieser Vertrag trägt die rechtsgültigen eigenhändigen Unterschriften der Partner. Die digitale Unterschrift stützt sich also auf die Qualitäten der herkömmlichen Unterschrift ab. Sie ist deshalb gegenüber einem Dritten authentizierbar, weil dies die herkömmliche eigenhändige Unterschrift ist.

Trotzdem ist die Erfüllung der Bedingung E nicht leicht, wenn mit symmetrischen Verfahren gearbeitet wird, weil ja wie oben Unterschriftsschlüssel und Nachweisschlüssel praktisch identisch sind, die Verfügungsgewalt über den Nachweisschlüssel Fälschungen ermöglicht und damit einem Nachweisversuch die Glaubwürdigkeit nimmt. Man muß sich dann anderer Sicherungsverfahren bedienen. Z.B. wird eine Nachricht nach dem in (-Rab-) angegebenen Verfahren in mehrfacher Ausfertigung, z.B. 40mal, mit unterschiedlichen Schlüsseln unterschrieben. Es liegen also 40 unterschiedliche Unterschriften vor. Will der Partner die Echtheit der Unterschrift nachweisen, verlangt er vom Unterschreibenden die Hälfte der Unterschriftsschlüssel, also 20, und zwar in einer von ihm willkürlich vorgenommenen Auswahl. Er verifiziert die 20 Unterschriften und dokumentiert den Vorgang. Er kann die Unterschrift aber nicht fälschen; dazu bräuchte er alle 40 Schlüssel. Auch der Unterschreibende kann die Unterschrift nicht mehr zurücknehmen oder ableugnen; das ginge nur, wenn er selbst die Auswahl der 20 an den Empfänger gegebenen Schlüssel treffen könnte.

In dem von (-Lip-) angegebenen Verfahren sind es zwei Schlüssel, von denen einer vom Sender geheimgehalten und der andere dem Empfänger, abhängig von Zufälligkeiten der Nachricht, mitgeteilt wird. Der Empfänger kann mit dem ihm mitgeteilten Schlüssel prüfen, ob die Nachricht authentisch ist und dies auch nachweisen; er kann jedoch die Nachricht nicht fälschen, da er dazu den zweiten Schlüssel benötigen würde. Auch der Sender kann eine von ihm unterschriebene Nachricht nicht gegen den Empfänger fälschen, denn dazu müßte er bestimmte je über eine Schlüsselungsoperation zusammenhängende Kenngrößenpaare abstreiten können, die er aber dem Empfänger vertraglich bestätigt hat zukommen lassen.

Der Nachweis der Richtigkeit der Unterschrift muß vor einem Dritten, etwa einem Richter, erfolgen. Dieser prüft im Falle (-Rab-) alle 40 der geleisteten Unterschriften durch. Sind davon mit der vom nachweisführenden Partner vorgelegten Dokumentation nur 20 oder weniger verifizierbar, ist der Nachweis nicht gelungen, denn dann muß angenommen werden, daß der Empfänger mit den 20 ihm zur Verfügung gestellten Schlüsseln oder der Sender mit den 20 zurückgehaltenen Schlüsseln eine Fälschung vorgenommen hat. Ähnliche Erwägungen schließen aus, daß ein Dritter die Unterschrift fälschen kann.

Im Falle (-Lip-) prüft der Richter mit Hilfe des einen oder des anderen - je nachdem ob der Empfänger oder der Sender den Nachweis führen will - zur Verfügung gestellten Schlüssel die Echtheit der Beziehung jedes Kenngrößenpaars.

Diese Verfahren bedingen eine drastische Erhöhung des Bedarfs an Übertragungskapazität; Sicherheit muß mit Übertragungsaufwand erkauft werden. Jedoch kann dieser auch auf Kosten der kryptologischen Sicherheit reduziert werden. Das Verfahren nach (-Rab-) kann z.B. entweder (mit 40 Unterschriften!) sehr aufwendig sein oder aber es an der üblichen kryptologischen Sicherheit fehlen lassen. Man kann im letzteren Falle in der Regel davon ausgehen, daß eine Fälschung nicht versucht wird, wenn die Wahrscheinlichkeit einer Aufdeckung sehr hoch ist. Schon bei 2 aus 4 Unterschriften würde im Mittel nur jeder 6. Fälschungsversuch des Ausstellers zu Erfolg führen. Das mag verhindern, daß er dieses Risiko je eingeht.

Hier kommen also andere Sicherheitsgesichtpunkte ins Spiel, die nicht allein auf der Komplexität der mathematischen Problematik beruhen, sondern sich aus interessenbezogenen Aspekten, etwa aus drohenden Sanktionen, ergeben. Siehe dazu auch 10.1. Es erweist sich, daß mit deren Einbeziehung Übertragungskapazität, kryptologische Sicherheit und interessenbedingtes Risiko einander kompensieren können: weniger Übertragungskapazität - weniger Sicherheit - größeres Risiko und umgekehrt.

Auch diese Art der Unterschrift ist wie die mit sonstigen Verfahren, bei denen der Nachweisschlüssel (teilweise) geheimgehalten werden muß (siehe 3.6.2), für einen einzelnen Partner bestimmt. Sie kann zwar, im Gegensatz zu 3.6.2, mittels der Dokumentation verifiziert werden, welche dieser Partner dafür anlegt, nicht aber ausschließlich mit öffentlicher wie z.B. bei asymmetrischen Verfahren (3.6.1). Ihre Rechtsverbindlichkeit leitet sie aus dem Vertrag ab, den die beiden Partner miteinander eingehen müssen und der deren herkömmliche eigenhändige Unterschriften trägt. Ein solcher Vertrag ist wesentlich. Er wäre auch dann erforderlich, wenn ein solches Unterschriftsverfahren gesetzlich geregelt sein sollte. Ohne eine gesetzliche Regelung könnte er sogar von zweifelhaftem Wert sein (siehe 10.1).

Der Vertrag kann grundsätzlich auch unter Einbeziehung des Dritten geschlossen werden, der im Disputfalle über die Echtheit der Unterschrift entscheidet. Der Dritte kann auch die Vermittlung der Kennwörter bzw Schlüssel vornehmen.

Bedingung E ist also erfüllbar; die beiden Partner können im Falles des Disputs - in dem sie sich ja nicht einig sind - die Dokumentation der Unterschrift gegenüber einem Dritten nicht einseitig fälschen. Bedingungen G und H können mit diesen Verfahren für praktische Fälle nicht erfüllt werden. Die beiden Partner können ihre Unterschrift im Verein mit dem Dritten - etwa für die Nachwelt - fälschen; die Dokumentation ist ferner kopierbar und eine Originalechtheit läßt sich damit nicht sicherhstellen.

Die Kennwörter und ihre Surrogate stellen, ähnlich wie ein Sessionsschlüssel (siehe 6.1), Authentikatoren für Instanz-Instanz-Beziehungen dar. Mit ihnen wird allerdings nicht verschlüsselt. Sie dienen allein Authentikationszwekken.

Bedingung I (Robustheit) ist verhältnismäßig gut erfüllt. Es genügt ja nicht, das Geheimnis eines Schlüssels zu wissen, um mit Erfolg zu fälschen; man muß auch Kennwörter in Erfahrung bringen. Die Zahl der Kennwörter ist begrenzt; sie sind nur einmalig anwendbar. Man hat den Eindruck, daß der relativ hohe Aufwand dieses Verfahrens dazu angelegt ist, seine Robustheit zu verbessern.

3.6.4 Beglaubigte Unterschrift

Hier sei erneut auf die Einleitung zu diesem Unterkapitel hingewiesen. Dort wurde gesagt, daß mit "Unterschrift" nicht das gemeint sein soll, was den für eine eigenhändige Unterschrift vorgesehenen rechtlichen Formerfordernissen genügt, sondern eine Art der Datenverarbeitung, die technisch-logische Nachweise für die Zuordnung eines Textes zu seinem Aussteller liefert. Unter der beglaubigten Unterschrift soll hier entsprechend nicht das gemeint sein, was das Beurkundungsgesetz (§ 40 BeurkG) darunter versteht.

Das unter 3.6.3 oben beschriebene Verfahren mag den Nachteil haben, daß es sich auf herkömmliche eigenhändige Unterschriften abstützen muß, ohne daß man aber mit Sicherheit sagen kann, daß die Rechtsprechung dieser protokollgestützten Authentikation folgen würde. Diese Authentikation ist insofern zeugengestützt, als Sachverständige eventuell die Echtheit der vorausgegangenen eigenhändigen Unterschriften bezeugen müssen. Die im folgenden behandelte beglaubigte Unterschrift soll wohl einen vertrauenswürdigen Dritten erforderlich machen - also zeugengestützt sein - aber nicht eine eigenhändige Unterschrift erfordern, wenn man von grundsätzlichen Verträgen oder Bestallungen absieht, die einmalig etwa bei der Einrichtung der Dienstleistung oder bei der Subskription geleistet werden.

Auch in diesem Falle soll man nicht davon ausgehen müssen, daß der Disput über eine Unterschrift gegebenenfalls zwischen Aussteller und Empfänger zu führen ist und ein Dritter ihn nur zwischen den beiden Disputanten entscheiden soll. Man muß in gewissen Fällen auch damit rechnen, daß beide sich einig sind und gegen einen Dritten konspirieren; der Aussteller selbst mag mit seiner echten Unterschrift einem gefälschten Text, etwa einem zurückdatierten Brief, den Echtheitsanschein geben. Man könnte z.B. so gemeinsam das Finanzamt täuschen wollen. Für Fälle, in denen eine solche Interessenlage bestehen könnte, wird man also vorsehen, daß die Unterschrift des Ausstellers von einem Dritten beglaubigt wird, der wie z.B. ein Notar öffentliches Vertrauen genießt. Sie kann dann nicht zurückgezogen oder verändert werden, so lange der Notar nicht mitkonspiriert.

Eine solche Beglaubigung der Unterschrift ist mit Hilfe der Verschlüsselung ebenfalls möglich. Ein neutraler Dritter - etwa ein Notar - muß entweder den Text des Dokuments selbst oder den Schlüssel, mit dem es unterschrieben ist, mit seinem geheimen Schlüssel verschlüsseln. Disputanten können mit dem strittigen Dokument auf ihn zukommen; er kann es entschlüsseln; nur wenn weder das Dokument noch der Unterschriftsschlüssel verändert worden sind, ergibt sich ein verständlicher Klartext und damit das notwendige Plausibilitätskriterium. Auch wenn die beiden Partner gemeinsam eine Fälschung versuchen wollten, gelänge es ihnen nicht, denn dazu müßten sie den geheimen Schlüssel des Notars kennen.

In diesem Falle bietet das RSA- gegenüber dem DEA1-Verfahren den Vorteil, daß die Disputanten den Dritten (Notar) nicht aufzusuchen bzw anzurufen brauchen, denn zur Verifikation der Unterschrift braucht man nur dessen öffentlichen Schlüssel, über den ja jeder verfügen kann. Beim DEA1-Verfahren muß aber der Schlüssel vor den Disputanten geheim gehalten werden, denn sie könnten ja ansonsten mit ihm das Dokument gemeinsam fälschen; sie müssen deshalb die Verifikation vom Notar selbst vornehmen lassen und ihn dazu bemühen.

Allerdings wird bei Einsatz des RSA-Verfahrens der Dritte keineswegs überflüssig, muß er doch das Dokument oder dessen Unterschriftsschlüssel mit seinem geheimen Schlüssel unterschreiben; auch muß ihm der öffentliche Schlüssel authentisch zuzuordnen sein. Jede Rechtsordnung wird auf den vertrauenswürdigen Dritten Wert legen und wird möglichst sicherstellen, daß er nicht mitkonspirieren kann. Dabei könnte sich grundsätzlich die Frage stellen, ob man etwa einer Schlüsselverteilungszentrale, die eigentlich Teil des technischen Kommunikationssystems ist, auch Beglaubigungsaufgaben übertragen sollte, oder ob man nicht grundsätzlich Netz-Notare vorsehen sollte, ansonsten normale Notare, welche damit im wesentlichen ihre rechtlichen Funktionen auch auf ein technisches Kommunikationssystem ausdehnen. Man kann sich wohl mit dem RSA-System die Einführung solcher Netz-Notare eher ersparen als mit dem DEA1-System; es fragt sich allerdings, ob man auf sie wirklich verzichten will. Siehe auch 10.1.

Beim DEA1-Verfahren, das ja Bedingung E (Authentizierbarkeit der Dokumentation durch den einzelnen Partner) nicht erfüllt, ist diese Form der Unterschrift die einzige, der man eine ausreichende Verbindlichkeit zubilligen kann.

Dieses Unterschriftsverfahren ist insofern robust (Bedingung I), als es dabei sowohl auf den Schlüssel des Unterschreibenden als auch auf den Schlüssel des Dritten ankommt. Diesem Dritten - z.B. einem Notar - kann zugemutet werden, daß er seinen Schlüssel besonders sorgfältig sichert, wie man auch heute an Notare in ähnlicher Hinsicht schärfere Forderungen stellt.

3.6.5 Autorisierte Unterschrift

Vielfach wird - wie z.B. in (Lip) ausgeführt - eine Unterschrift geleistet, die nicht den Unterschreibenden sondern einen Dritten verpflichtet, der ihn dazu autorisiert hat. Wenn für eine Rechtsperson, etwa eine Aktiengesellschaft, unterschrieben wird, ist dies sogar die Regel. Im allgemeinen Sinne kann grundsätzlich ein Agent mit einem Auftrag auch zur Unterschriftsleistung für seinen Auftraggeber berechtigt werden.

Im Bereich der personalen Unterschrift findet dieser Umstand in der Unterschrift selbst keine Berücksichtigung; der Unterschriftsleistende muß sich gegebenenfalls durch Vollmacht ausweisen oder ausweisen können. Schwierigkeiten bereitet dieser Mangel vor allem dann, wenn dies der Umstände halber nicht überprüft werden kann und man mit Treu und Glauben rechnen muß.

Im Bereich der digitalen Unterschrift ist es durchaus denkbar, daß der Unterschrift eines Agenten vom Empfänger auch verbindlich entnommen werden kann, wer ihn zur Unterschrift berechtigt hat und wie weit seine Unterschriftsermächtigung reicht. Die digitale Unterschrift kann also einen weitere Instanz-Instanz-Beziehung (neben der Aussteller-Empfänger-Beziehung; siehe 3.6.6) authentikabel anzeigen; sie liefert gleichzeitig die Ermächtigung.

Z.B. könnte beim RSA-Verfahren der Autorisierende mit seinem geheimen Schlüssel den öffentlichen Schlüssel des Autorisierten einschließlich einer Befugnisbeschreibung verschlüsseln und dieses dem Autorisierten übergeben. Der Autorisierte würde vor jeder Unterschrift mit seinem geheimen Schlüssel diese Information dem zu unterschreibenden Text anfügen und mit diesem gemeinsam verschlüsseln. Der Empfänger könnte anhand einer geglückten Entschlüsselung mit dem öffentlichen Schlüssel des Autorisierten die Echtheit von dessen Unterschrift und dann mit dem öffentlichen Schlüssel des Autorisierenden die Echtheit der Unterschriftsberechtigung feststellen.

Dies ist grundsätzlich auch mit symmetrischen Verfahren möglich, wenn auch etwas umständlicher.

3.6.6 Empfängerbezogene Unterschrift

Die Unterschriften nach 3.6.2, 3.6.3 und 3.6.4 sind jeweils auf den Empfänger hin ausstellbar. Sie können ohne diesen nicht etwa gegen den Aussteller geprüft werden. Das liegt daran, daß hinsichtlich der Unterschrift zwischen Sender und Empfänger eine Vereinbarung getroffenen werden muß. Damit wird eine Instanz-Instanz-Beziehung in Form eines Sessionsschlüssels oder ausgetauschter Kennwörter zum Normauthentikator gewählt. Mit Hilfe dieses Normauthentikators wird dann die Nachricht-Instanz-Beziehung "Unterschrift" authentiziert. In der Tat erlaubt dieser Authentikator darüber hinaus die Authentikation einer Instanz-Nachricht-Instanz-Beziehung.

Eine solche Unterschrift stellt also nicht allein die Immutabilität der Unterschrift bezüglich der Nachricht sondern auch die bezüglich des Empfängers sicher. Auch wenn der Empfänger nicht aus der Nachricht bzw deren Adressierung hervorgeht, ist er feststellbar und authentizierbar.

Aus ihr läßt sich eine Empfangsbestätigung ableiten. Ferner kann die Adresse des Empfängers mit der Unterschrift verglichen werden, so daß auch Fehladressierungen nachgewiesen werden können.

Der Empfängerbezug der Unterschrift ist allerdings von Nachteil, wenn ein Text verbindlich auszustellen ist, der für mehrere Empfänger oder gar die Öffentlichkeit gedacht ist, vergleichsweise etwa ein Scheck oder ein Wechsel. Wenn dessen Zweitempfänger die Unterschrift authentizieren kann, ist damit eine logisch evidente (siehe 3.1.1) Authentikation möglich. Anderenfalls muß der Erstempfänger den Scheck umschlüsseln; die Authentikation durch den Zweitempfänger muß dann protokollgestützt (siehe 3.1.2) erfolgen.

Anders gestaltet sich in dieser Beziehung die Verwendbarkeit der Unterschrift mittels asymmetrischer Verfahren. Da dort der Nachweisschlüssel öffentlich zugänglich ist, kann diese Unterschrift einerseits nicht zur Empfängerauthentikation verwendet werden, läßt sich aber beliebig übertragen, ohne daß Zweitempfänger ein Protokoll vorlegen müßten, wenn sie vom Aussteller die von ihm zugesagten Verbindlichkeiten fordern.

3.6.7 Versiegelte Nachricht

Gelegentlich möchte man sich hinsichtlich der Entscheidung, daß eine Nachricht echt ist, auf keinen Menschen verlassen müssen, könnte es doch sein, daß auch der vertrauenswürdige Dritte als Zeuge nicht ausreicht, wenn etwa gewichtige strafrechtliche Belange oder Fragen der historischen Wahrheit angesprochen sind. In solchen Fällen muß die Bedingung G erfüllt sein.

Z.B. hätte sich - sachlich gesehen - der Streit zwischen Arianern und Athanasianern um das Jota, das zwischen "Gott gleich" und Gott ähnlich" (zur Natur Jesu Christi) stand, vermeiden lassen, hätte eine der beiden Parteien der anderen den echten Wortlaut der Bibelstelle nachweisen können. Hätte man die Verschlüsselung zur Verfügung gehabt, wäre man dem einen Schritt näher gekommen; man hätte nach ihrer Niederschrift die Bibel mit einem Unterschriftsschlüssel so verschlüsselt, daß man sie mit Hilfe des entsprechenden Nachweisschlüssels ausschließlich in ihrem echten Wortlaut entschlüsseln konnte. Allerdings wäre ein Mißbrauch des Unterschriftsschlüssels zur Fälschung zu verhindern gewesen - am besten, indem man diesen vor irgendeiner Kenntnisnahme vernichtete.

Solch eine Forderung läßt sich mit dem DEA1-Verfahren nicht ausreichend gut sicherstellen, denn aus dem Klartext des Nachweisschlüssels kann man leicht den Unterschriftsschlüssel ableiten. Dies zu verhindern, gelingt nur unvollkommen, solange der Nachweischlüssel existiert, sind es ja nur physikalische Sicherungsbarrieren, die zu überwinden sind.

Mit dem RSA-Verfahren stellt man sich in dieser Beziehung erheblich günstiger: Man kann den Unterschriftsschlüssel vernichten und nur den Nachweisschlüssel bewahren. Dann ist es mit kryptographischer Sicherheit unmöglich, den Unterschriftsschlüssel wieder zu bestimmen und mit ihm eine Fälschung vorzunehmen. Allerdings muß sich auch diese Methode auf Vertrauen abstützen: Der Notar, der eine solche Versiegelung durchzuführen und dabei zu überwachen hat, daß der Unterschriftsschlüssel vernichtet wird, bevor ihn jemand - sich selber eingeschlossen - zur Kenntnis nehmen kann, muß das Vertrauen der anderen, gegebenenfalls der gesamten Menschheit, haben.

Bezüglich der Bedingung I läßt sich also sagen: Das RSA-Verfahren ist in dieser Hinsicht wesentlich robuster als das asymmetrisierte DEA1-Verfahren. Dieser Fall mag zwar wenig praktisch anmuten; er demonstriert aber den Unterschied in der diesbezüglichen Robustheit symmetrischer und asymmetrischer Verfahren.

3.6.8 Bezeugende Unterschrift, Indossament etc

Gelegentlich dient eine Unterschrift nicht dazu die Zuordnung eines Textes zu seinem Aussteller, also eine Nachricht-Instanzbeziehung, authentikabel zu machen, sondern man will mit ihr die Unterschrift eines anderen bezeugen. Z.B. macht sich jemand, der eine Urkunde nach § 29 Satz 2 BeurkG mit unterschreibt, nicht die verzeichnete Willenserklärung zu eigen, sondern bezeugt nur, daß die Willenserklärung von den Beteiligten abgegeben wurde.

Eine Unterschrift, die man für ein Indossament leistet, steht ebenfalls nicht notwendigerweise unter einer expliziten Meinungs- oder Willenserklärung, etc. Mitunterschreiber gibt es auch in vielen praktischen Fällen, wobei es interessant wäre, zu wissen, wer von den Unterschreibenden welche Beziehung zur Meinungs- oder Willenserklärung hat, ob der Unterzeichner z.B. Prokurist ist und dies nach § 51 HGB mit einem Zusatz anzudeuten hat.

Die digitale Unterschrift bietet in dieser Hinsicht Unterscheidungsmöglichkeiten, die mit der eigenhändigen Unterschrift ohne zusätzliche Erklärungen nicht zur Verfügung stehen. Man kann zur Unterschrift folgende Größen verschlüsseln; wobei der Einfachheit halber davon ausgegangen wird, daß der Schlüssel gleichzeitig als Authentikator dient:

- Klartext mit dem Ergebnis einer unterschriebenen Willenserklärung
- unterschriebene Willenserklärung mit dem Ergebnis einer Bezeugung der Abgabe einer Willenserklärung
- Unterschriftsschlüssel der unterschriebenen Willenserklärung mit dem Ergebnis einer bezeugten Ordnungsmäßigkeit der Unterschrift
- beliebige Kombination und Schlüsselungableitungen davon mit beliebig genormten Bedeutungen

Will man sich eine Willenserklärung zueigen machen, wird man ihren Text verschlüsseln. Will man die Unterschrift einer Person bezeugen, wird man jene verschlüsseln. Dabei wird man darauf achten, daß der Schlüsseltext, den man verschlüsselt, entweder verkürzt ist, oder daß das Verschlüsselungsverfahren nicht kommutativ ist, damit die Reihenfolge der Schlüsselungsvorgänge erkannt und auf diese Weise unterschieden werden kann, wer sich (zuerst) erklärt und wer dieses (danach) bezeugt hat. Die Schlüsselverteilungszentrale, die einen Unterschrifts-Nachweisschlüsselpaar generiert hat, bestätigt dies dadurch, daß sie dieses und eindeutige Bezugsinformation zum verschlüsselten Text mit ihrem Master-Schlüssel verschlüsselt (6.4).

Die jeweilige Unterschrift kann von demjenigen authentiziert werden, der sie geleistet hat, oder auch von einem vertrauenswürdigen Dritten, der den Schlüssel kennt, oder - bei asymmetrischen Verfahren - von jedem, der über den (authentizierten) öffentlichen Schlüssel des Unterzeichners verfügt.

3.6.9 Blanko-Unterschrift

Obwohl diese Art der eigenhändigen Unterschrift offensichtlich ein zweifelhaftes Produkt der Umstände ist - stellt sie doch nicht einmal sicher, daß die Willenserklärung, die sie abschließt, auch authentisch die des Unterzeichners ist - soll auch sie hier auf eine digitale Realisierungsmöglichkeiten hin betrachtet werden.

Gibt man den Unterschriftsschlüssel aus der Hand, und sei es auch jemandem zu treuen Händen, dann kann er mit ihm unterschreiben. Ohne weitere Maßnahmen, die ihn daran hindern, kann er aber unbeschränkt oft unterschreiben. Das gäbe ihm nicht nur die Möglichkeit zu unbeschränkt vielen Blanko-Unterschriften, sondern kompromittierte auch die bereits vom rechtmäßigen Besitzer geleisteten Unterschriften.

Will man zu einer Blanko-Unterschrift kommen, dann darf ein mehrmaliger Gebrauch des Schlüssels durch den Treuhänder nicht möglich sein. Der Schlüssel dürfte z.B. nicht kopierbar sein; er müßte für einmaligen Gebrauch und so gekennzeichnet sein, daß ihn die Verschlüsselungseinheit erkennt und nach Leisten der Unterschrift entwertet. Nach der Entwertung verhält sich jede Verschlüsselungseinheit ihm gegenüber wie gegenüber einem Nachweisschlüssel (siehe 3.6.2 und 6.4.1). Das bedingt, daß der Schlüssel nie im Klartext außerhalb einer Verschlüsselungseinheit erscheint, was ja ohnedies in der

Praxis von jedem Schlüssel zu fordern ist. Wollte man das in 6.4.1 beschriebene Aktivitätenprotokoll realisieren, dann wäre eine nur einmalige Verwendbarkeit bzw. die Nicht-Kopierbarkeit ohnedies sichergestellt.

Mit der handschriftlichen Blanko-Unterschrift wird in der Regel auch das allgemeine Format des einzutragenden Schriftsatzes vorgegeben. Dieser wird z.B. in das Blankofeld passen müssen, das zwischen Blattoberkante und dem Schriftzug der Unterschrift aufgespannt wird. Wollte man für den digitalen Bereich etwas Entsprechendes realisieren, müßte der Schlüssel auch dafür eine Angabe führen, es sei denn, daß man sich per Konvention darauf einigt, für Blanko-Unterschriften die Länge des Schriftsatzes auf ein bestimmtes Maß zu beschränken, und daß die Verschlüsselungseinheit daraufhin programmiert ist.

Ein weiteres Problem ist es, dem Besitzer der Blanko-Unterschrift zu einer positiven Teilnehmerauthentikation durch die Verschlüsselungseinheit zu verhelfen. Dies ist wohl auf vielfältige Weise lösbar. Man könnte z.B. Blanko-Unterschrifts-Berechtigten besondere Authentikatoren zukommen lassen. Nach dem Aktivitätenprotokoll von 6.4.1 müßte der Blanko-Unterschrifts-Inhaber die Verschlüsselungseinheit dazu berechtigen können, auf den Authentikator des Ausstellers zuzugreifen und diesen der Schlüsselverteilungszentrale zu übermitteln. Letzterer müßte per Parameter P mitgeteilt werden, daß ein Blanko-Unterschrifts-Schlüssel gewünscht werde.

Damit wäre noch nicht die Frage der Blanko-Unterschrift auf einem Formularbogen und andere mögliche praktische Aspekte behandelt. Dieses Thema soll aber hier nicht weiter verfolgt werden; es eignet sich ohnedies besser dafür, aufzuzeigen, daß eine direkte Relation zwischen eigenhändiger und digitaler Unterschrift nicht das Ziel sein sollte. Vermutlich könnte man aus der größeren Fülle digitaler Unterschriftsarten solche herausgreifen, die den mit der Blanko-Unterschrift verfolgten Zweck besser erfüllen, etwa die autorisierte Unterschrift nach 3.6.5.

3.6.10 Originalechtheit

Die bislang geschilderten Unterschriftsverfahren erfüllten als einzige die Forderung H nicht; sie stellen nicht die Erhaltung der Originaltreue sicher; man kann das Original so kopieren, daß man Kopie und Original nicht unterscheiden kann.

Welcher Art müßten die zusätzlichen Maßnahmen sein, mit denen man sicherstellen könnte, daß die Originalausfertigung eines Dokuments nicht gefälscht werden kann? Man müßte entweder verhindern, daß das Original vervielfältigt werden kann, oder zumindest sicherstellen, daß man jede Fälschung vom Original leicht unterscheiden kann, was im Prinzip auf das Gleiche herauskommt.

Es geht hier also nicht etwa um die Originalität eines Textes und die der Unterschrift allein. Die würde man z.B. bei einer Banknotenfälschung auch nicht bezweifeln. Das Originaldokument muß von seiner stofflichen Substanz her das gleiche bleiben und sich von jeder Nachahmung gut unterscheiden lassen, oder es müßte perfekt kopiert und dann vernichtet werden, wobei die Kopie die Rolle des Originals zu übernehmen hätte.

Man könnte folgendermaßen vorgehen: Der Text des Dokuments wird mit einem geheimen Schlüssel verschlüsselt. Dieser Schlüssel darf höchstens einem vertrauenswürdigen Dritten zur Kenntnis gelangen; seinen Eigentümern muß man unterstellen, daß sie ihn in ihrem Interesse mißbrauchen könnten. Er muß also gegen ihren Zugriff gesichert sein.

Am besten ist es, den Schlüssel durch einen Zufallszahlengenerator in einer versiegelten Einheit zu erzeugen und ihn nie unverschlüsselt (sondern nur durch den ebenfalls unbekannten eventuellen Master-Schlüssel der Einheit gesichert) auszugeben. Sollte jemand trotzdem versuchen, den Schlüssel zur Kenntnis zu bekommen, indem er z.B. die versiegelte Einheit aufzubrechen versucht, dann muß der Schlüssel vernichtet werden, bevor er zur Kenntnis genommen werden kann.

Die Bedingung, daß der Schlüssel nie in einem verwendungsfähigem Zustand die gesicherte Einheit verlassen darf, erfordert, daß er auch nicht zum Entschlüsselungsvorgang dieser Einheit entnommen werden darf. Dem kann man so begegnen, daß auch der Algorithmus in dieser Einheit ablaufen kann, daß also die Einheit nicht allein den Schlüssel sondern auch den Entschlüsselungsautomat enthält. Gibt man dann dieser Einheit, den verschlüsselten Text des Dokuments ein, liefert sie dazu den verständlichen (plausiblen) Klartext. Jede Änderung des Schlüsseltextes würde zu Unleserlichkeit führen. Eine solche den Schlüssel einschließende Einheit ließe sich nicht reproduzieren, da sich ja der Schlüssel - wie gefordert - nicht in eine Kopie übertragen ließe.

Das originale Dokument besteht also aus zwei Teilen: einem verschlüsselten Text, der beliebig reproduzierbar ist, eventuell auch aus dem Klartext (beides auf einem Magnetdatenträger), und einer Entschlüsselungseinheit (im Kartenformat) mit Schlüssel (eventuell auch Masterschlüssel), die sich beide nicht reproduzieren lassen. Die Karte mit Verschlüsselungseinheit und Schlüssel sichert die Originalechtheit. Entscheidend für den Besitz des Dokuments ist also der Besitz dieser Karte.

Das Indossieren eines solchen Dokuments könnte auf dem Magnetdatenträger erfolgen, der den Text des Dokuments enthält. Dazu könnte man mit einem modifizierten Verfahren nach 6.4 von der Schlüsselverteilungszentrale einen Unterschriftsschlüssel besorgen und den Nachweisschlüssel mit dem Master-Schlüssel des Indossatars verschlüsseln. Die in 3.6.8 aufgezeigten unterschiedlichen Möglichkeiten der Verschlüsselung könnten den unterschiedlichen Formen des Indossaments zugenormt werden. Mit asymmetrischen Verfahren fiele zwar das Indossieren leichter, die Erstellung des Dokuments hingegen viel schwerer. Ein gemischtes System könnte hier zu aufwendig sein.

Interessant ist vor allem der andere Teil des Dokuments, die Karte mit der versiegelten Verschlüsselungseinheit. Eine solche Karte dürfte sich in Zukunft mit modernen Technologien in einem handlichen Format realisieren lassen, so daß dieser Vorschlag keineswegs utopisch ist. Das Dokument ließe sich mit Hilfe der Datenübertragung an einer Stelle - etwa von einem Notar - ausstellen und an einer weit davon entfernten gleichzeitig produzieren. Dazwischen läge eine durch Verschlüsselung gesicherte Übertragungung des unterzeichneten Dokumententexts. Der eigentliche Wert dieses Dokuments ist der Umstand, daß es über Fernmeldewege, d.h. schnell und trotzdem gesichert zugestellt werden kann.

Dies ist ein Problem, das die Economic Commission for Europe der Vereinten Nationen beschäftigt (ECE), (Pon). Man sucht einen Ersatz für das Seefrachtkonnossement, ein Orderpapier, das seinem Besitzer einen Titel für ein Frachtgut verleiht. Der derzeitige gesicherte Transport dieser Dokumente wird als zu langsam empfunden, zuweilen dauere er länger als der Transport des Frachtguts selbst; dieses müsse dann im Hafen hohe Gebühren verursachend auf das Seefrachtkonnossement warten. Deshalb möchte man die Ansprüche auf die Auslieferung eines Frachtguts über Fernmeldewege übertragen können.

Man könnte dies zwar auch auf andere Weise tun, indem man dem Eigentümer seine Rechte bestätigt; er kann sich dann mit Nachweis seiner Identität durch protokollgestützte Authentikation (3.1.2) als solcher ausweisen; jedoch scheint man Wert darauf legen, daß die Übergabe des Frachtguts von solchen Nachprüfungen unabhängig erfolgen kann, daß mit dem Vorzeigen des Konnossements eine unmittelbar logisch evidente Authentikation (3.1.1) ermöglicht werde, daß der Eigentümer auch einen Vertreter mit der Abholung beauftragen könne, daß die Auslieferung im Hafen schnell erfolge und die Schiffe umso mehr unterwegs sein können.

Sollte der Vorweisende das versiegelte Dokument unrechtmäßig besitzen, würde dies eine Auslieferung des Frachtguts an ihn zunächst nicht verhindern; der rechtmäßige Besitzer müßte seine Rechte am Papier nachträglich geltend machen.

Die Verschlüsselungseinheit z.B. in Buenos Aires - müßte intern den Schlüssel erstellen und ihn nach seiner verschlüsselten Übertragung automatisch vernichten. Ein Seefrachtkonnossement könnte dort für ein etwa nach Hamburg bestimmtes Frachtgut ausgestellt und unmittelbar dem Adressat in Hamburg ausgehändigt werden. Er erhielte neben dem auf einen Magnetdatenträger gespeicherten verschlüsselten Text eine versiegelte Karte, die den geheimen Schlüssel und die Entschlüsselungseinheit enthält. Magnetdatenträger und Karte stellen das Dokument dar; beide könnten in einer Einheit zusammengefaßt werden.

Ein zu spätes Eintreffen des Dokuments und eine (in letzter Zeit häufige) Fälschung könnten vermieden werden. Im Vergleich zu den damit vermeidbaren Schäden, dürften die Erstellungskosten für das Dokument gering sein. Eine wichtige Voraussetzung für die Zuverlässigkeit des Verfahrens ist eine sichere und authentizierbare Datenübermittlung.

Hier bieten öffentliche Schlüssel nach dem RSA-Verfahren keine Vorteile, denn der Schlüssel, mit dem das Dokument entschlüsselt werden kann, darf ja nicht bekannt werden, damit sich das Dokument bzw die Karte, in der er eingeschlossen ist, nicht reproduzieren lasse. Erst recht darf es nicht möglich sein, mit seinem komplementären geheimen Schlüssel weitere (eventuell gefälschte) Ausfertigungen des Dokuments erzeugen zu können. Der öffentliche Schlüssel müßte geheim bleiben, um eine Vervielfältigung des Dokuments unmöglich zu machen, der geheime Schlüssel müßte geheim bleiben, nicht nur, um den öffentlichen Schlüssel nicht ableiten zu können, sondern auch um keine Fälschung des Dokuments zu ermöglichen.

Man könnte auch das Dokument mit dem öffentlichen Schlüssel erstellen, diesen vernichten und den geheimen Schlüssel unerkannt in der Karte gesichert speichern. Allerdings ist dies eher nachteiliger; denn sollte es gelingen, den geheimen Schlüssel zur Kenntnis zu bekommen, dann könnte man aus ihm auch den öffentlichen Schlüssel ableiten und so nicht nur das Dokument vervielfältigen sondern auch seinen Inhalt fälschen.

Das RSA-Verfahren erweist sich für diese Anwendung als weniger geeignet; sein Vorteil - die Möglichkeit eines wirklich öffentlichen Schlüssels - käme nicht zum Tragen, sein Nachteil, daß die Schlüsselerzeugung teuer ist, dagegen sehr.

Auch hier hängt die Robustheit des Verfahrens von der Robustheit der Schlüsselsicherung ab.

3.7 Verkürzte Authentikation

Im Verlaufe der Ausführungen dieses Kapitels hat sich immer wieder gezeigt, daß die Authentikation ein komplexer Vorgang ist und daß ihr jeweiliges Ziel häufig auf unterschiedlichen Wegen zu erreichen ist, zuweilen auch auf Abkürzungen.

Z.B hat sich gezeigt, daß die Authentikation einer Nachricht-Nachricht-Beziehung, nämlich der zwischen Klar- und Schlüsseltext einer Nachricht, besonders ergiebig ist. Sie ist die Grundlage für die Nachrichtenauthentikation: Aufgrund der Neuartigkeit einer Nachricht (sie wäre ja ansonsten keine Nachricht, welche die Informiertheit des Empfängers erhöht) kann dem Empfänger kein Normauthentikator der Nachricht selbst zur Verfügung stehen. Er vergleicht die Nachricht und ihren verschlüsselten P-Authentikator. Wenn beide in dem durch den Schlüssel geschützten Verhältnis zueinander stehen, schließt er daraus, daß nicht nur das Verhältnis sondern auch die beiden Bezugsgrößen authentisch die vom Sender abgegebenen sind. Er will nicht wissen, ob eine bereits bekannte Nachricht richtig eingetroffen ist, sondern ob sich die bis dahin unbekannte Nachricht unterwegs nicht geändert hat. Was also authentiziert wird, ist nicht die Nachricht sondern ihre Unversehrtheit.

Anders verhält es sich mit einer Nachricht, die erwartet wird. Ein bestimmtes Programm soll z.B. an einen kleinen Rechner übermittelt werden; dieser hat nicht ausreichend Speicherplatz für alle Programme, die er exekutieren muß. Er speichert deshalb nur die (verkürzten) Programm-Authentikatoren. Mit diesen kann er nach der Übermittlung prüfen, ob das Programm unverändert als dasjenige bei ihm eingegangen ist, das er angefordert hatte. Man könnte wohl auch das Programm mit seinem Authentikator übertragen; der kleine Rechner könnte dann mittels beider eine Sekundärauthentikation durchführen. Doch diese würde ihm gegebenenfalls nur bestätigen, daß es sich um das vom Sender gemeinte nicht notwendigerweise aber auch um das von ihm angeforderte Programm handelt. Nur wenn er den Normauthentikator selbst auswählen kann, erreicht er das, was er will; nur dann liegt in der Tat eine Nachrichtenauthentikation vor, obwohl dies nicht gerade ein typischer Fall der Nachrichtenübermittlung ist.

Auch für die Instanzauthentikation erweist sich eine Nachricht-Nachricht-Beziehung als sehr brauchbar: Der P-Authentikator einer Person kann durch seinen Schlüsseltext ergänzt werden; beide können etwa auf einer (geheimzuhaltenden) Identifikationskarte gespeichert werden; das prüfende System kann mit ihnen eine C-Authentikation durchführen, ohne daß es einen anderen Normauthentikator als den Algorithmus und den Schlüssel zu speichern hätte (siehe 7.1).

In diesem Falle wird nicht eine bestimmte Person als solche authentiziert, sondern nur in ihrer Eigenschaft als berechtigter Teilnehmer. Das System differenziert nicht zwischen solchen Teilnehmern. Im Grunde genommen könnte jeder davon den gleichen Authentikator in Klar- und Schlüsseltext aufweisen. Ein der Person zugeordneter Authentikator wird hier nicht für die Authentikation gebraucht, wohl aber u.U für anschließende Datenverarbeitungsaufgaben; das System authentiziert einen Teilnehmer als berechtigt; danach will es wissen, auf welches Konto z.B. es zugreifen muß. Diese Zugriffsadresse müßte nicht einmal verschlüsselt sein; man mag sie höchstens durch Verschlüsselung konzelieren wollen. Allerdings wird durch einen erfolgreichen Zugriff Plausibilität gewonnen; oder umgekehrt: Ist der Zugriff nicht erfolgreich, gewinnt man eine negative Plausibilität und muß auf eine Fehlersituation erkennen.

Es lohnt sich, darüber Klarheit zu gewinnen, was jeweils wirklich authentiziert wird und ob nicht eine Abkürzung eingeschlagen wird, die u.U. nicht zum eigentlichen Ziel führt. Beim Beispiel der Nachrichtenauthentikation mag dies in keiner anderen Weise als über eine Nachricht-Nachricht-Beziehung sinnvoll sein. Beim Beispiel der Teilnehmerauthentikation mag die Erkenntnis überrascht haben, daß mit der verkürzten Authentikation nicht der Teilnehmer authentiziert wird sondern nur seine Berechtigung; im Grunde genommen nur die berechtigende Eigenschaft der Ausweiskarte. Wollte man z.B. auch feststellen können, ob nicht ein falscher Teilnehmer eine gültige Karte anbietet, dann müßte das System unvermeidlicherweise dazu einen Normauthentikator speichern, der etwa den mit dem richtigen Teilnehmer vereinbarten Teilnehmerdialog beschreibt.

Die Nachricht-Nachricht-Beziehung zwischen Authentikat und Authentikator soll wohl zumeist als Nachweis verstanden werden, daß dem Vorgang der geheime Schlüssel zu Grunde liegt, ohne den ja die Beziehung nicht hergestellt worden sein konnte. Nicht immer reicht jedoch dieser Nachweis. Bei der Teilnehmerauthentikation ist es bereits klar geworden: In ihrer auf eine Nachricht-Nachricht-Beziehung verkürzten Form liefert sie nur die Bestätigung der Berechtigung eines Ausweises. Aber auch bei der Nachrichtenauthentikation liefert sie nicht mehr als das Entsprechende. Z.B. erkennt man mit ihr nicht, wenn von einem Angreifer ein altes Nachricht-Authentikator-Paar in den Kommunikationsvorgang eingespielt wird. Um das zu erkennen, braucht man eine weitere authentikable Nachricht-Nachricht-Beziehung, nämlich die zu einer Folgenummer oder einer zeitabhängigen Größe. Immerhin, auch hier hilft eine Nachricht-Nachricht-Beziehung weiter.

4. Konzelationsapsekte der Verschlüsselung

Unter Konzelation kann man das Verbergen von beliebiger Information verstehen, nicht etwa nur des Inhalts einer Nachricht. Im einzelnen können dies z.B. sein:

- Existenz der Nachricht
- Inhalt der Nachricht
- Struktur / Format der Nachricht
- Einbettung der Nachricht in einem größeren Kontext, wie z.B. ihre raum-zeitliche Spur

4.1 Existenz der Nachricht

In extremen Fällen will man nicht zulassen, daß ein Gegner von der Existenz einer Nachricht überhaupt Kenntnis erhält. In Kommunikationssystemen versucht man dies gewissermaßen durch Tarnung zu erreichen. Man bettet die Signalfolge der Nachricht in eine andere so ein, daß man die Nachricht von ihrem Hintergrund nicht unterscheiden kann. Um dies zu erreichen, verleiht man sowohl dem Hintergrund als auch der Nachricht eine Zufalls- bzw Pseudozufallsverteilung; jedes einzelne Bit tritt unabhängig vom Werte anderer mit praktisch der gleichen Wahrscheinlichkeit bzw Häufigkeit als 0 bzw als 1 auf.

Bei der Nachricht kann es sich nur um eine Pseudozufallsverteilung handeln, da sie ja nicht-zufällige Information enthält. Der Hintergrund kann auch eine echte Zufallsverteilung aufweisen; aber auch hier reicht zumeist eine Pseudozufallsverteilung aus. Die bekannten Algorithmen liefern eine sehr gute Pseudozufallsverteilung. Insofern ist die oben gestellte Bedingung leicht zu erfüllen. Man kann einen solchen Algorithmus entsprechend auch für die Aufbereitung des Hintergrunds verwenden.

Allerdings bedingt diese Lösung, daß der Übertragungskanal für die Übertragung von Nachrichten ständig zur Verfügung steht. Anderenfalls würde ja sein Einschalten bereits die Existenz einer Nachricht verraten oder zumindest als wahrscheinlich erscheinen lassen. Selbstverständlich verrät aber bereits die Existenz eines Übertragungskanals, der Zufallsfolgen von Signalen überträgt, etwas von der Verbergungsabsicht und weist somit auf die Existenz der zu verbergenden Nachricht hin. In dieser Hinsicht wird sich eine Nachricht in einem Kommunikationssystem nie völlig verbergen lassen.

Für offene Kommunikationssysteme, bei denen ein Übertragungskanal für mehrere Verbindungen und Sessionen genutzt werden muß, bietet sich die Tarnungsmöglichkeit nicht. Dort ist der Hintergrund strukturiert. Ein Lauscher kann anhand der Steuersignale, die in Klartext gesendet werden müssen, zumindest die zeitliche Ausdehnung einer Nachricht feststellen. Neben den vielen anderen Nachrichten wird ihm das Feststellen der gesuchten schwer fallen. Ist jedoch die gesuchte Nachricht verschlüsselt und die anderen nicht, erhält er damit eventuell wichtige Anhaltspunkte. Für die Verbergung der Existenz einer bestimmten Nachricht ist es also besser, wenn der Nachrichtenverkehr grundsätzlich verschlüsselt wird. Man wird dann zwar nicht erreichen können, daß die zu verbergende Nachricht nicht von ihrem Hintergrund unterscheidbar ist, jedoch wird es einem Gegner schwerer gemacht, unter den vielen Nachrichten die gesuchte zu finden.

Will also jemand in einem offenen Kommunikationssystem neben ihrem Inhalt auch die Existenz seiner Nachricht verbergen, dann fällt ihm dies leichter, wenn nicht nur er allein seine Nachricht verschlüsselt, sondern wenn der gesamte Nachrichtenverkehr grundsätzlich verschlüsselt wird.

4.2 Struktur der Nachricht

Man wird in der Praxis den Aufbau einer Verbindung und damit die Existenz einer beliebigen Nachricht für den Lauscher am Übertragungskanal nicht verbergen können, denn die Steuersignale der Bitübertragungsschicht und die Wähladresse des gerufenen Teilnehmers lassen sich praktisch nicht verbergen.

Neben diesen sind es aber auch die Protokollfelder höherer Schichten, die im Klartext erscheinen können. Die Blockbegrenzung des HDLC-Datenübertragungsblocks z.B. kann nicht verschlüsselt werden. Auch das Blockprüfungsfeld kann nicht verschlüsselt werden, wenn im Zuge des Übertragungskanals Blockprüfungen durchgeführt werden. In diesem Falle ist es notwendig, die Blockprüfzeichenfolge für den übertragenen Schlüsseltext zu errechnen und damit ein weiteres Strukturmerkmal zu liefern.

Das Adress- und das Steuerfeld kann man zwar verschlüsseln; diese Verschlüsselung müßte aber in der 2. Schicht, der Sicherungsschicht, erfolgen. In einem offenen Kommunikationssystem, wie es von der Bundespost angeboten wird, wäre eine solche Verschlüsselung jeweils auf den gesicherten Übertragungskanal beschränkt und dem Einfluß des Teilnehmers entzogen. Wenn nicht die Bundespost grundsätzlich in der Sicherungsschicht verschlüsselt - was kaum zu erwarten ist - wird sich in offenen Kommunikationssystemen nicht vermeiden lassen, daß die Protokollinformation der unteren drei Schichten im Klartext übertragen wird und daß sich damit eine deutlichere Struktur auch der verschlüsselt übertragenen Nachrichten für Angriffe bietet.

4.3 Einbettung im Konsensus

Die Einbettung der Nachricht in einen allgemeineren Konsensus ist weniger die Sache eines einzelnen Kommunikationssystems. Die Zusammenhänge einer Nachricht mag der Gegner auch auf anderem Wege erfahren haben. Er kann auf Grund dieser Kenntnis den Inhalt oder die allgemeinere Bedeutung einer Nachricht, je nach Kenntnisstand, mehr oder weniger leicht erraten; wobei ihm Zeitpunkt und Struktur der verschlüsselten Übertragung wichtig sein können.

Die Verbergung von Existenz oder mindestens von Struktur sind dann die einzigen Hilfsmittel, die ein Kommunikationssystem bieten kann, um den Vorteilen zu begegnen, die ein Angreifer aus der Kenntnis des Konsensus ziehen kann.

Der allgemeine Konsensus, der also auch von potentiellen Angreifern geteilt wird, erschwert das Verbergen von Nachrichten. Zur Authentikation, insbesondere zur Nachrichtenauthentikation, wurde (in 3.2) gezeigt, daß man sich mit dem Konsensus Erleichterungen verschaffen kann. Die Erleichterung ist umso größer, je größer der Konsensus ist und je sicherer man von ihm aus urteilen kann. Hier muß also dazu vermerkt werden, daß diese Erleichterungen auch die Sicherheit herabsetzen können, und zwar umso mehr, je größer der Konsensus ist.

5. Anforderungen an die Verschlüsselung

Während im 3. und 4. Kapitel die Verschlüsselung als mathematisch-technisches Phänomen auf das hin betrachtet wurde, was sie einem Anwender zu bieten hat, soll in diesem Kapitel die Blickrichtung umgekehrt sein. Hier wird die Frage danach gestellt, was wohl ein Anwender bezüglich der Sicherheit und der Realisierung von Authentikations- und Konzelationsaufgaben von der Verschlüsselung erwartet. Es ändert sich also nur der Aspekt; das wird es mit sich bringen, daß gelegentlich bereits Gesagtes wiederholt wird.

5.1 Grundsätzliches

Da die Verschlüsselung ein informationsumformender Prozeß ist, kann mit ihr (allein) nur eine Informationsumformung erreicht werden. Gemeint ist ein Prozeß im mathematisch-logischem Sinne, nicht etwa auch seine physikalische Realisierung. Auf letztere hat die Verschlüsselung keinen direkten Einfluß.

Umgekehrt kann die physikalische Realisierung sehr wohl einen Einfluß auf die Verschlüsselung haben; sie kann z.B. fehlerhaft sein und damit auch den Informationsumformungsprozeß und dessen Ergebnis beeinflussen.

Die Verschlüsselung kann allerdings auf Grund ihrer Eignung zur Authentikation (siehe 3.) Fehler anzeigen und so den anschließenden Prozeß veranlassen, gezielte Maßnahmen gegen die Fehler zutreffen; sie liefert dazu Kontrollinformation.

Will man aber mit der Verschlüsselung etwas direkt verhindern, so kann das zu Verhindernde nur ein informationsumformender oder -verarbeitender Prozeß sein, wie z B. die Kenntnisnahme von Information durch eine Person oder einen Automaten. Alle Anforderungen an die Verschlüsselung müssen diesen Leitgedanken beachten.

Die Verhinderung informationsumformender Prozesse kann dann allerdings sehr zuverlässig sein. Man geht davon aus, daß eine Kenntnisnahme verschlüsselter Information ohne Anwendung des passenden Schlüssels so gut wie unmöglich ist, wenn auch eine sehr geringe Restwahrscheinlichkeit dafür bestehen bleibt. Alle derzeit bekannten und praktisch einsetzbaren Algorithmen bieten keine absolute Sicherheit dafür, daß mit beliebig viel Zeitaufwand ein geheimer Schlüssel gefunden werden kann (Hel). Man kann aber die Verschlüsselung so gestalten, daß ein Aufbrechen des Systems erheblich teurer zu stehen kommt, als der Besitz der Information dem Angreifer wert sein mag. Diese ökonomische Bedingung wird als praktisches Beurteilungs- und Entscheidungskriterium verwendet.

Im Gegensatz zu anderen informationsumformenden Sicherungsverfahren - wie z.B. der Paritätsbit-Kontrolle - will man die Verschlüsselung nicht allein gegen zufällige Störeinflüsse anwenden können; vielmehr will man mit ihr sicherstellen, daß auch mit hohem Intelligenzaufwand durchgeführte Fälschungen und Kenntnisnahmen angezeigt wenn nicht verhindert werden. Daß nebenbei auch zufällige Störeinflüsse entdeckt oder verhindert werden, macht die Verschlüsselung noch nicht mit solchen Fehlerkontrollverfahren vergleichbar. Sie sind öffentlich bekannt und nachvollziehbar, während dies der Schlüssel nicht ist.

Die Verschlüsselung leuchtet zwar als mathematisch-algorithmische Methode unmittelbar ein; sie ist aber nicht dem Anwender in ihrer Bestimmung sofort einsichtig. Er kann aus seinen Bedürfnissen nicht unmittelbar Anforderungen an sie ableiten. Er weiß nur, daß sie eine Möglichkeit bietet, die er in geeigneter Weise ausnützen könnte. Er will nicht verschlüsseln des Verschlüsselns wegen, sondern z.B. konzelieren, authentizieren etc. Die unmittelbare Einsichtigkeit der mathematischen Methode verstellt eher den Blick auf ihren differenzierten Einsatz. Als Anwender trifft man aber zuerst auf die Anforderungen an die Verschlüsselung. Dem Anwender muß es im Prinzip gleichgültig sein, mit welchen Mitteln er seine Daten für Unbefugte unverständlich und für sich und seine Partner nachweisbar hält.

Ferner will nicht der Anwender mehr für diese Zwecke bezahlen, als ihm hinsichtlich der Gefahren, denen er begegnen will, angemessen erscheint. Stehen hohe Werte auf dem Spiel, ist er bereit, mehr aufzuwenden, als bei geringen. Die Anforderungen an die Verschlüsselung dürften also sehr unterschiedlich sein - einerseits weil sie sich auf eine größere Reihe unterschiedlicher Anwendungen beziehen lassen, andererseits weil der gerechtfertigte Aufwand von Anwender zu Anwender sehr unterschiedlich sein dürfte. Das könnte die im folgenden Unterkapitel geschilderten Umstände nach sich ziehen.

5.2 Unterschiedlichkeit der Anforderungen

Man muß davon ausgehen, daß die unterschiedlichen Bedürfnisse der (potentiellen) Anwender zu sehr unterschiedlichen Anforderungen an die Verschlüsselung führen werden, daß sich aber eine beschränkte Zahl von Anforderungsmustern herausstellen wird, die sich aus der Gleichartigkeit bestimmter Anwenderbedürfnisse ergeben.

Das könnte dazu führen, daß gleichartige Anwender zu Gruppen zusammenfinden, die für sich geschlossen gehalten werden können, und die einen einheitlichen Dienstleistungsstandard in Bezug auf die Verschlüsselung aufweisen.

- Die Dienstleistung sollte also eventuell modular gehalten werden, so daß unterschiedliche Gruppen für sich unterschiedliche Anwendungen realisieren können und nicht etwa jedem Teilnehmer alles zur Verfügung gestellt wird - nicht auch das, was er nicht braucht und deshalb nicht gerne bezahlt.

- Die Dienstleistung sollte eine Option bleiben, so daß nicht etwa alle zu übertragenden Daten verschlüsselt werden müssen.

- Die Dienstleistung sollte aber eine maximal mögliche Kompatibilität gewährleisten; die Forderung nach Modularität und Optionalität könnte dem entgegenstehen.

- Die Dienstleistung sollte in dem Sinne disponabel bleiben, daß man sie bei Bedarf qualitativ und quantitativ erweitern kann; sie sollte nicht etwa so angelegt werden, daß man sich damit Wege verbaut.

Zur Modularitätsforderung: Das Kreditgewerbe könnte eine solche typische geschlossene Anwendergruppe sein. Es sieht in der Geschlossenheit einen Schutz. Die Anwendungen der Verschlüsselung sind in diesem Bereich gruppentypisch. Z.B. möchte man Finanznachrichten authentizieren können, ohne sie konzelieren zu müssen; ein Konzelieren würde deren Verarbeitung unnötig erschweren. Andererseits erschwert aber die Forderung nach einem authentizierbaren Klartext die Datenübertragung. Es kann einfacher sein, die Nachricht verschlüsselt zu übertragen und den Schlüsseltext (mit einer Plausibilitätsprüfung) als Authentikator zu verwenden. In den meisten anderen Anwendungsgebieten wird man deshalb auf die authentizierbare Klartextübertragung verzichten; sie sollte aber vorgesehen sein und dort, wo sie benötigt wird, modular eingesetzt werden können.

Das mag aber nur für einen Teil des Kreditgeschäfts gelten: für den Zahlungsverkehr zwischen den Kreditinstituten. Mit ihren Kunden mag eine Bank bevorzugt vertraulich (konzelierend) verkehren wollen; ihre Geldausgabeautomaten wird sie ohnedies ohne jeden Klartext mit verschlüsselten Steuerungssignalen kontrollieren wollen. Dazu wird sie jeweils andere Forderungen an die Verschlüsselung aufstellen.

Für große Bankgesellschaften kann sich auch im internen Verkehr der Wunsch nach Verschlüsselung einstellen. Insgesamt gesehen, könnten also allein die Anforderungen eines einzigen Gewerbes sehr unterschiedlich sein.

Für andere Anwender mögen solche besonderen Leistungsmerkmale eines Verschlüsselungsdienstes uninteressant sei; hingegen mögen sie Wert darauf legen, daß sie eine Mehrfachverschlüsselung durchführen können, weil man etwa - vor allem bei Langzeitspeicherung der übertragenen Daten - zur Entschlüsselung mehrere Schlüssel anwenden möchte, die in Händen unterschiedlicher Personen sind; damit kann Mißbrauch durch den unkontrollierten Einzelnen verhindert werden.

Die Speicherung von Daten führt in der Regel zu anderen Anforderungen an die Verschlüsselung als die Übertragung. Der Schlüssel muß mindestens so lange aufbewahrt werden, wie die mit ihm verschlüsselten Daten existieren. Bei der Übertragung kann sich die Aufbewahrungszeit auf die Übertragungszeit, also eventuell auf wenige Sekunden beschränken. Transportiert man statt dessen Daten auf Datenträgern, können es mehrere Tage sein. Für den Fall, daß sehr lange Nachrichten verschlüsselt übertragen werden müssen, etwa der Nachrichtenverkehr über einen Satelliten, wird man u.U. je nach eingesetztem Verfahren den Schlüssel während der Übertragung wechseln wollen, weil es die Sicherheit so erfordern mag. Bei sehr kurzen Nachrichten werden sich bestimmte ansonsten bevorzugte Verfahren als unvorteilhaft erweisen; zumal die Verschlüsselung sehr kurzer Nachrichten ohnedies hinsichtlich der Sicherheit des Verfahrens problematisch ist.

Zur Erweiterbarkeit: Auch wenn man sinnvollerweise mit dem ersten Angebot der Verschlüsselungsdienstleistung nicht auch sofort den Dienst einer zentralen Schlüsselverteilungsstelle anbieten möchte, soll die Entwicklung nicht dahin laufen können, daß die Einführung einer solchen Stelle sehr erschwert würde. Man muß in dieser Hinsicht auch bedenken, daß es bei wachsenden Zahlen von Teilnehmern, die miteinander verschlüsselt verkehren wollen, qualitative Sprünge hinsichtlich der Leistung des Schlüsselmanagements geben dürfte, die man aufzufangen in der Lage sein muß.

Zehn Teilnehmer eines symmetrischen Verfahrens z.B., die nur 45 Schlüssel brauchen, damit jeder mit jedem vertraulich verkehren kann, kommen ohne ein besonderes Schlüsselmanagement und sicherlich ohne eine zentrale Schlüsselverteilungsstelle aus. Bei hundert Teilnehmern sind es 4950 Schlüssel. Hier dürfte sich bereits eine Stelle empfehlen, die das Schlüsselmanagement für diese Teilnehmer betreibt und ihnen eventuell für jedes Gespräch Schlüssel zuteilt; dann brauchen die Teilnehmer jeweils nur ihren eigenen Schlüssel und die zentrale Stelle nur die hundert Schlüssel der Teilnehmer zu speichern hätte. Bei 1000 Teilnehmern (und fast einer halben Million möglicher Verbindungen) wäre eine solche zentrale Stelle wohl unbedingt erforderlich.

5.3 Sicherheitsanforderungen

Sicherheitsanforderungen nehmen bei der Verschlüsselung naturgemäß eine herausgehobene Stellung ein. Eine selbstverständliche Anforderung sollte die sein, daß der verwendete Algorithmus sicher genug ist und nicht etwa mit einem in zehn Jahren realisierbarem Aufwand geknackt werden kann. Für einen solch marginalen Algorithmus trifft zu, was auch für ein unzureichend gesichertes System (siehe 8.1) gilt: Die Verschlüsselung kann zu einem trügerischen Sicherheitsgefühl und dazu führen, daß man dem System sensitive Daten anvertraut, die ein Angreifer sonst dort nicht vorfinden würde. Mit erschwinglichem Aufwand gelangt der Angreifer damit leichter an die gesuchten Daten, als es ihm eventuell vorher möglich gewesen wäre.

Abgesehen von dem Fall, daß der Schlüssel eine Zufallszahl und nicht kürzer als der mit ihm verschlüsselte Text ist (Sha), ist jeder Schlüssel zu einem verschlüsselten, plausiblen und die Nachricht vollständig enthaltenden Text prinzipiell auffindbar, braucht man doch nur alle möglichen Schlüssel anhand des bekannten Algorithmus durchzuprobieren. Allerdings würde man bei guten Verfahren im Mittel astronomische Zeiten dafür aufwenden müssen.

5.3.1 Sicherheit durch hohen Knackaufwand

Man kann zwar nicht ausschließen, daß der Schlüssel beim ersten Versuch gefunden wird, doch wird sich kein ernsthafter Angreifer auf einen solchen Zufall verlassen wollen. Für ihn wird der zu erwartende mittlere Aufwand maßgebend sein. Das gilt allerdings nur, wenn wirtschaftlicher Aufwand eine Rolle spielt. Hätten z.B. die alten Minoer verschlüsselte Texte hinterlassen, wären diese wohl kaum jemals vor eventuell erfolgreichen Entschlüsselungsversuchen sicher.

Zumindest für den Fall, daß der Aufwand zum Knacken eines Algorithmus mit dem technischen Fortschritt erreichbar wird, sollte man die Möglichkeit einer Mehrfachverschlüsselung vorsehen, mit der man den Aufwand jeweils unrealisierbar groß machen kann. Die dadurch ermöglichte Sicherheitsstaffelung könnte (auch ohne die Preisgabe der Einfachverschlüsselung) dazu dienen, den Aufwand - etwa für die Konzelierung von Daten - den unterschiedlichen Sicherungsbelangen angemessen gestaltbar zu machen.

Ein Vorschlag für eine Mehrfachverschlüsselung (Mey 1) ist folgender: Man verwendet zwei Schlüssel. Zunächst führt man mit dem ersten eine Verschlüsselung durch, dann mit dem zweiten eine Entschlüsselung und schließlich mit dem ersten eine weitere Verschlüsselung. Damit würden drei Schlüsselungsoperationen vorgenommen. Zur Entschlüsselung müßte zunächst mit dem ersten Schlüssel entschlüsselt, dann mit dem zweiten verschlüsselt und schließlich mit dem ersten noch einmal entschlüsselt werden. Der Aufwand, einen so verschlüsselten Text ohne Kenntnis der Schlüssel zu entschlüsseln, entspräche dem Fall einer Verschlüsselung mit einem Schlüssel von vermutlich mehr als der doppelten Länge des einfachen Schlüssels. Dieses Verfahren hat den Vorteil, daß man die beiden verwendeten Schlüssel identisch machen kann und das Resultat des Gesamtvorgangs eine einfache Verschlüsselung ist. Damit sorgt man für Kompatibilität zu Teilnehmern, die nur einfach verschlüsseln können.

Schließlich wäre hier noch die in 5.2 angeführte Möglichkeit zu beachten, daß man den ersten und den zweiten Schlüssel unterschiedlichen Teilnehmerinstanzen zu treuen Händen gibt, so daß nur dann ver- bzw. entschlüsselt werden kann, wenn beide mit ihrem Schlüssel beteiligt sind (Vier-Augen-Prinzip).

5.3.2 Sicherheit durch Öffentlichkeit

Sicherheitsaspekte ergeben sich auch aus dem Umstand, daß der Algorithmus öffentlich gehalten werden muß, wenn er genormt werden soll. Man könnte meinen, daß ein Verfahren sicherer sein könnte, wenn auch der Algorithmus geheimgehalten wird. In der Tat müßte dann ein Angreifer mehr aufwenden, um das Verfahren zu knacken. Auf diesen Mehraufwand darf es aber nicht ankommen. Auch ein geheimgehaltener Algorithmus müßte so geartet sein, daß bei seinem Bekanntwerden das Verfahren sicher bleibt; mit dem Bekanntwerden muß man rechnen, wie auch etwa damit, daß ein Schlüssel bekannt wird. Letzterer kann jedoch in einem solchen Falle mühelos ausgetauscht werden; der Algorithmus hingegen nicht.

Dieser Umstand legt es nahe, den Algorithmus von vornherein öffentlich zu halten - nicht allein wegen der Normung. Eine solche Veröffentlichung fördert die Sicherheit: Konkurrierende Experten werden versuchen, den öffentlichen Algorithmus zu knacken und ihr Ergebnis zu veröffentlichen. Gelingt dies, muß der Algorithmus verbessert oder aufgegeben werden. Das führt im ersten Falle zu einem besseren Algorithmus, im zweiten beseitigt es eine erhebliche Gefahr für die öffentliche Sicherheit.

Man kann (noch) nicht mathematisch nachweisen, daß der Knackaufwand eine bestimmte Größe nicht unterschreiten kann; man ist sich bei keinem der sich praktisch anbietenden Algorithmen sicher, daß nicht jemand eine bis dahin unbekannte effektive Knackmethode findet. Unter diesen Umständen, kann es bei der Auswahl eines Algorithmus weniger auf die (nicht nachweisbare) objektive Sicherheit als auf das allgemeine Vertrauen ankommen, das man ihm entgegenbringt. Ein solches Vertrauen kann aber nicht entstehen, wenn der Algorithmus geheim gehalten wird. Insofern wird man sich umso sicherer fühlen, je bekannter der verwendete Algorithmus ist.

5.3.3 Sicherheit durch Robustheit des Verfahrens

Der Algorithmus und das Verfahren, in das er eingebettet ist, sollten so gewählt sein, daß ihr Einsatz für die regulär beteiligten Personen möglichst unproblematisch ist. Bedienungsfehler, aus denen ein Angreifer Vorteile schöpfen könnte, sollten möglichst ausgeschlossen sein. Auch sollte sich die Verschlüsselung in die sonstigen (eigentlichen) Sicherungsmaßnahmen harmonisch einfügen.

Kommt es zu einem Fehler oder einer Fehlfunktion des Systems, dann muß der Schaden, der dadurch entsteht, eingrenzbar sein und minimal gehalten werden können; siehe auch Forderung I in 3.6. Es braucht z.B. nicht möglich zu sein, daß durch die Proliferation eines Unterschriftsschlüssels erheblich mehr als eine einzige Unterschrift kompromittiert wird. In diesem Sinne kann eine klug gewählte öffentliche Einbettung der Verschlüsselung in offene Kommunikationssysteme erheblich mehr Sicherheit als eine private Vereinbarung bieten, die z.B. aus Kostengründen einen häufigen Schlüsselwechsel nicht vorsehen kann.

5.3.4 Sicherheit durch Sanktionen

Man kann die Ausführungen von 5.3.1 verallgemeinern und sagen, daß es im Grunde genommen nicht der Aufwand ist, der vor Knackversuchen abhält, sondern das Risiko, daß dieser zu groß sein könnte. Neben dem eines zu großen Aufwands kann es noch andere Risiken für den Angreifer geben, die ihn von subversiven Unternehmungen abhalten können. Wo solche Risiken groß sind, kann man u.U. mit geringerem technischen Sicherungsaufwand auskommen.

Wichtig ist in dieser Beziehung das Risiko, daß ein Angriffsversuch entdeckt wird und auf diese Weise dem Angreifer zum Schaden gereicht. Wollte z.B. eine Bank Finanzinformation fälschen, würde das über den bislang üblichen schriftlichen Verkehr aufgedeckt werden und für die Bank üble Folgen haben. Weniger riskant mag ein Betrugsversuch für einen Angestellten der Bank sein; entsprechend besser muß die Sicherung dagegen ausgelegt sein.

Ein Kunde der Bank könnte eventuell mit einem erschwinglichen Aufwand einen lukrativen Betrug versuchen. Angenommen, er könnte sein Ziel im Mittel mit 100 Versuchen erreichen: Wenn aber nach drei Fehlversuchen, dieses registriert und eventuell seine Scheckkarte einbehalten wird, wird ihm das Risiko, entdeckt zu werden, prohibitiv groß erscheinen, auch wenn er eine - wenn auch sehr geringe - Chance hat, daß bereits der erste Betrugsversuch glückt.

Die Größe des Risikos hängt einerseits von der Auslegung des technischen Systems andererseits aber auch von der Rechtsordnung ab.

5.3.5 Sicherheitsklassen

Im Gegensatz zum informationsumformenden Prozeß der Verschlüsselung sind physikalische Sicherungen erheblich unsicherer - sofern ein Vergleich überhaupt zulässig ist (siehe unten); man muß bedenken, daß sich physikalische Sicherungen nicht in jedem Falle alternativ anbieten, sondern ergänzend getroffen werden müssen. Sie stellen in der Regel relativ schwache Glieder in der Sicherungskette dar. Die Sicherungskette ist dabei insgesamt so schwach wie ihr schwächstes Glied.

Das könnte zum Zweifel am Wert einer hohen kryptologischen Sicherheit verleiten: Warum sollte man etwa den Algorithmus besonders stark machen, wenn nicht annähernd so gut sichergestellt werden kann, daß die Schlüssel geheimgehalten werden können? Jedoch verhält es sich folgendermaßen: Die Verschlüsselung gewährt als informationsumformender Vorgang noch keine technische Sicherheit. Sie transformiert aber ein Sicherungsproblem aus einem schwer zu sichernden Bereich - etwa dem der öffentlichen Fernmeldewege - in einen leicht zu sichernden - etwa den der Schlüsselverwaltung. Die technische Sicherung wird also nur erleichtert aber keineswegs überflüssig gemacht; die Schlüsselverteilungszentrale z.B. muß physikalisch gesichert werden. Unterläßt man dies, kann sich ein Angreifer den Schlüssel beschaffen; er wird dann vermutlich wichtigere Information für sich gewinnen als zuvor, weil die regulären Kommunikationsteilnehmer ein falsches Vertrauen zur Verschlüsselung haben mögen.

Durch die Verschlüsselung gewinnen die notwendigen physikalischen Maßnahmen erheblich an Effektivität; sind doch nicht sämtliche (unverschlüsselten) Daten zu sichern sondern nur der Schlüssel. Man darf allerdings nicht meinen, daß die Schlüsselsicherung nur ein Bagatellproblem sei. Das zeigt sich vor allem in der Problematik von Schlüsselverteilungszentralen. Sie sind ein wesentlicher neuralgischer Punkt eines öffentlichen Verschlüsselungssystems. Wer eine Schlüsselverteilungszentrale korrumpieren kann, verschafft sich damit Zugang zu gesicherten Daten und gefährdet erheblich die öffentliche Sicherheit. Das ist aber kein Argument, das gegen die Einführung von Schlüsselverteilungszentralen spricht. Gegenüber dem Problem, die Fernmeldewege im einzelnen entsprechend zu sichern, ist der Sicherungsbedarf der Schlüsselverteilungszentralen gering.

Zur Beurteilung des Grades von Sicherheit, den eine Maßnahme bietet, sollen folgende Kennzeichnungen dienen (siehe auch 3.1.4.1):

- Klasse A: kryptologische Sicherheit

- Klasse B: physikalische Sicherheit
  - B1: durch Hardware-Maßnahmen
  - B2: durch Software-Maßnahmen
  - B3: durch organisatorische Maßnahmen

Wohlgemerkt: Die Klassen A und B sind in ihrem Gebrauch nicht gleichwertig. Eine (physikalisch) realisierte Maßnahme kann nie kryptologische Sicherheit bieten; kryptologische Sicherheit gibt es nur für informationsumformende Prozesse (durch die die physikalische Sicherung erheblich vereinfacht oder verbessert werden kann).

5.4 Anforderungen zur Authentikation

Obwohl das Verbergen, die Konzelation, von Nachrichten die erstgeborene Anwendung der Verschlüsselung zu sein scheint, eignet sich diese für die Authentikation in einer wesentlich differenzierteren Weise als für die Konzelation. Dies liegt wohl in erster Linie daran, daß die Authentikation - wie im 3. Kapitel dargestellt - in einem offenen Kommunikationssystem ein wesentlich differenzierteres Phänomen als die Konzelation ist.

Dazu ist zu bemerken, daß auch bei den klassischen Anwendungen der Kryptologie die Authentikation eine wichtige Rolle spielt, geht es doch auch sehr darum, daß nicht allein Texte gegen die Kenntnisnahme durch Unbefugte gesichert werden sollen, sondern auch darum, daß man Störungen und Verfälschungen durch einen Angreifer erkennen kann. Dies ist aber nur dann möglich, wenn man diese eindeutig feststellen, d.h. die Authentizität bzw die Nicht-Authentizität einer Information nachweisen kann. Seit jeher ging es dabei nicht allein um die Authentizität der Nachricht - d.h. um deren Richtigkeit und Vollständigkeit sondern auch um die Authentizität weiterer interessanter Information, wie etwa zum Sender, zur Uhrzeit, zum Absendeort etc.

In diesem Sinne dient die Authentikation, wie schon im 3. Kapitel dargestellt, in erster Linie der Sicherheit; sie liefert Information für Sicherungsmaßnahmen, welche im physikalischen Sinne realisiert werden müssen und nicht sicherer als das verwendete Realisierungverfahren sein können.

Des weiteren liefert vor allem die dokumentierte Authentikation bzw eine authentikable Dokumentation Information zur Festellung juristischer Tatbestände. Letzteres ist allerdings erst dann möglich, wenn das ihr zugrundeliegende (Verschlüsselungs-) Verfahren seine rechtliche Bewertung gefunden hat, was wohl - zumindest für einzelne Anwendungsfälle - eine neue gesetzliche Regelung voraussetzt (siehe 10. Kapitel). Bis dahin wird die Authentikation durch Verschlüsselung an rechtlich geregelten konventionellen Authentikationsbestimmungen - etwa an denen zu Authentizität und Rechtsfolgen der personalen Unterschrift - zu messen sein.

Hier stellt sich die Frage: Welche Qualität muß man von der Verschlüsselung im Hinblick auf ihre Anwendung zur Authentikation und der damit möglichen Systemsicherung und Nachweisführung fordern.

5.4.1 Authentikation zur Systemsicherheit

Wie unter 3.6 zum Unterschriftsproblem gezeigt, dient die Authentikation in ihren ersten Ansätzen der Systemsicherheit. Dem Betreiber und dem Anwender des Systems genügt es, wenn er durch die Authentikation die ihm einsichtige Bestätigung erhält, daß der von ihm in Frage gestellte Vorgang oder die geprüfte Nachricht nicht durch einen Eingriff eines intelligenten unbefugten Dritten verfälscht worden sind; er verzichtet darauf, dies auch jemandem anderen nachweisen zu können. In dieser Hinsicht kann man sich z.B. mit der Erfüllung der in 3.6 angeführten Bedingungen A und B zufrieden geben.

Es ist zu beachten, daß ein im mathematischen Sinne strenger Beweis der Sicherheit nicht zu führen ist und deshalb auch nicht verlangt werden kann, allein schon weil die verwendbaren Verschlüsselungsverfahren nicht 100%-ig sicher sind. Man kann sich aber in der Praxis weitgehend auf Plausibilitäten verlassen. Die Verschlüsselung vermittelt eine sehr hohe Sinnfälligkeit für die Anwendbarkeit der Beweismittel; wenn man von Problemen der notwendigen physikalischen Sicherung absieht, liegt der Sicherheitsgrad der durch Verschlüsselung erbrachten Nachweise weit über dem bislang Gewohnten.

- Das angewandte Verschlüsselungsverfahren muß gegen kryptoanalytische Angriffe sicher sein.

Zur Systemsicherheit ist zu beachten, daß man - ohne sich notwendigerweise Rechenschaft darüber zu geben - zumeist mit der Redundanz natürlicher Sprachen rechnet. Ist die Plausibilität einer solchen Sprache verletzt, dann verwendet man die Entdeckung der Verletzung als Authentikationskriterium; ist das Resultat der Entschlüsselung ein unplausibles Deutsch, dann fällt die Authentikation negativ aus. Der Einsatz des Plausibiltätskriteriums der natürlichen Sprache ist nicht immer möglich. Insbesondere bezüglich der Sicherheit technischer Systeme, die z.B. auch nicht-redundante Nachrichten gesichert übertragen sollen und in denen die Authentikation ausschließlich von Automaten vorgenommen wird, muß man sich von der klassischen Vorstellung lösen, daß es sich bei den zu übermittelnden Nachrichten stets um plausible Texte handelt und diese Plausibilität unmittelbar erkennbar ist. Man wird deshalb auch strengere Authentikationsverfahren (siehe 3.2, 3.4) vorsehen.

- In einem offenen Kommunikationssystem mit einer Vielfalt von Anwendungen darf die Authentikation nicht allein auf Plausibilitätsprüfungen gründen, sondern muß logisch evident oder protokollunterstützt durch Vergleich von Norm- mit Prüfauthentikatoren erfolgen.

Es könnten sich besondere Authentikationsmodi empfehlen, etwa wie der Authentication-Only-Mode (siehe 3.2.1), der im SWIFT-Kryptosystem (SWI) eingesetzt wird.

Man wird ferner - insbesondere bei wenig redundanten Nachrichten - den Authentikator gegenüber der Nachricht nicht zu stark verkürzen, damit es nicht einem Angreifer gelingen kann, eine andere Nachricht zu finden, welche den gleichen Authentikator ergibt. Das Maß der Verkürzung wäre dann von praktischen Faktoren, wie z.B. der Zeit, die einem Angreifer dafür zur Verfügung stehen kann, abhängig zu machen (siehe auch 3.2).

- Der Authentikator darf gegenüber dem Authentikat nicht so stark verkürzt werden, daß dieses durch eine andere Information (mit dem gleichen Authentikator) mit erschwinglichem Aufwand ersetzt werden kann.

Eine ausreichend sichere Authentikation ist nicht möglich, ohne daß vorher über ein anderes sichereres Medium als das zur Nachrichtenübermittlung verwendete Kommunikationssystem, eine Primärauthentikation durchgeführt wird. Man authentiziert ja deshalb, weil das Kommunikationssystem unsicher ist, wäre es sicher, wären die kommunizierten Daten auch ohne besondere Maßnahmen authentisch. Wenn aber das Medium unsicher ist, dann wäre auch eine Primärauthentikation mittels seiner unsicher, jede Sekundärauthentikation so unsicher wie erstere und letztlich so unsicher wie das Medium. Es wäre nichts gewonnen.

- Die Primärauthentikation muß sicher, d.h. über ein sichereres Medium als das zu sichernde Kommunikationssystem, erfolgen.

- Die Sekundärauthentikation muß gegen Angriffe gesichert erfolgen.

Ist es nicht der Dritte, dem ein unbefugter Eingriff zugetraut wird, sondern kann solches auch etwa von Mitarbeitern des Kommunikationspartners befürchtet werden, dann muß die Authentikation auch dokumentabel (3.6, Bedingung C) sein; damit dies bei einer Prüfung festgestellt und der festgestellte Verstoß etwa dem wohlmeinenden Kommunikationspartner demonstriert werden kann.

- Die Authentikation muß nachprüfbar bzw dokumentabel sein.

Kann man vom Kommunikationspartner nicht annehmen, daß er wohlmeinend ist, muß man befürchten, daß er trotz besseren Wissens aber im Sinne seiner Interessen etwas Falsches behauptet, dann handelt es sich nicht mehr um eine Frage der technischen und organisatorischen Sicherheit des Systems sondern um ein juristisches Problem (siehe nächster Punkt 5.2.2).

Man muß damit rechnen, daß Pannen auftreten. Wenn solche Fälle etwa dazu führen, daß die Kommunikation falsch oder gar nicht funktioniert, daß z.B. Klartexte nicht wiederhergestellt werden können, Information verloren geht, das Vertrauen in die Sicherheit vor Mißbrauch enttäuscht wird, dann eignet sich ein solches Verfahren nicht für offene Kommunikationssysteme.

- Der durch Mißbrauch oder Störungen verursachte Schaden sollte schnell und sicher entdeckt und begrenzt werden können.

- Der durch Mißbrauch oder Störungen verursachte Schaden sollte möglichst gering gehalten werden können.

Das Verfahren sollte also die Forderungen A bis H von 3.6 differenziert erfüllen können und sollte im Sinne der Forderung I von 3.6 robust sein.

5.4.2 Authentikation zur Nachweissicherheit

Einiges bereits Gesagtes, das zu beachten ist, wenn man Forderungen an die Nachweissicherung durch Verschlüsselung stellen will:

- Die Primärauthentikation muß im Sinne von 5.4.1 sicher sein.

- Die Primärauthentikation muß für Nachweiszwecke (mittels Sekundärauthentikation) in dokumentabler und bezeugbarer Weise erfolgen.

Das kann so ablaufen, daß die beiden Teilnehmer selbst einander primärauthentizieren - etwa durch persönliche Kontaktaufnahme. Das mag für die Systemsicherheit ausreichen, nicht aber für die Nachweisführung gegenüber einem Dritten. Dazu muß dieser Dritte oder eine andere, jedem weiteren Dritten besonders vertrauenswürdige, dritte Stelle beteiligt werden, damit von ihr die Authentikation der beiden Teilnehmer bzw deren Nachweis bezeugt werden kann. In der Regel wird man jedoch in offenen Kommunikationssystemen den Dritten nicht nur gesichert verständigen, sondern ihn u.a. auch die Primärauthentikation durchführen lassen (siehe 3.4.3.2).

Also:

- Soll die Teilnehmerauthentikation sicher sein, dann braucht man für die Primärauthentikation ein anderes und zwar sicheres Medium (siehe auch 5.4.1). Soll die Teilnehmerauthentikation auch disputabel sein, genügt nicht ein anonymes Medium; man braucht zur primären Teilnehmerauthentikation einen neutralen und vertrauenswürdigen Dritten.

Man sollte sich nicht täuschen: Auch bei Wegfallen einer besonderen Primärauthentikation und bei mittels Plausibilität erfolgender Sekundärauthentikation (3.4.4.3), kann ein solches sichereres Medium vorliegen. Es ist dies dasjenige, über welches der Konsensus aufgebaut wurde, der die Sekundärauthentikation als plausibel erscheinen läßt. Ein solcher Konsensus ist häufig für die Nachweissicherung besonders günstig, weil er weit verbreitet und vielen einsichtig sein kann. Ohne eine gesicherte Dokumentation geht es allerdings auch hier nicht ab; dazu wird man letzten Endes doch einer nachweisbaren Primärauthentikation den Vorzug geben. In offenen Kommunikationssystemen wird man auch mit neuen Partnern über neue Themen verkehren wollen, zu denen noch kein ausreichender Konsensus vorliegt. Für offene Systeme ist eine primäre Teilnehmerauthentikation durch einen vertrauenswürdigen Dritten (Schlüsselverteilungszentrale) notwendig.

Zur nachweisbaren Authentikation von Datum und Uhrzeit bedarf es stets eines vertrauenswürdigen Dritten. Eine Plausibilität reicht für den Nachweis nicht aus; der Dritte muß in jedem Falle die Primärauthentikation durchführen und nachweisbar bestätigen (siehe 3.3).

Da die nachweisbare Authentikation interessengebunden ist, genügt es nicht, daß die Nachweise überhaupt vorhanden sind; sie müssen vielmehr in Händen derjenigen sein, die sie im eigenen Interesse gebrauchen wollen; ein gültiger Nachweis in Händen des Opponenten nützt einer Partei nichts. Es kommt auf die Bereitschaft der Beteiligten an, den jeweils anderen fehlende Beweismittel zur Verfügung zu stellen - d.h. letzten Endes auf die Interessenlage der Teilnehmer zueinander und zum Dritten, dem gegenüber ein Beweis zu führen ist, oder der gegen einen oder beide Teilnehmer etwas beweisen möchte.

- Die Beweismittel müssen ausreichen.

- Die Beweismittel müssen unter den Beteiligten den Interessen am zu führenden Nachweis entsprechend verteilt sein.

Die Verfügbarkeitssituation bezüglich der Beweismittel entscheidet darüber, ob ein Nachweis geführt werden kann oder nicht. Auf die Teilnehmer bezogen bedeutet dies:

Stehen einem Teilnehmer alle notwendigen Beweismittel zur Verfügung, dann kann er den Nachweis in jedem Fall - auch gegen seinen Partner-Teilnehmer führen.

Stehen einem Teilnehmer nur dann alle Beweismittel zur Verfügung, wenn sein Partner-Teilnehmer ihm dazu verhilft, dann kann er in der Regel den Beweis nicht gegen diesen sondern - mit seiner Hilfe - nur gegen Dritte führen.

Stehen beiden Teilnehmern zusammen die notwendigen Beweismittel nicht zur Verfügung, dann handelt es sich um eine unsichere Kommunikation, die aus dem Kontext heraus mehr oder minder plausibel erscheinen mag. Wenn sie sich einig sind, mögen die beiden Teilnehmer damit zufrieden sein.

Die Anforderungen an die (vollständige) Nachweisführung richten sich in erster Linie danach, ob zwischen den Beteiligten das Nachzuweisende disputiert werden könnte oder nicht, ob die Beteiligten einander vertrauen oder nicht. Zu den Beteiligten zählen in diesem Falle die beiden Teilnehmer und ein eventueller Dritter, dessen Interessen durch den Kommunikationsvorgang berührt sind.

Es kann sein, daß die Kommunikationspartner selbst weniger Wert auf eine Nachweissicherung legen als ein Dritter. Versandhandelsunternehmen etwa gründen ihr Geschäft auf das Vertrauen ihrer Kunden. Sie verlangen z.B. nicht von einem Kunden, daß er sich bei der Benutzung des Bildschirmtext-Übertragungsdienstes zur Artikelbestellung authentizierbar identifiziert; dem Kunden selbst ist noch weniger an einem Nachweis gelegen; die Kundennummern, mit denen eine Bestellung vorgenommen wird, werden nicht besonders geheim gehalten. Es ist also möglich, daß ein Böswilliger mit der Kundennummer eines anderen für diesen eine Bestellung vornimmt. Dann liefert das Versandhaus an den vermeintlichen Besteller, befolgt aber eine Rückweisung der Lieferung und trägt selbst den Schaden. Hier kann sich aber neben dem Versandhaus der vermeintliche Besteller geschädigt fühlen und Wert darauf legen, daß das Versandhaus dies verhindert, indem es z.B. seine Besteller authentiziert; siehe z.B. ⟨Ker⟩.

Nicht allein und nicht immer werden die Partner auf eine nachweisbare Authentikation Wert legen. Zuweilen kann aber das Interesse der Öffentlichkeit daran, daß irgendwelche Geschäfte nachweisbar abgewickelt werden, ausschlaggebend sein. Man mag also Wert darauf legen, daß zwei Vertragspartner ein Nachweisverfahren einführen, auch wenn sie selber gut ohne Nachweise auskommen könnten.

- Das Nachweisverfahren muß auch die Öffentlichkeit zufriedenstellen und gegebenenfalls im öffentlichen Interesse eingeführt werden.

Ein Problem, das sich bei der technischen Authentikation im Gegensatz etwa zur personalen Unterschrift ergibt, ist folgendes: Während man bei der personalen Unterschrift (nicht voll gesichert) davon ausgeht, daß sie (von einem Sachverständigen) nachprüfbar stets ihrem Träger individuell anhaftet und einem anderen Träger in dieser Form nicht anhaften kann, läßt sich dieses mit Mitteln der technischen Authentikation (noch) nicht realisieren. Ein Inhaber kann seinen Schlüssel oder Authentikator verlieren, verraten oder in anderer Weise prolifierieren. Wer immer dann diesen kennt, kann sich als dessen rechtmäßiger Eigentümer maskieren. Der Nachweis ist also stets nur so gut wie das Verfahren, eine unerlaubte Übertragbarkeit eines Schlüssels vom Inhaber auf andere Personen zu verhindern.

Die Forderung nach einer Immutabilität des Trägers zu seiner Unterschrift mag an das damit befaßte Sicherungsverfahren gestellt werden. Sie ist aber mit der Verschlüsselung allein grundsätzlich nicht zu erfüllen. Insofern als dabei ein Geheimnis zu wahren sein kann (siehe 3.4.1), mag die Verschlüsselung dazu gute sekundäre Dienste leisten. Die Wahrung eines Geheimnisses ist aber kein befriedigendes Kriterium für die Authentikation einer Person, denn Geheimnisse können beliebig weitergegeben werden. Jeder, der das Geheimnis dann kennt, kann sich als dessen urspünglicher Träger ausgeben.

Als sicherer erscheint es, Personen an ihren unverwechselbaren Besonderheiten zu erkennen, etwa an Fingerabdrücken. Aber auch da muß berücksichtigt werden, daß der Automat dazu einen Normauthentikator speichern muß, dessen man sich bemächtigen und mit dem man den Automaten täuschen kann.

Letzten Endes ist die Wahrung eines Geheimnisses nicht das schlechteste Kriterium. Man kann es leichter wechseln und damit neu einrichten als etwa einen Fingerabdruck. Verliert man es, dann zumeist auf Grund der eigenen Schuld oder Fahrlässigkeit; es erscheint dann als gerechtfertigt, daß man den Schaden zu tragen hat. Dazu muß man fordern:

- Das Verfahren muß auch hinsichtlich seiner Nachweisqualitäten Schäden erkennbar halten und minimieren helfen.

Allerdings darf der Verlust des Geheimnisses zu keiner Zeit im Interesse seines Trägers sein; auch darf ihm die Behauptung, es verloren zu haben, keinen Vorteil einbringen. Niemand darf sich z.B. seinen Verpflichtungen oder seiner Strafe entziehen können, indem er (unwahrhaftig) behauptet, er habe seinen Schlüssel verloren.

D.h. das Authentikationsverfahren einschließlich der Datenverschlüsselung muß auch für die Nachweissicherung im Sinne der Forderung I von 3.6 robust sein.

5.4.3 Nachweis und Anonymität

Anonymität mag in einem Gegensatz zur Nachweisbarkeit stehen. Das hängt aber vom Gegenstand der Authentikation ab. Der Inhalt einer Nachricht mag durchaus authentikabel gehalten werden müssen, während ihr Absender anonym gehalten werden muß. Die Anonymität ist wie die Nachweisbarkeit ebenfalls in einem Interessenzusammenhang zu werten; der Absender mag z.B. einem Dritten bekannt und nur seinem Kommunikationspartner unbekannt sein müssen. Siehe (Rih S. 28).

Nimmt man an, daß - wie oben gezeigt - ausreichende Beweismittel jedem der beiden Teilnehmer eines Kommunikationsverhältnisses gar nicht, teilweise, ganz oder nur beiden Teilnehmern gemeinsam zur Verfügung stehen können, und ergänzt diese Annahme durch die weitere, daß nämlich beide Teilnehmer

- einander unbekannt
- nur einer dem jeweils anderen unbekannt
- beide einander bekannt

sein können, dann ergeben sich daraus (ohne Berücksichtigung der möglichen Interessen eines Dritten) unter Zusammenlegung symmetrischer Fälle 13 Kombinationen, von denen folgende im vorliegenden Zusammenhang interessant sind:

- Jeder Teilnehmer und auch beide zusammen verfügen nicht über alle notwendigen Beweismittel.

- Nur beide Teilnehmer zusammen verfügen über alle notwendigen Beweismittel, nicht aber auch jeder einzelne.
  - Die Teilnehmer sind einander unbekannt.
  - Nur ein Teilnehmer kennt den anderen.
  - Beide Teilnehmer sind einander bekannt.

- Einer der beiden Teilnehmer verfügt über alle notwendigen Beweismittel, der andere nicht.
  - Die Teilnehmer sind einander unbekannt.
  - Der Teilnehmer, der über alle notwendigen Beweismittel verfügt, kennt den anderen, nicht aber umgekehrt.
  - Der Teilnehmer, der nicht über alle notwendigen Beweismittel verfügt, kennt den anderen, nicht aber umgekehrt.

  - Beide Teilnehmer sind einander bekannt.

- Beide Teilnehmer verfügen über alle notwendigen Beweismittel.
  - Die Teilnehmer sind einander unbekannt.
  - Nur ein Teilnehmer kennt den anderen.
  - Beide Teilnehmer sind einander bekannt.

Die Anonymität setzt in dieser Hinsicht der Nachweissicherung Grenzen, macht sie aber keineswegs gegenstandslos. Die Authentikation von Nachricht-Instanz-Beziehungen (siehe 3.5) wird differenzierter.

Ein Beispiel dazu: Ein Makler hält (zunächst) die beiden Kommunikationspartner, zwischen denen er makelt, zueinander anonym, indem er einen zentralen Makler-Kommunikationsdienst dafür sorgen läßt, daß zwischen den Partnern keine Identifikationsmerkmale ausgetauscht werden können. Außerdem fordert der Makler vom zentralen Maklerdienst Nachweismittel zum vermittelten Kommunikationsvorgang, weil er z.B. den Partnern dazu eine Rechnung ausstellen möchte, oder weil er bei einer Einigung der Partner, seine Ansprüche nachweisen möchte.

Man kann hier auf die Authentikation der Kommunikationsvorgänge keineswegs verzichten. Diese Notwendigkeit ist u.a. ein Grund dafür, warum von einer dritten Stelle ein Makler-Kommunikationsdienst eingerichtet werden müßte.

Der hier miteinbezogene Umstand, daß Teilnehmer einander unbekannt sein können, sollte nicht von der Hand gewiesen werden, sieht doch z.B. das Bildschirmtext-Übertragungssystem der Bundespost (BPo) vor, daß Teilnehmer, die Information aus (im Bildschirmtext-Rechner gespeicherten) Datenbanken anderer Teilnehmer abrufen, diesen gegenüber anonym gehalten werden sollen. Daraus ist auch zu erkennen, daß derjenige, der für die Anonymität und für das Inkasso sorgt, als Dritter eine herausgehobene Stellung hat. Dieser Dritte - häufig aber nicht notwendigerweise immer der Betreiber des Kommunikationssystems - kann u.U. auch dafür sorgen, daß in bestimmten Fällen beiden Teilnehmern sowie auch ihm und anderen Dritten alle notwendigen Beweismittel zur Verfügung stehen. Der Dritte kann also auch dazu dienen, nicht allein die Authentikation vorzunehmen, sondern auch die Beweismittel zu erstellen und zu dokumentieren (siehe auch 10. Kapitel).

- Es muß möglich sein - etwa über einen vertrauenswürdigen Dritten - nicht nur Beweismittel sammeln zu lassen, sondern diesen zu veranlassen, daß er sie speichert und gegenüber anderen in differenzierter Weise geheimhält.

Der Aussteller eines Textes kann auch anonym sein; das Nachzuweisende mag die Originalität eines Textes sein. Der Text könnte z.B. so verschlüsselt werden, daß er mit einem beigefügten Schlüssel nur ent- aber nicht zurückverschlüsselt werden kann. Asymmetrische Verfahren leisten dies. Zur Sicherheit kann man den zur Verschlüsselung verwendeten Schlüssel vernichten und so den Text versiegeln. Das müßte allerdings unter notarieller Aufsicht erfolgen, denn sonst könnte man nicht nur Originale sondern auch originelle Fälschungen versiegeln.

Dieser Dritte, von dem oben die Rede ist, soll also nicht allein zur Authentikation der Kommunikationsvorgänge beitragen; er soll auch darüberhinaus Beweismittel speichern, die ein Teilnehmer aus Anonymisierungsgründen nicht speichern darf. Dieser Dritte kann aber muß nicht etwa die Schlüsselverteilungszentrale sein. Im o.a. Beispiel war es ein Makler-Service.

5.4.4 Authentikation von Systemkomponenten

Obwohl anläßlich der Behandlung der Instanz-Authentikation (3.4) bereits darauf hingewiesen wurde, daß nicht nur Personen sondern auch Automaten authentiziert werden können und gegebenenfalls müssen, soll auf dieses Problem noch einmal aufmerksam gemacht werden.

So fordert z.B. der Bundesbeauftragte für den Datenschutz im vierten Tätigkeitsbericht (Bul S.20) "eine Identifizierung des Übertragungsweges sowie des verwendeten Kennworts". Vermutlich geht er bei dieser Forderung davon aus, daß bestimmte Übertragungswege weniger sicher sind als andere, daß sie (etwa die Scattering-Strecke zwischen der Bundesrepublik und West-Berlin) unkontrolliert abgehört werden können. Da aber z.B. der Datex-P-Dienst sich den Übertragungsweg selbst wählt, kann abhängig von dieser Wahl die Übertragung auch über unsichere Übertragungswege erfolgen. Hier könnte man also eine Differenzierung verlangen, die so zu verstehen ist, daß die gewählte Strecke als ausreichend sicher authentiziert wird, bevor eine Übertragung kritischer Daten durchgeführt wird.

Auch wenn man dieses Problem leichter mit einer Verschlüsselung durch den Anwender lösen kann, mit der die übertragenen Nachrichten auf jeder gewählten Übertragungsstrecke ausreichend gesichert wären, weist es doch darauf hin, daß sich eine Authentikation selbst auf Übertragungseinrichtungen erstrecken könnte.

Z.B. wird es auch erforderlich sein, daß die Verschlüsselungseinheit eines Systems authentiziert werden kann - etwa von einer Schlüsselverteilungszentrale. Dazu könnte erforderlich sein, daß sie eine primäre Authentikation und Autorisation erfährt, indem ihr von einer öffentlichen Stelle ein Authentikator fest eingeprägt wird. Eine solche Maßnahme könnte z.B. dann notwendig werden, wenn der Teilnehmer selbst mißbräuchlich die Verschlüsselungseinheit simulieren könnte, um Operationen durchzuführen, die für die Verschlüsselungseinheit gesperrt sind. Siehe dazu auch 7.3.5.

- Zum sicheren Betrieb des Systems kann es notwendig werden, daß dieses von seinem Benutzer authentiziert werden kann, bzw daß seine Komponenten - etwa die Verschlüsselungseinheit - authentikabel sind.

5.4.5 Anforderungen zur Zustellrichtigkeit, Empfängerauthentikation

Hier sei noch besonders auf das Problem der Empfängerauthentikation, also der Authentikation einer Nachricht-Instanz-Beziehung im Sinne von 3.5 (und dort bereits erwähnt) hingewiesen.

Z.B. ist es vor allem im Kreditwesen erwünscht, daß es sowohl dem (gemeinten) Empfänger als auch dem Sender bekannt wird, wenn die verschlüsselte Nachricht einem falschen Teilnehmer zugestellt wurde. Dieser mag sie zwar nicht entschlüsseln können, aber sie mag an anderer Stelle vermißt werden, ohne daß ihr Sender davon erfährt und den Fehlzustand beheben kann.

Wenn man das Melden einer Fehlleitung nicht erst der Aufmerksamkeit eines menschlichen Teilnehmers überlassen möchte, so muß man Automaten der Teilnehmersysteme in die Lage versetzen, zu erkennen, ob es eine richtig zugestellte Nachricht ist, die entschlüsselt werden soll. Das läßt sich z.B. durch Protokollinformation erreichen, die verschlüsselt übertragen, vom empfangenden Teilnehmersystem entschlüsselt und im Klartext erkannt oder nicht erkannt wird. Über diesen Status informiert das empfangende das sendende Teilnehmersystem auf der gleichen Protokollebene. Beide Teilnehmersysteme zeigen den Status an.

Die Anzeige fällt negativ aus, sowohl wenn die beiden Verschlüsselungseinheiten nicht mit dem gleichen Schlüssel operieren - weil entweder die Verbindung oder die Schlüsselzuteilung falsch ist - als auch wenn der im Protokoll übertragene Empfängerauthentikator nicht der vereinbarte ist.

Zieht man in Betracht, daß Verbindung, Schlüssel und/oder Empfängerauthentikator richtig oder falsch sein können, erhält man folgende Kombinationen:

Verbindung	0	0	0	0	1	1	1	1
Schlüssel	0	0	1	1	0	0	1	1
Empfängerauthentikator	0	1	0	1	0	1	0	1

0 = falsch, 1 = richtig

Auf diese Weise würde also entdeckt,

000 wenn die falsche Verbindung angewählt und hergestellt und (deshalb) der falsche Schlüssel zugestellt worden ist, nicht die Verbindung, die z.B. der schlüsselverteilenden zentralen Instanz angegeben wurde,

001 (unwahrscheinlicher Fall)

010 wenn der zugestellte (richtige) Schlüssel für eine falsche Verbindung eingesetzt wird, oder der Schlüssel von der zentralen Instanz für eine vom rufenden Teilnehmer falsch angegebene Verbindung zugestellt worden sind.

011 (unwahrscheinlicher Fall)

100 wenn bei richtig angewählter Verbindung der falsche Schlüssel vorgeschlagen und ein falscher Empfängerauthentikator verwendet wird (Mißbrauchsfall),

101 wenn bei richtiger Verbindung Sender oder authentischer Empfänger den falschen Schlüssel verwenden, weil z.B. die Schlüsselverteilung durch die zentrale Instanz falsch erfolgt ist,

110 wenn der falsche Empfängerauthentikator übertragen wurde oder bei Verwendung öffentlicher Schlüssel ein rufender Teilnehmer auftritt, der den in einer geschlossenen Teilnehmergruppe vereinbarten Empfängerauthentikator nicht kennt,

111 wenn bei richtiger Verbindung und richtiger Schlüsselverteilung der Empfänger seinen Authentikator nicht zur Verfügung hat (weil z.B. die Verschlüsselungseinheit defekt ist).

Die Fälle 001 und 011 sind für den regulären Betrieb deshalb unwahrscheinlich, weil ein Teilnehmer, der eine falsche Verbindung anwählt, kaum zufällig den richtigen Empfängerauthentikator übertragen wird. Allerdings ist es ja möglich, daß ein Unbefugter sich Schlüssel und/oder Empfängerauthentikator verschafft hat; dann wird nur entdeckt, wenn er entweder nur über den Schlüssel oder nur über den Empfängerauthentikator verfügt. Verfügt er über beides und maskiert sich mittels einer richtigen Verbindung, so bleibt dies unentdeckt. In den anderen sechs Fällen wird es aufgedeckt

- Falsche Kommunikationsvorgänge bzw Fehleinsätze des Kommunikationssystems sollen nicht nur verhindert sondern auch den Teilnehmern automatisch angezeigt werden.

Besonders interessant könnte der Fall 110 sein, der auch dann eintritt, wenn ein Sender dem richtig angewählten Empfänger die falsche Nachricht und damit auch den falschen Empfängerauthentikator zuschickt, bzw wenn der Empfänger, für den die Nachricht vorgesehen war, diese nicht erhält. Die automatische Anzeige eines solchen Falles bzw eine Empfängerauthentikation ist ein Leistungsmerkmal, das sich z.B. das Kreditgewerbe (siehe oben) wünscht.

5.5 Anforderungen zur Konzelation

Im Regelfalle genügt es nicht, eine Nachricht allein zu verschlüsseln. Es muß verhindert werden, daß

- der Schlüssel einem Unbefugten bekannt wird und dieser den Klartext der Nachricht rekonstruieren kann (sicheres Schlüsselmanagement, sichere Schlüsselaufbewahrung und -zugriffskontrolle),

- der Unbefugte auch ohne den Schlüssel eine Möglichkeit findet, den Klartext aus dem Schlüsseltext abzuleiten (sicheres Verschlüsselungsverfahren),

- der Unbefugte auch ohne den Klartext Information erhält, die ihm durch die Verschlüsselung verborgen bleiben soll (gesichertes sonstiges Informationsumfeld).

5.5.1 Informationsumfeld

Dies heißt - auf einen Nenner gebracht - folgendes: Zur Konzelation genügt es nicht, den Klartext zu verschlüsseln; er - bzw die Nachricht - stehen im Kontext mit deren Informationsumfeld, aus dem in der Regel auf die Nachricht geschlossen werden kann. Auch das Informationsumfeld ist deshalb zu sichern. Dies gilt allgemein für die Konzelation und nicht allein für den Fall der Verschlüsselung.

In diesem Sinne ist der Schlüssel nur ein besonders herausgehobenes Gebiet des Informationsumfelds der Nachricht (das sich allerdings gut sichern läßt).

Auch die Sicherheit des Verschlüsselungsverfahrens ist vom Informationsumfeld abhängig; ein sehr bekannter Algorithmus kann einerseits eher einen Bezwinger finden, andererseits ist er umso vertrauenswürdiger, je mehr Angreifer sich an ihm vergeblich versucht haben. Allerdings sollte bei einem guten Verfahren diese Abhängigkeit minimiert und vernachlässigbar sein.

Das sonstige Informationsumfeld wird stark durch die Spur bestimmt, die eine Nachricht in Raum und Zeit hinterläßt und die von ihrer Entstehung an zum gegenwärtigen Propagations- bzw Proliferationsstand und darüberhinaus vorhersehbar in die Zukunft führt. In dieser Beziehung gilt es, auch die sekundär anfallenden Prozeßdaten - wie z.B. Sender, Empfänger, Weg, Zeitpunkt und sonstige Umstände - zu verbergen, wenn man die Nachricht verbergen will. Am besten ist es, wenn man auch die Existenz der Nachricht verbergen kann (siehe 4.1).

Die Prozeßdaten sind jedoch nicht allein eine Gefahr für das Verbergen der Nachricht, sondern können die eigentliche zu verbergende Information sein. Unabhängig von der Konzelation der Nachricht muß die der Prozeßdaten betrachtet werden.

Zum Informationsumfeld gehört der Kontext, in dem eine Nachricht eingebettet ist. Das kann Information sein, die man - für sich gesehen - nicht für schutzwürdig halten mag, die aber einem Angreifer den Schluß auf die zu verbergende Nachricht entscheidend erleichtern kann. Aus diesem Grunde kann es notwendig sein, auch scheinbar unverfängliche Information im Umfeld der Nachricht zu verbergen. Gewohnheiten, wie etwa jeden Brief mit "Sehr geehrte..." angehen zu lassen, können erfolgversprechende Angriffspunkte sein.

5.5.2 Partielle Verschlüsselung

Gelegentlich wirken sich die Umstände des Informationsumfelds anders aus: Die Nachricht, die es zu verbergen gilt, mag in einem so weitläufigen Informationsumfeld eingebettet sein, so daß es schwierig ist, sie aufzufinden. Dies mag so schwierig sein, daß ein Angreifer in ähnlicher Weise den Suchaufwand nicht aufbringen möchte, wie er es an anderer Stelle ablehnen mag, den Schlüssel zu suchen, mit dem die von ihm gewünschte Information konzeliert ist.

Wenn die gesuchte Information etwa in einer sehr großen Datenbank steht, dann wird er sie praktisch nicht finden können, wenn er nicht Zugriff auf ein Inhaltsverzeichnis oder einen Index hat, der ihm dem Weg zu ihr entscheidend erleichtert.

In einem solchen Falle mag es genügen, wenn ihm diese wegbereitende Information nicht zur Verfügung gestellt wird. Das kann man durch die üblichen Zugangssicherungsmaßnahmen erreichen. Diese kann man sich wiederum erleichtern, wenn man die wegbereitende Information verschlüsselt. Bei einer großen Datenbank mag es also angemessen sein, nicht die gesuchte Information selbst zu verschlüsseln bzw zu konzelieren, sondern nur den Datenbankindex. In dieser Weise würde man partiell verschlüsseln, um das Informationsumfeld für den Angreifer unübersichtlich zu halten und ihn zu entmutigen, einen Angriff zu unternehmen. Dies kann einen durchaus angemessenen Schutz gewähren, während eine Verschlüsselung der gesamten Datenbank das Gebot der Verhältnismäßigkeit der Mittel entschieden verletzen könnte.

5.5.3 Zielgruppe der Konzelation

Eine weitere wichtige Frage ist die danach, vor wem eine bestimmte Information zu verbergen ist. Üblicherweise denkt man dabei an Dritte (neben sich selbst und dem Kommunikationspartner). Jedoch ist es denkbar, daß man

- auch vor seinem Kommunikationspartner bestimmte Information (etwa gar die eigene Identität) verbergen möchte,

- bestimmte Dritte eine herausgehobene Rolle spielen (etwa der Betreiber des Kommunikationssystems) und deshalb gesondert beachtet werden sollten.

Dieses sind Gesichtspunkte, die in der klassischen Kryptologie kaum auftauchten, und gegebenenfalls mit anderen Mitteln als kryptologischen gelöst werden mußten. In modernen Kommunikationssystemen stellt sich jedoch das Informationsumfeld anders dar. Z.B. lassen sich Teilnehmeradressen, Uhrzeit etc im System festhalten bzw können nur diesem entnommen werden. Es kann also darum gehen, bestimmten Teilnehmern (einschließlich des Betreibers) - eventuell sogar dem Kommunikationspartner - die Kenntnisnahme solcher Information vorzuenthalten. Vielleicht mag man auch dem Notar den Inhalt eines Dokuments vorenthalten wollen, wenn das System diese Differenzierungsmöglichkeit bietet.

Es ist festzuhalten, daß die Konzelation (wie auch die Authentikation) nicht allein gegen Dritte sondern auch gegen den Kommunikationspartner gerichtet sein kann; man denke daran, daß nicht jede Person am Empfangsort in der Lage sein sollte, den verschlüsselten Text zu lesen.

Nachdem nun aufgezeigt wurde, was man bei der Konzelation grundsätzlich zu beachten hat, stellen sich für den Einzelfall folgende Fragen:

- Wie kann die Verschlüsselung für den Bedarf der Konzelation eingesetzt werden?

- Was ist dabei an sonstigen Maßnahmen zu treffen (die trotz oder wegen der Verschlüsselung erforderlich sind)?

Dabei sollte klar werden, daß die Verschlüsselung nicht die einzige Maßnahme sein kann, daß sie nur den Erfolg bringen kann, der durch physikalisch realisierte organisatorische und technische Maßnahmen gesichert wird.

5.6 Anforderungen bezüglich weiterer Aspekte

Es gibt eine Reihe von Anforderungen, die sich zwar nicht direkt aus den verschlüsselungsheischenden Kommunikationsaspekten ableiten - wie z.B. aus der Nachrichtenauthentikation oder der -konzelation - für die aber die Verschlüsselung gute Dienste leisten kann. Es sind dies Aspekte, die durch die Verschlüsselung beeinflußt, verbessert oder verschlechtert werden, oder solche, für die die Verschlüsselung neben anderen Verfahren ebenfalls Lösungsmöglichkeiten bietet. Diese Aspekte entziehen sich vielfach einer grundsätzlichen Betrachtungsweise und fallen erst bei der Beobachtung der Praxis auf.

In diesem Sinne sind der Verschlüsselung vor allem Kontrollanwendungen nahegelegen. Üblicherweise begnügt man sich in dieser Beziehung damit, Kontrollen durchzuführen, die sich gegen Störungen und Fehlfunktionen richten. Sofern man nicht auch Eingriffe Unbefugter entdecken möchte, reichen zumeist einfachere Verfahren als die der Verschlüsselung aus. Verschlüsselt man aber ohnedies, kann man die Verschlüsselung auch für diese Kontrollen verwenden und gewinnt dabei den Nebenvorteil der kryptologischen Sicherheit. So möchte man z.B. mit Verschlüsselungsverfahren auch Datenbanken, Programme und Kopiervorgänge (SÄK) überwachen.

Hier ist auch die Verschlüsselungsanwendung zu erwähnen, die für den französischen Bildschirmtext-Dienst geplant ist (Gui): Durch den Erwerb von Schlüsseln kann der Bildschirmtext-Kunde erreichen, daß er kostenpflichtige Sendungen entschlüsseln und sich verständlich machen kann. Die Bezahlung des Schlüssels gilt die Bildschirmtext-Leistung ab.

Empfängerauthentikation und Ähnliches können durhaus als Kommunikationsdienstleistungen verstanden werden und sind insofern im ISO-Schichtenmodell anzusetzen. Eventuelle weitere derartige Bedürfnisse müßten daher durch eine Untersuchung festgestellt werden, bevor man sich an die Normung der höheren Übertragungsprotokolle begibt. Darunter zählen vor allem all die Bedürfnisse, für die neben den beiden Kommunikationsteilnehmern eine dritte Stelle benötigt wird, die z.B.

- Schlüssel erzeugt und verteilt,

- veränderliche Daten (Uhrzeit, Kalenderdatum) authentiziert,

- Teilnehmeridentifikatoren bzw -authentikatoren gegenüber dem jeweiligen Partner-Teilnehmer konzeliert etc.

Die dritte Stelle wird für die dabei anfallenden Authentikations- und Konzelationsaufgaben auch die Verschlüsselung einsetzen.

5.7 Konzelate und Authentikate

Hier stellt sich die Frage danach, welche Art von Phänomenen eines Kommunikationssystems unter welchen Umständen nachgewiesen oder verborgen werden sollten. Dies können Teilnehmer (Personen, Automaten), nicht-entscheidungsfähige Funktionseinheiten und sonstige Gebilde wie Einzelvorgänge eines Prozesses, Programmschritte, Nachrichten, Angaben, Prozeßdaten etc sein.

Soweit abzusehen, werden im wesentlichen auf der einen Seite nur Teilnehmer bzw Authentikanden und Konzelanden in Form von

- natürlichen und juristischen Personen sowie Personengruppen
- Automaten - als Geräte, Teilnehmerprozesse, Programme

und auf der anderen Seite Information bzw Authentikate und Konzelate in Form von

- Nachrichten
- Prozeßdaten

zu authentizieren bzw zu konzelieren sein. Dabei fällt unter "Prozeßdaten" im allgemeinen das, was unter Informationsumfeld (siehe 5.5) in einem technischen Kommunikationssystem verstanden werden kann.

Teilnehmer können in ihrer Form als Teilnehmer am Kommunikationsprozeß aber auch als Aussteller oder Empfänger von Nachrichten zu authentizieren sein, wobei zwischen diesen Authentikationsfällen gut unterschieden werden muß. Zu den Teilnehmern bzw Authentikanden und Konzelanden können zählen:

- Betriebspersonal (eines Teilnehmersystems, des Kommunikationssystems)
- Aussteller / Sender von Nachrichten
- Adressaten / Empfänger von Nachrichten
- Vermittler von Nachrichten und Nachweisen
- Verschlüsslungseinheiten von technischen Teilnehmersystemen bzw diese selbst

Zur Information bzw den Authentikaten und Konzelaten können zählen:

- Nachrichten

- Teilnehmeradressen
- im Kommunikationssystem gespeicherte Angaben zu den Teilnehmern (z.B. Erreichbarkeit, Anschlußverhältnisse, autorisiertes Personal)
- Begleitinformatiom ("Höhere Protokolle")
- Sende- / Ausstellungsort
- Empfangs- / Zustellort
- Sende- / Ausstellungzeitpunkt
- Empfangs- / Zustellzeitpunkt
- (weitere) Protokollierungsdaten zum Kommunikationsvorgang
  - o benutzte Systemkomponenten
  - o Gebührenzählerstand
  - o Weg der Nachricht
  - o Sonderverhalten von Teilnehmern
  - o Fehlverhalten von Teilnehmern
  - o Angriffe auf den Kommunikationsvorgang
  - o Angriffe auf das System
  - o Nachweisfälschungen
  - o etc

Es ist zu prüfen, inwieweit die einzelnen vorgeschlagenen Verschlüsselungsverfahren Beweis- und Verbergungsmöglichkeiten für die oben aufgelisteten Phänomene (im Sinne des Gebrauch von 2.1.1) bieten und wie sie durch andere technische und organisatorische Maßnahmen abzusichern sind.

6. Das Schlüssel/Authentikator-Verteilungsproblem

Schlüssel und Authentikatoren müssen grundsätzlich gesichert zugestellt werden. Das bedeutet, daß man gemeinhin das Kommunikationssystem, das mit ihrer Hilfe gesichert werden soll, nicht auch für ihren Klartext-Transport verwenden kann. Man verwendet dafür z.B. einen Kurier, in weniger kritischen Fällen auch den Postweg.

Der Kurier- bzw der Postweg sind in diesem Sinne gesicherten Wege. Die Sicherheit, die man dann mit der Verschlüsselung im Kommunikationssystem erreichen kann, ist höchstens so gut wie die Weges, den der Schlüssel oder der Authentikator gegangen ist.

Wie bereits unter 3.4.3 erwähnt, können auch solche Primitivformen durchaus Anwendung finden, daß z.B. jedes Kommunikantenpaar, das miteinander verschlüsselt kommunizieren möchte, selbst für den Austausch von Schlüsseln und Authentikatoren sorgt. So werden z.B. Schlüssel im SWIFT-Kryptosystem (SWI) mit gesicherter schriftlicher Post versandt.

Diese Form der Schlüsselverteilung kann dahingehend ausgeweitet werden, daß Teilnehmer, die sich mit mehreren Partnern gegenseitig sekundär authentizieren können, ihre Partner auch untereinander zu einem verschlüsselten Verkehr bekanntmachen können, indem sie ihnen gesichert Authentikatoren zustellen (siehe 3.4.3.2).

Bei SWIFT läuft dies allerdings so ab, daß von solchen Mediatoren nicht etwa Schlüssel oder Authentikatoren zugeteilt werden, sondern daß die eigentliche Kommunikation über sie geleitet wird. Die Nachricht wird vom Sender verschlüsselt an sie adressiert. Sie entschlüsseln diese, verschlüsseln sie mit dem Schlüssel, den sie mit dem Adressaten gemeinsam haben und leiten sie an ihn weiter. Das kann in dieser Weise fortgesetzt werden. Der an der Übermittlung beteiligte Dritte fungiert als authentikable Relais-Station nicht aber als jemand, der seine Bekannten miteinander authentikabel bekannmacht.

Die obige Behauptung, daß Schlüssel nicht unverschlüsselt über unsichere Kommunikationswege transportiert werden dürfen, muß zunächst relativiert werden. Z.B. ist offensichtlich bei asymmetrischen Verfahren der ungesicherte Transport eines öffentlichen Schlüssels möglich; warum sollte auch ein ohnedies öffentlich bekanntgegebener Schlüssel bei seiner Übermittlung gegen Bekanntwerden gesichert werden. Auch das Verfahren nach Diffie und Hellman (Dif) (siehe auch 7.I) ermöglicht einen zwar verschlüsselten Transport, dem aber keine besonders gesicherte Zusstellung eines Master-Schlüssels vorauszugehen braucht.

Allerdings ist damit wohl die Nachrichten- nicht aber auch die Teilnehmerauthentikation ausreichend gesichert. Wenn diese nicht gesichert ist, mag ein Schlüssel wohl sicher übertragen werden, u.U erreicht er aber nicht den richtigen Adressaten sondern jemanden, der sich als solcher maskiert. Es gibt keine sichere Verschlüsselung und erst recht keinen sicheren Schlüsseltransport ohne eine gesicherte Authentikation; es gibt keine gesicherte Authentikation ohne eine auf sicherem Wege durchgeführte Primärauthentikation bzw einen gesicherten Konsensus. Es gibt also grundsätzlich keine durch

Verschlüsselung gesicherte Kommunikation, ohne daß sich diese auf ein (anderes) gesichertes Medium abstützte.

Für diese Sicherheit muß in einem Kommunikationssystem durch organisatorische Maßnahmen gesorgt werden, wenn der verschlüsselte Verkehr für einen normalen Teilnehmer nicht prohibitiv umständlich und teuer sein soll. In offenen Systemen sieht man dafür "Schlüsselverteilungszentralen" oder "Schlüsselbanken" vor. Wie oben ausgeführt, ist ihre Aufgabe, auf die man am wenigsten verzichten kann, nicht so sehr die Schlüsselverteilung sondern die Primärauthentikation, d.h. die Verteilung von Authentikatoren (siehe 3.4.3.2); insofern sei davor gewarnt, sich durch die Benennung "Schlüsselverteilungszentrale" irreführen zu lassen.

In privaten Netzen, bzw geschlossenen Systemen, wie es z.B. auch SWIFT ist, kann man zwar auf organisatorische Maßnahmen nicht verzichten; es lassen sich aber je nach bevorzugtem Kommunikationsverhalten der Teilnehmer nahezu beliebige Zuteilungssysteme realisieren, siehe z.B. ⟨Mat⟩ oder ⟨Smi⟩.

6.1 Aufgaben für Schlüsselverteilungszentralen

Einer Schlüsselverteilungszentrale kann man folgende Primär-Aufgaben zuordnen:

- Zuteilung von (eventuell versiegelten) Master-Schlüsseln an die Kommunikanten, die zugleich als Authentikatoren der Verbindung zwischen der zentralen Stelle und dem Kommunikant dienen können

- Vermittlung einer Primärauthentikation zwischen den Kommunikanten (siehe 3.4.3.2) und Zuteilung von Instanzauthentikatoren (siehe 3.4.1)

- Zuteilung von Sessionsschlüsseln an Kommunikanten-Paare für die Konzelation von Nachrichten; nicht erforderlich bei asymmetrischen Verfahren

- Zuteilung von Authentikatoren für Nachricht-Nachricht- und Nachricht-Instanz-Beziehungen (siehe 3.5)

- Notariatsfunktionen bezüglich dieser Authentikationsaufgaben

Neben diesen grundlegenden Primär-Aufgaben kann es weitere Aufgaben geben, die sich gewisser gruppenspezifischer Interessen anzunehmen hätten. So mag die Schlüsselverteilungszentrale auch als Dritter zur Sicherung von Anonymitätsforderungen (siehe 5.4.3) dienen. Die Dienstleistungen brauchen sich einerseits nicht auf den Bereich der Verschlüsselung zu beschränken:

In einem Netz z.B., das von der IBM Systems Network Architecture SNA ⟨IBM⟩ unterstützt wird, ist eine solche zentrale Stelle, die Steuerzentrale System Services Control Point SSCP, ohnedies vorgesehen. Sie hat Netz-Verwaltungs- und Wartungsaufgaben. Alle Teilnehmer stehen in logischer Verbindung mit SSCP. Auf Teilnehmeranforderung werden von SSCP logische Verbindungen zwischen Teilnehmern aufgebaut. Bei dieser Gelegenheit kann auch eine verschlüsselte Session angefordert werden, worauf SSCP einen Sesssionsschlüssel generiert und der rufenden Station zur Verfügung stellt (Len).

Andererseits brauchen die Dienstleistungen der Schlüsselverteilungszentrale nicht auf die Kommunikation von Nachrichten beschränkt zu bleiben; auch zur Sicherung zu speichernder Daten kann eine solche Stelle Schlüssel liefern. U.U kann man von ihr auch einen Dokumentations-Service für Schlüssel erwarten, der in Anspruch genommen werden könnte, wenn ein Schlüssel eines Teilnehmers etwa durch einen Brandunfall zerstört worden ist.

6.1.1 Zuteilung von Master-Schlüsseln

Hier wird unterstellt, daß der Master-Schlüssel sowohl zur Konzelation des Verkehrs zwischen Schlüsselverteilungszentrale und Kommunikant wie auch zur gegenseitigen Authentikation dient. Die Authentikation ergibt sich dabei aus der Plausibilität, daß niemand anderer als der rechtmäßige Besitzer des Master-Schlüssels die mit der Schlüsselverteilungszentrale kommunizierte Information richtig ver- und entschlüsseln kann.

Die Zuteilung der Master-Schlüssel kann eine einmalige Dienstleistung bleiben. Jede von der Schlüsselverteilungszentrale betreute Stelle erhält einen solchen Master-Schlüssel. Bei asymmetrischen Verfahren kann die Stelle den Master-Schlüssel als den geheimen Schlüssel selbst generieren und zur Authentikation der Schlüsselverteilung den öffentlichen Schlüssel anbieten, auch wenn dies aus arbeitstechnischen Gründen eher umgekehrt laufen dürfte. Hier zeigt es sich wiederum, daß die Authentikation die eigentlich gewünschte Dienstleistung ist. Sie erfordert einen gesicherten Primärkontakt des Teilnehmers mit seiner Schlüsselverteilungszentrale.

Die Zuteilung geheimer Master-Schlüssel muß auf gesichertem Wege erfolgen. Man kann nicht etwa das unsichere Kommunikationssystem, das es mit dem Master-Schlüssel zu sichern gilt, dafür verwenden. Man wird den Master-Schlüssel von Hand, eventuell bereits in einer Veschlüsselungseinheit versiegelt entgegennehmen.

6.1.2 Vermittlung der Primärauthentikation unter den Teilnehmern

Eine solche Vermittlung der Primärauthentikation zwischen je zwei Teilnehmern könnte häufiger auftreten, als etwa die Zuteilung von Master-Schlüsseln, jedoch erheblich seltener als die von Sessionsschlüsseln.

Bei der Primärauthentikation würden von der Zentrale Authentikatoren ausgestellt. Sie könnten unterschiedlich sein und unterschiedliche Gesichtspunkte berücksichtigen. Sie können

- Endeinrichtungen des Kommunikationssystems - z.B. einem Terminal - oder auch Personen zugeordnet werden,
- über ihre Eignung als Instanzauthentikatoren auch Nachricht-Instanz-Beziehungen betreffen und eine Person z.B. zum Empfang bestimmter Nachrichten berechtigen,

- ihre eigene Gültigkeitperiode ausweisen,

- Redundanz aufweisen, mit deren Hilfe Fehler- und Plausibilitätsprüfungen durchgeführt werden können.

Redundanz ist nicht allein für die o.a. Zwecke erforderlich. Mit ihr muß auch sichergestellt werden, daß die gültigen Authentikatoren in der Menge der möglichen nur einen geringen Bruchteil einnehmen, damit nicht etwa ein Angreifer mit willkürlichen Versuchen eine hohe Trefferquote erzielen kann. Siehe auch 2.3.1.

Es kann eine Reihe unterschiedlicher Authentikatoren gleichzeitig geben. Ein Terminal-Authentikator mag dazu dienen, die Verbindung zu authentizieren; der Authentikator einer Person mag nach Maßgabe der im Übertragungsprotokoll übermittelten Information vom Terminal geprüft und sein Träger authentiziert werden.

Für diese Zwecke muß die Endeinrichtung die Norm-Authentikatoren gesichert speichern (siehe 3.4.4).

Man könnte, statt die Instanzen zu authentizieren, auch Verbindungen zwischen Instanzen-Paaren authentizieren. In diesem Falle würde pro Verbindung nur ein (statt zweier) Authentikator benötigt. Das würde aber einerseits keine nachweisgeeignete Aussteller- oder Empfängerauthentikation zulassen und andererseits erfordern, daß die Zentrale bei n Teilnehmern nicht n Teilnehmerauthentikatoren sondern bis zu $n(n-1)/2$ Verbindungsauthentikatoren verwalten müßte. Eine solche Verbindungsauthentikation ist z.B. dann gegeben, wenn die Zentrale nicht Authentikatoren sondern nur Schlüssel zuteilt; dann authentiziert ein Sessionsschlüssel aufgrund einer möglichen Plausibilitätskontrolle eine Verbindung.

Bei allen ankommenden Gesprächen sollte die Verschlüsselungseinheit des Datenendgeräts eine Authentikation ihres Bedieners durchführen. Ist diese nicht zu erbringen, dann sollte sie entweder die Session abbrechen oder den konzelierten Text speichern, bis der richtige Teilnehmer authentiziert werden kann. Dies ist eine Forderung, deren Lösung derzeit noch keinen Platz im ISO-Schichtenmodell findet, weil dieses ausschließlich symmetrisch orientiert ist; es verlangt, daß die kommunizierten Daten so abgeliefert werden, wie sie dem System übergeben wurden (siehe 9.2.2).

6.1.3 Zuteilung von Sessionsschlüsseln

Sessionsschlüssel können für jede Session neu zugeteilt werden. Sie werden vom Sender einer Nachricht bei der Zentrale angefordert, von dieser generiert und mit den Master-Schlüsseln der Teilnehmer gesichert dem Sender zugestellt (siehe 6.4).

Die Zentrale könnte diese Schlüssel für Nachweiszwecke dokumentieren, aber sie können - wie noch in 6.4 zu zeigen - auch anderorts, z.B. beim Teilnehmer selbst, gesichert gespeichert werden. Für die Zentrale könnte dieses Speicherproblem zu groß werden.

6.1.4 Zuteilung von Nachricht-Instanz-Authentikatoren

Man kann einen Sessionsschlüssel mit Erweiterungen auch für die Authentikation einer Nachricht-Instanz-Beziehung verwenden - etwa für eine Unterschrift. Solche besonderen Schlüssel könnten eher von der Zentrale dokumentiert werden; aber auch in diesem Falle ist dies nicht notwendig; sie müssen nur mit dem Master-Schlüssel der Zentrale verschlüsselt und auf diese Weise gesichert sein; dann können sie auch von den interessierten Teilnehmern oder von einem Dritten - z.B. einem Notar - gespeichert werden.

Wenn hier von Nachricht-Instanz-Beziehung die Rede ist, dann muß aber in der Instanz die Endeinrichtung und nicht etwa eine Person gesehen werden. Soll nur eine bestimmte Person den Unterschriftsschlüssel anwenden dürfen, muß dies bestimmt und authentizierbar sein. In diesem Falle würde eine entsprechender Authentikator für die Nachricht-Instanz-Beziehung zu dieser Person bei der Zentrale angefordert und von dieser dokumentationsfähig mit ihrem Master-Schlüssel bestätigt werden. In anderen Worten: Die Endeinrichtung muß in die Lage versetzt werden, den Unterzeichner einer Nachricht und auch deren Adressaten zu authentizieren.

Bezüglich solcher Nachricht-Instanz-Beziehungen können von der Schlüsselverteilungszentrale erwartet werden:

- Schlüssel, der von einer Verschlüsselungseinheit entweder nur zur Ver- oder zur Entschlüsselungsoperation verwendet wird,
- Authentikator für die Zulassung einer Person zur Benutzung eines Schlüssels (z.B. zum Unterschreiben oder zur Kenntnisnahme einer Nachricht),
- authentikable Empfangsbestätigung oder Zustellbescheinigung für den Absender,
- authentikable Zeitangaben (Datum, Uhrzeit) für beide Kommunikanten,
- etc.

Es ist denkbar, daß nicht jede Endeinrichtung alle diese Möglichkeiten vorsieht. Dann wäre es sinnvoll, daß die Schlüsselverteilungszentrale über diese speziellen Funktionen ihrer Klientensysteme Buch führt, damit sie bei Inkompatibilitäten vergebliche Kommunikationsversuche unterbinden kann.

6.1.5 Notarsfunktionen

Der Anruf eines Notars sollte wohl die Ausnahme bleiben. Man könnte deshalb erwarten, daß dies auf konventionelle Weise im persönlichen Kontakt erfolgen kann. Jedoch sollte die Schlüsselverteilungszentrale, die solche Notarsfunktionen wahrnehmen kann, nicht nur aus Effektivitäts- sondern auch aus Sicherheitsgründen ein Automat sein; menschliche Eingriffe sollten möglichst ausgeschlossen sein. Dann bleibt kein anderer Weg, als der des zur Nachrichtenübermittlung verwendeten Kommunikationssystems. Briefe an einen Automaten zu schreiben, hätte wenig Sinn.

Damit ist aber gesagt, daß eine Schlüsselverteilungszentrale nicht alle einschlägigen Notarsaufgaben übernehmen könnte oder sollte. Die gesetzlich geregelten Notarsaufgaben werden auch weiterhin von dazu zugelassenen Notaren durchzuführen sein. Die Schlüsselverteilungszentrale kann diesen eine Dienstleistung anbieten. Wie in 6.3 noch gezeigt werden soll, kann es notwendig sein, daß Notariatsdienstleistungen auch von regulären Teilnehmern in Anspruch genommen werden.

6.2 Wachstumspotential einer Schlüsselverteilungszentrale

Die unter 6.1 geschilderten Funktionen müßten durch eine einzige zentrale Stelle oder eine zusammenhängendes System solcher Zentralen realisiert werden; nur diejenigen Teilnehmer können betreut werden, welche dieser Stelle bzw diesem System bekannt sind bzw authentiziert werden können.

Wenn man von einer solchen Schlüsselverteilungszentrale erwartet, daß sie

- zur Vergrößerung der Kommunikationssicherheit beiträgt,
- unbefugte Eingriffe zu verhindern hilft,
- zur unfälschbaren Dokumentation der Authentikationsprozesse beiträgt,
- die Herstellung unfälschbarer Originaldokumente ermöglicht,
- zu Nachweisen in Disputationsfällen verhilft,

dann müssen alle unter 6.1 geschilderten Funktionen realisiert werden. Wenn es nur um die Systemsicherheit ginge (wie es Ingenieuren erscheinen mag), würde eine Schlüsselverteilungszentrale nicht gebraucht werden, ist sie doch derzeit nicht vorhanden und werden doch trotzdem stellenweise Daten konzeliert übertragen und dieser Vorgang authentiziert.

Die Schlüsselverteilungszentrale kann die Effektivität des verschlüsselten Verkehrs erhöhen; allein schon dadurch, daß sie jederzeit und unmittelbar einen verschlüsselten Verkehr zwischen beliebigen von ihr betreuten Teilnehmern ermöglichen kann; ohne sie müßten zuvor authentische, häufig geheime Authentikatoren und/oder Schlüssel mit langsamen Kommunikationsmitteln transportiert werden. Der Wert des Schlüsselverteilungsdienstes wächst für jeden Teilnehmer mit jedem zusätzlichen Teilnehmer, der ihn in Anspruch nehmen kann.

Diese Vorteile sind allerdings mit einem Sicherheitsabfall erkauft, denn mit der Einführung der Schlüsselverteilungszentrale kommt auch ein neuer Unsicherheitsfaktor dazu.

Das hier Ausgeführte zeigt ein Wachstumspotential für ein zentrales Schlüsselverteilungssystem an, welches über einen ausreichend langen Entwicklungsspielraum gesehen durchaus ausfüllbar und finanzierbar ist. Es sollte sichergestellt werden, daß keine Entscheidung getroffen wird, die ein volles Ausschöpfen dieses Potentials verhindern könnte.

Aufgaben und Wachstumspotential der Schlüsselverteilungszentrale sind unabhängig davon, ob man symmetrische oder asymmetrische Verschlüsselungsalgorithmen verwendet. Der Umstand, daß sich manches mit asymmetrischen Verfahren leichter realisieren läßt, bedeutet nicht, daß man es nicht zu realisieren braucht.

6.3 Authentikationsdienst

Man könnte erwarten, daß die Schlüsselverteilungszentrale alles Authentikationsmaterial dokumentiert und auf diese Weise die Mittel und Nachweise bereitstellt, die von einem Notariat erwartet werden. Dies sollte jedoch möglichst nur auf Spezialfälle beschränkt bleiben; es könnte zu einer Explosion des benötigten Speicherplatzes führen. Letzlich könnten nur diejenigen Kunden bedient werden, die in der Lage sind, den dadurch bedingten hohen Preis zu zahlen. Notariatsdienste sollen und können wie bisher auf spezielle Fälle beschränkt bleiben.

Das bedeutet, daß die Dokumentation für mögliche Dispute von den Teilnehmern geführt werden müßte - wie es ja auch derzeit bei der konventionellen Handhabung der Fall ist. Es muß nur sichergestellt sein, daß ein Kommunikant Dokumente nicht fälschen kann. Obwohl hier die Forderung erhoben wird, daß er an etwas gehindert werden soll, ist ihre Erfüllung dennoch von entscheidendem Vorteil für ihn; sie befreit ihn von dem Verdacht, daß er gefälscht haben könnte, und verleiht damit dem Dokument erst seinen Wert.

Im weiteren soll einiges wiederholt werden, was bereits unter 3.6 näher ausgeführt wurde, um zu zeigen, wie eine Schlüsselverteilungszentrale zur Authentikation beitragen kann.

6.3.1 Normale Unterschrift

Um bei der Unterschrift zu bleiben: Will man ihre Fälschung verhindern können, dann müssen für das Ausstellen und für das Nachweisen der Unterschrift zwei unterschiedliche Schlüssel bereitgestellt werden. Mit dem Nachweisschlüssel darf nur die zum Ausstellen der Unterschrift inverse Operation ermöglicht werden (siehe auch 3.6).

- Vor allem darf der Nachweisschlüssel nicht auch zum Unterschreiben dienen können.

- Es muß sichergestellt sein, daß der Besitzer des Nachweisschlüssels aus diesem nicht den Unterschriftsschlüssel ableiten kann.

Diese Bedingungen lassen sich leicht mit asymmetrischen Algorithmen erfüllen. Z.B. kann der geheime Schlüssel des RSA-Verfahrens (Riv) als Unterschriftsschlüssel und der öffentliche als Nachweisschlüssel verwendet werden.

Bei symmetrischen Algorithmen, z.B. beim DEA1-Verfahren, gibt es vergleichsweise nur einen einzigen Schlüssel, mit dem sowohl unterschrieben als auch nachgewiesen werden müßte. Deshalb muß man verhindern, daß dieser Schlüssel für beide Operationsrichtungen eingesetzt werden kann. Er muß für die Verschlüsselungseinheit als Unterschrifts- oder als Nachweisschlüssel entsprechend unterschiedlich gekennzeichnet werden. Siehe z.B. Aktivität K11 in 6.4.1. Der Besitzer des Schlüssels darf nicht die Möglichkeit haben, diese Kennzeichnung zu ändern oder überhaupt den Schlüssel im Klartext zur Kenntnis zu erhalten. In seiner Klartextform darf sich der Schlüssel nur in der Verschlüsselungseinheit befinden; diese muß gegen Eingriffe gesichert und versiegelt sein.

Wenn dieses sichergestellt ist, können damit auch die beiden oben herausgestellten Bedingungen erfüllt werden. Allerdings ergibt sich beim DEA1-Verfahren die notwendige Sicherheit nicht etwa aus unüberwindlichen mathematischen Schwierigkeiten, wie beim RSA-Verfahren, sondern muß durch physikalische Sicherungsmaßnahmen erreicht werden.

6.3.2 Beglaubigte Unterschrift

Wie bereits in 3.6 gezeigt wurde, ist damit für das DEA1-Verfahren die Forderung nach einer Dokumentierfähigkeit noch nicht erfüllt. In dieser Beziehung müssen beide Partner zusammenwirken (siehe 5.4.2), um einen Nachweis erbringen zu können, der auch einen Dritten überzeugen kann. Ein solches Zusammenwirken kann aber nicht durchgesetzt werden, wenn die Unterschrift zwischen den beiden Partnern disputiert wird.

Das läßt sich mit Hilfe der Schlüsselverteilungszentrale so lösen, daß jede verbindlich erstellte Unterschrift von ihr beglaubigt wird. Sie kann den Unterschrifts- und den Nachweisschlüssel, das Dokument selbst oder alle drei mit ihrem geheimen Master-Schlüssel verschlüsseln. Den Unterschrifts- und den Nachweisschlüssel zu verschlüsseln, bedingt keinen besonderen Aufwand, denn die Schlüsselverteilungszentrale muß ohnedies die Schlüssel erstellen und für die Übermittlung sichern.

Eine größere Belastung könnte das Verschlüsseln des Dokuments bedeuten, denn dazu müßte dieses mindestens einen zusätzlichen Weg durchlaufen und die Verschlüsselungskapazität der Schlüsselverteilungszentrale beanspruchen. Man müßte sich so behelfen, daß längere Dokumente zu einem verkürzten Authentikator verdichtet werden und daß dieser von der Schlüsselverteilungszentrale beglaubigt wird. Noch ungünstiger wäre es, forderte man von der Schlüsselverteilungszentrale, daß sie die beglaubigten Dokumente auch speichert. Das müßte wohl gegebenenfalls, wie bisher, einem Notar vorbehalten bleiben.

Nicht immer wird dies notwendig sein. Vielfach dürfte es genügen, wenn die Schlüsselverteilungszentrale allein den Nachweisschlüssel beglaubigt und ihn mit ihrem geheimen Master-Schlüssel schützt. Sie wird in vielen Fällen diesen beglaubigten Schlüssel dem Empfänger zu treuen Händen übergeben können. Dieser kann dann jederzeit der Schlüsselverteilungszentrale das verschlüsselte Dokument und den verschlüsselten Nachweisschlüssel übermitteln und von ihr den zum Nachweis beglaubigten Klartext des Dokuments erhalten.

Will man aber verhindern können, daß die beiden Partner gegen einen Dritten konspirieren, muß beiden die Möglichkeit genommen werden, das Dokument zu fälschen; auch der Aussteller darf nicht mehr über den Unterschriftsschlüssel beliebig verfügen können. Von seiner (versiegelten) Verschlüsselungseinheit ist zu fordern, daß sie jeden Unterschriftsschlüssel vernichtet, wenn der Empfänger den Empfang des Dokuments quittiert hat.

Mit Hilfe der Schlüsselverteilungszentrale lassen sich also folgende Formen einer beglaubigten Unterschrift realisieren:

- Mit der Beglaubigung der Unterschrift wird erreicht, daß diese überhaupt dokumentiert und glaubhaft nachgewiesen werden kann.

- Mit der Beglaubigung der Unterschrift wird erreicht, daß der Empfänger gegen den Einwand des Ausstellers geschützt ist, das unterschriebene Dokument stamme nicht von ihm.

- Mit der Beglaubigung der Unterschrift und Vernichtung (anderer Formen) des Unterschriftsschlüssels wird erreicht, daß die beiden Partner nicht gegen einen Dritten in der Weise konspirieren können, daß sie z.B. ein Dokument zu dessen Nachteil zurückdatieren.

- Mit der oben geschilderten Beglaubigung wird nicht erreicht, daß die beiden Partner in der Weise gegen die Interessen eines Dritten konspirieren können, daß sie das von ihnen Dokumentierte dem Dritten als Beweismittel verweigern.

Im ersten Falle ist das RSA-Verfahren günstiger als das DEA1-Verfahren: Es gewährt auch ohne die Hilfe der Schlüsselverteilungszentrale eine authentikable Dokumentationsmöglichkeit.

Im zweiten Falle ist das RSA-Verfahren ebenfalls günstiger als das DEA1-Verfahren: Sofern der öffentliche Schlüssel des Ausstellers authentisch ist, kann der Empfänger den Nachweis auch ohne Schlüsselverteilungszentrale führen.

Im dritten Falle ist das RSA-Verfahren ungünstiger als das DEA1-Verfahren: Seine geheimen Schlüssel sind viel zu teuer, als daß sie nach jeder derartigen Unterschrift vernichtet werden könnten.

Der vierte Fall befriedigt hinsichtlich der Interessen eines betroffenen Dritten nicht ganz, denn er ist ja auf die Dokumentation seiner Gegner angewiesen, wenn die Beweispflicht bei ihm liegt. Für diesen Fall muß ein besonderer vertrauenswürdiger Dritter - z.B. ein Notar - eingeschaltet werden, der jedem anderen Dritten authentische Beweismittel zur Verfügung stellt.

In keinem der o.a. Fälle kann aber grundsätzlich verhindert werden, daß die Dokumentation - etwa durch höhere Gewalt - stellenweise vernichtet wird. In besonderen Fällen wird man also auf einer ausgelagerten Dokumentation bestehen müssen und so das System robust machen. Auch in diesem Sinne entstehen hier Notariatsaufgaben.

6.3.3 Notariatsdienst

Der Fall, daß sowohl Aussteller als auch Empfänger eines unterschriebenen Dokuments gegen einen Dritten in der Weise konspirieren, daß sie die Herausgabe der Dokumentation verweigern, und dadurch der Dritte zu Schaden kommt, läßt sich, wie oben dargestellt, durch die Beglaubigung allein nicht lösen. Die beiden müßten entweder durch Rechtsbestimmungen zu einer solchen Herausgabe verpflichtet und strafbedroht werden, oder die Dokumentation muß auch an dritter Stelle - eventuell öffentlich - stattfinden.

Die Schlüsselverteilungszentrale könnte solche Notariatsaufgaben übernehmen. Man muß aber bedenken, daß Gründe der technischen Sicherheit dagegen sprechen könnten, ihr zu viele Aufgaben aufzulasten; sollte sie doch möglichst nur ein besonders sicher funktionierender gegen Eingriffe Unbefugter gesicherter Automat sein.

Es spricht also viel dafür, daß Notariatsaufgaben weiterhin von den dafür öffentlich zugelassenen Personen wahrgenommen werden. Allerdings müßten sich diese wie auch ihre Kunden mit geeigneten Endeinrichtungen an Kommunikationssysteme anschließen, mit deren Hilfe sie mit den Kunden und der Schlüsselverteilungszentrale verschlüsselt kommunizieren können.

Auch die in 3.6.3 beschriebene Aufgabe, unkopierbare Dokumente zu erstellen bzw. zu übertragen oder zu empfangen, könnte ebenfalls unter die Notariatsdienstleistungen fallen.

6.3.4 Andere Authentikationsaufgaben

So weit wurde nur Information von der Art betrachtet, wie sie von den Kommunikationspartnern erzeugt wird. Eine weitere Art von Information ist solche, die von dritten Stellen zur Verfügung gestellt wird. So z.B. muß - wie bereits in 3.3 ausgeführt - zeitabhängige Information, wie etwa Datum und Uhrzeit, von vertrauenswürdigen Dritten stammen, wenn sie gegenüber Disputanten authentikabel sein soll. Auch Zustellungsbescheinigungen durch den Transporteur der Nachricht, das Kommunikationssystem, fallen darunter; desgleichen Information, die der Notar in ein Dokument einträgt etc.

Dies sind - mit 3.3 gesprochen - Nachricht-Instanz-Beziehungen. Sie verlangen besondere Authentikatoren, wie in 3.5 ausgeführt. Solche Authentikatoren wären von der Schlüsselverteilungszentrale zur Verfügung zu stellen und zu authentizieren.

Z.B. kann von der Schlüsselverteilungszentrale erwartet werden, daß sie grundsätzlich oder auf Anforderung nicht nur den Nachweisschlüssel nach 6.3 sondern auch Datum und Uhrzeit mit ihrem Master-Schlüssel für Nachweiszwecke verschlüsselt. Wie das im einzelnen gehandhabt werden kann, soll im folgenden Unterkapitel anhand von Beispielen gezeigt werden.

6.4 Kommunikation zwischen Teilnehmern

Bild 5 führt 47 Aktivitäten auf. Sie stellen einen Vorschlag unter vielen möglichen dar, der nach der Maximalseite hin angelegt ist; im Einzelfalle könnte auf manches verzichtet werden. Der Vorschlag orientiert sich an symmetrischen Verfahren. Das Beispiel dieses Vorschlags und seiner Erweiterungen (siehe Bild 6 und 7) soll aufzeigen, daß man bei verschlüsseltem Verkehr im Gegensatz zum derzeitigen Betrieb von Kommunikationssystemen in der Regel nicht mit einer einzigen typischen Session auskommt. Es verkehren nicht allein zwei Teilnehmer miteinander, sondern - um das zu ermöglichen - auch mit anderen Einrichtungen wie z.B. der Schlüsselverteilungszentrale. D.h. es müssen unterschiedliche Sessionen bzw Übermittlungsprotokolle miteinander verkettet werden.

Diesbezüglich ist der hier gemachte Vorschlag eher zu kurz geraten. Z.B. ist folgender Fall denkbar: Der personale Teilnehmer könnte seinen Authentikator bei sich führen. Will er mit dessen Hilfe am verschlüsselten Verkehr teilnehmen, dann ist das nur möglich, wenn entweder die sendende oder die empfangende Endeinrichtung über den Normauthentikator des Teilnehmers verfügt. Er müßte entweder am Ort (sicher) gespeichert, oder von einer dritten Stelle authentisch beziehbar sein, etwa auf Anleitung durch den Teilnehmer. In diesem Falle müßte eine weitere Session stattfinden. Will man ein offenes System einrichten, in dem etwa wie im Fernsprechdienst jeder Teilnehmer von jedem Fernsprechapparat jeden anderen erreichen kann, dann wäre eine solche vorgeschaltete zusätzliche Session der Regelfall.

Hier zeigt sich der Wert asymmetrischer Verfahren *): Mit ihnen kann man den Normauthentikator am Authentikationsort führen, weil er ja öffentlich sein kann; eine besondere Session zu seiner Beschaffung bzw der eines Sessionsschlüssels ist nicht erforderlich. Die gerufene Station kann u.U. sogar auf den Normauthentikator verzichten, wenn der übermittelte Prüfauthentikator etwa von einer Authentikationszentrale unterschrieben ist; dann genügt es, wenn sie den Authentikator (öffentlichen Schlüssel) der Zentrale zur Verfü-

---

*) In (Rih2) wird ein Vorschlag beschrieben, bei dem davon ausgegangen wird, daß jeder Kommunikationsteilnehmer ein taschenrechnerartiges versiegeltes "Token" mit geheimem Schlüssel besitzt. Der Teilnehmer wird vom Token durch eine einzugebende Zahl authentiziert, bevor es unterschriftsbereit ist. Das Token unterschreibt den eingegebenen Text (Scheck, Überweisung) mit dem geheimen Schlüssel und fügt dem Klartext und der Unterschrift seinen öffentlichen Schlüssel, dessen Unterschrift durch die Bank (Authentikationszentrale) des Kommunikanten, deren öffentlichen Schlüssel und dessen Unterschrift durch die Zentralbank bei. Jedes Token speichert den authentischen öffentlichen Schlüssel der Zentralbank und kann mit diesem den öffentlichen Schlüssel der Bank und mit letzterem die Unterschriftsberechtigung des Teilnehmers authentizieren. Die Bank (Authentikationszentrale) kann den individuellen Teilnehmer authentizieren. Im Laufe der Zeit, wenn der öffentliche Schlüssel des Teilnehmers ähnlich wie seine eigenhändige Unterschrift - öffentlich bekannt wird, kann im gleichen Maße der Teilnehmer öffentlich authentiziert werden.

gung hat. Sie kann dann zwar nicht den rufenden Teilnehmer sofort individuell authentizieren aber doch wenigstens seine Gruppenzugehörigkeit oder Berechtigung. Eine individuelle Authentikation kann nachgeholt werden.

Wenn man diese Vorteile asymmetrischer Verfahren - eventueller Verzicht auf Sessionsschlüssel, Freizügigkeit der Kommunikanten - bedenkt, muß man sich fragen, warum man überhaupt symmetrische Verfahren in Erwägung zieht. Das liegt daran, das sie wesentlich weniger aufwendig und besser erprobt sind. Die im folgenden angegebenen Protokolle sollen zeigen, daß man auch mit symmetrischen Verfahren ein offenes Kommunikationssystem sichern kann. Der höhere Schlüsselverteilungs- und Authentikationsaufwand mag durch eine einfachere Schlüsselgenerierung, schnellere Schlüsselungsoperationen und eventuell größere kryptologische Sicherheit aufgewogen sein.

Man sollte zwar nicht unbedingt eine Maximallösung anstreben; man sollte sich aber auch nicht - etwa durch die Festlegung von Protokollen - Wege zu notwendigen Lösungen verbauen.

Die aufgelisteten Aktivitäten sollen sicherstellen, daß die Nachricht konzeliert übertragen und Nachricht sowie Teilnehmer und Nachricht-Teilnehmer-Beziehungen authentiziert werden können. Insbesondere soll die rufende Station von der Schlüsselverteilungszentrale einen Unterschriftsschlüssel anfordern können; die Unterschrift soll authentiziert werden können, die Zentrale soll Datum und Uhrzeit bestätigen und authentizieren können.

Es soll möglich sein, auf die Unterschrift oder das authentikable Datum zu verzichten und entweder eine normale Unterschrift (siehe 3.6.2) oder eine beglaubigte Unterschrift (siehe 3.6.4) zu wählen.

Das System sei so ausgelegt, daß es mit einem symmetrischen Verfahren, wie dem inzwischen zur Normung vorgeschlagenen DEA1-Algorithmus durchgeführt werden kann. Durch eine Kombination mit dem asymmetrischen RSA-Verfahren würde sich die Aktivitätenliste vereinfachen lassen (nicht notwendigerweise auch ihre Implementierung). Man könnte z.B. auch die Übertragung von Adressen in Klartext wie in K07 (6.4.1), A05 (6.5.1) und N05 (6.6.1) vermeiden. Bei symmetrischen Verfahren ist dies notwendig, weil die Schlüsselverteilungszentrale ansonsten nicht weiß, mit welchem Schlüssel sie den verschlüsselten Text entschlüsseln soll; bei asymmetrischen Verfahren mag sie in jedem Falle dazu ihren geheimen Schlüssel verwenden können.

Im unten dargestellten Aktivitätenprotokoll werden zweierlei disputable Unterschriften geboten: eine mit der man dem Kommunikationspartner die Echtheit der Unterschrift (mittels Qps bzw Qpr) notfalls mit Hilfe der Schlüsselverteilungszentrale SVZ nachweisen kann, und eine von der SVZ (per Qpd) beglaubigte. Erstere ist nicht Dritten gegenüber disputabel, weil beide Partner sie gemeinsam fälschen können, wie z.B. auch ein eigenhändig unterschriebenes Dokument von Aussteller und Empfänger gemeinsam gefälscht werden kann. Letztere ist auch gegenüber Dritten disputabel, da sie von der SVZ beglaubigt ist, wie z.B. eine notariell beglaubigte eigenhändige Unterschrift. Einen ähnlichen Vorschlag machte auch Bitzer ⟨Bit⟩.

Das Aktivitätenprotokoll berücksichtigt der Einfachheit der Darstellung halber nicht die möglichen Fehlerfälle und deren Prozessierung. Das gleiche gilt für die Aktivitätenprotokolle der Unterkapitel 6.5 und 6.6.

6.4.1 Aktivitätenprotokoll

Die in der Tabelle verwendeten Buchstaben "C" und "Q" bezeichnen jeweils Stücke zu übertragender oder zu speichernder Information. "C" wird für Klartexte, "Q" für verschlüsselte Texte gewählt.

"A" bezeichnet Instanz-Authentikatoren.

"X" bezeichnet die Adresse einer Instanz.

"K" bezeichnet einen Schlüssel.

"P" bezeichnet einen komplexen Parameter (siehe K01).

"J" bezeichnet eine Nummer, die von Session zu Session um 1 erhöht wird.

"Ek" bezeichnet einen Verschlüsselungsvorgang mit dem Schlüssel K.

"Dk" bezeichnet einen Entschlüsselungsvorgang mit dem Schlüssel K.

Nachgestellte Größen:

"s" bezieht eine Größe auf den rufenden Teilnehmer.

"r" bezieht eine Größe auf den gerufenen Teilnehmer.

"d" bezieht eine Größe auf die Schlüsselverteilungszentrale.

"*" zeigt an, daß es sich um eine Größe des vorhergehenden Kommunikationsvorgangs handelt.

"''" zeigt eine abgeleitete Form der bezeichneten Größe an. Sie kann unterschiedliche Werte annehmen, je nachdem auf welchen Teilnehmer sie sich bezieht. Eine weitere Differenzierung der Notation soll hier vermieden werden, weil sie verwirren könnte.

"`" zeigt eine durch den Empfänger ersetzte, im Regelfale aber eine mit der vom Empfänger angegebenen identische Größe an.

Es wird vorausgesetzt, daß der Authentikator A einer Instanz auch deren Adresse X mit einschließt.

Eine Verschlüsselungseinheit verfügt stets über ihren eigenen Authentikator A bzw ihre eigene Adresse X.

Es versteht sich, daß nach einem fehlgeschlagenen Authentikationsversuch, sofern er vom System durchgeführt wird, nach einer entsprechenden Fehlermeldung die Session abgebrochen werden kann und nicht alle der im folgenden aufgelisteten Aktivitäten durchgeführt werden.

Die das Protokoll bestimmenden Aktivitäten sind von K01 bis K47 durchnumeriert.

K01 Die Verschlüsselungseinheit der rufenden Station sucht (unter einer Xr zugeordneten Adresse) den Authentikator Ar der gerufenen Station sowie den Zählerstand J* in Form seiner verschlüsselten Größe Qr* auf. J* soll sicherstellen helfen, daß keine Nachricht unbefugt und unbemerkt gelöscht oder eingefügt werden kann. Qr* ist entweder die mit dem Master-Schlüssel der rufenden Station verschlüsselte Größe C4 bzw C4` des letzten Kommunikationsvorgangs K31 oder K46 - als solche enthält sie die Protokollgrößen des letzten Kommunikationsvorgangs zwischen den Partnern - oder sie enthält, wenn es sich um die erste mit der gerufenen Station durchzuführende Kommunikation handelt, nur den Authentikator Ar der gerufenen Station. Ferner erhält die Verschlüsselungseinheit einen (neuen) Parameter P, der die benötigten Nachricht-Instanz-Authentikatoren angibt; das könnte sein:

- Unterschrift
  - keine
  - normal
  - beglaubigt
- Datum / Uhrzeit (authentikabel)
  - ja
  - nein
- Empfangsbestätigung (authentikabel)
  - ja
  - nein
- Kennwort des Adressaten
- etc.

K02 Die rufende Station S entschlüsselt Qr* (siehe K26) zu CQ6* (siehe K14), entnimmt diesem C4* und letzterem den Authentikator Ar* und den Zählertstand J*. (Siehe K26)

K03 S verwendet Ar* für die neue Session als Authentikator Ar der gerufenen Station S. Sie erhöht J* um 1 zum neuen Zählerstand J. Zeitangabe T*, der Parameter P* und der Sessionsschlüssel K'* der vorhergehenden Session werden gelöscht, es sei denn daß K'* weiter verwendet werden soll (siehe 6.4.2); dann werden nur T* und P* gelöscht. Wird K'* als K' weiter verwendet, kann unmittelbar K28 folgen.

K04 S (verfügt stets über ihren Authentikator As und ihre Adresse Xs und) fügt zum Authentikator Ar der gerufenen Station und dem Zählerstand J, ihren Authentikator As und den neuen Parameter P dazu. Damit bildet sie C1.

K05 S verschlüsselt C1 mit ihrem Master-Schlüssel Ks zu Q2.

K06 S fügt Q2 ihre Adresse Xs im Klartext zu und bildet damit CQ3.

K07 S überträgt CQ3 zur Schlüsselverteilungszentrale SVZ.

K08 Die SVZ trennt Xs von Q2 und holt den Master-Schlüssel Ks der rufenden Station.

K09 Die SVZ entschlüsselt Q2 mit Ks und gewinnt C1.

K10 C1 wird in seine Komponenten zerlegt. Die SVZ kann die rufende Station (vollends) authentizieren, indem sie As mit dem von ihr gespeicherten Normauthentikator vergleicht.

K11 Die SVZ erzeugt einen Sessionsschlüssel K, prüft P auf die verlangten Nachricht-Instanz-Beziehungen hin, kennzeichnet gegebenenfalls den Sessionsschlüssel K zu K' als Unterschrifts- und als Nachweisschlüssel und fügt die Zeitangabe T (Datum/Uhrzeit) zu, wenn es von P so verlangt wird.

Die Kennzeichnung des Sessionsschlüssels kann z.B. so erfolgen, daß (zur normalen Unterschrift) für den Unterschriftsschlüssel die ersten 4 Paritätsbits und für den Nachweisschlüssel die letzten 4 Paritätsbits des DEA1-Schlüssels K invertiert werden. Jede Verschlüsselungseinheit, die ein solches K' empfängt und einsetzt, muß zuvor prüfen, für welche Operation es zugelassen ist; sie darf damit keine andere als diese durchführen. Diese Prüfung erfolgt anhand der Paritätsbits. K kann also in drei Versionen auftreten. Der Einfachheit halber werden diese Versionen nicht gesondert bezeichnet, sondern wird in der Tabelle die Größe K' eingeführt; sie bedeutet die jeweils passende Version von K.

Jede Verschlüsselungseineinheit darf also den Unterschriftsschlüssel nur für die Unterschriftsoperation und den Nachweisschlüssel nur für die Nachweisoperation einsetzen.

Wird in P eine beglaubigte Unterschrift verlangt, darf die Verschlüsselungseinheit bei den Aktivitäten K30 bzw K39 nur Qpd nicht aber auch Qps und Qpr ausgeben.

Wird keine Unterschrift verlangt, ist also der Sessionsschlüssel K für beide Teilnehmer identisch der gleiche, braucht er auch von der SVZ nicht bestätigt zu werden; K13 und Qpd können also ebenfalls entfallen; In K30 bzw K39 werden dann nur Qm und Qr bzw Qm und Qs ausgegeben.

K12 Die SVZ fügt den Sessionsschlüssel K', die Zeitangabe T, die Teilnehmerauthentikatoren As und Ar, den Parameter P und die laufende Nummer J zu C4 zusammen.

C4 ist die Information, die den Kommunikationsvorgang eindeutig kennzeichnet; es hat entsprechend den Versionen von K ebenfalls drei mögliche Versionen.

K13 Die SVZ verschlüsselt mir ihrem Masterschlüssel Kd ihre Version von C4 zu Q5 bzw Qpd.

Unter der Bezeichnung Qpd wird diese Größe in K30 bzw K39 von den Teilnehmern zum Nachweis der beglaubigten Unterschrift dokumentiert.

Q5 und Qpd sind identisch. In dieser Version braucht der Sessionsschlüssel K nicht als Unterschrifts- oder Nachweisschlüssel gekennzeichnet sein; er kann ohnedies nur von der SVZ entschlüsselt werden.

K14 Die SVZ fügt C4 und Q5 zu CQ6 zusammen. Wie von C4 bzw K' gibt es auch von CQ6 zwei Werte; einer ist für die rufende Station S und der andere für die gerufene Station R bestimmt.

K15 Die SVZ verschlüsselt mit dem Master-Schlüssel Ks der rufenden Station die CQ6-Version der rufenden Station zu Q7 bzw Qps. Diese Größe wird in K30 von der rufenden Station dokumentiert; Qps ist der Name der zu dokumentierenden Größe; Q7 und Qps sind identisch.

K16 Die SVZ verschlüsselt mit dem Master-Schlüssel Kr der gerufenen Station die CQ6-Version der gerufenen Station zu Q8 bzw Qpr. Diese Größe wird in K39 vom der gerufenen Station dokumentiert; Qpr ist der Name der zu dokumentierenden Größe; Q8 und Qpr sind identisch.

K17 Die SVZ fügt Q7 und Q8 zu Q9 zusammen.

K18 Die SVZ verschlüsselt Q9 mit dem Master-Schlüssel Ks der rufenden Station zu Q10.

Dies mag als überflüssig angesehen werden, da Q9 ja bereits verschlüsselte Information und damit ausreichend konzeliert ist. Man bedenke aber, daß es als verschlüsselte Information auch keine Redundanz aufweist, die zu einer unmittelbaren Plausibilitätsprüfung befähigen könnte. Man muß also Redundanz zufügen, wenn man unmittelbar nach der Übertragung die Nachricht authentizieren will.

In diesem Sinne erweist sich dies als notwendig, um vor allem zu verhindern, daß ein Angreifer bei der Übertragung K20 das Q8 durch ein anderes ersetzt. Er könnte z.B. auf diese Weise bewirken, daß die Antwort der gerufenen Station R auf die Nachricht der rufenden Station S an eine andere Stelle geht und von dieser entschlüsselt werden kann, weil dort der (alte) Sessionsschlüssel des unterschobenen Q8 bekannt ist. Siehe auch K22.

K19 Die SVZ stellt Q9 und seine mit Ks verschlüsselte Version Q10 zu Q11 zusammen. Hier wird also eine (verschlüsselte, irredundante) Nachricht sowohl in Klar- als auch in Schlüsseltext übertragen, damit die Nachricht von S authentiziert werden kann.

K20 Die SVZ überträgt Q11 an die rufende Station S.

K21 S zerlegt Q11 in seine Komponenten Q9 und Q10.

K22 S entschlüsselt Q10 mit dem Master-Schlüssel Ks zu Q9 und authentiziert über einen Vergleich der beiden Q9-Versionen deren Inhalt. Dies wäre eine rückvollziehende Sekundärauthentikation. Ebenso könnte S die Größe Q9 mit seinem Master-Schlüssel Ks zu Q10 verschlüsseln und eine nachvollziehende Authentikation durchführen. Siehe auch 3.2.

Man könnte auch auf die Sekundärauthentikation an dieser Stelle überhaupt verzichten. Angenommen, Q9 wäre ohne Q10 übertragen und dabei verändert worden, dann würde eine solche Änderung entweder Q7, Q8 allein oder beide betreffen. Man beachte, daß die beiden Schlüsseltexte nur aneinandergereiht und nicht etwa gemeinsam zu einem einzigen Schlüsseltext verschlüsselt sind. Es ist also durchaus möglich, daß nur einer davon verändert worden ist.

Ist es Q7, dann kann S bei der Aktivität K26 diese Veränderung merken, weil sie die Größe C1 nicht authentizieren kann. Verzichtet man auch hier auf eine Authentikation, dann kann erst die gerufene Station R den Fehler merken. Sie wird mit Aktivität K40 eine unplausible Nachricht erhalten. Jedoch wird sie nicht in jedem Falle deren Plausibilität prüfen, kann es doch z.B. sein, daß R bei Aktivität K36 den personalen Empfänger der Nachricht nicht erreichen kann und deshalb den Schlüsseltext Q12 abspeichern muß. Die nächste Gelegenheit, den Fehler zu merken, wäre dann bei Aktivität K47, wenn die rufende Station S ihre (falsche) Größe C4 mit der von R quittierten Größe C4 vergleicht. Führt man aber eine solche Quittung nur optional ein, kann der Fehler erst festgestellt werden, wenn der bis dahin verhinderte Empfänger die Nachricht liest. Ist es eine unplausible Nachricht, etwa eine Meßwertreihe, muß man einkalkulieren, daß das Kommunikationssystem für diesen Fall unsicher sein kann.

Ist Q8 die gestörte Größe, verhält sich der Fehlerfall analog zu oben; er ist allerdings nicht bereits mit einer Authentikation bei K26 zu entdecken sondern erst (vom Empfänger) mit einer Authentikation bei K36 oder K38. Sind beide Größen gestört, kann der Fehler sowohl (zuerst) von S als auch von R entdeckt werden.

Man sollte also entweder hier (bei K22) oder bei K27 eine Authentikation einlegen. Aus Gründen der besseren Fehlerdiagnose empfiehlt es sich, die Authentikation bereits bei K22 einzulegen. Legt man sie erst bei K27 ein, geht zwar die Unmittelbarkeit verloren, man kann sich aber dafür die Schlüsselungsoperationen K18 und K22 sparen.

K23 S zerlegt Q9 in seine Komponenten Q7 und Q8 bzw Qps und Qpr.

K24 S entschlüsselt mit ihrem Master-Schlüssel Ks Q7 zu CQ6.

K25 S zerlegt CQ6 in seine Bestandteile C4 und Q5 bzw Qpd. Der Klartextgröße C4 kann S den für sie bezeichneten Sessionsschlüssel K' entnehmen. Die anderen Größen können gelöscht werden; sie wurden ja bereits ihrer Verwendung zur Dokumentation in K30 zugeführt.

An dieser Stelle muß S auch prüfen, ob der C1-Teil von C4 (As, Ar, P, J) mit dem C1 identisch ist, das in K04 zusammengestellt wurde. Es hätte ja sein können, daß bei der Übermittlung K07 der Anforderung der rufenden Station S an die SVZ ein Angreifer den Q2-Teil von CQ3 durch ein altes Q2 ersetzt hat, um die Session umzulenken oder zu stören. Ferner hätte ein Angreifer das Q11 bei der Übermittlung von der SVZ an die rufende Station S durch einen alten Wert ersetzen können. Sollte einer dieser Eingriffe vorgenommen worden sein, wird mindestens der Zähler J einen Unterschied anzeigen.

K26 S zerlegt C4 in seine Bestandteile und gewinnt auf diese Weise den Sessionsschlüssel K'.

Dieser kann als Unterschriftsschlüssel gekennzeichnet sein; dann verwendet ihn die Verschlüsselungseinheit nur für die Verschlüsselungsoperation.

S kann an dieser Stelle die Größe Q7 authentizieren, indem sie ihren Authentikator As mit ihrem Normauthentikator vergleicht bzw die Vergleichsoperation mit der gesamten Größe C1 durchführt (siehe K22).

K27 S verschlüsselt mit ihrem Masterschlüssel Ks den Authentikator Ar der gerufenen Station und den Zählerstand J zum neuen Qr. Ist K' nicht für eine Unterschrift vorgesehen, dann wird auch der unmarkierte Sessionsschlüssel K mit verschlüsselt.

K28 Die rufende Station S führt ihrer Verschlüsselungseinheit die Nachricht M zu.

K29 S verschlüsselt die Nachricht M mit ihrer Version des Sessionsschlüssels K' zu Q12 bzw Qm. Letzteres ist der Name der zu dokumentierenden Größe.

K30 S speichert die verschlüsselte Nachricht Qm (für Dokumentations- und Nachweiszecke) und je nach Parameter P entweder Qps und/oder Qpd. Sie ersetzt ferner Qr* (siehe K01) durch das neue Qr.

Fall 1:

Spezifiziert P eine beglaubigte Unterschrift, wird Qpd und nicht Qps gespeichert. In diesem Falle kann (später) die Verschlüsselungseinheit von S die Nachweisgröße C4 nicht gewinnen, denn Qpd ist ja mit dem Masterschlüssel der SVZ verschlüsselt. S ist es damit unmöglich gemacht, den Sessionsschlüssel K' ein zweitesmal für eine Unterschrift zu verwenden und etwa mit R gemeinsam einen anderen Text zu verschlüsseln und den originellen zu ersetzen. Aus diesem Grunde darf der Sessionsschlüssel K' auch nicht Qr* (siehe K01) zu entnehmen sein. Dort kann der letzte Schlüssel K* gespeichert bleiben, der nicht für eine Unterschrift verwendet wurde.

Die Teilnehmer müssen die SVZ bemühen, wenn sie die Unterschrift nachprüfen wollen. Dafür ist aber Bedingung E in 3.6 erfüllt; die Unterschrift ist nicht nur zwischen den Partnern disputabel sondern auch gegenüber einem vertrauenswürdigen Dritten authentizierbar. Die Partner können z.B. nicht gemeinsam das Finanzamt betrügen.

Fall 2:

Spezifiziert P keine beglaubigte aber eine disputable Unterschrift, werden Qps und Qpr (und damit auch Qpd) gespeichert; d.h. das um C4 ergänzte und mit dem Master-Schlüssel Ks von S verschlüsselte Qpd sowie das gleiche aber mit dem Master-Schlüssel von R verschlüsselte Argument. Qr* kann (ohne K') erneuert werden.

Die rufende Station S hat hier die Möglichkeit, mit Hilfe der gerufenen Station die Unterschrift zu verifizieren (und umgekehrt) und trotzdem auch die Unterschrift von der SVZ verifizieren zu lassen. Jedoch erfüllt dies Bedingung E in 3.6 nicht; die beiden Teilnehmer S und R können gemeinsam die mit Qpd unterschriebene Nachricht fälschen. Diese Unterschrift kann also einen Disput zwischen den Partnern S und R nicht aber einen Disput gegenüber Dritten entscheiden, die behaupten, die Nachricht sei geändert worden (Fall des Finanzamts, das sich betrogen fühlt).

Dieser Fall hat gegenüber Fall 1 den Vorteil, daß die Partner nicht die SVZ zu bemühen brauchen, um den Disput praktisch zu entscheiden. Sie können einander das nachweisen, was auch die SVZ bezeugen kann. Das Vorhandensein der SVZ genügt, um diese nie in Anspruch zu nehmen, wie etwa der Besitz einer Abwehrwaffe gleichzeitig ihren Gebrauch überflüssig macht, weil er einen Angriff verhindert.

Wollte man Qpd (die Unterschrift der SVZ) weglassen, dann wäre zwar ein Nachweis im Disput zwischen den Partnern möglich, die Beweismittel vorhanden, aber ungünstig verteilt (siehe 5.4.3); S kann zwar nicht Qpr fälschen; entsprechend R nicht Qps. Will aber R die Unterschrift verifizieren, dann gelingt ihm dies nur, wenn ihm S dies mit Hilfe von Qps vorführt - und umgekehrt. Ein Disputspartner kann aber dem anderen die Hilfe etwa mit der Behauptung verweigern, er verfüge nicht mehr über den Master-Schlüssel. Nur wenn die SVZ alle historischen MasterSchlüssel der Teilnehmer speichern würde und Qpr gegenüber S authentizieren könnte, ließe sich für R der Beweis antreten. Ohne Beteiligung der SVZ kann eben Bedingung E (3.6) nicht erfüllt sein. Die Beteiligung über das Zurverfügungstellen von Qpd dürfte einfacher sein als das Speichern historischer Master-Schlüssel durch die SVZ.

Fall 3:

Verlangt P überhaupt keine Unterschrift, dann wurde in K13 kein Qpd von der SVZ erzeugt und kann deshalb hier auch nicht gespeichert werden; es kann nur das mit dem Master-Schlüssel Ks der rufenden Station S verschlüsselte C4 abgelegt werden. In diesem Falle (keine Unterschrift) ist die Bedingung E in 3.6 nicht erfüllt. Der Sessionsschlüssel K kann unter Qr (verschlüsselt) dokumentiert werden.

K31 S fügt Q9 (bzw Qps und Qpr, die Unterschriften mit den Masterschlüsseln der beiden Teilnehmer) und Q12 zu Q13 zusammen.

K32 S überträgt Q13 an die gerufene Station.

Hier zeigt sich, daß Qpr nicht allein die Unterschrift der SVZ sondern auch die Nachweisversion des Sessionsschlüssel K' enthalten und daß beides mit dem Master-Schlüssel von R verschlüsselt sein muß: S darf es nicht möglich gemacht werden, die Unterschrift, etwa das Qpd und das Qps, zu verderben. Im vorliegenden Falle kann S dies zwar erreichen; das Verderben von Qps allein genügte aber nicht; insbesondere Qpd müßte verdorben werden; das geht aber nur, wenn S das gesamte Qpr verdirbt; damit werden aber auch C4, bzw die Authentikatoren As und Ar sowie auch der Schlüssel K' verdorben, so daß R weder S authentizieren noch die Nachricht entschlüsseln könnte und keine Kommunikation zustande käme. Das führt aber zu nichts.

Verdirbt S nur das Qps, kann er damit nur den Fall 2 der Unterschrift nach K30 vereiteln; er kann seinen Partner der ihn zur gemeinsamen Verifikation der Unterschrift auffordert, verwirren, indem er z.B. das angebotene falsche Qps - es kann eine altes mit einem anderen Unterschriftsschlüssel sein - entschlüsselt und dazu einen gefälschten Schlüsseltext vorweist, den er mit dem unterschobenen Unterschriftsschlüssel aus einem gefälschten Klartext erzeugen kann. Allerdings läßt sich die Verwirrung klären, wenn der Empfänger R der Unterschrift mit dem aus (seinem) Qpr abgeleiteten Qpd zur Schlüsselverteilungszentrale geht, die dann die Authentizität der richtigen Unterschrift nachweisen kann.

Hier erweist es sich wiederum als hilfreich, die Verschlüsselungseinheit zu versiegeln, so daß z.B. die rufende Station S die Aktivitäten K21 bis K31 (abgesehen von der Eingabe des Texts) nicht beeinflussen kann. Es zeigt sich auch, daß eine unmittelbare Authentikation der übertragenen Nachricht bzw eine zusätzliche Verschlüsselung verketteter Schlüsseltexte, wie in K18, nach Möglichkeit nicht unterlasen werden sollte. Bei der Übertragung K32 von der rufenden Station S zur gerufenen Station R müssen verkettete Schlüsseltexte übertragen werden. Hier hat in der Tat z.B. die rufende Station S die Möglichkeit außerhalb der Verschlüsselungseinheit jeden der einzelnen Schlüsseltexte Q7, Q8 und Q12 zu beeinflussen. Wie sich oben gezeigt hat, kann dies bezüglich Q7 bzw Qps für die gerufene Station unangenehm werden.

Diese Möglichkeit besteht, weil die beiden Partner in dieser Kommunikationsphase noch keinen gemeinsamen Schlüssel kennen, mit dem sie die Übermittlung sichern könnten. Dieser Mangel liegt daran, daß die SVZ die Schlüsselzuteilung an die gerufene Station R über die rufende Station S vornimmt, anstatt den Schlüssel direkt an R zu senden. Eine direkte Session zwischen der SVZ und der gerufenen Station R ist wohl möglich, verteuert aber die Kommunikation; statt zweier Sessionen pro Kommunikation zwischen S und R würden drei benötigt. In einem System wie der Systems Network Architecture SNA (IBM) von IBM wäre eine solche dritte Session billiger, weil ohnedies logische Verbindungen aller Teilnehmer, einschließlich des gerufenen, zur Steuerzentrale SSCP (die die Schlüssel verteilt) bestehen. Trotzdem will man auch dort die Verteilung über die rufende Station allein vornehmen (Len S. 144).

K33 Die gerufene Station R zerlegt Q13 in seine Komponenten Q9 (die Unterschriften, den Sessionsschlüssel etc) und Q12 (die verschlüsselte Nachricht).

K34 R zerlegt Q9 in seine Komponenten Q7 und Q8.

K35 R entschlüsselt Q8 mit ihrem Master-Schlüssel; damit gewinnt sie C4 mit dem Klartext ihrer Sessionsschlüssels-Version.

K36 R zerlegt C4 in seine Bestandteile.

K37 R leitet aus As die Adresse des rufenden Teilnehmers Xs ab und stellt ihrer Verschlüsselungseinheit ihr zu Xs abgespeichertes mit ihrem Master-Schlüssel Kr verschlüsseltes Qs* (mit dem Normauthentikator As*) zur Verfügung.

K38 R entschlüsselt ihr Qs*, gewinnt den Normauthentikar As* der rufenden Station S und authentiziert damit diese. Außerdem prüft sie den Zählerstand J gegen den abgespeicherten J*, um sicherzustellen, daß keine Nachricht verloren oder eingeschoben wurde.

K39 R speichert die Komponenten von Q9 (Qps, Qpr jeweils mit Qpd) sowie die verschlüsselte Nachricht Qm für Dokumentationszwecke und ersetzt ihr altes Qs* (siehe entsprechend K01 bzw K37) durch die neuen Werte zum neuen Qs. Auch in diesem Falle darf fallabhängig (siehe K30) gegebenenfalls nur Qpd gespeichert werden bzw darf in Qs nur ein unmarkierter Sessionsschlüssel K erscheinen.

K40 Die rufende Station R prüft, ob der eventuell in P bezeichnete Adressat die Nachricht entgegennehmen kann. Ist dies gewährleistet, entschlüsselt sie Q12 mit Hilfe ihrer Version des Sessionsschlüssels K' zum Klartext der Nachricht. Ist dies nicht gewährleistet, darf sie nicht entschlüsseln.

Hier wäre noch grundsätzlich zu entscheiden, ob gegebenenfalls ein Abbruch der Session einzuleiten oder ob die Nachricht im Schlüsseltext auszugeben wäre.

K41 Die Verschlüsselungeinheit der gerufenen Station R gibt den Klartext der Nachricht an den eventuell in P bezeichneten Adressaten ab.

K42 R ersetzt in C4 das übertragene Ar durch dessen von der gerufenen Station selbst gesichert gespeicherten Wert Ar\` und erzeugt so C4\`; desgleichen kann sie As durch das mit K38 gewonnene As* ersetzen. C4 und C4\` können nur im Fehlerfalle verschieden sein.

K43 R vollzieht, falls der Parameter es so verlangt, mit ihrer Version des Sessionsschlüssels K' eine Entschlüsselungsoperation an C4\` und erzeugt so Q14 als Empfangsquittung.

K44 R überträgt Q14 an die rufende Station S.

K45 S speichert Q14 als Empfangsquittung Qa.

K46 S vollzieht mit Hilfe ihrer Version des Sessionsschlüssels K' eine Verschlüsselungsoperation an Q14 und erhält so C4\`.

K47 S authentiziert die Empfangsquittung Qa, indem sie C4 und C4\` vergleicht; diese dürfen sich nur in den Paritätsbits des Sessionsschlüssels unterscheiden; sie authentiziert dabei (vollends) auch den gerufenen Teilnehmer, indem sie Ar\` mit Ar vergleicht.

Die rufende Station sollte nicht in der Lage sein, C4` verändern zu können, dieses mit dem Sessionsschlüssel zu verschlüsseln und als Qa abzuspeichern, denn dann könnte sie ja die Empfangsquittung Qa fälschen. Man kann sich also in diesem Falle nicht damit zufrieden geben, daß nur der Gebrauch des Nachweisschlüssel auf die Entschlüsselungsoperation eingeschränkt ist. Auch der Gebrauch des Unterschriftsschlüssel muß eingeschränkt sein, in diesem Falle auf die Verschlüsselungsoperation (siehe auch die erste Option 6.4.2).

Zum Dialogbetrieb:

Wenn die gerufene Station S die Nachricht (im Dialog) mit der Aktivität K28 einsetzend unmittelbar beantwortet, kann die Empfangsquittung Q14 zusammen mit der Antwort übertragen werden. S könnte J als J* in Qs* speichern und es für die Antwort um 1 erhöhen. Ensprechend würde die rufende Station verfahren, wenn sie den Dialog fortsetzen will.

Im Verlaufe des Dialogs könnte C4` - eventuell um K', P und T verkürzt - die Rolle von C4 übernehmen, bei nächsten Dialogteil durch ein neues C4` ersetzt werden etc. Neben den Aktivitäten K01 bis K27 würden auch K34 bis K39 nach der Einleitung des Dialogs verkürzt werden. Allerdings könnte man auch, sollte dies erforderlich sein (siehe 3.4.4.2), die Teilnehmer zu jedem Dialogteil authentizieren. Die Verschlüsselung K46 müßte nach Erneuerung des Authentikators jeweils ein weiteres Mal durchgeführt werden, um aus C` wieder Schlüsseltext zu machen, der entweder als (mit dem Sessionsschlüssel verschlüsselter) Ersatz für Q9 in K31 eingeführt, oder als Klartext der Nachricht beigegeben und mit dieser in K29 verschlüsselt würde.

Die gerufene Station erhält für ihre Antwort ebenfalls eine Empfangsquittung, wenn es das von der rufenden Station eingeführte P so verlangt. Dazu verwendet die rufende Station ihre Version des Sessionsschlüssels, indem sie mit diesem an C4` eine Verschlüsselungsoperation durchführt (im Gegensatz zur gerufenen Station, die mit einer Entschlüsselungsoperation quittiert).

Über die Empfangsquittung können die Teilnehmer einander von Dialogwechsel zu Dialogwechsel authentizieren, um so auszuschließen, daß sich ein Unbefugter aufschaltet und den Dialog an sich reißt.

Die Instanz-Authentikation wird nach diesem Schema mit einer Ausnahme durch Vergleich von Authentikatoren durchgeführt, wenn dies so verlangt wird; die Nachrichten - einschließlich der übertragenen Authentikatoren - werden durch Schlüssel authentiziert. Die oben erwähnte Ausnahme ist die Instanz-Authentikation der SVZ durch den rufenden Teilnehmer. Sie beruht auf der aus dem Umstand genährten Plausibilität, daß die SVZ verständlich antwortet und somit offensichtlich über den Master-Schlüssel des rufenden Teilnehmers verfügt. Insofern wurde in 6.1.1 der Master-Schlüssel auch als Authentikator angesetzt. Die Plausibilität verdichtet sich während des Kommunikationsvorgangs mit der gerufenen Station insofern, als auch diese sinnvoll reagiert; was ja nur dann möglich ist, wenn die SVZ auch über den Master-Schlüssel des gerufenen Teilnehmers verfügt.

Dies sollte zur Authentikation der SVZ ausreichen. Wollte jemand die Schlüsselverteilungszentrale simulieren, dann könnte er bei K07 die unverschlüsslte Adresse Xs des rufenden Teilnehmers zur Kenntnis nehmen. Für eine Simulation des weiteren Ablaufs bräuchte er den Master-Schlüssel Ks des rufenden Teilnehmers. Also nur der rufende Teilnehmer könnte mit der Simulation fortfahren; dabei könnte es aber nicht zu einer Kommunikation mit einem gerufenen Teilnehmer kommen, denn dazu fehlte ja dessen Master-Schlüssel. Wollte man vorsehen, daß auch die SVZ sich per Authentikator Ad ausweist, dann brächte dies wenig zusätzliche Sicherheit, denn Ad würde - wenn auch als Qd verschlüsselt - allen Teilnehmern bekannt und entsprechend schwer zu sichern sein.

6.4.2 Optionen

Die geschilderten Aktivitäten gestatten eine Reihe von Optionen.

- Für gewisse Sessionen mag die rufende Station auf die Neuzuteilung eines Sessionsschlüssels verzichten wollen; sie mag einen Schlüssel weiterverwenden wollen, der ihr für diese Verbindung bereits zugeteilt worden ist. Das kann vor allem dann sinnvoll sein, wenn man sich die Kosten für einen neuen Sessionsschlüssel sparen kann, oder auch dann, wenn die Schlüsselverteilungszentrale aus irgendwelchen Gründen, die Schlüsselzuteilung nicht vornehmen kann.

  Dann würde K01, K02 und K03 erfolgen. T und P von C4` der letzten Session würden von der rufenden Station durch die aktuellen Werte ersetzt werden. Dieses so veränderte C4 würde zum neuen C4 (K26) gemacht werden. C4 müßte in diesem Falle entweder gesondert oder bei K29 mit der Nachricht per Sessionsschlüssel verschlüsselt werden. Bei K31 wäre Q12 nicht nur (gegebenenfalls) das verschlüsselte C4 als Q9 sondern die Klartext-Adresse Xs der rufenden Station zuzufügen. Anderenfalls wüßte die gerufene Station nichts mit der verschlüsselten Nachricht anzufangen. Statt der Aktivitäten K39 und K35 müßte die gerufene Station anhand von Xs Qs beschaffen und den Sessionsschlüssel so gewinnen und den neuen Zählerstand wieder speichern.

  Ist der verwendete Sessionsschlüssel ein Unterschriftsschlüssel, der vorher nicht für eine beglaubigte Unterschrift verwendet worden war, kann man dem Partner anhand des Qpd über die SVZ die Echtheit seiner Unterschrift nachweisen, nicht allerdings die der Zeitangabe T. Handelt es sich um einen Nachweisschlüssel, stammt er also von einem Kommunikationsvorgang, bei dem die jetzt rufende Station gerufene Station war, muß der Schlüsseltext in K29 durch eine Entschlüsselungsoperation erzeugt werden und K40 muß eine Verschlüsselungsoperation sein.

  Will man also einen Nachweisschlüssel bei einem anderen Kommunikationsvorgang als Unterschriftsschlüssel verwenden können, muß gefordert werden, daß auch der Unterschriftsschlüssel nur eine der beiden Schlüsseloperationen durchführen können darf. Siehe z.B. K46 in 6.4.1.

  Die rufende Station mag auf die Instanz-Authentikation verzichten wollen; sie mag dafür keine Authentikatoren besitzen. Das wird immer dann der Fall sein, wenn der gerufene Partner für sie neu ist.

Dann könnte die rufende Station zunächst einen Authentikator anfordern (siehe 6.5) oder eben auf die Authentikation der gerufenen Station verzichten. Nur die Adresse Xr des gerufenen Teilnehmers wäre dann verfügbar; an Stelle der Authentikatoren würden Adressen erscheinen. Eine strenge Instanz-Authentikation und damit auch eine Authentikation der unterschiedlichen Nachricht-Instanz-Beziehungen wären nicht möglich. Entsprechend verliert der Nachweis der Unterschrift an Strenge; er mag trotzdem noch ausreichend plausibel zu belegen sein.

- Die rufende Station mag auf die Authentizierbarkeit ihrer Unterschrift verzichten wollen. In diesem Falle wird dies der SVZ mit Hilfe des Parameters P entsprechend mitgeteilt. Das würde zwar die Komplexität des oben geschilderten und in Bild 5 dargestellten Prozesses kaum verringern. Es kann aber dazu führen, daß die Verschlüsselungseinheit nicht versiegelt bzw nicht gegen ihren Besitzer gesichert zu sein braucht. Allerdings wird man zumindest den Master-Schlüssel gegen unbefugte Dritte sehr gut sichern müssen. Es wäre noch festzustellen, ob dieses einfacher und billiger ist als eine Sicherung gegen den Zugriff des Eigentümers.

- Die rufende Station mag sich mit einer normalen, zwischen den Teilnehmern disputablen, Unterschrift zufrieden geben und auf eine Beglaubigung verzichten. Die "normale" Unterschrift ist aber nicht notwendigerweise weniger anspruchsvoll als die beglaubigte. Sie bietet insofern mehr als die beglaubigte, als sich ein Disput auch zwischen den Teilnehmern ohne Bemühung der SVZ entscheiden läßt. Jeweils mit Hilfe des Partners kann man diesen von der Echtheit oder der Unechtheit der Unterschrift überzeugen (siehe 3.6.2 und K30 in 6.4.1). Aber auf die Möglichkeit, die Entscheidung von der SVZ, einem vertrauenswürdigen Dritten einzuholen, kann nicht verzichtet werden; wer anderes als ein Dritter könnte den Disput entscheiden, wenn ein Partner unehrlich ist.

  Entweder der Dritte, die SVZ, tut dies mit einer Authentikation der Master-Schlüssel der Teilnehmer, so lange sie diese noch kennt, oder sie tut es über ihre eigene Unterschrift Qpd. Auf Qpd könnte also nur bedingt verzichtet werden.

- Die rufende Station mag auf authentizierbare Zeitangaben verzichten. Dann würde das der SVZ im Parameter P angezeigt werden. Normalerweise wird man aber wohl bei der Anforderung eines Sessionsschlüssels auch Datum und Uhrzeit billig zur Verfügung gestellt bekommen. Nur wenn man auf einen alten Sessionsschlüssel zurückgreift, mag man damit auch notgedrungen auf die Authentizierbarkeit des Datums verzichten wollen.

- Die rufende Station mag auf die Empfangsquittung verzichten wollen. Auch dieses wäre in P zu spezifizieren. Eine Empfangsquittung mag jedoch in jedem Falle sinnvoll sein, auch wenn sie wegen des Fehlens der Unterscheidung von Unterschrifts- und Nachweisschlüssel nicht disputabel sein sollte; man kann sie gut zur fortgesetzten Teilnehmerauthentikation (siehe 3.4.4.2 und 6.4.1 zum Dialogbetrieb) verwenden.

Die rufende Station muß die Möglichkeit haben, Verschlüsselungsalgorithmus und -modus zu wählen.

Die rufende Station muß die Möglichkeit haben, einen der genormten Authentikationsmodi (z.B. Authentication-Only mit Klartextübertragung der Nachricht) zu wählen.

Die rufende Station muß die Möglichkeit haben, im Rahmen des Parameters P einen personengebundenen Authentikator anzugeben. Das System muß daraufhin sicherstellen, daß - je nach Wunsch des Absenders - die Übermittlung nicht zustande kommt oder die Nachricht bis zur Entgegennahme durch ihren Adressat verschlüsselt bleibt.

Die rufenden Station muß eine Nachricht von einer ihr unbekannten Person entgegennehmen und einer gerufenen Station übermitteln können, wenn sich diese Person als einer anderen Station bekannt ausweist. In diesem Falle muß die rufende Station eine Session zu eben dieser Station einlegen und mit dieser gemeinsam die Berechtigung der Person authentizieren können.

Bild 5 : Kommunikation zwischen Teilnehmern

S	rufende Station, Sender	C	Klartext
R	gerufene Station, Empfänger	Q	Schlüsseltext
SVZ	Schlüsselverteilungszentrale	A	Authentikator
N	Notar	K	Schlüssel
E	Verschlüsselungsoperation	P	Param. Nachricht-Instanz-Bez
D	Entschlüsselungsoperation	T	Datum und Uhrzeit
X	Teilnehmeradresse	J	Zählerstand
VS	Verschlüsselung	*	Wert des letzten Vorgangs
`	ersetzter Wert	'	abgeleiteter Wert

Fortsetzung nächste Seite

Station	Eingabe	Aktivität der VS-Einheit	Übermittl.	Ausgabe
S K01	Qr*, P			
K02		Dks(Qr*) --> Ar*, J*, K*		
K03		Ar*, J*+1 --> Ar, J		
K04		As, Ar, P, J --> C1		
K05		Eks(C1) --> Q2		
K06		Xs, Q2 --> CQ3		
K07			CQ3 ==> SVZ	
SVZ				
K08		CQ3 --> Xs, Q2		
K09		Dks(Q2) --> C1		
K10		C1 --> As, Ar, P, J		
K11	K, K', T			
K12		K',T, As, Ar, P, J --> C4		
K13		Ekd(C4) --> Q5 (Qpd)		
K14		C4, Q5 --> CQ6		
K15		Eks(CQ6) --> Q7 (Qps)		
K16		Ekr(CQ6) --> Q8 (Qpr)		
K17		Q7, Q8 --> Q9		
K18		Eks(Q9) --> Q10		
K19		Q9, Q10 --> Q11		
K20			Q11 ==> S	
S K21		Q11 --> Q9, Q10		
K22		Dks(Q10) --> Q9		
K23		Q9 --> Q7, Q8		
K24		Dks(Q7) --> CQ6		
K25		CQ6 --> C4, Q5 (Qpd)		
K26		C4 --> K',T, As, Ar, P, J		
K27		Eks(Ar, J, K) --> Qr		
K28	Nachricht			
K29		Ek'(Nachricht)--> Q12 (Qm)		
K30				Qm,Qpd/(Qps,Qpr)
K31		Q9, Q12 --> Q13		Qr
K32			Q13 ==> R	
R K33		Q13 --> Q9, Q12		
K34		Q9 --> Q7, Q8		
K35		Dkr(Q8) --> C4		
K36		C4 --> K',T, As, Ar, P, J		
K37	Qs*			
K38		Dks(Qs*) --> As* u.a		
K39				Qm,Qpd/(Qps,Qpr)
K40		Dk'(Q12) --> Nachricht		Qs
K41				Nachricht
K42		K',T, As, Ar`,P, J --> C4`		
K43		Dk'(C4`) --> Q14		
K44			Q14 ==> S	
S K45				Qa
K46		Ek'(Q14) --> C4`		
K47		C4` = C4 ?		

6.5 Besorgung von Instanz-Authentikatoren

Wie insbesondere in 3.4 aber auch in 6.1.2 ausgeführt wurde, empfiehlt es sich für eine differenzierte Instanz-Authentikation Teilnehmerauthentikatoren einzuführen und es nicht allein bei den durch Schlüssel gebotenen Authentikationsmöglichkeiten zu belassen. So wurde auch bei der Aufstellung eines Aktivitätenprotokolls in 6.4 davon ausgegangen, daß Teilnehmerauthentikatoren zur Verfügung stehen.

Bild 6 führt 39 Aktivitäten auf, die für die Besorgung des Instanz-Authentikators einer anderen (gerufenen) Station notwendig sind. Der Authentikator wird von der Schlüsselverteilungszentrale SVZ bezogen.

Eine rufende Station S, die bereits über ihren eigenen Teilnehmerauthentikator As verfügt, möchte mit einer anderen (gerufenen) Station R verschlüsselt verkehren, deren Teilnehmerauthentikator sie aber noch nicht kennt. Sie fordert einen solchen Authentikator von der SVZ an. Die SVZ kann diesem Wunsche allerdings nur dann nachkommen, wenn die gerufene Station R einen der SVZ bekannten Master-Schlüssel hat, d.h. wenn sie dieser bereits authentikabel bekannt ist. In diesem Falle wird die gerufene Station auch ihren Authentikator Ar bereits kennen. Trotzdem wird er ihr von der rufenden Station übermittelt, damit sie damit die rufende Station als einen der SVZ bekannten Teilnehmer authentizieren und deren Kommunikationsangebot durch Überlassung von Ar (Aktivität A32) gesichert annehmen kann. Man beachte, daß bei diesem Kommunikationsvorgang kein Sessionsschlüssel generiert und übermittelt wird.

Es sollte auch möglich sein, einen alten, möglicherweise korrumpierten Authentikator durch einen neuen zu ersetzen. Die Initiative dazu könnte sowohl vom Teilnehmer als auch von der SVZ ausgehen. Siehe dazu 6.5.2.

Man beachte, daß der Authentikator etwas ist, das im Klartext nur die Schlüsselverteilungszentrale kennt. Sie teilt die Authentikatoren gewissermaßen zu ihrer eigenen Orientierung zu. Sie kann sie auch auswechseln, ohne daß dies der Teilnehmer zu merken braucht. Das Zuteilen und Auswechseln von Authentikatoren wird durch den Master-Schlüssel gesichert. Der Master-Schlüssel selbst kann bekanntlich nicht über die mit ihm zu sichernde Fernmeldeverbindung übertragen werden.

Das nachfolgend gebrachte Beispiel bezieht sich auf die Zuteilung von Authentikatoren der Teilnehmer-Endeinrichtungen. Es kann auch (durch passende Wahl des Parameters Pa) auf die Zuteilung anderer Teilnehmerauthentikatoren angewandt werden.

Die Aktivitäten werden im folgenden erklärt. Im übrigen gilt sinngemäß, was in der Einleitung von 6.4 gesagt wurde, insbesondere auch die dort aufgeführte Zeichenerklärung und der Hinweis auf die Nicht-Berücksichtigung der Fehlerfälle.

6.5.1 Aktivitätenprotokoll

Die Aktivitäten sind mit A bezeichnet und von 01 bis 38 durchnumeriert.

A01 Der Verschlüsselungseinheit der rufenden Station S wird die Adresse Xr der gerufenen Station und ein Parameter Pa eingegeben, der spezifiziert, welche Art von Authentikator gesucht wird.

Dies kann der Authentikator einer anderen Station bzw eines Anschlusses sein; man kann jedoch auch nach Authentikatoren von Personen fragen, was gegebenenfalls in Pa zu spezifizieren ist.

A02 S stellt die Adresse Xr der zu rufenden Station R, Pa und ihren eigenen Authentikator As zu C1 zusammen.

A03 Die rufende Station verschlüsselt C1 mit ihrem Master-Schlüssel Ks und erzeugt damit Q2.

A04 Die Adresse Xs der rufenden Station wird im Klartext Q2 zugefügt und CQ3 gebildet.

A05 Die rufende Station überträgt CQ3 an die Schlüsselverteilungszentrale SVZ.

A06 Die SVZ zerlegt CQ3 in seine Bestandteile Xs und Q2 und holt mit Hilfe von Xs den Master-Schlüssel der rufenden Station.

A07 Die SVZ entschlüsselt Q2 mit dem Master-Schlüssel Ks der rufenden Station S und gewinnt C1.

A08 Die SVZ zerlegt C1 in seine Komponenten As, Xr, und Pa. Sie kann nun die rufende Station mittels As authentizieren.

A09 Die SVZ prüft Pa nach den gewünschten Authentikatoren und holt bzw generiert diese.

A10 Die SVZ fügt die Authentikatoren As und Ar der rufenden bzw der gerufenen Station und den Parameter Pa zu C4 zusammen.

Die rufenden Station sollte so lange nicht die Authentikatoren kennen, bis die gerufene Station sich mit der Aktivität A32 damit einverstanden erklärt hat.

A11 Die SVZ verschlüsselt C4 mit ihrem Master-Schlüssel zu Q5 bzw Qpd.

Letzteres ist der Namen, unter dem diese von der SVZ unterschriebene Größe von den Teilnehmern (A27, A35) dokumentiert wird.

A12 Die SVZ stellt die Größe C4 in ihrer Klartextform und ihrer verschlüsselten Form Q5 zu CQ6 zusammen.

A13 Die SVZ verschlüsselt CQ6 mit dem Master-Schlüssel Ks der rufenden Station S zu Q7.

Die Größe CQ6 wird hier für die rufende Station S bereitgestellt. Sie bietet S einerseits den gesuchten Authentikator Ar für den abzuspeichernden Wert Qr (siehe A39), andererseits die Unterschrift Qpd der SVZ für die Authentizität der Bereitstellung.

A14 Die SVZ verschlüsselt CQ6 mit dem Master-Schlüssel Kr der gerufenen Station R zu Q8.

Hier wird analog zu oben das Gleiche für die zu rufende Station R angestellt.

A15 Die SVZ stellt Q7 und Q8 zu Q9 zusammen.

A16 Die SVZ verschlüsselt Q9 mit dem Master-Schlüssel Kr der gerufenen Station R zu Q10.

Damit soll sichergestellt werden, daß die rufende Station - obwohl sie die Vermittlung des Authentikators Ar an die zu rufende Station R übernimmt - diesen erst erhält, wenn R damit einverstanden ist.

Ferner wird damit erreicht, daß Q10, das ja als solches mit A22 von der rufenden Station S an die gerufene Station R übermittelt wird, ein vollständig verschlüsselter Block ist. Anderenfalls müßten Q7 und Q8 verkettet übertragen werden, was einem Angreifer Manipulationsmöglichkeiten eröffnen würde. Er könnte z.B. Q7 durch einen alten Wert ersetzen und damit der rufenden Station S einen gefälschten Authentikator Ar zuspielen. Entsprechend könnte er mit Q8 verfahren.

A17 Die SVZ verschlüsselt die Größe Q10 mit dem Master-Schlüssel Ks der rufenden Station S zu Q11.

Diese Verschlüsselung erfolgt, damit der zu übertragende (unplausible) Schlüsseltext Q10 von der rufenden Station S authentiziert werden kann. Siehe auch die Bemerkung unter K18 in 6.4.1.

A18 Die SVZ stellt die Größe Q10 in ihrem Klartext und in ihrem Schlüsseltext Q11 zu Q12 zusammen.

A19 Die SVZ überträgt Q12 an die rufende Station S.

A20 Die rufende Station S zerlegt Q12 in seine Komponenten Q10 und Q11.

A21 S entschlüsselt Q11 mit ihrem Master-Schlüssel und erhält damit Q10.

Sie kann nun Q10 durch einen Vergleich der übertragenen und der entschlüsselten Version authentizieren. Wenn man auf die Aktivitäten A17, A18 und A21 verzichten wollte, gäbe es für die rufende Station S keine Möglichkeit analog zu K26 die Authentizität der Nachricht zu prüfen.

Die SVZ könnte auch den von ihr gespeicherten Authentikator As von S für die Übermittlung an S verschlüsseln. Dann könnte S in A23 durch einen Vergleich von As und As` feststellen, ob sich die Zustellung richtig verlaufen ist (siehe 5.4.5). Das dürfte aber zumal dann nicht notwendig sein, wenn der Master-Schlüssel ohnedies für Zwecke der Teilnehmerauthentikation verwendet wird.

A22 S überträgt Q10 an die zu rufende Station R.

Der rufenden Station S bleibt also zunächst nichts von dieser Nachricht; diese ist ihr unverständlich, weil sie mit dem Master-Schlüssel Kr der zu rufenden Station R verschlüsselt ist. Sie ist als solche gekennzeichnet. Sie kann nur von der SVZ verschlüsselt worden sein. S kann nicht sinnvollerweise die Nachricht verderben, denn dann könnte R sie nicht entschlüsseln; das ganze Unternehmen wäre sinnlos.

Auch hier könnte man eine Verschlüsselung zur unmittelbaren Nachrichtenauthentikation der Übertragung von S an R fordern. Sie gelingt aber nicht, wenn S und R keinen gemeinsamen Schlüssel haben, mit dem man sie sichern könnte. Für diesen Zweck hätte die SVZ einen Sessionsschlüssel generieren können; jedoch wäre dieser selbst zunächst zu authentizieren, was dann erreicht wäre, wenn die Entschlüsselungoperation A25 mit dem Master-Schlüssels Kr erfolgreich verlaufen und C4 in A26 authentiziert worden ist. Mit eben dieser Authentikation wird aber auch die gesamte Nachricht Q10 authentiziert; ein besonderer Sessionsschlüssel brächte in dieser Hinsicht keine Vorteile.

A23 Die gerufene Station R entschlüsselt Q10 mit ihrem Masterschlüssel Kr zu Q9.

A24 R zerlegt Q9 in seine Bestandteile Q7 und Q8.

A25 R entschlüsselt mit seinem Masterschlüssel Q8 zu CQ6.

Q7, das für die rufende Station S bestimmt ist kann sie nicht entschlüsseln. Sie kann es auch nicht sinnvollerweise verderben, weil dann S es nicht entschlüsseln kann und damit schlimmstenfalls sein Vorhaben der Authentikatorbeschaffung scheitert.

A26 R zerlegt CQ6 in seine Bestandteile C4 und Q5 bzw Qpd. C4 muß (in A28) authentiziert werden (siehe A22).

Q5 kann von R nicht unmittelbar authentiziert werden, weil es ja mit dem Master-Schlüssel der SVZ verschlüsselt ist.

R kann den Authentikator Ar mit dem in der Verschlüsselungseinheit geführten vergleichen und authentizieren. Damit ist R auch plausibel, daß die rufende Station S der SVZ authentikabel bekannt ist. Wäre dies nicht der Fall, dann hätte die Entschlüsselung A25 einen Wert ergeben, der vom gespeicherten Norm-Authentikator Ar` verschieden ist, sei es weil Q8 nicht mit dem richtigen Master-Schlüssel Kr verschlüsselt war, sei es, weil der falsche Authentikator Ar in Q8 enthalten war.

A27 R speichert Q5 als Qpd für Dokumentationszwecke.

A28 R zerlegt C4 in seine Bestandteile: in den Authentikator As der rufenden Station, der von S gewünschte Authentikator Ar von R sowie der Parameter Pa, der die besonderen Wünsche von S spezifiziert.

Es ist wichtig, daß C4, wie unter A26 angegeben, authentiziert wird, denn hier ergäbe sich anderenfalls eine gefährliche Situation: R entschlüsselt in A23 mit ihrem Master-Schlüssel eine eben übetragene Nachricht (Q10); ein Teil des Entschlüsselungsergebnisses (Q7) gelangt mit A32 wieder in das unsichere Kommunikationssystem. Diese Situation könnte von einem Angreifer ausgenutzt werden, der einen anderen mit Kr verschlüsselten Text statt Q10 unterschiebt und dann diesen in Form von Q7 teilweise entschlüsselt erhielte.

A29 R fügt As und einen Zählerstand J (= 0) zu C13 zusammen.

A30 R verschlüsselt C13 mit ihrem Master-Schlüssel zu Q14 bzw Qs (siehe K37 in 6.4.1)

A31 R speichert C14 als Qs für seine Verwendung zur Kommunikation von Nachrichten mit S im Sinne von 6.4. Dazu speichert es auch Pa, um künftig über die Verwendung von Qs entscheiden zu können.

R kann Qs bei der SVZ zur Bestätigung einreichen (siehe 6.6).

A32 R überträgt die mit dem Master-Schlüssel Ks von S verschlüsselte Größe Q7 an die rufende Station S.

A33 S entschlüsselt Q7 mit ihrem Master-Schlüssel Ks zu CQ6.

A34 S zerlegt CQ6 in seine Bestandteile C4 und Q5 bzw Qpd und authentiziert C4 analog zu den Bemerkungen in A26. Wichtig ist in diesem Falle, daß S seinen eigenen Authentikator As prüft. Ein Angreifer hätte nämlich bei der Übertragung A22 das Q10 durch einen alten Wert einer anderen rufenden Station ersetzen können. Die gerufene Station könnte dies nicht gemerkt haben. Eine Prüfung von As würde dies aufdecken.

Der Angreifer hätte auch für Q10 einen alten Wert der richtigen rufenden Station an eine andere gerufene Station substituieren können. Dann würde die gerufene Station R dies mit A26 festgestellt haben.

Damit hat auch S, nachdem R sich durch die Rücksendung von CQ7 mit der Zuteilung seines Authentikators Ar an die rufende Station S einverstanden gezeigt hat, seine als Qr und Qpd abzuspeichernden Werte.

A35 S zerlegt C4 in As, Ar und Pa und authentiziert C4 durch Vergleich der Werte As und Pa mit den unter A02 verwendeten.

A36 S speichert C5 als Qpd für Dokumentationszwecke.

A37 S fügt Ar einen Zählerstand J (= 0) zu und bildet damit C15.

A38 S verschlüsselt C15 mit ihrem Master-Schlüssel Ks zu Q16 bzw zu Qr

A39 S speichert C15 als Qr für seine Verwendung zur Kommunikation von Nachrichten mit R im Sinne von 6.4.

S kann Qr bei der SVZ zur Bestätigung einreichen (siehe 6.6).

Die Instanz-Authentikation der Kommunikationsvorgänge wird im vorliegenden Falle grundsätzlich anhand von Plausibilitätsprüfungen vorgenommen, was ja daran liegt, daß die Authentikatoren erst beschafft werden müssen und der Verkehr mit der Schlüsselverteilungszentrale (siehe 6.1) allein durch Master-Schlüssel bzw durch Plausibilitäten authentiziert wird . Wollen die Teilnehmer sicherer gehen, können sie ihre Authentikatoren As bzw Ar der SVZ nach 6.6 zur Bestätigung einreichen, indem sie sich von dieser Qpd zu C4 entschlüsseln lassen, das ja die Authentikatoren und den Parameter Pa enthält.

6.5.2 Optionen

Optionen können durch den Parameter Pa spezifiziert werden. Mit ihm läßt sich z.B. angeben, ob man einen Authentikator der gerufenen Station oder einen oder mehrere andere Teilnehmerauthentikatoren braucht etc. Dabei kann man auch spezifizieren, ob die Authentikatoren für Endeinrichtungen, Personen oder für Zuordnungen von solchen zueinander ausgestellt werden sollen.

Werden Authentikatoren für Personen angefordert, dann mag die Verschlüsselungseinheit auch dafür ausgerüstet sein, diese Authentikatoren gesichert auszugeben, sei es mit dem Master-Schlüssel verschlüsselt, sei es in versiegelt gespeichertem Klartext. In dieser Hinsicht kann man sich die Aktivitäten A31 und A39 entsprechend ergänzt denken.

Nicht behandelt wurde oben das erstmalige Einrichten und das Auswechseln von Authentikatoren. Man kann davon ausgehen, daß der erste Authentikator einer Teilnehmer-Endeinrichtung TEE der Verschlüsselungseinheit gemeinsam mit dem Master-Schlüssel eingegeben wird, wenn diese eingerichtet und primärauthentiziert wird.

Das Einrichten anderer Authentikatoren, z.B. von Passwords einzelner personaler Teilnehmer, könnte von der Verschlüsselungseinheit der Teilnehmer-Endeinrichtung TEE aus erfolgen. Sie erhielte auf Anforderung von der Schlüsselverteilungszentrale einen solchen geheimen in Pa spezifizierten Authentikator gesichert zugestellt. Es liegt nun an der Verschlüsselungseinheit und ihrem authentischen Besitzer, den übermittelten Authentikator der richtigen Person zukommen zu lassen und diese damit primärzuauthentizieren. Die Gefahr einer Falschauthentikation muß dann allerdings der Besitzer der Verschlüsselungseinheit tragen.

Man kann das Einrichten von Passwords etc dem Teilnehmer völlig überlassen. Dann muß dieser allerdings dafür sorgen, daß den potentiellen rufenden Stationen diese Passwords authentisch (verschlüsselt) zur Verfügung stehen, damit sie etwa eine Nachricht verschlüsselt absenden zu können, die nur einer bestimmten Person im Klartext ausgefolgt werden darf. In diesem Falle wäre die SVZ entlastet und würde nur die TEE-Authentikatoren speichern.

Das Auswechseln von Authentikatoren in bestimmten zeitlichen Abständen oder nach einem starken Gebrauch könnte empfehlenswert sein, zumal sie ja im Gegensatz zu den Master-Schlüsseln an vielen Stellen, wenn auch in verschlüsselter Form, auftreten.

Ein Auswechseln der TEE-Authentikatoren könnte, eventuell vom Teilnehmer angefordert oder auch auf eigene Initiative von der Schlüsselverteilungszentrale vorgenommen werden. Sie könnte auch vom Teilnehmer unbemerkt die Authentikatoren auswechseln. Das ließe sich anläßlich eines normalen Kommunikationsvorgangs vornehmen. Dann würde die SVZ in Aktivität K10 vorsehen, daß neben den alten Authentikatoren Ar und As auch die gegebenenfalls neuen in der Größe C4 erscheinen. Die von einer Änderung betroffene Verschlüsselungseinheit würde mit dem alten Authentikator den Kommunikationsvorgang authentizieren und daraufhin den alten durch den neuen Authentikator ersetzen.

Die SVZ müßte allerdings die alten Authentikatoren ein Zeit lang weiterspeichern, wie etwa auch alte Telefonnummern in Fernsprechbüchern auftreten, damit sie Verbindungswünsche von Teilnehmern erfüllen kann, die den neuen Authentikator der von ihnen gerufenen Station noch nicht kennen. Nach dieser Übergangszeit müßte die SVZ den alten Authentikator löschen. Sollte danach ein Verbindungswunsch mit altem Authentikator auftreten, müßte er zurückgewiesen werden. Der rufende Teilnehmer müßte sich dann den neuen Authentikator wie unter 6.5.1 beschaffen, als ob er mit der gerufenen Station noch nicht verkehrt hätte.

Das Auswechseln von anderen Authentikatoren, wie z.B. Passwords, sollte wohl in jedem Falle vom Teilnehmer veranlaßt werden. Es würde im wesentlichen so wie eine Erstbeschaffung ablaufen.

6.6 Notarsfunktionen

Die Tabelle in Bild 7 führt 17 Aktivitäten auf, die zur Bestätigung einer unterschriebenen Nachricht oder eines Authentikators notwendig sind. Sie können von einem Dritten, z.B. einem Notar, aber auch von den Teilnehmern eingeleitet werden (siehe die Bemerkungen zu K30 in 6.4.1 und zu A31 sowie A39 in 6.5.1).

Diese Authentikationsmöglichkeit kann grundsätzlich jedem Teilnehmer offenstehen. Im folgenden Beispiel soll angenommen werden, daß es besonders institutionalisierte vertrauenswürdige Dritte, Netznotare, gibt. Ein Netznotar kann ein herkömmlicher Notar sein, der über einen Anschluß zum Netz verfügt und in der Lage ist, Daten zu ver- und zu entschlüsseln, so daß er auch digital unterschreiben bzw digitale Unterschriften seiner Klienten authentizieren kann.

Es sei davon ausgegangen, daß entweder der Sender oder der Empfänger einer unterschriebenen Nachricht die verschlüsselte Nachricht Qm und das authentikable Protokoll Qpd und die beiden Authentikatoren As und Ar dem Notar gesichert zugestellt haben bzw daß dieser die Texte bei sich speichert.

Die dazu notwendigen Aktivitäten werden in der Tabelle des Bildes 7 aufgelistet und im folgenden erklärt.

Im übrigen gilt sinngemäß, was in der Einleitung von 6.4 gesagt wurde, insbesondere auch die dort aufgeführte Zeichenerklärung und der Hinweis auf die Nicht-Berücksichtigung der Fehlerfälle.

Bild 6 : Besorgung von Instanz-Authentikatoren

S	rufende Station, Sender	VS	Verschlüsselungseinheit
R	gerufene Station, Empfänger	C/Q	Klartext / Schlüsseltext
SVZ	Schlüsselverteilungszentrale	A	Authentikator
X	Teilnehmeradresse	K	Schlüssel
E	Verschlüsselungsoperation	Pa	Parameter f. spezielle Funktionen
D	Entschlüsselungsoperation	J	Zählerstand

Station	Eingabe	Aktivität der VS-Einheit	Übermittlg.	Ausgabe
S A01	Xr, Pa,			
A02		As, Xr, Pa --> C1		
A03		Eks(C1) --> Q2		
A04		Xs, Q2 --> CQ3		
A05			CQ3 ==> SVZ	
SVZ				
A06		CQ3 --> Xs, Q2		
A07		Dks(Q2) --> C1		
A08		C1 --> As, Xr, Pa,		
A09	Ar,(As)			
A10		As, Ar, Pa --> C4		
A11		Ekd(C4) --> Q5 (Qpd)		
A12		C4, Q5 --> CQ6		
A13		Eks(CQ6) --> Q7		
A14		Ekr(CQ6) --> Q8		
A15		Q7, Q8 --> Q9		
A16		Ekr(Q9) --> Q10		
A17		Eks(Q10) --> Q11		
A18		Q10, Q11 --> Q12		
A19			Q12 ==> S	
S A20		Q12 --> Q10, Q11		
A21		Dks(Q11) --> Q10		
A22			Q10 ==> R	
R A23		Dkr(Q10) --> Q9		
A24		Q9 --> Q7, Q8,		
A25		DKr(Q8) --> CQ6		
A26		CQ6 --> C4, Q5 (Qpd)		
A27				Qpd
A28		C4 --> As, Ar, Pa		
A29		As, J --> C13		
A30		Ekr(C13) --> C14 (Qs)		
A31				Qs
A32			Q7 ==> S	
S A33		Dks(Q7) --> CQ6		
A34		CQ6 --> C4, Q5 (Qpd)		
A35		C4 --> As, Ar, Pa		
A36				Qpd
A37		Ar, J --> C15		
A38		Eks(C15) --> Q16 (Qr)		
A39				Qr

6.6.1 Aktivitätenprotokoll

Es sei angenommen, daß der Empfänger einer Unterschrift, z.B. die gerufene Station R von 6.4, sich Gewißheit über die Authentizität der Unterschrift ihres Partners, der rufenden Station S von 6.4, verschaffen will. Sie hat dazu bereits die verschlüsselte Nachricht Qm und die Bestätigung Qpd der SVZ dem Notar übermittelt. Qpd konnte sie aus dem von ihr gespeicherten Qpr ableiten. Die Übermittlung sei nach dem in 6.4.1 angegebenen Aktivitätenprotokoll verlaufen. Der Einsender - im vorliegenden Falle der Empfänger R der Unterschrift - sei dabei bereits vom Notar authentiziert worden.

Wenn hier von einem "Notar" die Rede ist, soll dies nicht bedeuten, daß die Operationen notwendigerweise von einer Person durchgeführt werden. In der Regel werden sie von einem Automaten durchgeführt, wenngleich die Person des Notars für die Richtigkeit verantwortlich ist.

N01 Die Verschlüsselungseinheit N des Notars erhält die Nachricht Qm, die mit einem Sessionsschlüssel verschlüsselt ist, und dazu die entsprechende Protokollinformation Qpd, die mit dem Master-Schlüssel der Schlüsselverteilungszentrale SVZ verschlüsselt ist, einen Parameter Pn, der die Art der Bestätigung spezifiziert und die Größe Qk*, die den mit der Master-Schlüssel Kn des Notars verschlüsselten Authentikator Ak* (einschließlich Adresse Xk*) des Klienten enthält.

N02 N verkettet ihren eigenen Authentikator An, die verschlüsselte Nachricht Qm, das Unterschriftsprotokoll Qpd und den Parameter Pn zu CQ1.

N03 N verschlüsselt CQ1 mit ihrem Master-Schlüssel Kn zu Q2.

N04 N fügt Q2 und ihre Adresse Xn zu CQ3 zusammen.

N05 N überträgt CQ3 an die Schlüsselverteilungszentrale SVZ.

N06 Die SVZ zerlegt CQ3 in Xn und Q2.

N07 Die SVZ holt anhand von Xn den Master-Schlüssel des Notars und entschlüsselt Q2 zu CQ1.

N08 Die SVZ zerlegt CQ1 in An, Qm, Qpd und Pn. Sie kann nun anhand von An den Notar authentizieren und entnimmt Pn die besonderen Bestätigungswünsche.

N09 Die SVZ entschlüsselt Qpd mit ihrem Master-Schlüssel und erhält C4 (das dem C4 von 6.4 entspricht).

N10 Die SVZ zerlegt das C4 in seine Komponenten den Sessionsschlüssel K', die Zeitangabe T, den Authentikator der rufenden Station As, den Authentikator der gerufenen Station Ar, den Parameter P und den Zählerstand J (siehe K12 in 6.4).

N11 Die SVZ entschlüsselt Qm mit dem Sessionsschlüssel K' und erhält so die zu bestätigende Nachricht.

N12 Die SVZ fügt die Nachricht, die Zeitangabe T, die Adressen Xs und Xr (aus As bzw Ar) der rufenden und der gerufenen Station, den Parameter P und den Zählerstand J zu C5 zusammen.

N13 Die SVZ verschlüsselt C5 mit dem Master-Schlüssel Kn des Notars zu Q6.

N14 Die SVZ überträgt Q6 an die Verschlüsselungseinheit N des Notars.

N15 N entschlüsselt Q6 mit ihrem Master-Schlüssel Kn zu C5.

N16 N zerlegt C5 in seine Bestandteile: die Nachricht, die Zeitangabe T, die Adressen Xs und Xr, den Parameter P und den Zählerstand J.

Man kann hier auf eine besondere Nachrichtenauthentikation verzichten, da Q6 ein geschlossener Schlüsseltext ist und jede Änderung zu unplausiblen Ergebnissen führt. Die Teilnehmerauthentikation kann (wie sonst zwischen SVZ und Teilnehmern) aus der Verwendung des gemeinsamen Master-Schlüssels Kn gewonnen werden.

N17 N prüft, ob das in N01 eingegebene Qk* ein Xk* enthält, das entweder Xr oder Xs gleicht. Ist dies der Fall, dann gibt sie je nach Parameter Pn die Nachricht, die Zeitangabe T, den Parameter P den Zählerstand J und die Adressen Xs und Xr im Klartext unter notarieller Aufsicht aus.

Eine Ausgabe der Authentikatoren As und Ar darf nicht erfolgen, weil diese ja geheim gehalten werden müssen. Deshalb brauchen sie auch nicht in N14 von der SVZ an N übertragen werden.

Von einer Beschreibung des Falsifikationsfalles wurde oben aus Gründen der Verständlichkeit abgesehen. Er kann eintreten, wenn die SVZ entweder einen oder beide Authentikatoren As, Ar nicht kennt bzw die dazugehörigen Adressen Xs, Xr nicht vorfindet. Dann wird sie dies dem Notar mitteilen.

Im Anschluß an dieses Protokoll kann der Notar, ähnlich wie er die Werte Qm, Qpd und Pn empfangen hat, die Ergebnisse der Aktivität N17 an seinen Klienten R oder an beide Teilnehmer (nach 6.4) gesichert übermitteln.

6.6.2 Optionen

Optionen lassen sich durch den Parameter Pn spezifizieren. Pn kann z.B. angeben, ob eine unterschriebene Nachricht oder ein zugeteilter Authentikator bestätigt werden sollen und um welche Art von Authentikator es sich dabei handelt.

Für den Fall einer Unterschrift sollte der Parameter Pn spezifizieren, ob es eine beglaubigte (Fall 1 in K30 von 6.4.1) oder eine nicht-beglaubigte (Fall 2 in K30 von 6.4.1) ist. Diese Angabe wäre anhand des in N17 ausgegebenen Parameters Pn vom Notar zu bestätigen.

Es kann angegeben werden, wer der Bestätigungsheischende ist.

Eine weitere Option ist die, daß nicht allein ein Notar sondern auch ein anderer Teilnehmer diese Aktivitäten unmittelbar veranlassen kann, um sich - wenn schon keinen Nachweis - dann doch wenigstens Gewißheit zu verschaffen, daß ein Kommunikationsvorgang ordnungsgemäß abgelaufen und ein notariell beglaubigter Nachweis möglich ist.

Bild 7 : Notarsfunktionen

S	rufende Station, Sender	C	Klartext
R	gerufene Station, Empfänger	Q	Schlüsseltext
SVZ	Schlüselverteilungszentrale	A	Authentikator
N	Notar	K	Schlüssel
E	Verschlüsselungsoperation	P	Param. Nachricht-Instanz-Beziehung
D	Entschlüsselungsoperation	T	Datum und Uhrzeit
VS	Verschlüsselungseinheit	J	Zählerstand
X	Teilnehmeradresse	Pn	Spezieller Bestätigungsparameter

Station	Eingabe	Aktivität der VS-Einheit	Übermittlg.	Ausgabe
N N01	Qm Qpd Pn Qk*			
N02		An, Qm, Qpd, Pn --→ CQ1		
N03		Ekn(CQ1) --→ Q2		
N04		Xn, Q2 --→ CQ3		
N05			CQ3 ==→ SVZ	
SVZ				
N06		CQ3 --→ Xn, Q2		
N07		Dkn(Q2) --→ CQ1		
N08		CQ1 --→ An, Qm, Qpd, Pn		
N09		Dkd(Qpd) --→ C4		
N10		C4 --→ K',T, As, Ar, P, J		
N11		Dk'(Qm) --→ Nachricht		
N12		Nachricht,T,Xs,Xr,P,J --→ C5		
N13		Ekn(C5) --→ Q6		
N14			Q6 ==→ N	
N N15		Dkn(Q6) --→ C5		
N16		C5 --→ Nachricht,T,Xs,Xr,P,J		
N17				Nachricht, T, Xs, Xr, P, J

7. Organisationsstufen

In den vorangegangenen Kapiteln konnte gezeigt werden, daß die Einführung der Verschlüsselung in offene Kommunikationssysteme einerseits wenig spektakulär erfolgen könnte; sie kann die Ausnahme bleiben; wer immer verschlüsseln will, kann es tun; das Kommunikationssystem wird die verschlüsselten Daten übertragen; er und sein Partner müssen dafür sorgen, daß sie einen gemeinsamen symmetrischen Schlüssel oder korrespondierende asymmetrische Schlüssel haben und einander am Gebrauch der Schlüssel sicher genug erkennen können. Diese Einführung kann so unauffällig erfolgen, daß ein normaler Teilnehmer davon nichts merkt.

Andererseits kann die Verschlüsselung als eine Dienstleistung des Kommunikationssystems aufgefaßt werden, Teilnehmer einander zu authentizieren, für beglaubigte Unterschriften und Poststempeldaten zu sorgen, Empfangsbestätigungen zu ermöglichen, das Schlüsselverteilungsproblem für große Mengen von Kommunikanten zu lösen etc.

Dazwischen gibt es eine hier kaum erfaßbare Vielzahl unterschiedlicher Organisationsformen, die einen mehr oder minder großen Organisationsgrad der Verschlüsselungsdienstleistungen aufweisen. Im folgenden sollen einige dieser Möglichkeiten aufgezeigt werden. Bei den dazu angestellten Überlegungen zeigt es sich, daß symmetrische und asymmetrische Verfahren abhängig vom Organisationsgrad ihre besonderen Vor- und Nachteile haben.

Asymmetrische Verfahren werden zumeist intuitiv für leistungsfähiger gehalten als symmetrische; leistungsfähig in dem Sinne, daß z.B. eine "digitale Unterschrift" mit ihnen leichter zu realisieren sei als mit symmetrischen, da der Unterschriftsschlüssel auch gegenüber dem Kommunikationspartner nicht exponiert zu werden braucht. Bei genauerem Hinsehen entdeckt man jedoch, daß damit noch nicht das ganze Problem der Unterschriftsauthentikation gelöst ist. Z.B. kommen die Autoren von (Kli) zum Resultat, daß keines der Verfahren besondere Vorteile gegenüber dem anderen aufweise, also auch nicht das asymmetrische RSA-Verfahren gegenüber dem symmetrischen DEA-Algorithmus; ähnlich die Autoren von (Nee), die es jedoch differenzierter sehen.

Für dem Vergleich von Verschlüsselungsverfahren sind ihre Leistung und der dafür benötigte Aufwand die zu vergleichenden Größen. Die Leistung kann sich nur nach dem werten lassen, was diesbezüglich von den potentiellen Kommunikationsteilnehmern gefordert wird. Dies ist aber derzeit noch unbestimmt. Deshalb soll davon ausgegangen werden, daß sowohl an der Authentikation von Nachrichten, Teilnehmern und Nachricht-Teilnehmer-Beziehungen als auch an der Konzelation von Nachrichten (vermutlich auch an der Konzelation von Teilnehmern) Interesse besteht und gegebenenfalls Möglichkeiten dafür einzurichten wären.

Der Aufwand ist an folgenden Stellen zu suchen:

- Erweiterungen des Kommunikationssystems, z.B. um Schlüsselverteilungszentralen

- Zur Verschlüsselung notwendige Bereitstellung und Beanspruchung von DV-Betriebsmitteln z.B. hinsichtlich der Systemarchitektur, Verschlüsselungs-Hard- und -Software, Anzahl der Verschlüsselungsvorgänge etc.

- Dauer der Schlüsselbeschaffungs-, Authentikations- und Verschlüsselungsvorgänge

Im Bereich des Kommunikationssystems ist es vor allem die Frage nach der Realisierung der Aufgaben des vertrauenswürdigen Dritten, von denen oben die Rede war. Man braucht nicht davon auszugehen, daß es sich dabei nur um einen einzigen solchen Dritten handeln kann; der Dritte braucht auch nicht die im 6. Kapitel erörterte besondere Schlüsselverteilungszentrale zu sein; auch ein Teilnehmer oder gar jeder Teilnehmer könnte mit der Schlüsselverteilung befaßt sein (Smi); es braucht auch nicht bei einer einzelnen Schlüsselverteilungszentrale zu bleiben. Im Prinzip ist der Aufgabenkomplex teilbar und auf mehrere Stellen aufteilbar.

Über eine Aufteilung der Aufgaben zu sprechen, scheint allerdings erst dann sinnvoll zu sein, wenn man sie genauer kennt. Eben dieses ist aber nicht der Fall; ihre potentiellen Anwender wissen noch wenig von der Verschlüsselung und was sie wissen, ist zuweilen eher zur Irreführung geeignet. Deshalb sollen hier szenarioweise einige Organisationsstufen aufgezeigt und auf ihre besondere Eignung hin beleuchtet werden; ob sie überhaupt und gegebenenfalls welche davon realisiert werden, ist ungewiß.

Dabei zeigt es sich, daß symmetrische und asymmetrische Verfahren einen erheblichen Einfluß auf die Organisationsform haben. Das sollte allerdings nach dem Lesen insbesondere von Unterkapitel 3.6 nicht verwundern. Kommutative Verfahren nach 2.2.4 entwickeln für die Schlüsselverteilung ihren besonderen Wert; auch sie sollten bei Überlegungen zur Organisation beachtet werden.

7.1 Ungeregeltes Schlüsselmanagement

Möglicherweise die wichtigste Aufgabe bei einem verschlüsselten Verkehr ist die der Schlüsselerzeugung und -verwaltung. Im Prinzip ist es denkbar und praktikabel, daß jedes Teilnehmerpaar selbst für einen gemeinsamen Schlüssel und dessen Sicherheit sorgt. Das ist der relativ ungeregelte Zustand, wie er derzeit vorliegt. Er wird von manchen Teilnehmern offener Kommunikationssysteme beklagt; die meisten sind jedoch mit ihm zufrieden, weil sie keine Meinung dazu und deshalb vermeintlich auch keinen Bedarf dafür haben.

Die Teilnehmer, die auf eine sichere Übertragung ihrer Nachrichten angewiesen sind, betreiben zumeist private Fernmeldeanlagen und beschalten die gefährdeten Strecken beidseitig mit Kpryptogeräten, welche dann eine sichere Übertragung gewährleisten, wenn der Schlüssel - in der Regel der eines symmetrischen Verfahrens - nur den regulären Kommunikationspartnern bekannt ist. Der Schlüssel wird von einem der beiden Partner in sicherer Umgebung erzeugt und dem anderen auf einem gesicherten Wege zugestellt, zuweilen per eingeschriebener Post, zuweilen per Kurier. Er wird von den Kommunikationspartnern selber unter besonderen Sicherheitsmaßnahmen in das Schlüsselgerät geladen. Den Teilnehmern kommt es darauf an, daß die übermittelten Nachrichten authentiziert und gegen unbefugte Dritte konzeliert werden. Auf eine Dokumentation verzichtet man vielfach schon aus Gründen der Sicherheit. Man legt erst recht wenig Wert darauf, daß man die Authentizität der Nachricht und des Absenders disputieren kann.

Der Schlüsselaustausch muß in Abständen wiederholt werden, die kurz genug sind, daß es für einen Angreifer unattraktiv bleibt, einen bestimmten aktuellen Schlüssel in subversiver Weise beschaffen zu wollen. Der Abstand muß also erheblich kürzer sein als ein durchschnittlicher subversiver Beschaffungsvorgang; die Kosten dafür sollten erheblich größer sein, als der Nutzen, den man aus der Kenntnis des Schlüssels ziehen könnte. Der potentielle Aufwand des Gegners muß vom regulären Teilnehmer mit einem zwar geringeren aber immerhin mit einem merklichen Aufwand erkauft werden. Wenn also zwei Kommunikationsteilnehmer miteinander sicher verkehren wollen, dann erreichen sie dies keineswegs allein durch die Beschaffung von Verschlüsselungsgeräten; sie müssen diese und ihren Betrieb mit einem Kostenaufwand sichern.

Mit der Anzahl der Teilnehmer nimmt dieser Aufwand überproportinal zu. Z.B. erhöht sich die Anzahl der erforderlichen Schlüssel und ihrer Transportvorgänge für den einzelnen Teilnehmer mit der Anzahl der einschlägigen Kommunikationspartner, zumindest dann, wenn er mit jedem von ihnen unter "vier Augen" verkehren können möchte; insgesamt wächst dieser besondere Aufwand mit dem Quadrat der Teilnehmerzahl. Daß dies keineswegs ein einmaliger Aufwand ist, sondern einer, der in nicht zu großen Abständen wiederholt werden muß, wurde bereits oben gesagt; man kann sich nicht darauf verlassen, daß einmal verteilte Schlüssel für immer einen gesicherten Verkehr ermöglichen. Bei einem notwendig werdenden Schlüsselwechsel, muß der umständliche und zuweilen zu zeitaufwendige Prozeß der Schlüsselerzeugung und -verteilung wiederholt werden, zwar nicht bei allen Teilnehmerpaaren gleichzeitig aber immerhin bei allen.

Begnügt man sich aber damit, daß ein einziger Schlüssel für den Verkehr zwischen mehreren Teilnehmern ausreichen soll, daß nicht jeder mit jedem unter "vier Augen" verkehren können soll, dann läuft dies der Tendenz eines offenen Kommunikationssystems entgegen, das ja gerade einen solchen Verkehr jedes mit jedem ermöglichen soll; dann muß man sich fragen, ob man wirklich ein offenes System will, oder ob man nicht im Grunde genommen in geschlossenen Gruppen verschlüsselt kommunizieren möchte.

Soweit war hier an symmetrische Verfahren gedacht. Mit einem asymmetrischen läßt sich die Anzahl der Schlüssel wesentlich reduzieren. Jeder Teilnehmer hat zwei einander zugeordnete Schlüssel: einen geheimen und einen öffentlichen. Bei n Teilnehmer braucht man demnach 2n Schlüssel. Bei mehr als 5 Teilnehmern stellt sich also in dieser Hinsicht das asymmetrische Verfahren günstiger. Besonders günstig ist es aber deshalb, weil man die Schlüssel nicht gesichert zu transportieren braucht. Man verteilt nur den öffentlichen Schlüssel, der ja von jedem zur Kenntnis genommen werden kann. Der Verteilungsaufwand kann also in zweifacher Hinsicht reduziert werden: Die Transportvorgänge für die Schlüssel wachsen nur mit der Teilnehmerzahl, nicht mit deren Quadrat; sie sind überdies viel billiger, weil sie ja nicht gesichert zu werden brauchen.

Allerdings ist dies weitgehend nur ein Scheinvorteil; die Vorgänge zur primären Teilnehmerauthentikation lassen sich auf diese Weise nicht reduzieren, es sei denn man begnügte sich mit einer plausiblen Sekundärauthentikation nach 3.4.4.3, die ja bekanntlich einen hohen Grad von Konsensus zwischen den betroffenen Teilnehmern und von Redundanz der Nachrichtendarstellung (z.B. natürliche Sprache) erfordert, also wiederum etwas, das man am ehesten bei einer geschlossenen Teilnehmergruppe garantieren könnte, kaum aber für den Nachrichtenverkehr in einem offenen System. Auf jeden Fall muß die Authentikation im Gegensatz zum Transport (asymmetrischer Schlüssel) gesichert erfolgen; auch beim Ausweichen auf eine plausible Sekundärauthentikation der Teilnehmer; es muß von ihnen für diesen Zweck geprüft werden, ob die kommunizierte Information im Konsensus gut eingebettet ist. Eine solche Prüfung auf einen amorphen Konsensus hin wird sogar in der Regel nicht einmal automatisiert erfolgen können; die Automat kann nicht beurteilen, wie sinnvoll das vom Partner Gesagte in allgemeinen Zusammenhang paßt.

Das Problem der primären Teilnehmerauthentikation ist also mit einem asymmetrischen Verfahren nicht besser gelöst, als mit einem symmetrischen. Ein Teilnehmer, der einem anderen etwas verschlüsselt mitteilen will, muß sich davon überzeugen, daß derjenige, der ihm den dafür notwendigen öffentlichen Schlüssel hat zukommen lassen, auch derjenige ist, für den er sich ausgibt. Das erfordert einen anderen, sichereren Kommunikationsweg bzw -vorgang. Dieser kann allerdings schneller sein als der normale Postweg oder gar ein Kuriertransport z.B. kann ein zusätzliches Ferngespräch zu einer gegenseitigen (plausiblen) Authentikation der Teilnehmer im Dialog führen. Herr Meyer übermittelt an Herrn Müller seinen öffentlichen Schlüssel und teilt ihm dies per Ferngespräch mit. Herr Müller mag Herrn Meyer an der Stimme oder an einer Bemerkung erkennen, die nur er gemacht haben kann. Die Herren Meyer und Müller müssen allerdings einander gut genug bekannt sein, um einander erkennen zu können. Will aber Herr Meyer zum erstenmal mit Herrn Müller kommunizieren, dann geht dies so nicht. In einem offenen Kommunikationssystem möchte man aber auf eine gesicherte Erstkommunikation nicht verzichten.

Im Grunde genommen legt also der Einsatz eines asymmetrischen Verfahrens nahe, die öffentlichen Schlüssel an einer zentralen Stelle zu deponieren und sie von dieser primär-authentizieren zu lassen. Damit wäre allerdings das Schema eines ungeregelten Schlüsselmanagements bereits verlassen; man hätte ja mithin eine zentrale Stelle eingerichtet, und sei es nur wegen der Authentikationsaufgaben.

Bei symmetrischen Verfahren stößt also ein wirklich ungeregeltes Schlüsselmanagement sehr schnell an seine Grenzen; für große Teilnehmerzahlen ist es ungeeignet. Im Extremfall dargestellt: Wollte man z.B. 20 Millionen Fernsprechteilnehmer miteinander verschlüsselt kommunizieren lassen, dann wären bei einem symmetrischen System rund 200 Billionen - Schlüssel notwendig. Jeder Teilnehmer müßte vergleichsweise seinen eigenen originellen Satz von Telefonbüchern haben; nicht eine einzige Auflage von 20 Millionen des gleichen Telefonbuchs sondern 20 Millionen Einzelauflagen wären erforderlich. Mit 20 Millionen Schlüsseln, also etwa mit der Anzahl von Fersprechnummern innerhalb der Bundesrepublik Deutschland, wären nur 6.325 Teilnehmer zufriedenzustellen. Die rund 100.000 Fernschreibteilnehmer der Bundesrepublik Deutschland würden 5 Milliarden Schlüssel benötigen.

Bei asymmetrischen Verfahren findet ein ungeregeltes Schlüssel- bzw Authentikatormanagement seine Grenze im Problem der Teilnehmerauthentikation. Sie mag insbesondere in geschlossenen Netzen nicht so beschwerlich wie das sichere Zustellen von Schlüsseln sein, aber ihr Aufwand wächst ebenfalls mit dem Quadrat der Teilnehmerzahl. Man würde wohl schnell und auch sinnvollerweise nach einer Art "Telefonbuch" für die öffentlichen Schlüssel verlangen, d.h. nach einem gewissen Service, und würde wohl bald mit einer Primitivform ebenso schnell unzufrieden sein; denn jedesmal, wenn ein geheimer Schlüssel kompromittiert würde, müßte ein anderer erzeugt werden und müßte dies im "Telefonbuch" nachgetragen werden. Der Änderungsdienst wäre erheblich. Es hätte wenig Sinn, etwa im Jahresturnus aktualisierte "Telefonbücher" zu beziehen; viele Teilnehmer würden innerhalb eines Jahres den Schlüssel auch ohne erkennbaren Anlaß sicherheitshalber verändern. Man würde es wohl vorziehen, im Kommunikationssystem selbst auf ein stets aktualisiertes Verzeichnis zugreifen zu können, womit bereits eine Einrichtung notwendig würde, die nicht allein das Buch aktualisiert, sondern es in Form einer Datenbank für den laufenden Betrieb zur Verfügung hält.

Zudem könnte es sein, daß das Generieren der asymmetrischen Schlüsselpaare so aufwendig ist, daß es durch eine Stelle vorzunehmen wäre, die sich darauf spezialisiert hat. In diesem Falle würde der Teilnehmer die Schlüssel - auch den geheimen - von dieser Stelle beziehen. Das würde einerseits wieder je Teilnehmer einen Kuriergang erfordern, andererseits ließe sich mit solch einer zentralen Stelle das Authentikationsproblem einfacher lösen; sie könnte anhand der Kuriergänge mit den Teilnehmern bekannt werden (individuelle primäre Instanzauthentikation nach 3.4.3.1) und sie könnte dann die Teilnehmer auf dem Fernmeldewege miteinander bekanntmachen (primäre Instanzauthentikation als Dienstleistung nach 3.4.3.2).

Ein asymmetrisches Verfahren kann also seine besonderen Vorzüge erst entfalten, wenn das Schlüsselmanagement nicht den Teilnehmern überlassen bleibt, sondern öffentlich organisiert wird. Vereinfacht gesagt: Wenn schon ungeregelt, dann könnte auch ein symmetrisches Verfahren genügen.

7.2 Relais-Verfahren

Eine Regelung des Schlüsselmanagements kann man sich in unterschiedlichen Formen vorstellen, die sich in Aufwand und Leistungsfähigkeit erheblich unterscheiden können, aber gerade dadurch eine Anpassungsfähigkeit des Schlüsselmanagements erkennen lassen.

Die verschlüsselte Kommunikation mittels symmetrischer Verfahren führt im ungeregelten Fall dazu, daß es eine beschränkte Menge von Partnerpaaren gibt, die jeweils einen Schlüssel gemeinsam haben. Dabei wird der Fall häufig auftreten, daß ein Teilnehmer nicht allein mit einem einzigen Partner sondern mit mehreren verschlüsselt verkehren kann bzw mit diesen unterschiedliche Schlüssel gemeinsam hat.

Man kann diese Beziehungen allen Teilnehmern offen legen. Dann kann ein Teilnehmer erfahren, mit welchen anderen sein Partner kommunizieren kann, mit welchen diese wiederum es können etc, so daß sich eine oder wenige größere Anwendergruppen ergeben, deren Mitglieder entweder direkt oder über Mittelmänner miteinander verschlüsselt verkehren können.

Wie schon in 3.4.3.2 ausgeführt, kann ein Teilnehmer, der von anderen authentiziert werden kann, diese miteinander so bekanntmachen, daß sie ebenfalls einandner authentizieren können. Hat er mit ihnen (bei einem symmetrischen Verfahren) einen Schlüssel gemeinsam, dann kann er auch dafür sorgen, daß seinen Bekannten ein gemeinsamer Schlüssel gesichert zugestellt wird. Dabei ist es gleichgültig, wer den Schlüssel erzeugt. Das kann der vermittelnde Teilnehmer selbst sein; dann stellt er den Schlüssel (mit zwei Sessionen) jedem der Bekannten zu. Es kann auch einer der beiden anderen den Schlüssel erzeugen und dem Vermittler gesichert zustellen. Der kann ihn (umgeschlüsselt) an den anderen weiterleiten - eine Möglickeit, für die ebenfalls zwei Sessionen erforderlich sind.

Der vermittelnde Teilnehmer kann auch - wie z.B. im SWIFT-System - statt eines Schlüssels die Nachricht selbst gesichert kommunizieren. In diesem Falle kann er noch stärker als im vorhergehenden ein Mitwisser der Geheimnisse seiner Bekannten sein.

Der Umstand, daß eine Relaisstelle eingeschaltet werden muß, bringt gegenüber dem Fall, daß nur die beiden Kommunikanten Schlüssel und Nachricht kennen, eine Veringerung der Sicherheit mit sich. Das ist der Preis für die bequemere Lösung.

Bei asymmetrischen Verfahren tritt die Notwendigkeit einer solchen Schlüsselvermittlung nicht auf, denn sofern nur die oben betrachteten Teilnehmer in der Lage sind, mit Hilfe ihrer öffentlichen Schlüssel miteinander zu verkehren, brauchen sie keinen gesicherten Schlüsseltransport und auch keinen Mittelmann, der für die Sicherung sorgt. Der Mittelmann kann allerdings für Teilnehmerauthentikation notwendig sein; diese ließe sich aber u.U. durch den oben erwähnten Fernsprechdialog ebenfalls gewährleisten. Eine Schlüsselerzeugung durch den Mittelmann oder gar ein Umschlüsseln der Nachricht durch den Mittelmann kommt nicht in Frage.

Sofern ein solcher Mittelmann überhaupt sinnvoll ist, wäre es letzten Endes nicht jeder beliebige Teilnehmer sondern ein besonders herausgestellter, eine zentrale Einrichtung, die für die Teilnehmerauthentikation und für die Schlüsselerzeugung und -verwaltung notwendig werden könnte. Auch beim Relaissystem regen also die Vorzüge eines asymmetrischen Verfahrens an, einen höheren Organisationsgrad einzulegen.

Ein solches Relais-System wird also eher ein Behelf für symmetrische Verfahren sein. Es könnte sich aus einem ungeregelten Schlüsselmanangement heraus entwickeln, könnte aber auch als Ausweichverfahren bei einem höheren Organisationsgrad angelegt sein, auf das man zurückgreifen könnte, sollte z.B. eine Schlüsselverteilungszentrale ausfallen; im Sinne der Forderung I von 3.6 trüge es zur Erhöhung der Robustheit bei. Asymmetrische Verfahren mögen eines solchen Behelfs in diesem Maße nicht bedürfen.

7.3 Schlüsselverteilungszentrale

Wie sich oben gezeigt hat, verlangt ein stärker werdender verschlüsselter Verkehr nach einer zentralen Instanz, welche unterschiedliche Organisationsaufgaben übernimmt. Diese zentrale Instanz erleichtert den verschlüsselten Verkehr erheblich; sie hat aber auch eine Verringerung der Sicherheit zur Folge. Sie kann die Teilnehmer, die sie betreut, abhören und täuschen.

Im Falle eines asymmetrischen Verfahrens kann sie zwar an der unmittelbaren Kenntnisnahme von geheimen Nachrichten gehindert werden, weil sie ja nicht den geheimen Schlüssel ihrer Klienten zu kennen braucht; dies sieht aber bereits anders aus, wenn sie die für den Teilnehmer zu umständliche Schlüsselerzeugung übernimmt. Sie kann aber in jedem Falle - ob sie die geheimen Schlüssel kennt oder nicht - bei der Dienstleistung, die sie in erster Linie durchführt - der Primärauthentikation der Teilnehmer - Teilnehmer falsch authentizieren, sich z.B. selbst als den gewünschten Teilnehmer maskieren und so Mißbrauch ihrer Vertrauensposition treiben.

Vielfach wird deshalb nach (siehe Anhang) die Meinung geäußert, eine solche zentrale Stelle sei ein Sicherheitsrisiko und deshalb abzulehnen. Damit wäre aber auch ein leistungsfähiger Authentikations- und Konzelationsdienst in offenen Kommunikationssystemen nicht möglich. Man muß auch weitere Vorteile sehen: Wenn der Master-Schlüssel eines Teilnehmers zerstört wird, etwa durch einen Brandunfall, kann er den Schlüssel bei der Schlüsselverteilungszentrale wieder erfahren und damit eventuell abgelegte verschlüsselte Daten wieder lesbar machen. Oder anders gesehen: Er braucht nicht für diesen Eventualfall den Schlüssel im Klartext bei sich zu speichern und ihn dadurch zu gefährden.

Hier erweist sich also eine Schlüsselverteilungszentrale als eine Einrichtung, die weniger der Sicherheit der übermittelten als der der gespeicherten Daten zugute kommt. Man sollte deshalb schon aus diesen Gründen der Sicherheit die zentrale Instanz nicht ablehnen sondern lediglich fordern, daß sie besonders sicher zu realisieren und zu führen sei.

Nun zur Notwendigkeit einer Schlüsselverteilungszentrale: Es wurde oben gezeigt, daß bei einem wenig intensiven verschlüsselten Verkehr eine zentrale Schlüsselverteilung nicht unbedingt nötig ist. Rechnet man aber mit der Größenordnung der Fernschreibteilnehmer in der Bundesrepublik - bei der Auslegung neuer Kommunikationsdienstleistungen sollte man dies tun - dann muß man zumindest für einen symmetrischen (DES-) Betrieb eine zentrale Instanz vorsehen, welche verschlüsselt mit den Teilnehmern verkehren kann (siehe auch 6. Kapitel). Sie muß jedem Teilnehmerpaar, das eine verschlüsselte Kommunikation wünscht, für diese einen Schlüssel, den Sessionsschlüssel, zur Verfügung stellen.

Dieser Sessionsschlüssel braucht für seine Konzelationsaufgaben von den Teilnehmern nicht gespeichert zu werden (wohl aber für bestimmte Authentikationsaufgaben). Eine Speicherung ist nur für die Master-Schlüssel erforderlich, welche die Übertragung des Sessionsschlüssels sichern. Dann wären zentral - also z.B. in der Schlüsselverteilungszentrale - so viele Schlüssel zu speichern, wie es Teilnehmer gibt, die diesen Dienst in Anspruch nehmen; jeder Teilnehmer hätte nur seinen eigenen Schlüssel zu speichern aber nicht die seiner möglichen Partner. Er braucht (und darf) die Master-Schlüssel seiner Partner nicht zur Kenntnis zu bekommen. Der Master-Schlüssel, den er speichert, ermöglichst ihm eine verschlüsselte Kommunikation mit der Schlüsselverteilungszentrale; erst mit Hilfe der Dienstleistung der Schlüsselverteilungszentrale kann er mit seinen eigentlichen Partnern verschlüsselt kommunizieren.

Ferner sollte nicht vergessen werden, daß eine zentrale Instanz nicht allein zur Schlüsselverteilung und Teilnehmerauthentikation dienen kann. Auch die Authentikation veränderlicher Größen (Datum, Uhrzeit), die Beglaubigung von Unterschriften etc - alles Authentikationsprobleme - lassen sich nicht ohne den vertrauenswürdigen Dritten durchführen. Gleichwohl wäre ausgerechnet aus Gründen des Schlüsselmanagements eine solche Schlüsselverteilungsztentrale nicht unbedingt notwendig; man sollte sich von dem leider so geprägten Begriff nicht irreführen lassen.

7.3.1 Schlüsselverteilung im geschlossenen System

Wie steht es diesbezüglich mit dem Verkehr innerhalb eines geschlossenen Systems? Sofern nur die Zahl der Teilnehmer klein genug ist, könnte man mit einem ungeregelten Schlüsselmanagement oder einem Relaissystem auskommen (wie z.B. in SWIFT). Jedoch wird man für eine geschlossene Teilnehmergruppe erst recht eine zentrale Instanz vorsehen; diese Teilnehmer schließen sich ja deshalb zu einer Gruppe zusammen, weil sie eine bestimmte Mehrwertdienstleistung benötigen; diese wird ihnen in der Regel von einer zentralen Instanz zur Verfügung gestellt. Hier ist also eine zentrale oder eine herausgehobene Instanz - wie etwa der Systems Services Control Point SSCP bei SNA (IBM) - erforderlich, auch wenn nicht verschlüsselt zu werden braucht. Erst recht kann diese Instanz etwa auch die Schlüsselverteilung übernehmen.

Im Falle eines asymmetrischen Verfahrens mag sie keine Sessionsschlüssel verteilen müssen, wird aber zumindest die Bibliothek der öffentlichen Schlüssel führen und damit auch für die Teilnehmerauthentikation sorgen.

Obwohl der eigentliche Gegenstand der hier gemachten Untersuchungen das offene Kommunikationssystem ist, soll nicht verschwiegen werden, daß man sich zum Schlüsselmanagement in geschlossenen Privatsystemen bereits vieles überlegt hat (Mat), (Smi), (Bra). In einem privaten System ist es dem Herrn des Systems vollkommen überlassen, wie er das Schlüsselmanagement - passend für die sonstigen Aufgaben des Systems - bewerkstelligt.

Wirtschaftlichkeitsfragen wirken sich dort zumeist anders aus, als man es für offene Systeme annehmen kann. Z.B. möchte man einen möglichst kleinen Kryptobereich zu sichern haben und dabei möglichst sicherstellen, daß ein Schlüssel nie im Klartext außerhalb des Kryptobereichs erscheint. Diese Forderung kann Schlüsselerzeugung und -management erheblich komplizieren (Mat). Bei einer öffentlichen Schlüsselverteilung müssen aber Schlüsselerzeugung und -management möglichst einfach gehalten werden; dafür kann man es dort eher auf sich nehmen, einen größeren Kryptobereich sichern zu müssen.

Vielfach wird die Schlüsselverteilung für ein hierarchisch gegliedertes System vorgeschlagen und der zentralen Stelle vorbehalten.

In manchen "demokratisch" gegliederten Systemen möchte man ferner vermeiden, eine besondere Stelle mit dem Schlüsselmanagement beauftragen zu müssen und sieht dafür gerne die Möglichkeit vor, daß dasjenige Teilnehmersystem einen Sessionsschlüssel generiert und dem anderen (mit einem Master-Schlüssel gesichert) zukommen läßt, das eine Kommunikation eröffnen will (Smi, Bra).

7.3.2 Zentrale Instanz bei Anonymisierung

Aber auch für gewisse Konzelationsprobleme ist eine zentrale Instanz unerläßlich. Will man z.B. Teilnehmer zueinander anonym halten, dann muß ein Dritter (Rih) dafür sorgen, daß die Leistungen, welche die Teilnehmer einander zu erbringen haben, jeweils dem Teilnehmer zukommen, dem sie zugedacht sind. Dieser Dritte nimmt damit eine zusätzliche Vertrauensposition ein; ihm müssen die Teilnehmer, zwischen denen er vermittelt, voll bekannt sein. Er wird sinnvollerweise auch die Schlüsselverteilung vornehmen, ohne aber damit den anonym zu haltenden Teilnehmer dem anderen gegenüber zu identifizieren.

Ein Beispiel dafür ist der Informationsabruf von der Datenbank eines Anbieters durch einen Teilnehmer des Bildschirmtext-Übertragungssystems (BPo). Der Abrufer soll dem Anbieter aus Datenschutzgründen unbekannt bleiben. Die Post ist der vertrauenswürdige Dritte, der einerseits den Abruf der Informationen ermöglichen und andererseits das Inkasso für den Anbieter durchführen soll, damit dieser zum vereinbarten Gegenwert kommt. Müßte sich die Post dagegen vorsehen, daß der Anbieter oder vertrauensunwürdige Dritte oder eigene Bedienstete in subversiver Weise den Abrufverkehr zur Kenntnis nehmen oder fälschen, dann könnte eine Verschlüsselung notwendig werden. Die Post könnte dazu Schlüssel verteilen; sie müßte aber ihre an die Schlüsselverteilung gebundenen Authentikationsaufgaben entsprechend differenzieren.

Ein anderes Beispiel wäre ein Makler, der die beiden Parteien zwischen denen er makelt, so lange einander unbekannt halten möchte, bis sich das Geschäft entschieden hat und er einen Anspruch auf eine Vergütung seiner Arbeit nachweisen kann. Für den Nachweis kann nach 3.6 verschlüsselt werden. Aus Nachweisgründen wird die Schlüsselverteilung allerdings nicht vom Makler sondern von einem vertrauenswürdigen Makler-Service vorgenommen werden. Gleichzeitig sorgt dieser Service auch für die notwendige Anonymisierung.

Eine Anonymisierung läßt sich umso besser erreichen, je weniger sicher man aus dem verwendeten Schlüssel auf den anonymen Teilnehmer schließen kann. Bei symmetrischen Verfahren wird man mit Sessionsschlüsseln arbeiten, den Authentikator As in K12 von 6.4.1 von der Schlüsselverteilungszentrale verschlüsselt einfügen lassen; er müßte zudem auch (für das Inkasso z.B., also verteilungsfremde Aufgaben) dokumentiert werden. Der Anbieter hätte damit trotzdem einen Authentikator Qr*, mit dem ein ordnungsgemäßer Verkehr abzuwickeln wäre, ohne daß er diesem die Identität seines abrufenden Kunden entnehmen könnte.

Für diese Aufgabe sind asymmetrische Verfahren weniger gut geeignet als symmetrische; sie trennen in dieser Hinsicht zwischen Konzelation und Authentikation nicht deutlich genug. Der öffentliche Schlüssel des Abrufers, der zur Konzelation dient, kann ja gleichzeitig für dessen Authentikation verwandt werden. Er muß dem Anbieter zur Verfügung stehen, wenn auch nur für die Konzelation. Das erforderte eine versiegelte Verschlüsselungseinheit, die den öffentlichen Schlüssel nicht nach außen dringen läßt. Eine solche Maßnahme erscheint zwar - wenn man an die disputable Unterschrift mittels symmetrischer Verfahren (3.6) denkt - nicht als ungewöhnlich. Ungewöhnlich wäre aber, daß ausgerechnet ein öffentlicher Schlüssel vor Kenntnisnahme zu sichern wäre. Er könnte nur für diese anonyme Kommunikation verwendet werden; für die sonstige Kommunikation müßte ein tatsächlich öffentlicher Schlüssel zur Verfügung stehen.

Eine andere Möglichkeit wäre die, daß von der Dienstleistungsinstanz, in den o.e. Beispielen der Post bzw des Makler-Services, ver- bzw umgeschlüsselt würde. Dann wäre die Verschlüsselung aber u.U. zu undifferenziert einsetzbar, denn die Dienstleistungsinstanz weiß weniger gut als die Teilnehmer, wann eine Verschlüsselung notwendig ist, und wann man auf sie verzichten kann.

7.3.3 Geschlossene Anwendergruppen im offenen System

Im Gegensatz zur "Closed User Group" , eines Leistungsmerkmals des international genormten Datex-P-Dienstes, soll unter einer geschlossenen Anwendergruppe nicht eine Gruppe verstanden werden, die aufgrund solcher technischer Eigenschaften geschlossen ist. Es soll vielmehr angenommen werden, daß sich innerhalb eines offenen Netzes Gruppen von Teilnehmern finden, die bevorzugt unter sich verkehren und dafür eventuell eine Mehrwertdienstleistung einrichten, wozu auch die Inanspruchnahme des o.e. Leistungsmerkmals zählen kann aber nicht muß. Gerade für den verschlüsselten Verkehr - sollte man annehmen - könnte man sich leicht zu geschlossenen Anwendergruppen zusammenfinden. Eine solche Gruppe könnten z.B. die Teilnehmer des SWIFT-Systems sein, falls sie sich nicht im privaten SWIFT-Netz sondern in einem offenen Netz einmieten würden.

Die zentrale Stelle der Anwendergruppe, die für den Mehrwertdienst sorgt, könnte auch die Schlüsselverteilung bzw den Authentikationsdienst übernehmen. Die Teilnehmer wären dabei im offenen Netz (im Gegensatz zum geschlossenen) nicht daran gehindert, mit anderen Teilnehmern außerhalb ihrer Gruppe zu kommunizieren; mit solchen könnten sie z.B. - fürs erste wohl kommunizieren - das aber nicht verschlüsselt.

Wenn es mehrere solcher Anwendergruppen im offenen Netz gibt, dann könnte z.B. ein Teilnehmer gleichzeitig bei mehreren geschlossenen Gruppen Mitglied sein. Er hätte dann mehrere Schlüsselverteilungszentralen, an die er sich wegen der Vermittlung eines Sessionsschlüssels wenden könnte. Er könnte auf Grund dieser Möglichkeit zwischen den Teilnehmern der unterschiedlichen Gruppen als Relais-Station (siehe 7.2) verschlüsselte Gespräche vermitteln, allerdings nur mit der Sicherheit, die das in ihn gesetzte Vertrauen seiner vermittelten Partner rechtfertigt. Er übernähme die herausgehobene Rolle einer zentralen Instanz und müßte deshalb auch voll deren Sicherheitskriterien genügen.

Letzten Endes könnten diese herausgehobenen Teilnehmer mit den Schlüsselverteilungszentralen identisch sein. Sie können miteinander verschlüsselt verkehren und auf diese Weise auch Sessionsschlüssel zwischen Teilnehmern ihrer unterschiedlichen Gruppen vermitteln.

Gleichgültig in welchen Anwendergruppen zwei Kommunikanten sind: Was sie zur verschlüsselten Kommunikation brauchen, sind kompatible Teilnehmersysteme, ein Anschluß an ein geeignetes öffentliches Netz und einen gemeinsamen Sessionsschlüssel. Nur für dessen Besorgung brauchen sie den Dienst der Schlüsselverteilungszentrale, nicht etwa auch für die Übermittlung der Nachricht selbst. Sind sie in unterschiedlichen Anwendergruppen, dann brauchen sie den Dienst beider ihrer Schlüsselverteilungszentralen.

Sind die beiden Kommunikanten in getrennten Anwendergruppen, dann brauchen sie keine unmittelbare Kommunikationsmöglichkeit zur Schlüsselverteilungszentrale des anderen; es genügt vielmehr, wenn ihre beiden Schlüsselverteilungszentralen miteinander kommunizieren und so den Schlüssel vermitteln können. Teilnehmer, die verschlüsselt übertragen wollen, müssen Mitglied einer geschlossenen Anwendergruppe sein, können aber dann auch mit Teilnehmern anderer Gruppen im offenen Netz verschlüsselt verkehren. In diesem Sinne sind also "geschlossene" Anwendergruppen nicht wirklich geschlossen.

7.3.4 Schlüsselverteilung im offenen System

Im Grunde genommen verliert damit das Argument, für die Datenverschlüsselung geschlossene Anwendergruppen zu bilden, an Zugkraft. Anwendungsaspekte dürfen ja dann keine Rolle spielen, wenn zwischen den Anwendergruppen volle Kompatibilität gewährleistet sein soll. Man könnte ebenso alle Anwendergruppen in eine einzige zusammenlegen. Diese müßte dann entsprechend von einer einzigen Schlüsselverteilungszentrale betreut werden. Dazu ist aber zu bedenken, daß eine Schlüsselverteilungszentrale nur eine beschränkte Anzahl von Teilnehmern betreuen kann. Deshalb wird man mehrere einsetzen müssen.

Angenommen, es wären 1000 Subskribenten für Datenverschlüsselung zu bedienen. Dann müßten für rund 500.000 Teilnehmerverbindungen Sessionsschlüssel bereitgestellt werden können. Auch wenn nur ein Bruchteil davon wirklich beansprucht würde, könnte das eine einzelne Schlüsselverteilungszentrale überlasten. Sie wird sich also mit einer zweiten in die Arbeit teilen. Dann hätte jede der beiden 500 Subskribenten bzw je rund 125.000 zu betreuende Teilnehmerverbindungen. Von den 500.000 möglichen Teilnehmerverbindungen könnte also die Hälfte unmittelbar von der jeweils zuständigen Schlüsselverteilungszentrale betreut werden. Die andere Hälfte könnte nur von beiden gemeinsam bedient werden. Jede der beiden Schlüsselverteilungszentralen wäre also für 375.000 Verbindungen zuständig, was nur eine Entlastung der ersten Schlüsselverteilungszentrale von 25% (nicht 50%) bedeutete. Die Arbeit kann also nicht genau geteilt werden. Entsprechend verhält es sich, wenn mehr als zwei Schlüsselverteilungszentralen eingesetzt werden.

Man muß also zusehen, daß im obigen Beispiel möglichst diejenige Hälfte von Verbindungsmöglichkeiten in die Kompentenzen beider Schlüsselverteilungszentralen fällt, die am seltensten zustandekommen. Anders gesehen: Die Aufteilung in zwei Gruppen wird erst dann in der Tat sinnvoll, wenn es zwei Gruppen sind, die zur Hauptsache in sich kommunizieren. Die geschlossenen Anwendergruppen haben also eventuell doch einen Sinn, nämlich dann, wenn sie mit denjenigen Gruppen identisch sind, die am meisten in sich und am wenigstens untereinander kommunizieren.

Wie sich (siehe Anhang) gezeigt hat, ist es schwierig, solche Anwendergruppen zu unterscheiden. Z.B. dürften wohl Banken weniger untereinander als mit ihren jeweiligen Kunden kommunizieren. Es könnte also verfehlt sein, etwa in den über die ganze Welt verteilten SWIFT-Kunden - zur Hauptsache Banken - eine solche dem Ideal nahe kommende Anwendergruppe zu sehen. Vielmehr könnte es sich empfehlen, daß die geographisch verteilten Wirtschaftszentren (Cluster) eine solche Einteilungsstruktur vorgeben.

Letzten Endes wären der Einteilung ähnliche Rücksichten zu unterlegen, wie einer hierarchischen Vermittlungsstruktur, etwa der des Fernsprechnetzes. Man kann aber nur von einer Ähnlichkeit, sicherlich nicht von einer Dekkungsgleichheit sprechen. Man könnte z.B. Schlüsselverteilungszentralen regional verteilt vorsehen und die Teilnehmer für jeweils eine von ihnen optieren lassen. Die meisten, wohl aber nicht alle, würden sich vermutlich für die nächstgelegene entscheiden.

Ob eine Option für mehrere zugelassen werden sollte, wäre noch zu prüfen; man könnte wegen des Sicherheitsrisikos geneigt sein, einen parasitären Relais-Verkehr für den Normalbetrieb verhindern zu wollen; er könnte allerdings das System robuster (siehe 7.2) gegen Störungen des Schlüsselverteilungsdienstes machen und damit ein anderes Sicherheitsrisiko verringern.

7.3.5 Versiegelungsdienstleistungen

In 3.6 wurde für die beglaubigte Unterschrift, für authentizierbare veränderliche Daten, wie z.B. das Kalenderdatum, für nicht-vervielfältigbare Originalurkunden die Forderung aufgestellt, daß die Verschlüsselungseinheit von ihrem Besitzer nicht so geöffnet werden kann, daß er ihr z.B. einen Schlüssel im Klartext entnehmen könnte.

Diese Forderung mag als übertrieben erscheinen. Sie gilt aber nicht vordergründigem Mißbrauch; vielmehr soll in der Regel eine Nachweisbarkeit sichergestellt werden (siehe auch 3.6). Die Sicherung richtet sich in seinem eigenen Interesse gegen den Besitzer der Verschlüsselungseinheit. Er will nachweisen können, daß er selbst keine Fälschung oder sonstigen Mißbrauch vorgenommen haben kann. Dies wird erst glaubhaft, wenn das Gerät auch ihm gegenüber bestimmte Dienste mit Sicherheit verweigert.

Eine solche versiegelte Verschlüsselungseinheit darf die ihr anvertrauten Schlüssel nicht im Klartext ausgeben und sie auf sonstige Weise erkennen lassen. Sie muß selbst die Schlüssel löschen, bevor es dem Eindringling gelingt, sie zur Kenntnis zu nehmen. Sollte diese Forderung nicht oder nur sehr schwer erfüllbar sein, so muß zumindest jeder Versuch festgestellt werden können, so daß die Schlüssel durch neue ersetzt werden können.

Ferner darf diese Verschlüsselungseinheit nur ganz bestimmte Operationen mit den ihr anvertrauten Schlüsseln und Authentikatoren durchführen (siehe 3.6.2); für andere muß sie z.B. auf eine besondere Bezeichnung des Schlüssels hin ihren Dienst verweigern; sie darf sich von ihrer Weigerung nicht abbringen lassen.

Sie darf sich nicht vervielfältigen oder simulieren lassen. Damit ist gemeint, daß sie sich nicht mit der Information, die sie enthält, reproduzieren lassen darf; es darf auch nicht möglich sein, etwa ein Programm zu erstellen, das sie ersetzen könnte. Diese Forderungen laufen letzten endes auf die oben gestellte heraus, daß geheime Information - wie etwa Schlüssel - im Gerät gegen Kenntnisnahme gesichert sein muß.

Selbstverständlich ist es schwieriger, eine solches Gerät gegen seinen Besitzer zu sichern als nur gegen andere Personen. Letztere kann man z.B. von ihm fernhalten, indem man es in einen sicheren Raum einsperrt. Wenn man aber einen strengeren Sicherheitsmaßstab anlegt, so wird man die Verschlüsselungseinheit auch gegen Unbefugte so sichern, als verfügten sie über die gleichen Möglichkeiten wie der Besitzer selbst. Man denke z.B. an subversiv tätige untreue Mitarbeiter. Bei einem extensiven Einsatz der Verschlüsselung in offenen Kommunikationssystemen wird es sich kaum vermeiden lassen, daß die Sicherung der Verschlüsselungseinheit gegen jeden Eingriff gerichtet sein muß. Es ist daher ratsam, einen einheitlichen aber hohen Sicherheitsstandard anzustreben. In der Einheitlichkeit mag genügend Rationalisierungspotential liegen.

Der vom juristischen Standpunkt beobachtete Unterschied zwischen einer Sicherheit gegen Unbefugte und einer Sicherheit gegen den eigenen Besitzer ist wesentlich; in technischer Hinsicht dürften sich diese Sicherungsstandards jedoch eher weniger unterscheiden.

Die Sicherung mag im ersten Falle durch den Besitzer selbst erfolgen können; soll sich die Sicherung gegen untreue Mitarbeiterrichten, dann genügt es, wenn er die Verschlüsselungseinheit selbst versiegelt. Im zweiten Falle muß sie von jemandem anderen versiegelt werden, damit sich der Besitzer nicht dem Verdacht aussetze, er habe vorher die Schlüssel zur Kenntnis genommen.

Die Versiegelung muß im zweiten Fall von einem vertrauenswürdigen Dritten, im Zweifelsfalle einer öffentlichen Stelle, vorgenommen werden. Das könnte diejenige Stelle sein, welche den Schlüsselverteilungsautomaten betreibt.

Es ist vorstellbar, daß ein Teilnehmer eines offenen Kommunikationssystems, der in der Lage sein möchte, verschlüsselt verkehren zu können, eine versiegelbare Verschlüsselungseinheit ersteht, dieser von der auch als Zulassungsstelle fungierenden Schlüsselverteilungszentrale einen Master-Schlüssel einprägen läßt und sie an seinen Teilnehmeranschluß anschließt. Nur der Schlüsselverteilungsautomat mag sich den Master-Schlüssel merken, indem er ihn für die künftigen Sekundärauthentikationen der Verschlüsselungseinheit bei sich gesichert abspeichert. Das Einprägen von Master-Schlüsseln kann in bestimmten Abständen wiederholt werden, um einem potentiellen Betrüger nicht die Zeit zu lassen, den Master-Schlüssel ausforschen zu können.

Der Umstand, daß eine unter öffentlicher Kontrolle befindliche Einheit beim Teilnehmer installiert ist, wäre nichts Neues, stehen doch beim Teilnehmer z.B. auch Modems, die seinem Einwirken zumindest rechtlich entzogen sind. Diese Modems, die mit der Einführung neuer Übertragungstechniken weitgehend aber nicht ganz überflüssig werden, könnten gewissermaßen in den Verschlüsselungseinheiten ihre Nachfolger finden.

Im Gegensatz zu den Modems jedoch müßte der Ausgang der Verschlüsselungseinheit nicht allein mit der Übertragungsleitung sondern auch mit einem Eingang zum Datenverarbeitungssystem beschaltet werden, damit dieses von ihr für

Verschlüsselungsanwendungen in höheren Ebenen des ISO-Schichtenmodells oder für kommunikationsfremde Anwendungen Gebrauch machen kann. Sollte die Verschlüsselung höher als am unteren Rande der Transportschicht (siehe 9.2.4) vorgenommen werden, ergäbe sich keine unmitelbare Schnittstelle zum Übertragungssystem; die Verschlüsselungseinheit könnte in diesem Sinne nicht etwa wie ein Modem den öffentlichen Übertragungsbereich abschließen.

Zur Vorstellung einer versiegelten Verschlüsselungseinheit führte im Zuge der Überlegungen die Notwendigkeit, bei symmetrischen Verfahren eine disputable Unterschrift zu gewährleisten. Diese Notwendigkeit besteht bei asymmetrischen Verfahren nicht, weil dort - wenn man von der Wahrung der Originalechtheit (siehe 3.6.10) und von der Teilnehmeranonymisierung (siehe 7.3.2) absieht - kein Schlüssel gegen seinen Besitzer gesichert werden muß.

Das ergibt zunächst einen deutlichen Unterschied symmetrischer und asymmetrischer Verfahren bezüglich juristischer Belange. Es bedeutet aber nicht, daß es sinnvoll ist, bei einem asymmetrischen Verfahren einen geringeren technischen Sicherungsstandard einzuhalten. Auch der geheime Schlüssel des Teilnehmers muß gegen Kenntnisnahme gesichert werden, auch gegen untreue Mitarbeiter. Auch für asymmetrisch arbeitende Verschlüsselungseinheiten empfiehlt sich eine Versiegelung. Auch für solche Verfahren hat sich eine vertrauenswürdige zentrale Stelle (zur Teilnehmerauthentikation) als notwendig erwiesen; sie könnte ebenfalls zusätzlich zu einem eventuellen Schlüsselerzeugungsservice einen Versiegelungsservice anbieten. Die generierten Schlüssel könnten der Verschlüsselungseinheit unmittelbar eingeprägt und ihr Besitzer primär authentiziert werden.

Es sei noch darauf hingewiesen, daß sich ähnliche Versiegelungsprobleme in 3.6.10 zur Originalechtheit stellten; auch dort müssen Schlüssel versiegelten Einheiten eingeprägt werden. Allerdings wurde dazu vorgeschlagenen, daß dies nicht von der Schlüsselverteilungszentrale sondern von Notaren vorgenommen werde. Die Sicherstellung einer Originalechtheit kann von der Schlüsselverteilung in offenen Kommunikationssystemen unabhängig sein; sie kann auch bei asymmetrischer Schlüsselverteilung nach symmetrischen Verfahren erfolgen. Anders ist dies hingegen mit der Wahrung der Anonymität nach 7.3.2; sie ist ja eine Aufgabe der Schlüsselverteilungszentrale; der anonyme Teilnehmer darf nicht durch einen wirklich öffentlichen Schlüssel identifiziert werden können, den aber das asymmetrische Verfahren erfordert. Müßte aus Anonymisierungsgründen dieser öffentliche Schlüssel mitversiegelt werden, stünde er nicht für die öffentliche Teilnehmerauthentikation zur Verfügung.

7.4 Auswahlgesichtspunkte

In diesem Kapitel wurde davon ausgegangen, daß sich für einen unterschiedlichen Bedarf unterschiedliche Organisationsformen des Schlüsselmanagements empfehlen könnten. Dem lag mehr der Umstand zugrunde, daß man den Bedarf derzeit noch nicht kennt, und weniger die Annahme, daß der Bedarf in einem eingefahrenen System sehr unterschiedlich sein würde. Letztere Unterschiedlichkeit mag sich zwar ergeben; der Bedarf wäre aber in jedem Falle auf einen gemeinsamen Durchschnitt zu reduzieren, um eine Normung der Verschlüsselung im Kommunikationssystems überhaupt sinnvoll zu machen.

Da Verschlüsselungsverfahren in öffentlichen System nicht nur leicht ausgeforscht werden können, sondern auch genormt werden müssen, kommen für offene Kommunikationssysteme nur diejenigen in Frage, bei denen der Algorithmus öffentlich bekannt sein darf, ohne daß sich damit die kryptographische Sicherheit des Verfahrens wesentlich verschlechtert.

Im Zuge der obenangestellten Überlegungen hat es sich gezeigt, daß symmetrische und asymmetrische Verfahren je nach Organisationsstufe ihre Vor- und Nachteile unterschiedlich zur Geltung bringen. Entsprechend ungewiß mußte es bleiben, welches Verfahren oder welche Verfahrenskombination für die Praxis am günstigsten sein könnte.

An dieser Stelle sollen die vorgeschlagenen Verfahren nicht im einzelnen diskutiert werden. Sie sollen, wie bereits in 2.2 eingeschlagen und in 3.6 praktiziert in zwei Gruppen zusammengefaßt werden: in symmetrische und in asymmetrische Verfahren (siehe 2.2). Es soll zunächst grundsätzlich angenommen werden, daß die vorgeschlagenen Verfahren ausreichend sicher, ökonomisch realisierbar und in diesen Hinsichten einander etwa gleichwertig sind. Ausreichend sicher heißt nicht absolut sicher, sondern nur, daß ein Brechen des Systems erheblich aufwendiger wäre als es einem Angreifer an Wert einbrächte.

Zur Rekapitulation: Bei symmetrischen Verfahren wird mit dem gleichen Schlüssel ver- und entschlüsselt. Im praktischen Gebrauch verfügen also beide Kommunikanten über den gleichen Schlüssel. Dritten gegenüber kann er verborgen werden. Bei asymmetrischen Verfahren erfolgen Ver- und Entschlüsselung mit unterschiedlichen paarweise auftretenden Schlüsseln. Was immer mit einem der Schlüssel verschlüsselt wird, kann nur mit dem jeweils anderen entschlüsselt werden und umgekehrt. Es ist relativ einfach, den einen Schlüssel aus dem anderen aber praktisch unmöglich, letzteren aus ersterem abzuleiten. Letzteren muß sein Besitzer deshalb gut sichern und für sich geheimhalten; ersteren kann er der Öffentlichkeit mitteilen.

Für das symmetrische Verfahren spricht im Vergleich zum asymmetrischen derzeit:

- sehr einfache Schlüsselerzeugung
- kurze Schlüssellänge und damit kurze Minimallänge der Nachricht (64 bit)
- sehr schnelle Schlüsselungsoperationen
- beliebig häufiger (ökonomischer) Wechsel des Unterschrifts-/Nachweisschlüssels (siehe 3.6)
- und damit einfache Durchführung einer beglaubigten Unterschrift

Eine einfache Abwicklung der beglaubigten Unterschrift wird auch deshalb wichtig sein, weil eine beglaubigte Unterschrift das Problem der behaupteten Kompromittierung eines Unterschriftsschlüssels bzw das Ableugnen einer Unterschrift löst.

Für das asymmetrische Verfahren spricht derzeit:

- bessere Dokumentationsmöglichkeit zu authentizierender Daten

- größere Sicherheit der Authentikation (siehe 3.6)

- Möglichkeit, einen Schlüssel öffentlich und ungesichert zu halten

- kein Bedarf, die Verschlüsselungseinheit gegen ihren Besitzer zu versiegeln (wenn auch dadurch bedingt umständlichere Lösung der beglaubigten Unterschrift).

- Möglichkeit, einen Text durch Vernichtung des geheimen Schlüssels zu versiegeln (siehe 3.6.7)

Das einzige bislang der International Organization for Standardization ISO zur Normung vorgeschlagene Verfahren, das des Data Enciphering Algorithm DEA1 <ISO 2> des US National Bureau of Standards (dort genormt als Data Encryption Standard DES <DES>), ist ein symmetrisches Verfahren, das bereits relativ ergiebig diskutiert und erprobt ist.

Unter den asymmetrischen Verfahren hat derzeit das von Rivest, Shamir und Adleman vorgeschlagene RSA-Verfahren <Riv> die besten Aussichten, im Bedarfsfalle genormt zu werden. Ein weiteres Verfahren, das sich für den asymmetrischen Gebrauch eignet, ist das von Merkle und Hellman <Mer> vorgeschlagene Knapsack-Verfahren, das allerdings in seiner einfachen Form bereits als unsicher gelten muß <Shm>. Ein neueres, nur für die Authentikation geeignetes Verfahren wurde von <Ong> vorgeschlagen.

Kombinationen von Verfahren sind insofern berechtigt, als es unterschiedliche Aufgaben gibt, die mit der Verschlüsselung zu lösen sind:

Der Vergleich der Verfahren hat schon in 3.6 gezeigt, daß unter der Voraussetzung der Beteiligung eines neutralen Dritten - z. B. des Betreibers des Kommunikationssystems - beide Verfahren, sowohl die symmetrischen als auch die asymmetrischen die geforderten Bedingungen im Prinzip erfüllen; ohne diesen Dritten sind die asymmetrischen Verfahren den symmetrischen hinsichtlich der Anwendungsmöglichkeiten dem ersten Anschein nach überlegen; ohne einen Dritten kann aber die wichtige Primärauthentikation der Teilnehmer in offenen Netzen mit regem verschlüsselten Verkehr nicht wirtschaftlich durchgeführt werden.

Welche Aufgaben dieser Dritte übernehmen kann, wurde im 6. Kapitel für den Fall einer öffentlichen Schlüsselverteilungszentrale geschildert.

Zwischen den vier an der Kommunikation beteiligten Instanzen

- Teilnehmerprozeß bzw personaler Teilnehmer

- Teilnehmerendeinrichtung/Senden

- Teilnehmerendeinrichtung/Empfangen

- Schlüsselverteilungszentrale

gibt es zwar 24 mögliche einfache Relationen. Unmittelbar realisiert sind jedoch nur drei prinzipiell unterschiedliche Verbindungen: Teilnehmerprozeß / Teilnehmerendeinrichtung, Teilnehmerendeinrichtung / Teilnehmerendeinrichtung, Teilnehmerendeinrichtung / Schlüsselverteilungszentrale. Zwischen diesen Instanzen wird unmittelbar kommuniziert und kann verschlüsselt werden. Überdies können Daten verschlüsselt gespeichert werden. Daraus ergeben sich im wesentlichen folgende Verschlüsselungsaufgaben:

- Teilnehmerendeinrichtung TEE / Teilnehmerendeinrichtung TEE: die Verschlüsselung von Informationen für die Konzelation sowie für die Authentikation von Nachrichten- und Teilnehmer-Nachrichten-Beziehungen,

- Teilnehmerendeinrichtung TEE / Schlüsselverteilungszentrale SVZ: die Anforderung und Verteilung von Sessionsschlüsseln und Authentikatoren,

- Teilnehmerprozeß TP / Teilnehmerendeinrichtung TEE: die Authentikation des Teilnehmerprozesses und die Speicherung von Daten durch den Teilnehmerprozeß,

- personaler Teilnehmer pT / Teilnehmerendeinrichtung TEE: die Authentikation des personalen Teilnehmers.

7.4.1 Verkehr TEE / TEE

In diesem Bereich zeigen symmetrische Verfahren, z.B. der DEA1-Algorithmus, deutliche Vorteile bezüglich der Konzelation und der Nachrichtenauthentikation. Der DEA1-Algorithmus ist einfach, schnell und ökonomisch, weil praktisch jede beliebige Zufallszahl von 56 bit als Schlüssel verwendet werden kann. So kann für jede Session ein besonderer Schlüssel bereitgestellt werden, was die Sicherheit entscheidend erhöht, denn es reduziert sehr stark den Anreiz, einen solchen Schlüssel subversiv beschaffen zu wollen.

Auch ökonomische Gründe allein können ausschlaggebend sein. Man denke etwa an den Bildschirmtext-Übertragungsdienst, bei dem gebührenpflichtige Sendungen verschlüsselt werden und der Empfänger Schlüssel ersteht, mit denen er sie sich verständlich machen kann (Gui). Dort mag der Schlüssel nur eine Sendung oder eine Gebühreneinheit lang wirksam sein und während des Betriebs gewechselt werden. Wählte man ein asymmetrisches Verschlüsselungsverfahren, käme die Schlüsselerzeugung eventuell teuerer zu stehen als die Sendung selbst.

Die bekannten asymmetrischen Verfahren, z.B. der RSA-Algorithmus, stellen schwerer zu erfüllende Bedingen an die Schlüssel. Die Schlüsselerstellung ist deshalb zumeist wesentlich aufwendiger. Beim RSA-Verfahren wären die Kosten für einen häufigen Schlüsselwechsel prohibitiv.

Umgekehrt werden symmetrische Verfahren vom Problem der disputablen Unterschrift belastet. Jeder der beiden Teilnehmer kann der Aussteller einer verschlüsselten Nachricht sein. Solange die Partner sich einig sein können und nicht disputieren, wer der Aussteller der Nachricht ist, sondern nur zufrieden sind, zu wissen, daß sie von keinem Dritten ausgestellt werden konnte, werden sie mit einem symmetrischen Verfahren zufrieden sein. Ist dies nicht der Fall, müssen sie ein asymmetrisches wählen, und sei es, daß sie das symmetrische wie in 3.6 beschrieben - asymmetrisieren.

Deshalb dürften die Aussichten dafür günstiger erscheinen, das asymmetrische Verfahren mit Vorteil für die normale (nicht beglaubigte) Unterschrift (siehe 3.6) einzusetzen. Was immer mit einem geheimen Schlüssel verschlüsselt worden ist, kann nur dessen Besitzer verschlüsselt haben; jeder andere kann ihm aber mittels des komplementären öffentlichen Schlüssels und des Schlüsseltexts die Ausstellerauthentizität nachweisen.

Will man zwischen den Partnern disputierte Information authentizieren, eine nachweisbare Unterschrift ermöglichen, dann werden beim symmetrischen Verfahren öffentlich versiegelte Hardware-Verschlüsselungseinheiten notwendig. Demgegenüber bringt ein statt dessen oder zusätzlich eingeführtes asymmetrisches Verfahren den Vorteil, daß die Sicherung der Verschlüsselungseinheit gegen ihren Besitzer nicht notwendig ist, es sei denn ein öffentlicher Schlüssel ist gegen seinen Verwender so zu sichern, daß dieser nicht die Identität des Schlüsselbesitzers feststellen kann (siehe 7.3.2).

Will man erreichen, daß der Schlüsselbesitzer nicht selbst (mit dem Empfänger der Unterschrift konspirierend) seine Unterschrift Dritten gegenüber fälschen kann, muß diese Unterschrift beglaubigt und bei einer neutralen (offiziellen) dritten Stelle hinterlegt werden. Hierfür sind beide Verfahren mit kleinen Unterschieden geeignet.

Einen deutlichen, praktisch besonders wichtigen Vorteil zeigt das DEA1-Verfahren und mit ihm jedes, das einen häufigen Schlüsselwechsel ermöglicht: Es ist insofern besonders robust gegenüber der Kompromittierung eines Schlüssels. Man kann den Schaden, der durch einen Schlüsselverlust entsteht auf eine einzige Unterschrift begrenzen (siehe 10.1.2).

Wägt man Vor- und Nachteile der Verfahren gegenseitig ab und bedenkt man, daß das Knapsack-Verfahren (-Dif-) unsicher erscheint (-Shm-) und eine Textausweitung von Klar- zu Schlüsseltext bringt, daß das RSA-Verfahren bei den Schlüsselungsvorgängen (noch) etwa 1000mal langsamer als das DEA1-Verfahren ist, 8mal längere Schlüssel (bzw Minimalblockgrößen) für die gleiche Sicherheit benötigt und seine Schlüsselerzeugung unvergleichlich viel länger als die des DEA1-Verfahrens ist, wird man dem DEA1-Verfahren für diesen Sicherungsbereich den Vorzug geben. Man wird dies trotz der Notwendigkeit versiegelter Verschlüsselungseinheiten tun, zumal die Sicherung der Verschlüsselungseinheiten ohnedies auch gegen untreue Mitarbeiter schützen und deshalb von dieser Qualität sein sollte.

7.4.2 Verkehr TEE / SVZ

Die Schlüsselverteilung durch eine zentrale Instanz kann sowohl mit symmetrischen als auch mit asymmetrischen Verfahren vorgenommen werden. Im ersteren Falle speichern die Teilnehmersysteme ihre eigenen Master-Schlüssel; die SVZ speichert die Master-Schlüssel sämtlicher Teilnehmer; die Übermittlung der Sessionsschlüssel wird mit dem jeweiligen Master-Schlüssel gesichert. Im letzteren Falle speichern die Teilnehmer den geheimen Schlüssel des asymmetrischen Verfahrens; die SVZ speichert die öffentlichen Schlüssel (und bietet diese den übrigen Teilnehmern zur Konzelation und Teilnehmerauthentikation an). Sie sichert die Übertragung der Sessionsschlüssel mit Hilfe des öffentlichen Schlüssel des Teilnehmers.

Bei asymmetrischen Verfahren sichert der Teilnehmer seine Anfrage mit dem öffentlichen Schlüssel der SVZ. Er braucht seine Adresse nicht im Klartext zu übertragen (siehe 6.4), denn die SVZ entschlüsselt alle Anforderungen mit ihrem geheimen Schlüssel und braucht keinen Hinweis darauf, welcher Master-Schlüssel zu verwenden ist. Sie ist in der erfreulichen Lage, die für den Betrieb gespeicherten Schlüssel nicht sichern zu müssen. Allein der geheime Schlüssel und das Erzeugen und Verschlüsseln der Sessionsschlüssel muß gesichert werden.

Man könnte z.B. das asymmetrische Verfahren auch zur Verteilung von DEA1-Schlüsseln verwenden. Dafür eignen sich sowohl echte asymmetrische Algorithmen, wie das RSA- und das Knapsack-Verfahren (Riv, Mer), als auch das Exponentialverfahren nach Diffie und Hellman (Dif), mit dem keine Verschlüsselung von Nachrichten wohl aber eine Schlüsselvereinbarung möglich sind.

In diesem Betrieb kommen die Vorteile der asymmetrischen Verfahren stärker und ihre Nachteile schwächer zu Geltung als im Falle 7.4.1 der Kommunikation zwischen den Teilnehmern selbst. Gleichwohl ist auch mit symmetrischen Verfahren eine Schlüsselverteilung gut möglich (siehe 6.4). Es wäre zu untersuchen, ob eine Kombination gegenüber einer einheitlichen Gestaltung Vorteile erbrächte. Das würde immerhin bedeuten, daß sämtliche Verschlüsselungeinheiten zwei Verfahren beherrschen müßten; jedoch könnte dies aufgrund der im nächsten Unterpunkt zu behandelnden Teilnehmerauthentikation ohnedies zu empfehlen sein.

7.4.3 Teilnehmerauthentikation

Der Vorteil, daß man (bei asymmetrischen Verfahren) den öffentlichen Schlüssel nicht zu sichern braucht, kommt häufig nicht zum Tragen, denn es ist ja noch ein zweiter Schlüssel notwendig, der sehr wohl gesichert werden muß. Es kommt aber vor, daß an bestimmten Stellen nur der öffentliche Schlüssel gebraucht wird und daß diese Stellen deshalb nicht so streng zu sichern sind.

Dies ist z.B. für die Authentikation eines Kunden am Zahlungsautomaten oder Point-of-Sale-Terminal denkbar. Der Kunde weist sich anhand eines verschlüsselten Kennworts aus. Dieses Kennwort muß vom Automaten entschlüsselt und mit einem Normauthentikator verglichen werden. Eine Verschlüsselungsoperation braucht dieser Automat nie durchzuführen. Es genügt also, wenn er - bei einem asymmetrischen Verfahren - allein den öffentlichen Schlüssel des Kunden kennt. Häufig genügt sogar eine Einwegfunktion, statt eines reversiblen Verfahrens (siehe 2.2). Wird der Zahlungsautomat von mehreren Banken bedient und will jede Bank ihren Kunden anders authentizieren, dann empfiehlt sich anstelle einer entsprechenden Vielzahl von Einwegfunktionen ein (asymmetrischer) Algorithmus, der mit von Bank zu Bank unterschiedlichen Schlüsseln arbeitet.

Zumal dann ein solcher Automat die Schlüssel sämtlicher Kunden speichern muß, die er bedienen soll, ist es sehr hilfreich, wenn diese Speicherung in einem ungesicherten Bereich stattfinden kann. Hier hätte also das asymmetrische Verfahren einen deutlichen Vorteil gegenüber einem symmetrischen, bei dem ein Zahlungsautomat gepanzert und in Stahlbeton verankert sein muß - allerdings auch wegen des darin zuweilen enthaltenen Bargelds.

Eine solche Teilnehmerauthentikation mag man allerdings als ein Problem sehen, das sich von der Sicherung des eigentlichen Kommunikationssystems lösen läßt. Jedoch bietet sich beim Betrieb des Zahlungsautomaten an, daß auch für die Konzelation der Nachrichtenübertragung vom Terminal zur zentralen Datenverarbeitungsanlage asymmetrisch verschlüsselt wird, und zwar ebenfalls mit einem öffentlichen Schlüssel. Der geheime Schlüssel befindet sich in diesem Falle in der Datenverarbeitungsanlage, wo er nur einmalig und erheblich leichter gesichert wird. In solch einem Falle, wird man gerne auf ein zusätzliches symmetrisches Verfahren verzichten, das ja nur zusätzliche Sicherungsprobleme mit sich brächte.

Dieser Vorteil geht allerdings zum guten Teil verloren, wenn auch Information konzeliert werden muß, die von der Datenverarbeitungsanlage zum Zahlungsautomaten übertragen wird. Dies ist aber dann der Fall, wenn die Datenverarbeitungsanlage darüber entscheidet, ob z.B. ausgezahlt werden soll oder nicht; dann muß ein Signal übermittelt werden, welches dem Zahlungsautomaten diesbezüglich Weisungen erteilt. Gelänge es einem Betrüger, etwa den Ausschüttungsbefehl zu fälschen, dann könnte er die Zahlungsautomaten leeren. Dem kann man so begegnen, daß man den Zahlungsautomat intelligenter macht und ihn die Entscheidung fällen läßt, oder daß man ihm doch einen geheimen Schlüssel gibt, der den gesicherten Befehl der Datenverarbeitungsanlage entschlüsseln kann; dann allerdings genügt ein einziger geheimer Schlüssel. Gleichgültig, wo nun die Entscheidung getroffen wird, der Zahlungsautomat muß nicht nur bezüglich des in ihm enthaltenen Bargelds sondern auch hinsichtlich seiner Elektronik gesichert werden, sei es des geheimen Schlüssels oder sei es seiner Entscheidungsfunktion wegen.

Es läßt sich sagen: Für die Teilnehmerauthentikation kann ein asymmetrisches Verfahren entscheidende Vorteile bieten; es erspart die Notwendigkeit, an exponierten Stellen eine größere Anzahl von geheimen Schlüsseln speichern und sichern zu müssen. Dies kann auch durchaus in einem offenen Netz der Fall sein. Allerdings werden nicht alle Stellen, an denen Teilnehmer authentiziert werden, so exponiert sein, wie z.B. ein Zahlungsautomat. Man sollte es also nicht etwa zwingend vorschreiben, daß die Teilnehmerauthentikation mit asymmetrischen Verfahren durchzuführen sei; sie liegt ohnedies voll im Verantwortungsbereich der Teilnehmerendeinrichtung und sollte deshalb individuell gestaltbar sein.

Die interessantere Frage mag folgende sein: Soll man neben einem symmetrischen Verfahren auch ein asymmetrisches für die Konzelation der Datenübertragung nach 7.4.1 zulassen. Das ist jedoch nur eine rhetorische Frage; man wird keineswegs so leichtsinnig sein, sich bei der Normung eines Kommunikationssystems auf ein einziges Verfahren festzulegen, das sich ja im Laufe der Zeit als unsicher erweisen könnte.

7.4.4 Speicherung

Was immer für den Bereich der öffentlichen Kommunikationssysteme genormt werden sollte, wird eine deutliche Auswirkung auf den Bereich der Datenverarbeitung haben. So wird z.B. eine für die Datenübertragung genormte Verschlüsselung, die ja im Datenverarbeitungssystem durchzuführen wäre, gleichzeitig auch für die Verschlüsselung gespeicherter Information verwendet werden. Vom Verschlüsselungsverfahren wird man also fordern müssen, daß es sich sowohl für die Sicherung der Übertragung als auch der Speicherung von Daten eignet.

Symmetrische und asymmetrische Verfahren bieten diese Möglichkeit in einer Weise, in der grundsätzlich alle Ansprüche erfüllbar sind, die aber doch Unterschiede aufweist. Es dürfte wohl darauf ankommen, für welche Zwecke Daten gesichert gespeichert werden sollen.

Sollen sie konzeliert werden, dann kann man dies durch Verschlüsseln nach einem symmetrischen Verfahren erreichen; man kann sie auch mit einem öffentlichen Schlüssel eines asymmetrischen Algorithmus verschlüsseln. Man braucht in beiden Fällen, einen geheimen Schlüssel, um die Daten wieder kenntlich zu machen.

Die Frage nach der Lebensdauer eines Schlüssels findet bezüglich der Speicherung eine andere Antwort als bezüglich der Übertragung. Der geheime Leseschlüssel muß mindestens so lange aufbewahrt werden wie die Daten, die nur mit ihm entschlüsselt werden können. Auch hier gelten selbstverständlich die Bedenken, daß eine lange Lebensdauer des Schlüssels der Sicherheit nicht gut bekommen mag, weil sie einem Angreifer ebenso lange Zeit gibt, sich den Schlüssel subversiv zu beschaffen. Ob allerdings die Sicherheit dadurch erhöht werden kann, daß die Daten in kürzeren Zeitabständen umgeschlüsselt werden, muß der Entscheidung im Einzelfall überlassen beiben. Der Vorteil symmetrischer Verfahren jedoch, Schlüssel häufig wechseln zu können, kommt hier weniger zum Tragen, als bei der Datenübertragung.

Der Vorteil asymmetrischer Verfahren, daß mit einem öffentlichen Schlüssel verschlüsselt wird und der geheime Schlüssel dabei nicht exponiert zu werden braucht, könnte jedoch hier eine Rolle spielen; vor allem dann, wenn von unterschiedlichen Stellen aus mit dem gleichen Schlüssel verschlüsselt wird und deshalb ein geheimer Schlüssel besonders schlecht zu sichern wäre. Wer immer etwas z.B. für das Archiv zu konzelieren hat, verschlüsselt es mit dem öffentlichen Schlüssel. Er kann aber nicht etwa mit seinem Schlüssel das Archiv entschlüsseln. Bei symmetrischen Verfahren muß man, um dies nur annähernd zu erreichen, technisch-organisatorische Sicherungen einlegen.

Sollen Daten authentikabel gespeichert werden, stellt sich das Problem anders. Man will dann in erster Linie sicherstellen, daß niemand wichtige Daten unbefugt und unbemerkt verändern kann. Auch dieses ist gundsätzlich mit beiden Verfahrensarten erreichbar. Jedoch bieten asymmetrische Verfahren den Vorteil, daß die Authentikation mit einem öffentlichen Schlüssel erfolgen kann, während bei symmetrischen Verfahren ein geheimer Schlüssel notwendig ist. Die Daten werden mit dem geheimen Schlüssel gesichert; wer immer sie braucht, ruft sie ab und macht sie mittels des öffentlichen Schlüssels nicht nur lesbar, sondern authentiziert sie auch.

Der Extremfall ist der, der Bedingung G nach 3.6 genügt: Die Daten werden mit dem geheimen Schlüssel unterschrieben; der geheime Schlüssel wird danach, ohne eingesehen zu werden, vernichtet, so daß die Daten von niemandem mehr gefälscht aber jederzeit authentisch gelesen werden können.

Sollen nun symmetrische oder asymmetrische Verfahren für die Speicherung von Daten verwendet werden? Diese Frage betrifft nur in geringem Maße die Normung von Kommunikationssystemen. Man wird Daten zur Speicherung nicht vom Kommunikationssystem verschlüsseln lassen (vielmehr von einer Verschlüsselungseinheit, die, wie in 9.2.3.3 näher erörtert, eine Servicefunktion für beide Kommunikation und Speicherung - ausfüllt).

Sofern aber Daten vom Kommunikationssystem zu verschlüsseln und zu speichern sind, z.B. bei den Aktivitäten K30, K39, K41, K45 von 6.4.1, wird man wohl das Verfahren verwenden, das auch die Übertragung und die Authentikation sichern soll, also im Beispiel von 6.4 ein symmetrisches Verfahren. Diese Verschlüsselung und Speicherung sind allerdings im Kommunikationssystem einzubetten und im ISO-Schichtenmodell zu definieren.

7.4.5 Vergleich der Verfahren

Man mag zwar der Meinung sein, daß man nicht ohne Not mehr als ein Verfahren - und seien es auch nur zwei - normen sollte, jedoch kann man ebenso die Meinung vertreten, daß man sich nicht den Einsatz anderer Verfahren verbauen sollte, allein schon, weil sich das genormte als nicht mehr sicher erweisen könnte.

Hier kann kein Vergleich der Sicherheit der unterschiedlichen Verfahren angestellt werden. Es soll davon ausgegangen werden, daß sie etwa alle den gleichen Sicherheitsstandard aufweisen. Diese Annahme ist vor allem dann nicht abzuweisen, wenn man gestattet, daß ein Sicherheitsunterschied durch die gewählte Schlüssellänge oder durch Mehrfachverschlüsselung ausgeglichen werden kann.

Das ist allerdings in Bezug auf den Aufwand wesentlich. Solche Unterschiede im Aufwand können hier zwar in ihrer Größenordnung aufgezeigt, nicht aber genau beziffert werden. Der Aufwand an Hardware dürfte beim DEA1-Verfahren wohl am geringsten sein. Man kann jedoch annehmen, daß er bei den anderen Verfahren, z.B. dem RSA- und dem Knapsack-Algorithmus noch in der gleichen Größenordnung liegt. Die Algorithmen lassen sich je auf einem Computer-Chip realisieren. Beim DEA1- und beim RSA-Algorithmus liegen solche Realisierungen schon vor; beim ersteren werden sie bereits vertrieben; zum Knapsack-Algorithmus ist diesbezüglich nichts bekannt. In seiner einfachen Form, dürfte er deutlich leichter zu realisieren sein als der RSA-Algorithmus, allerdings hat sich diese bereits als unsicher herausgestellt <Shm>. Da die Gefahr gesehen wird, daß auch die komplexere Form auf dem eingeschlagenen Wege geknackt werden könnte, mag es zu keiner Realisierung des Knapsack-Verfahrens kommen.

Der Preisunterschied der Chips dürfte entsprechend deutlich sein, aber nicht eine 10er-Potenz übersteigen. Die Chip-Hardware mag sich aber vergleichsweise billig stellen; sie dürfte gegenüber den anderen Kosten nicht ausschlaggebend sein.

Eine Realisierung der Verschlüsselung durch Software ist grundsätzlich möglich. Jedoch dürfte es schwieriger sein, das Verfahren zu sichern. Eine Verschlüsselung durch Software wäre zudem erheblich langsamer als eine durch Hardware. Das würde sich auch bei dem sonst schnellen DEA1-Verfahren bemerkbar machen, da dieses günstig für eine Hardware- und ungünstig für eine Software-Implementierung ausgelegt ist. Die Normvorschrift für die US-Bundesverwaltung ⟨DES⟩ verbietet (für ihren Geltungsbereich) eine Realisierung durch Software.

Entscheidend mag aber die Verschlüsselungsrate sein. Z.B. dürfte auch nach einigen möglichen Verbesserungen das RSA-Verfahren um den Faktor 100 bis (eher) 1000 langsamer sein als das DEA1-Verfahren. Dies kann sich noch dadurch erhöhen, daß aufgrund der größeren Schlüssellänge (über 500 bit) größere Blöcke verschlüsselt werden müssen und damit bis zur Größe einer Schlüssellänge unnütze Information verschlüsselt wird. Bei kürzeren Nachrichten, z.B. bei der Verschlüsselung von DEA1-Schlüsseln kann sich dies besonders auswirken.

Andere Verfahren - Knapsack ⟨Mer⟩, Exponentialmethode ⟨Dif⟩ könnten sich für bestimmte Aufgaben eventuell billiger stellen; das eine produziert allerdings mit der Entschlüsselung einen Text, der länger als der eingebene ist, bei der Verschlüsselung muß der Text ensprechend auf einen gültigen und verschlüsselbaren erweitert werden. Das andere Verfahren ist nur für die Schlüsselverteilung geeignet.

Eine grundsätzliche Schlußbemerkung: Man sollte sich nicht vom derzeitigen geringen Bedarf für Verschlüsselung dazu verführen lassen, sich mit der Normung der Kommunikationssysteme Wege zu verbauen, die jedoch bei einer extensiveren Nutzung der Verschlüsselung begangen werden müssen. Man sollte sich nicht etwa für asymmetrische Verahren entscheiden, weil sie vordergründig organisatorische Vorteile bieten oder für symmetrische, weil sie einfacher und billiger sind. Wie die oben angestellten Betrachtungen zeigen, muß man dies differenziert sehen und differenzierend entscheiden.

Bild 8: Vergleich symmetrischer und asymmetrischer Verfahren

	symmetrische Verfahren	asymmetrische Verfahren
Konzelation der Nachricht	ja	ja
Authentikation der Nachr.	ja	ja
Konzelation der TN-Adresse	ja	ja
Authentikation der TN-Adr.	1)	ja
Konzelat.von Angaben zu TN	ja	ja
Authent. von Angaben zu TN	2)	ja
Konzelat."höh. Protokolle"	ja	ja
Authent. "höh. Protokolle"	1)	ja
Konzelat. des Sendeorts	ja	ja
Authent. des Sendeorts	1)	ja
Konzelat.des Empfangsorts	ja	ja
Authent. des Empfangsorts	1)	ja
Konzelation des Datums	ja	ja
Authentikat. des Datums	1),2)	2)
Konzelat.Komm.-Protokolle	ja	ja
Authent. Komm.-Protokolle	2)	ja
Personenidentifikation	ja	ja
Automatenidentifikation	ja	ja

1) Die Authentikation kann nur durch beide Teilnehmer gemeinsam gegenüber Dritten erfolgen, nicht wenn sie zwischen den Teilnehmern disputiert wird. Dabei ist vorauszusetzen, daß der Dritte den Teilnehmern vertraut. Ist dies etwa nicht der Fall, kann sie erfolgen, wenn ein neutraler Dritter eingeschaltet wird. Ein zwischen den Teilnehmern disputabler Nachweis ist nur möglich, wenn das Verfahren durch zusätzlichen Aufwand asymmetrisiert wird.

2) Hier wird davon ausgegangen, daß die zu authentizierende Information durch den Systembetreiber - einen Dritten - gespeichert wird und die Authentikation durch diesen neutralen Dritten erfolgen kann.

8. Anforderungen an das Kommunikationssystem

An Kommunikationssysteme wird global die Forderung gestellt, daß sie sicher sein müssen. Moderne Schutzgesetze, wie z.B. die verschiedenen Datenschutzgesetze, unterstützen diese Forderung nach Sicherheit. Aus diesem Grunde ist zu erwarten, daß auch bereichsspezische Regelungen zur Kommunikationstechnik solche Forderungen treffen.

So heißt es u.a. im "Entwurf für ein Gesetz über die Neuen Medien - Landesmediengesetz Baden-Württemberg - " (LBW): "Insbesondere sind Kabelnetze und andere Kommunikationseinrichtungen so auszugestalten und zu betreiben, daß personenbezogene Daten nicht verfälscht, gestört und ..... werden können." Der Landesgesetzgeber wird offensichtlich durch den Entwurf angeregt, zwischen "verfälschen" und "stören" zu unterscheiden, wobei man wohl unter ersterem eine Mißbrauchshandlung zu verstehen hat, mit der Daten zur Täuschung regulärer Kommunikationsteilnehmer gezielt verändert werden bzw Information ersetzt wird; im Gegensatz zum Stören, das auch unbeabsichtigt erfolgen kann und bei Absicht undifferenziert Daten verändert bzw reguläre Information zerstört.

Dieser Gesetzentwurf fordert indirekt Konzelation und Authentikation von Nachrichten. Eine Forderung nach Authentikation von Teilnehmern ist nicht unmittelbar erkennbar; zweifellos ist aber auch an Zugangs- und Zugriffskontrollen gedacht, wie sie die Datenschutzgesetze - z.B. §6 Abs.1 Anlage Nrn. 1 und 5 BDSG - verlangen. Sollen solche Kontrollen vom technischen System durchgeführt werden, dann ist eine Teilnehmerauthentikation erforderlich. Für Datenschutzkontrollen muß sie auch dokumentabel sein.

Solche nicht-technische Forderungen an Kommunikationsysteme nach technischer Sicherheit führen zu technischen Forderungen, z.B. bezüglich der Verschlüsselung. Sie müssen mit denjenigen technischen Forderungen verträglich sein, die man aus anderen Gründen an das Kommunikationssystem stellt und die zumeist schon praktisch irreversibel realisiert sind.

Z.B. könnte eine solche Forderung zur Sicherheit die sein, daß der Teilnehmer in der Lage sein solle, dem System vorzuschreiben, über welchen Kanal seine Nachricht übertragen werden soll - nicht z.B. über eine Richtfunkstrecke sondern über ein (abgeschirmtes) Koaxialkabel. Eine solche Forderung wird sinngemäß im 4. Tätigkeitsbericht des Bundesbeauftragten für den Datenschutz aufgestellt (Bul S.20). Sie kann aber im Konflikt mit der Forderung nach Transparenz des Netzes stehen, die den Teilnehmer eben solcher Entscheidungen entheben soll, und würde einer Optimierung der Netzauslastung entgegenlaufen.

Ein Beispiel für eine realisierbare Forderung: Es wird erheblich und für manche Anwendung der Verschlüsselung erforderlich sein, daß die Nachrichtenübermittlung jeweils nur in einer Richtung (halbduplex) abläuft und daß nicht etwa in beiden Richtungen gleichzeitig (vollduplex) übertragen wird, wie dies z.B. bei einem Telefongespräch der Fall ist. Dabei wird vermutlich nach Sende- und Abrufbetrieb zu unterscheiden sein, also nach den Fällen, in denen die Nachrichtenübermittlung in der gleichen bzw in der entgegensetzten Richtung zur Herstellung der Teilnehmerverbindung abläuft.

Allerdings ist das Kommunikationssystem nicht nur als Partner zu sehen, an den Forderungen zu stellen sind. Es kann auch Dienste bieten, die bislang noch nicht gebräuchlich sind und die entsprechend auch nicht in die Überlegungen zur Datenverschlüsselung einbezogen sein mögen.

Z.B. mag das Kommunikationssystem (etwa das Bildschirmtext-Übertragungssystem) seinen Teilnehmern "Briefkästen" offenhalten, in die von anderen Teilnehmern Nachrichten deponiert werden können, ohne daß dazu eine komplette Teilnehmerverbindung zwischen Sender und Empfänger aufgebaut zu werden braucht. Der Kommunikationspartner für den Sender wäre in diesem Falle der Briefkasten. Es liegt dann am Inhaber des "Briefkastens", diesen zu leeren, wenn er sich dem Kommunikationssystem anschaltet, und gegebenenfalls vorgefundenen verschlüsselten Text zu entschlüsseln.

8.1 Kryptobereich

Im 8. Kapitel sollen die Anforderungen behandelt werden, die an das Kommunikationssystem zu stellen sind, damit die Verschlüsselung in ihm realisiert werden kann. Es soll aber grundsätzlich auch auf eine andere Art von Anforderungen hingewiesen werden:

Es sind dies diejenigen, die bereits in 5.5 unter den Anforderungen an die Konzelation anklingen. Die Sicherheit eines Kommunikationssystems wird nicht bereits damit entscheidend größer, daß man die Verschlüsselung einführt. Durch die Verschlüsselung wird lediglich das Sicherungsproblem aus einem schwer zu sichernden Bereich in einen leichter zu sichernden Bereich transformiert. Dieser allgemeine Bereich ist aber sorgfältig zu sichern.

Dazu gehört, daß man sensitive Daten - vor allem vor ihrer Verschlüsselung und nach ihrer Entschlüsselung - grundsätzlich gesondert führt, verarbeitet und sichert; betreibt man die Verschlüsselung mit einer Datenverarbeitungsanlage, die zur Hauptsache für die Verarbeitung unsensitiver Daten vorgesehen ist, dann haben alle an der Datenverarbeitungsanlage beschäftigten Personen relativ leicht herstellbaren Kontakt zur Verarbeitung sensitiver Daten; das sollte man vermeiden. Die Aussonderung der sensitiven Daten in einen sogenannten Kryptobereich, Zugangsbeschränkungen und Zugangskontrollen sind also wichtige komplementäre Maßnahmen zur Verschlüsselung.

Nicht immer wird eine Zugangsbeschränkung zu verschlüsselnden Geräten möglich oder sinnvoll sein; der Zugang zu einem Zahlungsautomaten z.B. wird in der Regel jedem freistehen müssen. Dort wird man jedoch nur eine beschränkte Menge von Operationen zulassen und diese sowie die geheimen Daten im Gerät selbst durch technische Maßnahmen sichern. Eine solche technische Maßnahme ist z.B. die Versiegelung der Verschlüsselungseinheit, die es unmöglich machen soll, daß irgendjemand der Einheit einen Schlüssel im Klartext entnehmen kann, und sei es, daß er sie bei diesem Versuch zerstört.

Der Kryptobereich sollte aber nicht so verstanden werden, als ob man sich in ihm die technische Sicherung erleichtern könne, weil eine organisatorische Zugangssicherung bereits für ausreichende Sicherheit sorge. Man könnte z.B. meinen, daß eine Versiegelung der Verschlüsselungseinheit nicht notwendig ist, wenn sie sich im Kryptobereich befindet. Abgesehen davon, daß aus den in 3.6 erörterten Nachweisgründen die Verschlüsselungseinheit in bestimmten Fällen auch gegen ihren Besitzer versiegelt sein muß, bietet auch der Kryptobereich keinen sicheren Schutz gegen subversiv tätige Mitarbeiter.

Der Kryptobereich sollte also nicht so aufgefaßt werden, als könne man sich mit seiner Zugangssicherung andere Sicherungsmaßnahmen ersparen. Vielmehr sollte es der Bereich sein, in dem unvermeidbare sensitive Operationen - wie etwa das Laden eines Schlüssels in die Verschlüsselungseinheit oder die Eingabe vertraulichen Klartexts - möglichst sicher ablaufen können. In diesem Sinne ist der Kryptobereich gewissermaßen der unvermeidliche Nabel der verschlüsselten Welt zur Klartextwelt; man kann ihn nicht etwa durch technische Maßnahmen völlig abschnüren; er ist die Stelle, die einem kontrollierten Vertrauen ausgesetzt bleiben muß. Das Vertrauen braucht aber nur einer eingeschränkten Menge von Personen entgegengebracht zu werden. Subversiv Tätige können in der kleineren Menge leichter festgestellt werden als in einer unbeschränkten.

In erster Linie sind es die Klartexte von Schlüsseln, die gesichert werden müssen. Bei ihnen kann man sich nicht auf Zugangsregelungen beschränken; vielmehr müssen sie so geschützt sein, daß sie möglichst niemand zur Kenntnis nehmen kann, auch nicht derjenige, dem ein Zugang zu Einrichtungen gewährt wird, welche sich der Schlüssel und Authentikatoren bedienen. Keine Art von Vertrauen z.B. rechtfertigt einen solchen Zugriff auf den Master-Schlüssel; er braucht seinem Anwender nicht bekannt zu sein. Das Gleiche gilt für Sessionsschlüssel, wenn er auch weniger gefährlich werden kann.

Wie steht es mit den Authentikatoren? Man denke z.B. an die Teilnehmerauthentikatoren von 3.4.1. Auch von ihnen wird gefordert, daß sie außerhalb der Verschlüsselungseinheit nicht im Klartext erscheinen dürfen; in verschlüsselter Form brauchen sie dann nicht gegen unbefugte Kenntnisnahme besonders geschützt zu sein. Jedoch müssen sie bei der Primärauthentikation eines Teilnehmers erzeugt werden; wird z.B. ein Kenndialog angelegt, dann erscheint dieser zunächst in Klartextform, bevor er der Verschlüsselungseinheit zur Verschlüsselung eingegeben wird. Diese Klartextform kann auch von Unbefugten abgehört werden.

Man könnte diesen Prozeß der Primärauthentikation durch das System möglichst von der Verschlüsselungseinheit allein und automatisch durchführen lassen. Das könnte die Verschlüsselungseinheit verteuern. U.U. genügt es aber, wenn nur ein partieller P-Authentikator im direkten automatischen Dialog zwischen Teilnehmer und Verschlüsselungseinheit festgelegt wird. Die Erzeugung des komplementären Teils des vollständigen C-Authentikators könnte ansonsten im Kryptobereich ablaufen.

Abhängig von der Interessenlage wird man allerdings in der Praxis zumeist auf eine rigorose Authentikation verzichten und z.B. Fehlauthentikationen zulassen, wenn sichergestellt ist, daß ihr Verursacher auch den (begrenzten) Schaden trägt. Der Verursacher wird zumeist der Teilnehmer bzw. Besitzer des Prüfauthentikators selbst sein, der z.B. seinen Ausweis verliert. Trotzdem mag aber der authentizierenden Stelle, etwa einer Bank, daran gelegen sein, eine Unkorrektheit ihrerseits möglichst auszuschließen und nachweisbar rigoros zu authentizieren.

Wie steht es mit den Daten? Hier muß man beachten, zu welchem Zwecke die Daten verschlüsselt wurden. Diente die Verschlüsselung der Konzelation, dann sind es weniger die verschlüsselten Daten, die einen besonderen Schutz erfordern, sondern in erster Linie die unverschlüsselten. Leztere sollten nur flüchtig auftreten und zwar nur dann, wenn dies nicht zu vermeiden ist: bei ihrer Erfassung, eventuellen Verarbeitung und Verschlüsselung sowie bei ihrer befugten Kenntnisnahme. Wenn immer unverschlüsselte sensitive Daten in dieser Weise offenbar werden, sollte dies auf den Kryptobereich beschränkt werden.

Werden Daten für Nachweiszwecke verschlüsselt, dann brauchen sie selbst auch in ihrer Klartextform nicht geheimgehalten zu werden. Geheimzuhalten ist lediglich der Schlüssel, bei unterschriebenen Daten z.B. der Unterschriftsschlüssel, nicht notwendigerweise auch der Nachweisschlüssel. Selbstverständlich wird man den Nachweis gegen Verlust sichern; das gelingt am besten, wenn er möglichst oft an unterschiedlichen Stellen gespeichert wird. Eine Beschränkung der Speicherung von Nachweisdaten auf den Kryptobereich wäre also nicht nur nicht notwendig sondern u.U. auch nicht sicher genug.

Der Kryptobereich wird zwar für die Verschlüsselung nicht aber für die Speicherung sensitiver Daten eingerichtet. Eben dazu soll ja die Verschlüsselung dienen, daß sensitive Daten so konzeliert werden, daß sie auch in ungesicherter Umgebung auftreten können. Organisatorische Gründe werden allerdings oft dazu führen, daß auch die verschlüsselten Daten in einem Kryptobereich gespeichert werden, könnte es doch z.B. sein, daß man für die Aufbereitung zu verschlüsselnder Daten und eine Nachbereitung eine besondere Datenverarbeitungsanlage vorsieht und diese einschließlich ihrer Speicher in einen Kryptobereich einschließt.

8.2 Zu berücksichtigendes Anwendungsspektrum

Nun zu den Fragen der Realisierung der Datenversschlüsselung im Kommunikationssystem:

Die Anforderungen, welche die Verschlüsselung an das Kommunikationssystem stellt, hängen vor allem davon ab, welche ihrer Anwendungen man jeweils meint. Die Frage danach, wie die Verschlüsselung im Kommunikationssystem einzubetten ist, kann aber irreführen; sie geht zumeist von der unzureichenden Anschauung aus, daß es die Konzelation ist, die man einbetten will.

Die Konzelation ließe sich z.B. gut in der 2. Schicht des ISO-Schichtenmodells, der Sicherungsschicht, unterbringen; man könnte in diesem Falle fast alle Protokollinformation mit der Nachricht konzelieren. In einem privaten Kommunikationssystem, in dem z.B. die Teilnehmerverbindung nicht wählbar ist, sondern feststeht, besteht zumeist schon oberhalb der 2. Schicht eine sogenannte Ende-zu-Ende-Signifikanz; die beiden Teilnehmer lassen sich schon von da aus bestimmen; man kann zumindest das Teilnehmerendgerät authentikabel halten; es kann über den Schlüssel authentiziert werden.

Realisiert man also die Verschlüsselung in einem solchen Privatsystem, dann kann man mit einer Einbettung in der 2. Schicht - u.U. ohne daß man sich darüber Rechenschaft gibt - auch eine zufriedenstellende Teilnehmerauthentikation erzielen. In einem offenen Netz mit Wähl- und Paketvermittlung, mit Multiplexen von Teilnehmer-Nebenanschlüssen auf eine Netzverbindung kann eine Verschlüsselung in der 2. Schicht nicht zur Teilnehmerauthentikation beitragen. Die zu stellende Frage muß vielmehr lauten: In welcher Schicht kann man die Nachrichtenkonzelation, die Nachrichtenauthentikation, die Teilnehmerauthentikation, die Ausstellerauthentikation etc (siehe Auflistung) realisieren.

Dies kann grundsätzlich dazu führen, daß man in mehreren Schichten verschlüsseln muß. Zumal wenn unterschiedliche Funktionen zu erfüllen sind, wird man die Aufteilung des Verschlüsselungeinsatzes auf mehrere Schichten verstehen. Bei einem asymmetrischen Verfahren z.B. muß für die Nachrichtenkonzelation und die Ausstellerauthentikation getrennt verschlüsselt werden: mit dem öffentlichen Schlüssel des Empfängers, um die Nachricht zu konzelieren, und mit dem geheimen Schlüssel des Ausstellers, um diese Nachricht-Instanz-Beziehung bzw die Unterschrift authentikabel zu halten. Allerdings mag man die Normung einfach halten wollen und die höheren Protokolle so organisieren, daß möglichst selten verschlüsselt werden muß.

Im folgenden seien die wichtigsten möglichen Anwendungen der Verschlüsselung noch einmal zusammengestellt (siehe dazu auch 3.1.5):

Nachrichtenauthentikation/konzelation:

- (1) Nachrichtenauthentikation mit -konzelation
- (2) Nachrichtenauthentikation ohne -konzelation

Instanzauthentikation:

- (3) Teilnehmerauthentikation
- (4) Prozeßauthentikation (Ableiten eines Programm-Authentikators)

Authentikation von Nachricht-Instanz-Beziehungen:

- (5) Ausstellerauthentikation *)
- (6) Empfängerauthentikation **)

---

*) Hierunter fällt die "Computerunterschrift", d.h. der Nachweis, daß die Nachricht von einer bestimmten Person ausgestellt wurde.

**) Damit soll sichergestellt werden können, daß ein Empfänger die ihm zugedachte Nachricht und nicht etwa eine andere erhalten hat; bzw daß eine Nachricht den ihr zugedachten Empfänger und nicht etwa einen falschen erreicht hat.

- (7) Authentikation von weiteren Angaben zu Teilnehmern (Zählerstand etc)

Authentikation von Nachricht-Nachricht-Beziehungen:

- (8) Authentikation von Sende-/ Ausstellzeitpunkt
- (9) Authentikation von Empfangs- / Zustellzeitpunkt
- (10) Authentikation von Sende-/ Ausstellort
- (11) Authentikation von Empfangs-/ Zustellort

Konzelation von Protokollinformation

- (12) Konzelation von Teilnehmeradressen bzw Teilnehmern (Anonymisierung)
- (13) Konzelation von weiteren Angaben zu Teilnehmern (siehe oben)

Man mag unter den angeführten 13 Anwendungen auf eine oder die andere verzichten können bzw wollen. Sofern aber überhaupt verschlüsselt wird - etwa für (1) oder (2) - kann man nicht auf die (3) Teilnehmerauthentikation und gegebenenfalls die (4) Prozeßauthentikation verzichten. Ein solcher Verzicht, würde jede andere Anwendung der Verschlüsselung ungesichert belassen. Wenn man für (3) und (4) überhaupt die Verschlüsselung einsetzen will - man könnte auch andere Methoden verwenden - wird dies auf einer anwendungsnahen Ebene berücksichtigt werden müssen. Man kann es z.B. nicht durch eine Beschaltung eines Übertragungskanals mit Kryptogeräten erreichen.

Die Instanzauthentikation kann im Grunde genommen so vielfältig und vielschichtig wie die Instanzen im ISO-Schichtenmodell sein; siehe 3.4.5. Ohne (durch Verschlüsselung) gesichertes Protokoll wäre es notwendig, sie von Schicht zu Schicht durchzuführen, indem etwa der Teilnehmerprozeß (Schicht 7) den personalen Teilnehmer, die Presentation Entity (Schicht 6) den Teilnehmerprozeß etc und umgekehrt authentiziert.

Für die Authentikation des personalen Teilnehmers wird man eines der üblichen Authentikationsverfahren einsetzen, wobei die Verschlüsselung insofern eine Rolle spielen kann, als das Kommunikationssystem den Authentikator von der Verschlüsselungseinheit nur in verschlüsselter Form erhält und nur der Teilnehmer selbst ihn in Klartext gesichert als Normauthentikator führt, oder umgekehrt. Zwischen den beiden Authentikatorformen muß ein hoher Verständlichkeitsabstand liegen, damit nicht ein Angreifer sich den Authentikator in der im System gespeicherten Form aneignen und sich mit ihm als berechtigten Teilnehmer maskieren könne. Dieser Verständlichkeitsabstand wird am besten durch eine Schlüsselungsoperation erreicht.

Eine solche Authentikation - auch die eines durch Programm realisierten Anwendungsprozesses - soll nach ISO-Schichtenmodells in der 7. Schicht erfolgen. Das Programm des Anwendungsprozesses wäre vor seiner Zulassung zum Kommunikationsprozeß zu authentizieren (siehe auch 3.4.1). In einer Primärauthentikation könnte ihm ein Norm-Authentikator zugeordnet werden, den man durch Verschlüsselung des Programmtexts erhält. Soll das Programm zugelassen werden, kann es dann jederzeit authentiziert werden. Es muß sich dazu - wie zur Primärauthentikation - in seinem gesamten Text anbieten; aus diesem wird der Test-Authentikator abgeleitet und mit dem Norm-Authentikator verglichen. Wie jede andere Instanzauthentikation müßte auch diese entweder nach 3.4.4.2 fortgesetzt oder im weiteren Verlauf als fortgesetzt plausibel (3.4.4.3) beurteilt werden können, damit nicht etwa nach der Initial-Authentikation (3.4.4.1) das Programm gegen ein anderes ausgetauscht werden kann.

Im übrigen sei hinsichtlich einer Diskussion der Authentikationsprobleme auf das 3., 5. und 6. Kapitel verwiesen.

8.3 Zu berücksichtigende Kommunikationsvorgänge

Vereinfacht gesagt: Folgende Aufgaben stellen sich der Einbettung der Verschlüsselung in den Kommunikationsprozeß:

- Herstellung einer authentizierten Teilnehmerverbindung *)
- Authentizierte und konzelierte oder unkonzelierte Nachrichtenübermittlung
- Berücksichtigung der Verschlüsselung von (nicht kommunizierten) Dateien

Dazu ist eine Reihe von unterschiedlichen Kommunikationsvorgängen erforderlich. Beispiele dafür wurden unter 6.4 bis 6.6 geschildert. Sie beziehen sich dort auf den Fall eines Schlüsselmanagements per Schlüsselverteilungszentrale. Wie anhand der Optionen 6.4.2, 6.5.2 und 6.6.2 angedeutet, wären auch für diesen Fall noch weitere Vorgänge zu überlegen.

Für den Fall eines Relaissystems nach 7.2 gibt es weitere solcher denkbaren Vorgänge, unterschieden danach, in welcher Weise das Relaissystem organisiert ist, ob nur Schlüssel oder ob die Nachrichten selbst vermittelt werden, ob der vermittelnde oder der rufende Teilnehmer den Schlüssel erzeugt etc. Man sollte diese Gesichtspunkte nicht von den weiteren Betrachtungen ausschließen, weil einem das Relaissystem als zu wenig leistungsfähig erscheinen mag; es könnte als ein System dienen, auf das man bei Ausfall der Schlüsselverteilungszentrale zurückfallen kann und das als solches in das robuste komplexe System eingeschlossen ist; So könnte man grundsätzlich vorsehen, daß jeweils der letzte von der Schlüsselverteilungszentrale besorgte Sessionsschlüssel vom Teilnehmerpaar so lange aufbewahrt wird, bis ein neuer Schlüssel beschafft wird.

---

*) Man beachte aber dazu die in 9.2.2 diskutierte Einschränkung hinsichtlich der gestörten Symmetrie in der Verarbeitungs-Schicht.

Ferner ist zu bedenken, daß eine Schlüsselverteilungszentrale nur eine beschränkte Anwendergruppe direkt betreuen kann, indem sie mit ihren Teilnehmern verschlüsselt kommuniziert. Sie kann aber auch durch verschlüsselten Verkehr mit ihresgleichen Schlüssel zwischen Teilnehmern unterschiedlicher Anwendergruppen vermitteln und Schlüssel besorgen. Auch diese Kommunikationsvorgänge sind zu berücksichtigen:

Die Tabelle in Bild 5 bzw die Aktivitäten nach 6.4.1 wären entsprechend zu ergänzen: Nach der Aktivität K10 würde die SVZ des rufenden Teilnehmers feststellen, daß der gerufene Teilnehmer mit dem Authentikator Ar nicht von ihr betreut wird. Anhand der in Ar enthaltenen Adresse Xr würde sie erkennen, von welcher anderen SVZ er betreut wird. Sie würde daraufhin ihren eigenen Authentikator beifügen, das so ergänzte C1 mit einem Schlüssel verschlüsseln, den sie mit der SVZ des gerufenen Teilnehmers gemeinsam hat, und dieser zustellen. Die Aufgaben K08 bis K19 würden also von der SVZ des gerufenen Teilnehmers übernommen bzw wiederholt werden; Q11 würde der SVZ des rufenden Teilnehmers zugestellt, von dieser umgeschlüsselt und an den rufenden Teilnehmer weitergeleitet.

Will der gerufene Teilnehmer Qpd (K39, in Qpr enthalten) authentiziert haben, kann er sich dazu an die eigene SVZ wenden. Eine entsprechende (wohl seltener benötigte) Authentikation für den rufenden Teilnehmer müßte von dessen SVZ vermittelt werden. Die Tabelle in Bild 7 bzw die Aktivitäten nach 6.6.1 wären ebenfalls zu erweitern. Analog zur Schlüsselbeschaffung wäre die Beschaffung der Authentikatoren nach 6.5 zu modifizieren.

Um zu gewährleisten, daß in einem offenen Kommunikationssystem alle dafür ausgerüsteten Teilnehmer miteinander verschlüsselt verkehren können, auch solche unterschiedlicher geschlossener Anwendergruppen, ist zur Schlüsselbeschaffung eine weitere Session (von SVZ zu SVZ) erforderlich. Die Schlüsselverteilungszentralen müssen in der Lage sein, zur Vermittlung von Schlüsseln zwischen ihren Anwendergruppen miteinander verschlüsselt zu verkehren. Dazu ist eine Verkettung von Sessionen erforderlich.

Eine weitere Notwendigkeit für die Verkettung von Sessionen könnte sich aus dem Fall ergeben, daß ein rufender Teilnehmer sich zwar als zum verschlüsselten Verkehr berechtigt ausweisen kann, die von ihm benutzte (fremde) Endeinrichtung ihn jedoch nicht authentizieren kann, weil sie über den dazu benötigten Normauthentikator nicht verfügt. Verfügt der gerufene Teilnehmer über diesen Normauthentikator, kann er die Authentikation übernehmen. Verfügt auch dieser nicht über den Normauthentikator, ist aber der rufende Teilnehmer der Schlüsselverteilungszentrale bekannt, kann die rufende Teilnehmerstation die Authentikation von der Schlüsselverteilungszentrale mit P anfordern und erhalten.

Diese beiden Formen der Authentikation des rufenden Teilnehmers könnten nach dem Aktivitätenprotokoll von 6.4.1 verlaufen, wenn der Parameter P dafür entsprechende Spezifikationsmöglichkeiten bietet. Schwieriger wird es, wenn weder die rufende noch die gerufene Teilnehmerstation noch die Schlüsselverteilungszentrale den rufenden Teilnehmer authentizieren können, dieser jedoch eine andere Instanz bzw Teilnehmerstation angeben kann, die über seinen Authentikator verfügt. Dann müßte eine Session (mit Schlüsselbeschaffung) zu dieser vorgeschaltet werden, was zu einer weiteren Verkettungsnotwendigkeit von Sessionen führte.

Für ein konsequent offenes Kommunikationssystem wäre auch dies sinnvoll; im Fernsprechnetz z.B. kann ein Teilnehmer aus einer öffentlichen Zelle oder irgendeinem anderen sonst von ihm kaum benutztem Anschluß jeden beliebigen (unbekannten) Fernsprechteilnehmer anrufen. Allerdings muß man sich fragen, ob man auch beim verschlüsselten Verkehr so konsequent sein will.

Es ist festzuhalten: Wenn man nicht den Schlüsseltransport und die Primärauthentikation der Teilnehmer in einem anderen (sicheren) Medium (aufwendig) vornehmen will, sondern dazu ebenfalls das verwendete Kommunikatonssystem einsetzen möchte, führt dies zur Inanspruchnahme von Dienstleistungen Dritter und zu Verkettungen von Sessionen. Solche Verkettungen treten unterschiedlich aber auf typische Fälle beschränkt auf. Es empfiehlt sich, das System für diese Verkettungen sorgen zu lassen, entsprechende Leistungsmerkmale einzuführen und zu normen.

8.4 Verschlüsselungsprotokoll

Unter "Protokoll" wird in diesem Zusammenhang nicht ein schichtenspezifisches Protokoll sondern der allgemeine Satz von Regeln verstanden, der das Kommunikationsverhalten der beteiligten Teilnehmer bestimmt (siehe 2.5). Aus ihm lassen sich schichtenspezifische Protokolle ableiten, sobald man bestimmt hat, welche schichtenspezifischen Instanzen in dieser Hinsicht welche Funktion auszuführen haben. Einer solchen Spezifizierung des Schichtenprotokolls muß also eine Untersuchung der Einbettungsmöglichkeiten der Verschlüsselung in das ISO-Schichtenmodell (siehe 9.3. und 9.4) vorausgehen.

Keineswegs kann man hier - wie in 3.1.2 (Protokollgestützte Authentikation) "Protokoll" die umgangssprachliche Bedeutung (Aufzeichnung von Ereignissen im zeitlichen Ablauf) zulegen.

Das Protokoll sollte möglichst verfahrensunabhängig spezifiziert werden (Dav 1), da zu erwarten ist, daß einzelne Verfahren (Algorithmen, Modi) durch andere sicherere, wirtschaftlichere etc - abgelöst werden, bzw daß unterschiedliche Verfahren mit unterschiedlichen Vor- und Nachteilen gleichzeitig zur Auswahl stehen mögen. Ein Protokoll muß deshalb allgemein genug gehalten sein, daß man z.B. auch den Algorithmus wechseln kann.

Im Protokoll ist ferner die Verkettung von Sessionen, wie sie in 8.3 geschildert wurde, zu berücksichtigen.

Im Gegensatz zu herkömmlichen offenen Kommunikationssystemen, bei denen die Teilnehmer gleichwertig sind und in diesem Sinne nur ein einziger typischer Kommunikationsvorgang auftritt bzw nur ein einziger Sessionstyp im Protokoll zu berücksichtigen ist, treten hier mit der Schlüsselverteilungszentrale und eventuell dem Netz-Notar neue Teilnehmertypen auf; die Struktur der Übertragungsblöcke bzw der Protokollinformation - siehe z.B. die 4. Spalte der Bilder 5, 6 und 7 - ist sehr unterschiedlich; sie muß anders als bislang analysiert werden; siehe 8.4.3.

Die besondere Anwendung prägt also das Kommunikationsverhalten in jeweils typischer Weise. Das bringt mit sich, daß das Protokoll nicht allein kommunikationsorientiert sondern auch anwendungsorientiert sein muß, wobei auf dieser Ebene im ISO-Schichtenmodell die Anwendungsunterschiede in der Wahl des Verfahrens, in der Art der Schlüsselbeschaffung etc liegen. Kommunikations- und anwendungsorientierte Aspekte sollte man auseinanderhalten. Das tut man am besten so, daß man das Protokoll in seiner Syntax kommunikationsorientiert hält und die Darstellung seiner anwendungsorientierten Aspekte der Semantik vorbehält. Syntax bedeutet in diesem Zusammenhange: das Vorsehen von Protokoll-Feldern und Bedeutungszuweisung an diese; Semantik bedeutet: wählbarer Inhalt dieser Felder. Die semantischen Inhalte müssen sich bei verändertem Anwendungsbedarf leichter um neue (jeweils zu normende) Begriffe ergänzen und im einzelnen Anwendungsfall mit den syntaktischen Mitteln zwischen den Teilnehmern aushandeln bzw auswählen lassen.

Die Syntax des Protokolls sollte so festgelegt werden, daß sie für alle Arten von Sessionen / Verbindungen anwendbar ist; eine Session mit der Schlüsselverteilungszentrale sollte sich z.B. möglichst mit dem gleichen syntaktischen Mitteln bestreiten lassen, wie die Session zwischen den Teilnehmern.

8.4.1 Protokoll-Syntax

Anhand der in 6.4 bis 6.6 angestellten Überlegungen lassen sich mehrere Typen von Protokollformaten feststellen:

1	Verkettete Protokollelemente	
1.1	Klartext und Schlüsseltext	K07, A05, N05
1.2	nur Schlüsseltext	K20, K32, A19,
2	Verschlüsselte Protokollelemente	
2.1	mit E-Operation	A22, A32, N14
2.2	mit D-Operation	K44,

"Verkettet" heißt in diesem Zusammenhange, daß mehrere unmittelbar unterscheidbare Felder hintereinander im Datenübertragungsblock bereitgestellt und übertragen werden, etwa wie bei der HDLC-Prozedur (DIN 2) das Blockbegrenzungs-, das Adreß-, das Steuer-, das Daten- und das Blockprüfungsfeld. Der Protokollautomat zerlegt den Block nach einem festen Schema in seine Felder. Die Felder selbst können Klartext oder Schlüsseltext enthalten.

"Verschlüsselt" bedeutet hier, daß der untersuchte Block in einem Stück verschlüsselt ist. Er läßt sich in der Regel nicht in einzelne Felder zerlegen, die dann auf ihre Bedeutung hin analysiert werden können. Er muß vielmehr zunächst entschlüsselt werden. Erst dann kann eventuell ein verketteter Block vorliegen, der sich zerlegen läßt. Das Ergebnis der Entschlüsselung kann aber wiederum ein verschlüsselter Block sein, wenn z.B. der zu analysierende Block doppelt verschlüsselt war.

Verkettete Protokollelemente bieten sich also zur Zerlegung, verschlüsselte bieten sich zu einer Schlüsselungsoperation an, die den Schlüsseltext in der Regel in Klartext überführt oder diesem näher bringt. Das kann sowohl durch eine Ver- als auch eine Entschlüsselung erfolgen; sie muß invers zu der Operation sein, mit der aus dem Klartext Schlüsseltext erzeugt wurde.

Will man den Datenübertragungsblock analysieren, so muß man eingangs anhand einer Kopfinformation prüfen, ob es sich um einen verketteten oder um einen verschlüsselten handelt. Ist es ein verketteter, muß diejenige Information dem Protokollautomaten zur Verfügung gestellt werden, die zur Zerlegung des Protokollteils in seine Bestandteile benötigt wird; ist es ein verschlüsselter, muß die Information angeboten werden, die zum Entschlüsseln (zusätzlich) benötigt wird; ist es - etwa nach einer rekursiven Analyse - ein Protokollelement im Klartext (also weder zerlegbar noch zu entschlüsseln), muß dieses und seine Bestimmung ebenfalls in der Kopfinformation erkennbar sein.

Jeder solcher Protokollteil könnte also eingangs Kopfinformation mit zwei Angaben aufweisen: Die eine sagt aus, ob er verkettet oder verschlüsselt ist; die andere, wie er zu zerlegen bzw zu entschlüsseln ist.

Das Ergebnis einer solchen Zerlegungs- oder Entschlüsselungsrunde kann wiederum Teile ergeben, die verkettet oder verschlüsselt sein können. Diese können durch eine rekursive Anwendung der hier geschilderten Operationenfolge weiterbearbeitet werden, bis das Protokoll in seine Elemente zerlegt ist. Dann hat man die (nicht-schichtenspezifische, verkettete) Protocol-Data-Unit entsprechend der Terminologie zum ISO-Schichtenmodell ⟨ISO 1⟩ (das allerdings nur schichtenspezifische "(N)protocol-data-units" definiert), so als ob diese unverschlüsselt übertragen worden wäre.

Man wird sie allerdings nicht zusammenstellen, weil sie ja bis dahin bereits analysiert ist und ihren Zweck erfüllt hat. Entsprechend wird die (nicht-schichtenspezifische) Protocol-Data-Unit auch nicht bei der sendenden Station in ihrer vollständigen Klartextform auftreten, weil schichtenspezifische Protokollteile verschlüsselt werden, bevor andere - etwa in Klartext angefügt werden. Synthese und Analyse des Protokolls bleiben allerdings spiegelbildliche Prozesse; was beim Sender in einer bestimmten Schicht synthetisiert wurde, wird in der gleichen Schicht beim Empfänger wieder entsprechend aufgelöst.

Dies bedeutet ein Abgehen von einer linearen Darstellungsweise; Protokolle stellt man sich üblicherweise nur (linear) verkettet vor. Durch die Verschlüsselung wird eine Verkettung des verschlüsselten Arguments unkenntlich.*) Eine rekursive Erschließung des Protokolls (siehe 8.4.3) ist prak-

---

*) Dies gilt insbesondere für Modi, bei denen blockweise verschlüsselt wird, z.B. für den ECB- und den CFB-Mode ⟨DES⟩. Es mag nicht für eine Flußverschlüsselung gelten, z.B. für den CFB-Mode. Bei einer Flußverschlüsselung werden keine Zeichen permutiert sondern nur (bitweise) verändert, indem man einen pseudo-zufälligen Bitfluß modulo 2 zur Nachricht addiert. Der Fluß kann nur von Sender und Empfänger (mittels Algorithmus und Schlüssel) erzeugt werden. Man könnte also auch den verschlüsselten Text in (verkettete) Felder gliedern, den einzelnen Feldern ihre Bedeutung zuweisen und sie einzeln entschlüsseln, vorausgesetzt, daß man den dazugehörigen Teil des Bitflusses zur Verfügung hat. Dieser ist aber in der Regel das Resultat einer blockweisen Verschlüsselungsoperation; er ist nicht etwa unabhängig feldweise erzeugbar. Insofern ergibt sich auch bei den zur Diskussion stehenden praktischen Fluß-Verschlüsselungsverfahren die gleiche Problematik.

tisch unvermeidbar. Was sich vermeiden ließe, ist das Beifügen der beiden oben vorgeschlagenen Kopfinformationen (verkettet/verschlüsselt, wie dies im einzelnen) zu jedem einzelnen Protokollteil; man könnte auch die zur Erschließung benötigte Information in einem Klartextfeld sammeln, das der (nicht-schichtenspezischen) Protocol-Data-Unit vorangestellt wird. Dies hätte aber auf jeden Fall den Nachteil, daß es Klartext ist und deshalb einem Angreifer eine leichtere Verkehrsanalyse gestattet.

Man beachte, daß die Verschlüsselung von Protokollteilen eine andere Protokolltechnik notwendig macht und daß mit der Kopfinformation neuartige Analyse-Protokolle auftreten.

8.4.2 Protokoll-Semantik

Bei der oben dargestellten geschachtelten und rekursiv zu analysiernden Protokollsyntax stellt sich auch die Semantik anders als üblich dar. Die semantische Bedeutungszuweisung findet sich in den Protokollelementen.

Folgende Bedeutungen können nach 6.4 bis 6.6 auftreten:

- A Authentikator mit Adresse des rufenden / gerufenen Teilnehmers
- X Adresse des rufenden / gerufenen Teilnehmers mit Bezeichnung der zuständigen SVZ
- J Laufende Nummer der Session
- I Zählerstand der Dialogwechsel
- P Parameter zur näheren Bezeichnung des gewünschten Dienstes
- K Sessionsschlüssel (für beide Operationen, nur zur Unterschrift, nur zum Nachweis)
- T Zeitangabe
- Qp Unterschriftdokumentation (eigene, vom Partner beglaubigt, von der SVZ beglaubigt)
- Nachricht (Text, höhere Protokolle etc)
- Qa Empfangsbestätigung
- Qm zu authentizierende (verschlüsselte) Nachricht

Dem Parameter P wären noch unterschiedliche semantische Bedeutungen zuzuordnen, die sich einerseits aus der gewünschten Authentikation von Nachricht-Instanz- und Nachricht-Nachricht-Beziehungen ergeben (siehe auch 8.2). Andererseits wären hier auch die Wünsche an die Konzelation zu stellen; z.B. das gewünschte Verschlüsselungsverfahren und eventuelle Modi zu spezifizieren, etwa:

DEA1:

- Electronic Code Book (ECB) Modus
- Cipher Block Chaining (CBC) Modus
- Cipher Feedback (CFB) Modus
- Output Block Feedback (OFB) Modus

und weitere, die noch zur Normung vorgeschlagen werden, etwa solche zur Mehrfachverschlüsselung wie z.B. der EDE/DED-Modus (siehe 5.3).

Das oben angeführte Protokollelement "Nachricht" umfaßt mehr als, was man sonst unter dieser versteht. Ihr ist die Protokollinformation zuzuschlagen, die sich beim Durchlaufen der Nachricht durch die höheren Schichten des ISO-Schichtenmodells dazu ergeben hat, bevor die Verschlüsselung - in einer tieferen Schicht - durchgeführt wird.

In der obigen Aufzählung sind semantische Elemente nicht aufgeführt, die zur Kommunikation ohnedies notwendig sind, wie z.B. auch die Adresse der SVZ. Ebenfalls nicht aufgeführt ist der abhängig vom gewählten Verschlüsselungsverfahren notwendige Initialisierungsvektor - eventuell zwei verschiedene je für Konzelation und Authentikation. Solche Elemente sind unverschlüsselt zu übertragen, d.h. dem mit der Verschlüsselung befaßten (die Nachricht enthaltenden) Protokollteil von im Modell tiefer gelegenen Instanzen zuzufügen.

Daß die unverschlüsselten Adressen X der Teilnehmer in der obigen Aufzählung trotzdem erscheinen, verletzt diesen Grundsatz. Es hat dennoch seine Berechtigung, denn diese Klartextadressen sind für die protokollarische Abwicklung des verschlüsselten Verkehrs erforderlich.

8.4.3 Protokollautomat

Unter solchen Automaten sollen Hard- oder Softwareprogramme verstanden werden, die eine Protocol-Data-Unit (PDU) - siehe Bild 9 - zusammenstellen oder analysieren. Zum besseren Verständnis des oben zur Rekursivität der Analyse Gesagten soll diese hier mittels eines groben Blockschaltbilds in Bild 10 näher beschrieben werden.

Die Protocol-Data-Unit, z.B. wie sie vom Transportsystem (4. Schicht) den Instanzen der Kommunikationssteuerungsschicht (5. Schicht) angeboten wird, soll hier analysiert werden. Sie kann je nach Kommunikationsvorgang (K07, K20, K32, K44, A05, A19, A22, A32, N05, N14) unterschiedlich zusammengesetzt, d.h. auch unterschiedlich verkettet oder verschlüsselt sein.

Die Unterschiede gegenüber der herkömmlichen Protokolltechnik treten kaum in den unteren Schichten auf, sofern an offene Kommunikationssysteme gedacht ist, in denen es dem Anwender obliegt, notwendigenfalls seine Daten zu verschlüsseln. Das zeigt sich in Bild 9 darin, daß die Protokollinformation der unteren Schichten in herkömmlicher Weise dem Übertragungsblock angefügt wird, ohne daß sie verschlüsselt würde. In Bild 9 wird angenommen, daß die Verschlüsselung am oberen Rande der 4. Schicht und zudem am unteren Rande der 6. Schicht eingebettet ist; dies mag in dieser Ausführlichkeit nicht notwendig werden, soll aber hier den Grad der Allgemeinheit verdeutlichen.

Bild 9: Formate einer Protocol-Data-Unit

Unverschlüsselte PDU:

```
 _______   _______   _______   _______   _______   _______   _______   _______
!       ! !       ! !       ! !       ! !       ! !       ! ! Nach- ! !       !
! OSI 2 ! ! OSI 3 ! ! OSI 4 ! ! OSI 5 ! ! OSI 6 ! ! OSI 7 ! ! richt ! ! OSI 2 !
!_______! !_______! !_______! !_______! !_______! !_______! !_______! !_______!
```

Verschlüsselung in der Transportschicht:

```
 _______   _______   _______   _______________________________________   _______
!       ! !       ! !       ! !                                       ! !       !
! OSI 2 ! ! OSI 3 ! ! OSI 4 ! !            Schlüsseltext 1            ! ! OSI 2 !
!_______! !_______! !_______! !_______________________________________! !_______!
```

Service-Data-Unit der Vermittlungsschicht übergeben:

```
           _______   _______   _______________________________________
          !       ! !       ! !                                       !
          ! OSI 3 ! ! OSI 4 ! !            Schlüsseltext 1            !
          !_______! !_______! !_______________________________________!
```

Service-Data-Unit der Transportschicht übergeben:

```
                     _______   _______________________________________
                    !       ! !                                       !
                    ! OSI 4 ! !            Schlüsseltext 1            !
                    !_______! !_______________________________________!
```

Entschlüsselung am oberen Rand der Transportschicht:

```
                               _______   _____________________________
                              !       ! !                             !
                              ! OSI 5 ! !       Schlüsseltext 2       !
                              !_______! !_____________________________!
```

Entschlüsselung am unteren Rand der Darstellungsschicht:

```
                                         _______   _______   _______
                                        !       ! !       ! ! Nach- !
                                        ! OSI 6 ! ! OSI 7 ! ! richt !
                                        !_______! !_______! !_______!
```

Die Nachricht kann verschlüsselt, verkettet oder Klartext sein.

Weitere Durchläufe des Protokollautomaten

Bild 10: Protokollautomat (Empfang)

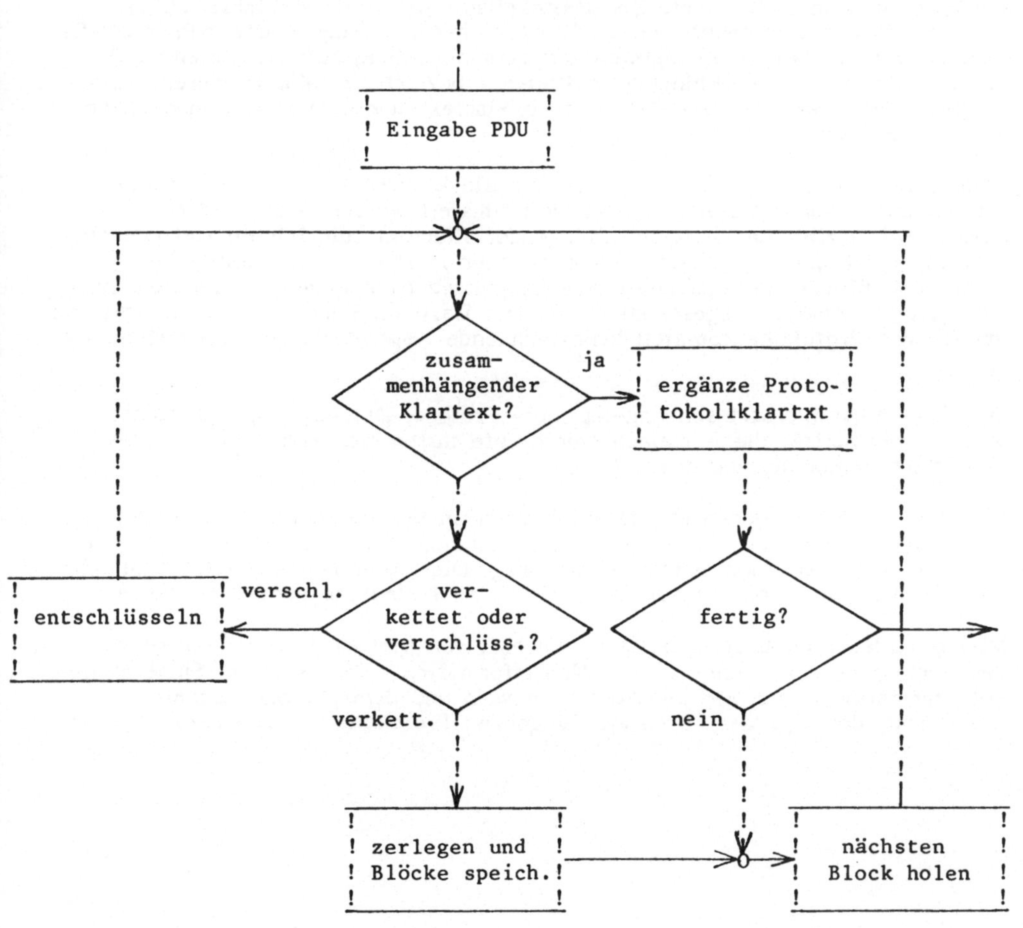

Wichtig ist, zu beachten, daß sich die Verschlüsselung nicht auf eine der beiden oder beide Schichten beschränken kann. Es muß auch Schlüsseltext übertragen werden können, der dem Kommunikationssystem vom Anwendungsprozeß übergeben wird, wie z.B. bei den Aktivitäten K20, A19 (zwei verkettete Schlüsseltexte) oder bei K07, A05, N05 (Klartext und Schlüsseltext verkettet). Dabei ist es hier irrelevant, ob man diese Verkettung einem über der 7. Schicht gelegenen Anwendungsprozeß oder einem Management Service der 7. Schicht zuschreibt.

Die Protocol-Data-Unit wird vom Protokollautomaten als ein Block betrachtet, der in seiner Kopfinformation als in bestimmter Weise verkettet oder verschlüsselt gekennzeichnet ist. Der Protokollautomat prüft zunächst, ob es sich um einen zusammenhängenden Klartext handelt. Eine Klartext-Protocol-Data-Unit, wie sie bei nicht angewandter Verschlüsselung auftritt, könnte z.B. als ein solcher zusammenhängender Klartext bezeichnet sein. In diesem Falle würde der Protokollautomat den Protokollklartext unmittelbar gewonnen haben und mit der Analyse fertig sein.

Anderenfalls stellt sich die Frage, ob der Block verschlüsselt oder verkettet ist. Ist er verschlüsselt, muß er entschlüsselt werden, was wiederum einen Block ergibt, der zusammenhängender Klartext sein könnte und danach abzufragen ist. Ist er verkettet, dann wird er in seine Bestandteile, d.h. in kleinere Blöcke zerlegt. Diese Blöcke müssen nach einem bestimmten System zur weiteren Analyse abgespeichert werden. Dazu muß jedem dieser Blöcke die ihn für den Protokollautomaten kennzeichnende Kopfinformation beigegeben sein.

Das System ist hierarchisch angelegt; die Protocol-Data-Unit wird schichtenweise abgearbeitet; die einzelnen Durchläufe lassen sich den Schichten des ISO-Schichtenmodells zuordnen.

Der nächste Block, der nach diesem System an der Reihe ist, wird geholt und der Analyse zugeführt; er könnte zusammenhängender Klartext sein; ist er es nicht, geht er den oben beschriebenen Weg. Die zusammenhängenden Klartexte werden ihrer durch das Protokoll bezeichneten Bedeutung gemäß verwertet.

Man beachte: Hier tritt neben dem Wechsel von Linearität zur Rekursivität des Verfahrens eine neue Art von Kopfinformation - im weiterem Sinne Protokollinformation - auf, die mitübertragen wird und dem Protokollautomaten dazu dient, den Typ des zu Grunde liegenden Protokolls zu erkennen.

9. Verschlüsselung und Normung

Wie schon in der Einleitung gesagt wurde, interessieren hier vornehmlich eine öffentlich betriebene Datenverschlüsselung und dazu Maßnahmen, die zu ihrer Einbettung in offene Kommunikationssysteme notwendig sind. Das ist für die lange Geschichte der Verschlüsselung etwas sehr Ungewöhnliches, schließen doch Vertraulichkeit, wie sie durch die Verschlüsselung gewährleistet werden soll, und Öffentlichkeit einander nach dem ersten Anschein aus. In der Tat kann die Verschlüsselung nicht vollkommen öffentlich sein; zumindest die verwendeten Schlüssel und Authentikatoren sind sehr sorgfältig geheim zu halten. Der Algorithmus aber kann und soll sogar öffentlich bekannt sein; er muß es schließlich sein, wenn er genormt werden soll. Das verstößt entschieden gegen die Maximen professioneller Kryptologen, die den Gegner auch über ihre "Chiffrierphilosophie" im Unklaren lassen wollen (Bau). Es ist also nicht zu erwarten, daß mit einer Normung der Verschlüsselung in öffentlichen Kommunikationsdiensten auch die Probleme der traditionellen Kryptologie genormt werden können.

Hier werden gewissermaßen Zahlenschlösser öffentlich angeboten, deren Zahlenkombination vom Besitzer bestimmt, verändert und vor allem geheimgehalten werden kann. Ein Angreifer kann sie nicht feststellen; er kann das Schloß nicht aufbrechen. Damit solche Schlösser dort, wo sie gebraucht werden, eingebaut und von jedem Befugten bedient werden können, müssen bestimmte Eigenschaften genormt sein.

9.1 Kompatibilitätserfordernisse

Der Normung sind dabei (wie auch sonst) folgende Ziele vorgegeben:

- Sie soll es den Benutzern eines Systems ermöglichen, es unter gleichen Bedingungen gleichartig benutzen zu können, d.h. die Benutzer sollen mit dem System und untereinander harmonieren bzw im allgemeinen Sinne kommunizieren können (Benutzungskompatibilität).

- Sie soll bei der Realisierung eines komplexen Systems ermöglichen, daß mehrere Hersteller ihre Teilsysteme so bauen, daß sie miteinander harmonieren (Anschlußkompatibilität).

- Sie soll bei der Realisierung eines Systems ermöglichen, daß auch unterschiedliche Hersteller Systemmodule anbieten können, die Gleiches leisten und gleichermaßen mit ihrer Systemumgebung harmonieren (Austauschkompatibilität).

Hier ist von unterschiedlichen Formen der Kompatibilität die Rede:

Auf die Benutzungskompatibilität kann unter keinen Umständen verzichtet werden, wenn das System seine Aufgaben überhaupt erfüllen soll. So muß z.B. dafür gesorgt sein, daß Nachrichten in einem Kommunikationssystem eine jedem verständliche und deshalb genormte Darstellungsform haben. Wenn die Benutzer untereinander oder mit dem System nicht die gleiche Sprache sprechen, kann nicht kommuniziert werden.

Die Anschlußkompatibilität ist dort notwendig, wo Systeme zusammenarbeiten sollen. Datenverarbeitungssysteme, die über ein Transportnetz miteinander kommunizieren sollen, müssen auch mit diesem kommunizieren können bzw mit diesem kompatibel sein. Tranportnetz und Datenverarbeitungssystem müssen einander komplementäre Schnittstelleneigenschaften bieten. Die Hersteller des Netzes und der Datenverarbeitungsanlage müssen in dieser Hinsicht miteinander harmonieren. Bei Kommunikationssystemen wird die eine Seite von der öffentlichen Verwaltung, der Bundespost, vertreten; die andere von privater Seite.

Die Austauschkompatibilität ist für das richtige Funktionieren eines Systems nicht unbedingt notwendig; es ist durchaus denkbar, daß ein System, das Benutzerkompatibilität bietet, von einem einzigen Hersteller gebaut wird, ohne daß andere Hersteller in der Lage zu sein brauchen, Teile zu ersetzen oder ihre Teilsysteme an jenes sinnvoll anzuschließen. Die Austauschkompatibilität ist für den Systembenutzer und den Systembetreiber insofern von Bedeutung, als sie in der Regel Wettbewerb und geringere Beschaffungskosten ermöglicht. Die austauschbaren Teile müssen dem System die gleichen Schnittstelleneigenschaften bieten. Hier sollen also die Hersteller miteinander konkurrieren. Man sucht deshalb nicht etwa eine maximale Kompatibilität sondern ein Minimum, das gewährleistet sein muß; im übrigen soll dem Hersteller die Freiheit belassen werden, sein Produkt anders zu entwickeln als seine Konkurrenten, wenn er damit etwa Kosten einsparen und im Wettbewerb besser bestehen kann, was letzten Endes auch dem Benutzer zugute kommt.

Anschluß- und Austauschkompatiblität sind also in systemlogischer Hinsicht nicht prinzipiell verschieden; auch bei der Austauschkompatibilität müssen substituierte Einheiten anschlußkompatibel sein. Der Unterschied ist vielmehr ein wirtschaftlicher und auch politischer. Es ist einerseits der Unterschied zwischen Kooperation und Konkurrenz, andererseits - bei Kommunikationssystemen - der zwischen privaten und öffentlichen Zuständigkeiten.

Mit Anschlußkompatibilität ist gemeint, daß die Systeme, die zusammengeschlossen werden sollen, in unterschiedlichen Wirtschaftsbereichen entwikkelt werden, sei es, daß ein Bereich allein nicht in der Lage ist, daß Gesamtsystem zu entwickeln, sei es, daß die Systeme bereits in unterschiedlichen Bereichen entwickelt worden sind und zusammengeschlossen werden sollen, ohne daß dies ursprünglich so geplant war, sei es, daß - wie bei Kommunikationssystemen unterschiedliche Kompentenzbereiche einander gegenüberstehen. Letzteres erkennt man z.B. schon daran, daß bei der Normung zur Anschlußkompatibilität sich das Deutsche Institut für Normung und die Bundespost bzw auf internationaler Ebene die ISO und das CCITT verständigen müssen.

Die Einteilung in Benutzungs-, Anschluß- und Austauschkompatibilität richtet sich nach der Motivation zur Normung; sie besagt nicht etwa, daß ein Normungsvorhaben stets eindeutig in einen dieser Bereiche fiele. Sie läßt sich allerdings dem ISO-Schichtenmodell so zuordnen, daß sich die genannten Kompatibilitäten in der gewählten Reihenfolge von oben nach unten auf die Schichten dieses Modells verteilen. Auch die Grenzziehung von privatem und öffentlichem Bereich bzw zwischen den anwendungsspezifischen Schichten und den Schichten des öffentlichen Transportsystems kommt hier zur Geltung.

9.1.1 Benutzungskompatibilität

Die Schnittstelle zwischen Benutzer und System, an der die Benutzungskompatibilität gewährleistet sein soll, ist nicht notwendigerweise am Bedienungsteil eines Teilnehmerendgeräts zu suchen. Bei einem einfachen Zahlungsautomaten mag dies angehen. Ist aber das Endgerät ein Datenverarbeitungssystem, kann die Schnittstelle mitten durch dieses gehen. Das Datenverarbeitungssystem kann sowohl den Anwendungsprozeß als auch die oberen Schichten des Kommunikationssystems realisieren. Dann wird die Benutzerschnittstelle eben nicht von Hand sondern automatisch bzw programmiert bedient. Siehe Bild 11.

Die Spezifikation dieser Schnittstelle leitet sich aus den Kompatibilitätsforderungen zur Kommunikation von Benutzer zu Benutzer ab. Letztere hängt mit den Aufgaben des Systems zusammen; die Aufgaben des Systems wiederum bestimmen die Normung der Benutzerschnittstelle auf eine Benutzungskompatibilität hin. Dabei interessiert den Benutzer die Verschlüsselung in dem von ihm benutzten System höchstens insoweit, als er annehmen kann, daß einige seiner Wünsche mit kryptologischer Sicherheit erfüllt werden.

Seine Wünsche an das System, die er diesem in genormter Weise spezifizieren muß, sind z.B., daß die dem System anvertraute Information allen Unbefugten verborgen bleiben und den Befugten möglichst sicher zugestellt werden soll, oder daß der Kommunikationsvorgang in bestimmten Einzelheiten nachweisbar gehalten wird, oder daß er, der Benutzer, gegenüber seinem Partner anonym bleibt etc. Dazu gehören ferner Aussagen darüber, in welcher Weise das System seine Dienstleistung dem Kommunikationspartner erbringen soll; wie sich das System im Dialog mit seinem Benutzer verständigen, diesen über Vollzug der Dienstleistung und aufgetretene Fehler unterrichten soll etc.

In den Bereich der Benutzungskompatibilität fällt also das Festlegen der Aufgaben des Systems und der Weise, wie Benutzer und System diesbezüglich kommunizieren sollen. Insofern als man dem System nur solche Aufgaben stellen sollte, die es auch leisten kann, spielen die im System realisierbaren technischen Möglichkeiten eine wichtige Rolle. Nach diesen - also z.B. nach den von der Datenverschlüsselung gebotenen Möglichkeiten - wird man sich richten, wenn man die Kommunikation zwischen Benutzer und System normt.

Diese Kommunikation ist zumindest für die existierenden Kommunikationssysteme zum Teil schon genormt; praktisch vollständig für das Transportsystem, nur ansatzweise aber für die darüber liegenden Schichten nach dem ISO-Schichtenmodell. Hier stellt sich nun die Frage, welche zusätzlichen Normungsaufgaben sich wohl mit der Einführung der Verschlüsselung stellen. Die Themen ergeben sich im wesentlichen aus den Aktivitätenprotokollen des 6. Kapitels. Neu an dieser Benutzerschnittstelle des Systems ist offensichtlich die Verständigung über die Parameter P, Pa und Pn. Sie müssen in ihrem Umfang und in den einzelnen Bedeutungszuweisungen festgelegt werden. Einige dieser Bedeutungszuweisungen sollen hier wiederholt werden:

- Konzelation der Nachricht (ja / nein)

- Sicherheitsklasse (einfach / doppelt verschlüsselt / Sessionsschlüsselerneuerung)

Bild 11 : Anwendungsprozeß und Kommunikationssystem

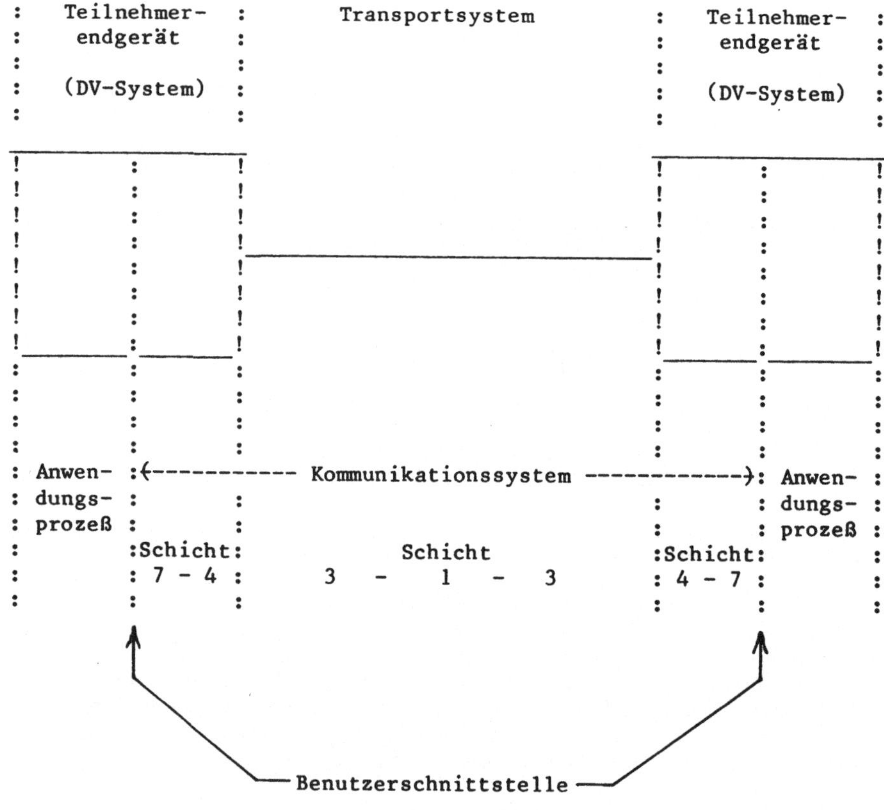

- Art der Session (Nachrichtenübermittlung / Authentikatorbeschaffung - welche / Verifikation)
- Unterschrift der Nachricht (keine / normal / beglaubigt / etc)
- Datum/Uhrzeit (ja / nein)
- Zustellung (ohne Teilnehmerauthentikation / Rückweisung bei Fehlschlag / Briefkasten bei Fehlschlag)
- Authentikation des rufenden Teilnehmers (durch rufende Station / gerufene Station / Schlüsselverteilungszentrale / andere angegebene Station)
- Authentizierbare Empfangsbestätigung (ja / nein)
- etc.

Aus der Spezifikation der Schnittstelle zum Kommunikationssystem, die nach der Vorstellung des ISO-Schichtenmodells die 7. Schicht betrifft, leiten sich die Anforderungen an die Normung der Schnittstellen zwischen den darunterliegenden Schichten und der Protokolle (siehe 9.2.4) innerhalb dieser Schichten ab. Z.B erscheint es derzeit nicht notwendig, daß der Benutzer auch bestimmen kann, nach welchem Verfahren und Modus verschlüsselt, welcher Schlüssel verwendet werden soll etc. Solche Fragen können vom System selbst anhand der vom Benutzer eingegebenen Parameter programmiert entschieden werden; bei der Einrichtung des Systems müssen die dafür notwendigen Mittel und Verfahren vorgesehen und, soweit erforderlich, genormt werden. Dazu zählen z.b. die vorgesehenen Verschlüsselungsalgorithmen und -modi.

Wer soll diese wichtige Schnittstelle normen? Bezüglich höherer Dienste der Post, wie Teletex, Telefax und Bildschirmtext, ist die Frage leicht zu beantworten: Die Post sorgt dort für ihre Normen und erforderlichenfalls für die Verschlüsselung. Anderen Dienstleistungen in offenen Netzen jedoch, die auf den Diensten der Post aufbauen - sei es auf Transportdiensten wie etwa Datex oder auch auf den oben zitierten höheren Diensten - fühlt sich die Post nicht in gleicher Weise verpflichtet. Computernetze z.B. fallen (was die höheren Schichten des ISO-Modells betrifft) aus ihrer Zuständigkeit; desgleichen ein Netz für den Zahlungsverkehr, an das die Datenverarbeitungssysteme der Banken und die erdenklichen Zahlungsautomaten, seien es Kassenautomaten, Point-of-Sale-Terminals oder Bildschirmtext-Übertragungsgeräte, angeschlossen sind.

Hier wird die Normung von privater Hand vorgenommen. Das bringt mit sich, daß diejenige Firma, welche die Initiative ergreift und ein solches höheres Kommunikationssystem organisiert, in der Regel wenig Interesse daran zeigt, daß auch andere Hersteller ihre Produkte kompatibel anschließen können. Die Normung eines solchen Systems - man denke z.B. an SNA (IBM) von IBM - wird wie seine gesamte Entwicklung firmenintern durchgeführt; durch Patentanmeldungen mag man sogar anderen Herstellern - gewollt oder ungewollt - den Zugang zu diesen Normen verbauen. IBM sieht z.B. für SNA vor, daß es auch die Schlüsselverteilung und die Verschlüsselung berücksichtige (Len). Aus dem Umstand, daß die Firmen IBM und Burroughs Patente zum DEA1-Algorithmus und den Verschlüsselungsmodi besitzen, hat sich eine Lage ergeben, die trotz guten Willens der Patentbesitzer derzeit noch nicht für alle potentiellen Mitbewerber befriedigend geklärt ist.

Diese Situation fördert offensichtlich die Einrichtung von geschlossenen Privatnetzen, die untereinander inkompatibel sind. Ein geschlossenes Netz ist aber nicht immer eine allseits befriedigende Einrichtung. Wann dies in welcher Weise der Fall ist, kann hier nicht behandelt werden. Jedenfalls: Will man zu offenen anstatt zu geschlossenen Netzen gelangen, dann könnte man hier in eine Sackgasse laufen, aus der es nach einer wirtschaftlichen Verfestigung der Situation kein Herauskommen mehr gäbe.

Wie kann man es vermeiden, in Sackgassen zu laufen? Man braucht dazu nicht allein eine öffentliche Normungsstelle sondern eine Planungsstelle, die unabhängig von Einzelinteressen der Wirtschaft für solche höheren offenen Kommunikationssysteme einen Rahmen setzt, der eine Kompatibilität sicherstellt. Das DIN Deutsche Institut für Normung und auch die ISO International Organization for Standardization könnten mit einer solchen Aufgabe überfordert sein. Das läßt sich bereits befürchten, wenn man die ungewöhnlich intensive und papieraufwendige Arbeit des ISO/TC97/SC16 "Open Systems Interconnections" betrachtet, die aber soweit nur dahin geführt hat, ein Modell für die eigentliche Normung zu entwickeln, das entgegen ursprünglichen Plänen nun als eigenständige Norm vorgeschlagen wird (ISO 1).

Hier beginnt sich eine politische Aufgabe abzuzeichnen. Die Post trägt zwar laut (Mon, Punkt 78) nach ihrer Auffassung eine Gesamtverantwortung für das Funktionieren und die weitere Entwicklung des Fernmeldewesens, die über das Erstellen von eigenständigen Dienstleistungen hinausgeht. Jedoch dürfte das Verständnis dieser Verantwortung zu allgemein sein, als daß sich daraus eine konkrete Zuständigkeit der Post für die hier angesprochene Rahmenplanung ableiten ließe, zumal die private Normung, soweit sie die Anwendung von Kommunikationssystemen durch die öffentliche Verwaltung und insbesondere soweit sie wie die Datenverschlüsselung - Aspekte der inneren Sicherheit betrifft, einerseits politisch vom Bundesministerium des Innern betreut wird und andererseits als Phänomen der Wirtschaft das Bundeswirtschaftsministerium interessiert.

Nach Lage der Dinge, kann man also nicht damit rechnen, daß die Rahmenplanung rechtzeitig durchgeführt wird und auf diese Weise über eine Benutzungskompatibilität offene höhere Kommunikationssysteme ermöglicht würden. Wohl aber ist zu erwarten, daß geschlossene Systeme von privater Seite angeboten werden, wie sich dies in den USA schon weitergehend eingeführt hat; in solchen geschlossenen Systemen mag die Datenverschlüsselung je nach angebotener Dienstleistung eine mehr oder minder wichtige Rolle spielen.

Zusammenfassend: Bei der Berücksichtigung der Benutzungskompatibilität nimmt der Hersteller die vorausichtlichen Wünsche der Benutzer vorweg - je besser ihm dies gelingt, umso leichter mag er sein System verkaufen können; er trifft aber die Festlegungen entweder in eigener Verantwortung oder in einer Normungsarbeit unter seinesgleichen (DIN, ISO). Bei offenen Kommunikationssystemen ist eine öffentliche Normung naturgemäß unerläßlich. Sofern diese Normung nicht Dienste der Post unmittelbar betrifft, braucht diese nicht an der Normung beteiligt zu sein.

9.1.2 Anschlußkompatibilität

Etwas anders verhält sich dies bei der Anschlußkompatibilität zwischen Teilnehmersystemen und den Diensten der Post. Sie muß man sich in erster Linie an der Schnittstelle zwischen 3. und 4. Schicht des ISO-Modells vorstellen, gelegentlich auch tiefer, vor allem, wenn mit Übertragungskanälen der Post Privatnetze geschaltet werden. Sie erfordert naturgemäß das Gespräch mit der Post bzw Gespräche zwischen eigenständigen Normungsgremien (ISO - CCITT).

Diese Schnittstelle steht nicht nur zwischen zwei Systemen sondern auch zwischen zwei sehr unterschiedlichen Bereichen des öffentlichen Lebens, zwischen Wirtschaft und staatlicher Hoheit sowie den dieser entsprechenden staatlichen Aufgaben der Daseinsvorsorge; zwischen Herstellerfirmen einerseits, die sich ansonsten als Konkurrenten gegenüberstehen, und einheitlich geführten öffentlichen Unternehmen andererseits. Post und entsprechend auch das CCITT können schneller normen als die vergleichweise mit wenig Mitteln aber großen Interessengegensätzen ausgestatteten Normungsorganisationen der Wirtschaft. Zumeist ist es dann der öffentliche Schnittstellenpartner, der für eine Spezifikation der Schnittstelle und für eine Einigung auf eine Norm hin sorgt.

Diese Anschlußkompatibilität ist, wie oben angedeutet, von einem im technischen System eingenommen Standort aus betrachtet, im wesentlichen nichts anderes als die Benutzungskompatibilität. Ein Unterschied ergibt sich aus dem Interesse der Partner, Zuständigkeiten deutlich abzugrenzen und die zu normende Schnittstelle dorthin zu legen, wo dies besonders einfach ist. Die Schnittstelle hat dann nicht allein die Aufgabe, eine geordnete Kommunikation zu ermöglichen, sondern auch das jeweilige Eigentum gegen die von der anderen Seite her kommenden Störungen sichern, die Geräte beiderseits der Schnittstelle getrennt warten zu können etc.

Z.B. ist die Frage erheblich, ob auf der einen oder auf der anderen Seite der Schnittstelle verschlüsselt werden soll, ob dies vom Anwender oder von der Post getan werden sollte. Z.B. mag man sich für eine Einbettung der Verschlüsselung an der Schnittstelle zwischen 3. und 4. Schicht des ISO-Modells entschieden haben. Für das Funktionieren des Systems kann es gleichgültig sein, ob die Schnittstelle anwender- oder postseits der Verschlüsselungseinheit liegt. Gleichwohl kann diese Frage von erheblicher wirtschaftlicher und politischer Bedeutung sein.

9.1.3 Austauschkompatibilität

Wie oben gesagt, soll die Austauschkompatibilität sicherstellen, daß eine Einheit oder ein Subsystem durch einen gleichartigen Baustein auf möglichst einfache Weise ersetzt werden kann. Z.B. ist es für die Wartung des Systems erforderlich, daß man eine defekte Einheit mit wenigen Handgriffen durch eine intakte ersetzen kann. Der Hersteller sorgt in eigenem Interesse für diese Kompatibilität. Er entwickelt dafür betriebsinterne Normen, die es ihm eventuell ermöglichen, die gleiche Einheit auch in andersartigen Systemen sinnvoll einzubauen.

Einem anderen Hersteller bietet dies die Gelegenheit, ebenfalls solche Einheiten zu produzieren. Dabei braucht es ihm nur darauf anzukommen, daß seine

Einheit die Schnittstellenbedingungen erfüllt. Sie kann ansonsten anders realisiert sein als das Produkt seines Konkurrenten. Der ursprüngliche Hersteller, der ja die Systementwicklungskosten allein zu tragen hat, wird dies durch Schnittstellenveränderungen zu verhindern suchen. Eine öffentliche Normung mag ihm dieses entscheidend erschweren. Hieraus ergibt sich die Möglichkeit, die volkswirtschaftlichen Vorteile der Konkurrenz durch eine Normung zu fördern.

Gleichwohl wird es Einheiten geben, deren Schnittstellen nicht allein im obigen Sinne ergonomisch sondern insbesondere auch durch ihre öffentliche Funktion praktisch vorgegeben sind. Die Verschlüsselungseinheit zählt z.B. dazu. Die Benutzerkompatibilität setzt sie in bestimmter Art voraus, in der sie an den unterschiedlichen Endstellen eines Kommunikationssystems einzubauen ist. Vor allem dann wird dies notwendig, wenn die Einheit öffentlich versiegelt und also solche von einer bestimmten Stelle bezogen werden soll.

9.2 Verschlüsselung und ISO-Schichtenmodell

Hier soll der Einbettungsspielraum für die Datenverschlüsselung erörtert werden; genauer gesagt ist es der Raum im Bereich des ISO-Schichtenmodells, in dem etwas vorgesehen werden muß, damit die Ziele, für welche die Verschlüsselung eingesetzt wird, erreicht werden können.

Das ISO-Schichtenmodell soll den Rahmen abgeben, in den hinein Normen für offene Kommunikationssysteme gesetzt werden. Darunter werden solche Systeme verstanden, die mit Hilfe von Fernmeldanlagen und angeschlossenen Datenverarbeitungsanlagen und sonstigen Endeinrichtungen, wie z.B. Terminals, realisiert werden. Es ist geplant, auch die Verwendung anderer Datentransportmittel, wie etwa des körperlichen Versands von Magnetbändern, in den Rahmen mit einzubeziehen. Offen sind die Systeme insofern, als jeder seiner Teilnehmer bereit und in der Lage sein soll, mit jedem anderen über das System zu kommunizieren, ohne daß diese Kommunikation zwischen zwei Teilnehmern besonders vereinbart sein soll. Im Gegensatz dazu ist ein geschlossenes System eines, das für eine geschlossene Gruppe von Teilnehmern betrieben wird und in dem jeder Teilnehmer nur mit seinesgleichen innerhalb dieser Teilnehmergruppe verkehren kann.

Mit offenen Systemen sind nicht solche gemeint, die sich in technischer Hinsicht grundsätzlich von geschlossenen unterscheiden. Sie ergeben sich erst aus der Fähigkeit und Bereitschaft der Teilnehmer, miteinander im vollen Umfang aller Verbindungsmöglichkeiten zu kommunizieren. Insofern sind die Normen, die zu entwicklen und in den Rahmen des Modells zu setzen sind, nicht nur hilfreich sondern wesentlich. Ohne die notwendigen Normen gibt es kein offenes Kommunikationssystem. Das Modell verlangt eine Benutzungskompatibilität.

Dessen ungeachtet, ist die Schichteneinteilung in ihrer Sinnfälligkeit keineswegs auf offene Systeme beschränkt. Insofern, als sie eine hierarchische Ordnung von Systemdienstleistungen und von durch diese zu treffenden Entscheidungen angibt, ist sie auch auf geschlossene Systeme beziehbar. Wird z.B. mittels gemieteter Teilstrecken ein Privatnetz realisiert, dann sind es nicht nur die Schichten 1 und 2, die durch Normfestlegungen auszufüllen sind. Die Festlegungen in den anderen Schichten mögen zwar einfach und ohne operationelle Variationsmöglichkeiten sein, aber Fragen, wie die nach der Datenkompression oder der Teilnehmerauthentikation, müssen in der einen oder anderen Form beantwortet werden. Ein geschlossenes System mag zwar weniger Normen erfordern, aber es bleibt ein System, das den Bereich zwischen Anwender- und Transportsystem durch sinnvolle Festlegungen ausfüllen muß.

Die Verschlüsselung ist nicht etwa eine von den zu normenden Dienstleistungen. Sie ist nur ein Mittel, solche Dienstleistungen, wie z.B. Konzelation von Nachrichten und Protokollen, Authentikation von Nachrichten, Teilnehmern und Nachricht-Teilnehmer-Beziehungen, zu ermöglichen oder zu unterstützen.

Zumeist denkt man bei der Verschlüsselung allein an die Konzelation von Nachrichten, weniger schon an die damit verbundene Möglichkeit, die Nachricht zu authentizieren. Vor dieser einseitigen Denkgewohnheit wurde hier bereits an verschiedenen Stellen gewarnt; dessen ungeachtet spricht jedoch einiges dafür, sie für erklärende Beispiele herzunehmen. Deshalb sollen im folgenden zur Erklärung des Einbettungsspielraums vornehmlich Beispiele aus dem Bereich der Nachrichtenkonzelation und -authentikation gebracht werden. Wo also in den folgenden Beispielen von Verschlüsselung die Rede ist, könnte statt dessen zumeist genau so gut von Konzelation gesprochen werden.

9.2.1 Systemnähe - Anwendungsnähe

Dazu gibt es zwei Extremvorstellungen. Die erste Vorstellung ist folgende: Man kann eine Übertragungsstrecke sichern - unabhängig davon, welche Nachrichten auf ihr übertragen werden. Die Übertragungsstrecke kann z.B. ein Richtfunkbündel oder ein Kabel sein, die durch unsicheres Gebiet führen. In diesem Sicherungsfalle werden sämtliche übertragenen Nachrichten verschlüsselt. Dabei kann man auch (Leertext) verschlüsseln, wenn keine Nachrichten übertragen werden, so daß ein Angreifer nicht feststellen kann, ob überhaupt eine Nachricht übertragen wird oder nicht. Eine Verkehrsanalyse wäre in diesem Fall (ohne Schlüssel) nicht erstellbar, was ein wichtiger Vorteil ist.

Der Nachteil einer solchen Verschlüsselung ist, daß auch die Kontrollinformation - z.B. die Blockbegrenzung und das Blockprüfungsfeld des HDLC-Protokolls - verschlüsselt wird, die in den Netzknoten im Klartext benötigt wird, damit diese eine Prüfung auf Übertragungsfehler und die dafür notwendige Synchronisation durchführen können. In solchen Netzknoten müßte also entschlüsselt werden, wobei auch die Nachricht im Klartext erschiene. Sie müßte vor der Weiterbeförderung erneut verschlüsselt werden.

Das bedeutet einesteils, daß der o.a. Vorteil der Unmöglichkeit einer subversiven Verkehrsanalyse fortfiele; mindestens die Blockbegrenzung müßte im Klartext übertragen werden, damit die Entschlüsselung sicher synchronisiert werden kann. Anderenteils ergäbe sich eine Gefährdung an den Knoten des Übertragungsnetzes, an denen ja die Daten im Klartext auftreten. Diese Gefährdung wächst mit jedem zusätzlichen Knoten, der vom Betreiber des Systems gesichert werden muß. Es wäre praktisch nicht möglich, ein offenes Netz auf diese Weise vollständig abzusichern; zumindest wäre es sehr kostspielig. Wenn aber ungesicherte Stellen auftreten, kann ein Angreifer dort ansetzen und damit die (unvollständigen) Sicherungsmaßnahmen wirkungslos belassen.

Das Verfahren mag sich also zur Leitungssicherung eignen; sobald aber im Übertragungsweg Netzknoten auftreten, verliert es an der besonderen Sicherheit, die es bieten soll. Jedoch auch bei reiner Leitungssicherung, muß für Synchronisation gesorgt werden, damit überhaupt entschlüsselt werden kann. Wenn man diese über die gleiche Leitung erfolgen läßt, bekommt der Schlüsseltext wieder eine erkennbare Struktur; ohne eine Vergrößerung der Übertragungskapazität und ohne eine verräterische Redundanz gegenüber dem eigentlichen Nachrichtvolumen geht es nicht, wenn man von der Möglichkeit absieht, die Synchronisation aufgrund der Redundanz der verwendeten Sprache vorzunehmen (man verschiebt den Einsatz der Entschlüsselung am empfangenen Schlüsseltext so lange, bis plausibler Klartext erscheint).

Die Vorstellung, daß ein Übertragungsweg durch feindliches Gebiet führt und deshalb durch Verschlüsselung gesichert werden soll, steht im Verdacht, nicht vom vollen kryptologischen Wert der Verschlüsselung auszugehen. Es mag wohl dem Feind nach der Einführung der Verschlüsselung unmöglich sein, diesem so gesicherten Übertragungsweg weiterhin Information zu entnehmen; jedoch wird es ihm vergleichweise leicht fallen, die anderen - durch die Umstände besser geschützten und deshalb (naiverweise) unverschlüsselt übertragenden - Teilstrecken abzuhorchen. Die Sicherheitsdifferenz zwischen einer Strecke durch feindliches Gebiet und einer, die man unter Kontrolle zu haben glaubt, ist sehr viel kleiner als die Differenz, welche die kryptologische Sicherheit gewährt. Wenn man meint, daß nur eine kryptologische Sicherheit dem Bedürfnis angemessen ist, dann muß man sie durchwegs einhalten.

Ungünstig bei dieser Art von Verschlüsselung ist der Umstand, daß man sich dabei nicht danach richten kann, ob die Brisanz der Anwendung eine Verschlüsselung erfordert; alles wird verschlüsselt, was über die Leitung geht; nichts wird verschlüsselt, was über eine Leitung ohne Verschlüsselungseinrichtung übertragen wird.

Die zweite der oben angesprochenen Extremvorstellungen ist folgende: Der Anwender eines Kommunikationssystems verschlüsselt je nach Bedarf selbst und bietet dem System verschlüsselte Bit-Folgen an. Das bittransparente System überträgt jede ihm angebotene Zeichenfolge - verschlüsselt oder unverschlüsselt - an den Empfänger. Erst der Empfänger entschlüsselt den Text. In diesem Falle tritt die verschlüsselte Nachricht an keiner Stelle des Kommunikationssystems als Klartext auf; die Verschlüsselung ist keine Aufgabe des Kommunikationssystems; die Wahl des Algorithmus und das Schlüsselmanagement liegen ganz im Belieben der Teilnehmer. Es ist ein Verfahren, bei dem ein transparentes Kommunikationssystem der Verschlüsselung keinerlei Normen aufzwingt. Insofern ist es das Verfahren, das derzeit gebräuchlich ist.

Dieses Verfahren hat den kryptologischen Nachteil, daß alle Protokoll-Information, die während des Kommunikationsvorgangs zur Nachricht hinzukommt, unverschlüsselt übertragen wird; es ist möglich, Verkehrsflüsse zu analysieren. Es hat aber den Vorteil, daß es ganz in das Belieben des Anwenders gestellt ist, ob und wie er verschlüsselt; eine öffentliche Normung der Verschlüsselung wäre zumindest hinsichtlich des Kommunikationssystems nicht nötig.

Neben den beiden geschilderten Extremverfahren sind eine Reihe anderer denkbar, bei denen die Verschlüsselung in einer oder in mehreren der dazwischenliegenden Schichten des ISO-Modells durchgeführt wird. Je weiter oben die

Verschlüsselung durchgeführt wird, umso weniger Protokollinformation kann verschlüsselt werden, umso weniger ist es aber erforderlich, daß wegen der im Übermittlungssystem benötigten Protokollinformation entschlüsselt werden muß. In den oberen Schichten erfolgt die Verschlüsselung anwendungsorientiert; der Anwender hat es diffenrenziert in der Hand, die Verschlüsselung in verschiedener Form einzusetzen oder auch nicht; in den unteren Schichten ist die Verschlüsselung am Kommunikationssystem orientiert; der Anwender wird durch sie nicht belastet.

9.2.2 Symmetriegrundsatz

Das ISO-Schichtenmodell soll eine Grundlage für die Koordination von Normungsaktivitäten auf dem Gebiet der offenen Kommunikationssysteme bieten; "offen" ist hierbei so zu verstehen, daß die angeschlossenen Systeme für jede Verbindung zu ihresgleichen offen sind. Das bedeutet nicht, daß jede Verbindung auch eine (sinnvolle) Kommunikation ermöglichen muß. Letzteres setzt vielmehr voraus, daß sich die verbundenen Teilnehmer verständigen können - gewissermaßen eine gemeinsame Sprache sprechen. Auch wenn man sich mit einem japanischen Fernsprechteilnehmer nicht verständigen kann, bleibt das Fernsprechsystem doch ein offenes Kommunikationssystem. Wenn ein gerufener Teilnehmer nicht den Schlüssel bereitstellen kann, mit dem eine Nachricht verschlüsselt ist, kann das Kommunikationssystem trotzdem ein offenes sein.. Auch wenn er grundsätzlich nicht entschlüsseln kann, ist er zwar vom verschlüsselten Verkehr ausgeschlossen; er ist aber trotzdem Teilnehmer in einem offenen Kommunikationssystem; er kann sich ja jederzeit eine Verschlüsselungseinheit und die erforderlichen Schlüssel beschaffen und sich am verschlüsselten Verkehr beteiligen, ohne daß er hinsichtlich seiner Verbindungsmöglichkeiten auf eine geschlossene Teilnehmergruppe beschränkt würde.

Die Entwickler sind sich offensichtlich darüber im Klaren, daß sich mit Hilfe des ISO-Schichtenmodells nicht alle auftretenden Zweifelsfälle entscheiden lassen werden; deshalb ist vorgesehen, daß es weiterentwickelt werden kann (ISO 1). Allerdings scheint man nicht daran zu zweifeln, daß es in dieser Hinsicht flexibel genug ist, um alle neu herangetragenen Probleme lösen zu können. Ein solches neu herangetragenes Problem ist die Datenverschlüsselung. Wie kann man ihr im Schichtenmodell Rechnung tragen?

Dieses beschränkt sich zunächst auf offene Kommunikationssysteme, die mit Hilfe von Fernmeldeanlagen realisiert werden, erklärt sich aber als grundsätzlich offen für die Miteinbeziehung anderer Transportwege. Der Datentransport mittels Datenträger wird von ihm derzeit noch nicht erfaßt. Entsprechend bietet es insoweit auch keine Grundlage dafür, etwa die Verschlüsselung zum Transport von Daten auf Mägnetbändern in die Normungsarbeiten an offenen Systemen mit einzubeziehen. Eine Erweiterung des Modells auf diese Bedürfnisse hin ist jedoch - wie oben erwähnt - geplant. Die Möglichkeit, ein im offenen System realisiertes Schlüsselmanagement auch für die Speicherung und Archivierung von Daten zu benutzen, ist allerdings möglich.

Das Modell ist auf die gegenseitige Verständigung gleichwertiger Partner hin orientiert; der eine Partner will den anderen auf seinen eigenen Informationsstand bringen. Deshalb ist es entsprechend symmetrisch angeordnet. Es eignet sich also für die Darstellung der Kommunikation gleichwertiger und gleichartiger Partner, die es als Anwendungsprozesse (application process) definiert. Die Forderung der Gleichartigkeit reicht nicht so weit, daß nicht solche Prozesse unterschiedlich realisiert sein könnten, z.B. durch Personen aber auch durch Computerprogramme. Die Partner müssen aber die definerten Begriffe, die syntaktischen und semantischen Regeln gemeinsam kennen und die geforderten Funktionen ausführen können.

Dabei wäre u.a. auch davon auszugehen, daß auf Grund der Symmetrie das empfangende System die Daten wieder zu dem Klartext entschlüsselt, den der andere Partner dem verschlüsselnden und sendenden System übergeben hat. Hier bieten sich aber Schwierigkeiten: Will der empfangende Teilnehmerprozeß - etwa ein Datenbanksystem - die Daten verschlüsselt, wie sie sind, ablegen, ist die Symmetrie gestört, denn der empfangende Teilnehmerprozeß erhält die Daten anders, als sie vom sendenen dem Kommunikationssystem übergeben wurden *).

Hier liegt eine Kommunikationsart vor, die man üblicherweise mit Transaktion bezeichnet; eine Nachricht wird übertragen und am Empfangsort abgelegt, ohne daß der vorgesehene Empfänger sie noch während der Session quittieren kann; es ist lediglich die Nachricht von einem Ort zu einem anderen gebracht worden.

Eine solche Störung der Kommunikations-Symmetrie könnte jedoch bei verschlüsseltem Verkehr grundsätzlich gegeben sein. Man will ja häufig genug, daß nur einer bestimmten natürlichen Person die Daten im Klartext bekanntgegeben werden. Ist z.B. diese Person als empfangender Teilnehmer nicht anwesend und ist deshalb der empfangende Anwendungsprozeß nicht zur Entschlüsselung autorisiert, sollten die verschlüsselten Daten zwischengespeichert werden, bis sie bei Anwesenheit der Person vom Anwendungsprozeß entschlüsselt werden und vom Sender (in einem besonderen Kommunikationsvorgang eventuell ebenfalls transaktionsorientiert) quittiert werden können. Die andere - gewissermaßen vom ISO-Schichtenmodell nahegelegte - Möglichkeit, bei Nichtzustandekommen der Verbindung eine Datentransaktion zurückzuweisen, wäre dagegen eine ungünstig eingeschränkte Lösung.

Denkbar ist ferner, daß Nachrichten - z.B. Presseinformationen - zwar übertragen werden aber vorläufig gesperrt bleiben sollen; zum Zeitpunkt der Freigabe überträgt man einen Schlüssel (der dann nicht geheim zu sein braucht), mit dem der Empfänger die Nachricht entschlüsseln kann. Eine solche Nachricht kann dann z.B. als eindeutig von dem Tage ihrer Verteilung gelten, nicht etwa erst von dem ihrer Lesbarkeit. Hier wären also mit Absicht zwei Kommunikationsvorgänge und deren Koordination notwendig, damit der Empfänger auf den Wissenstand des Senders gebracht werde.

Damit ergäbe sich grundsätzlich der oben skizzierte Fall, daß die Verbindung auf der Ebene der Anwendungsprozesse nicht zustande kommt, weil der empfangende Prozeß die Daten nicht verifizieren kann, und daß trotzdem eine Transaktion stattzufinden hat. Dies bedingt, daß die Kommunikation (der 7. Schicht) nicht verbindungs- sondern transaktionsorientiert gesehen werden

---

*) Dieses braucht nicht unbedingt Fernmeldeeinrichtungen zu benutzen; es kann sich auch um die Übertragung in einen am Orte liegenden Kryptobereich handeln.

muß - ein asymmetrischer Fall, der derzeit von ISO-Schichtenmodell nicht erfaßt ist, aber als Vorschlag für weitere Untersuchungen vorliegt.

Kommunikation zur unmittelbaren (während der Session stattfindenden) Verständigung und Kommunikation zur Transaktion einer Nachricht sind grundsätzlich verschiedene Phänomene. Man kann nicht etwa sagen, daß die Transaktion ein Teil des ersten Kommunikationsvorgangs ist. Auch sie ist ein abgeschlossener Vorgang, und zwar anders abgeschlossen als dieser. Sie kann nicht etwa so in das ISO-Schichtenmodell eingeordnet werden, daß sie in der 7. Schicht nicht repräsentiert wäre. Inwieweit das ISO-Schichtenmodell auf sie anwendbar ist, wird sich wohl im Laufe der weiteren Entwicklung zeigen.

Man könnte sich so behelfen, daß man Hilfsprozesse definiert (Bur), die sich mit Hilfe eines geringeren Begriffsumfangs verständigen, für die z.B. die (semantische) Darstellung der Nachricht keine Bedeutung hat; sie übermitteln gewissermaßen einen Umschlag, der die Nachricht enthält.

Der sendende Applikationsprozeß übergibt dem Hilfsprozeß den Umschlag mit der Nachricht. Dieser übermittelt (in symmetrischer Weise) den Umschlag mit der Nachricht an seinen Partner-Hilfsprozeß. Dabei ändert sich zwar nicht die Nachricht, wohl aber ihre Darstellung; sie wird verschlüsselt und mit Protokollinformation versehen. Der Partner-Hilfsprozeß gibt den Umschlag an den (zu seinem sendenden Partner unsymmetrischen) Applikationsprozeß ab, etwa an eine Datenbankverwaltung. Diese speichert dann den verschlüsselten Text zusammen mit der Protokollinformation, die sie u.a. zum (späteren) Entschlüsseln benötigt. Siehe Bild 12.

9.2.3 Grundsatz der Service-Hierarchie

Die Schichtung orientiert sich an der Grundvorstellung, daß zwei Applikationsprozesse miteinander mittels des Kommunikationssystems verkehren bzw daß dieses ihnen eine Dienstleistung bietet; der initiierende Prozeß übergibt seinen Kommunikationswunsch an eine definierte Instanz des Systems; diese bewirkt dessen Übermittlung an ihre Partnerinstanz, welche ihn an den respondierenden Prozeß weitergibt. Nach der weiteren Verständigung, die auf dem gleichen Wege verläuft, wird die Nachricht - ebenfalls auf dem gleichen Wege - übermittelt und der Kommunikationsvorgang beendet.

Die Instanzen, von denen oben die Rede war, werden ebenfalls als kommunizierende Partner aufgefaßt, die dazu die Dienstleistungen von untergeordneten Instanzen in Anspruch nehmen und diesen die Aufgaben definieren. Letzteres tun sie als ihren Beitrag zur Gesamtdienstleistung. Die untergeordneten Instanzen denkt man sich eine Schicht tiefer gelegen. Auch sie verfahren in der oben bezeichneten Weise. Es findet ein von Schicht zu Schicht rekursiver Prozeß statt, wodurch sich eine schichtenweise Funktionsdarstellung des Kommunikationssystems ergibt.

Eine wesentliche Eigenschaft des Schichtenmodells, die daraus zu folgern ist: Jede Schicht (abgesehen von der niedrigsten) bedient sich ausschließlich der Leistungen der nächst niedrigeren Schicht und umgekehrt bietet eine Schicht (abgesehen von der höchsten) ihre Dienste ausschließlich der nächst höheren an (Grundsatz der Service-Hierarchie). Der Fall, daß eine Schicht

Bild 12 : Hilfsprozesse

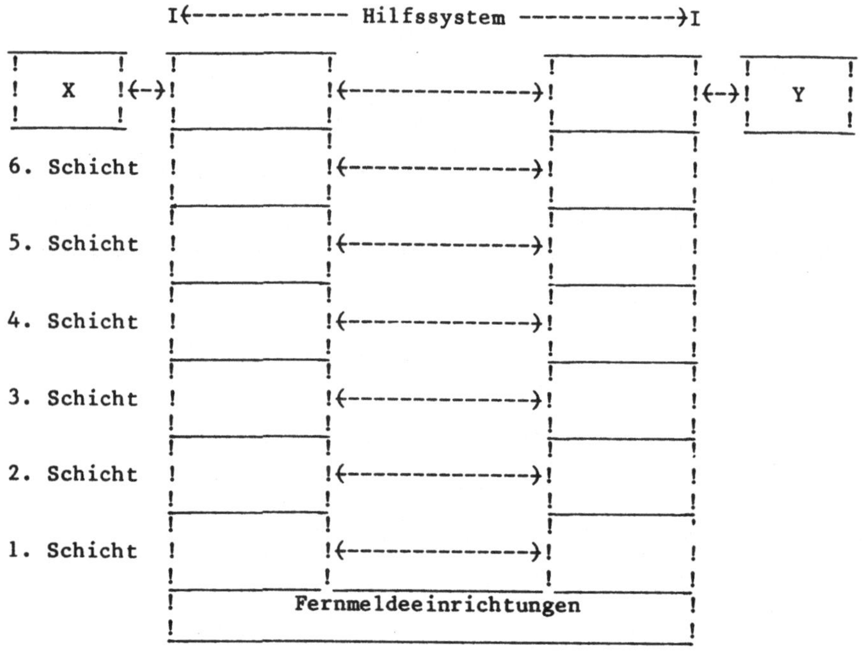

X, Y Unsymmetrische Applikationsprozesse

←→ Besonderes Protokoll

mehreren Schichten ihre Dienste direkt anbietet, und der Fall, daß eine Schicht ihre Dienste einer tiefer gelegenen zukommen läßt, passen nicht in die Vorstellungen zum Schichtenmodell. Bei der Berücksichtigung der Verschlüsselung treten jedoch solche Fälle auf.

9.2.3.1 Relais-Funktion

Denkt man z.B. in dem unter 9.2.1 geschilderten Sinne an eine Leitungsverschlüsselung mit Hilfe eines Schlüsselgeräts und will man die Verschlüsselung auf der Service-Ebene der Datenübergabe an die technischen Übertragungseinrichtungen ansetzen, dann würde u.a. die Fehlerkontrollinformation (der zweiten Schicht) mitverschlüsselt. Das würde aber eine Übertragung verhindern, denn die verschlüsselte Information könnte von den konventionellen Kontrolleinrichtungen in den Netzknoten nicht als richtig übertragen erkannt werden, weil die Zuordnung der Kontrollinformation zu den Daten der Nachricht nach der Verschlüsselung nicht erhalten bleibt. Dazu wäre notwendig, daß nach der Verschlüsselung die Fehlerkontrollinformation vom verschlüsselten (übertragenen) Text abgeleitet wird. Dieses ist jedoch eine Aufgabe der höheren Schicht, die ja von der unteren Schicht - da mit dem Schichtenmodell nicht verträglich nicht angefordert werden kann. Die beiden Teilnehmer können also nicht direkt miteinander verkehren. Dazu bedarf es der Hilfsvorstellung von je einer Relais-Station bei Sender und Empfänger.

Als Relais-Station könnte das Schlüsselgerät angesehen werden. Sie erstreckt sich - wie in Bild 13 dagestellt - über die unteren beiden Schichten. Der ersten Schicht der Relais-Station wird von der ersten Schicht des Teilnehmersystems über die physikalische Verbindung der unverschlüsselte Text zugestellt. Dieser wird dort verschlüsselt und als Schlüsseltext an die zweite Schicht der Relaisstation weitergereicht. Diese erzeugt zum Schlüsseltext die Fehlerkontrollinformation und reicht den so gesicherten Schlüsseltext an die erste Schicht zurück. Letztere überträgt ihn über die physikalische Verbindung an die Relaisstation (das Schlüsselgerät) des Partnersystems. Dort wiederholt sich dieser Vorgang reziprok. Die Instanzen der zweiten Schicht verständigen sich über Protokolle.

Sollten im allgemeinen Falle Operationen am verschlüsselten Text verlangt sein, für die noch höhere Schichten zuständig wären, dann muß man sich die Relais-Station in höhere Schichten hineinreichend vorstellen *). Die Konstruktion der Relais-Station erlaubt es also, am Schichtenmodell festzuhalten, auch wenn die Reihenfolge der Operationen gegen die der (als Normungsgrundlage genormten) Schichten verstößt.

Man beachte, daß allerdings bei der Vorstellung - Schlüsselgerät als Relais-Station - der Symmetriegrundsatz zwischen Teilnehmersystem und Relais-Station gestört ist. Die (sendende) erste Schicht des Teilnehmersystems verschlüsselt nicht; die Empfangsseite der ersten Schicht der Relais-Station verschlüsselt; deren Sendeseite hingegen verschlüsselt nicht. Entsprechendes

---

*) Eine am Paketvermittlungssystem angeschlossene PAD-Einheit z.B., die zwei inkompatible Kommunikationsnetze verbindet, müßte sich bis in die 7. Schicht erstrecken.

Bild 13 : Anordnung der Relais-Station

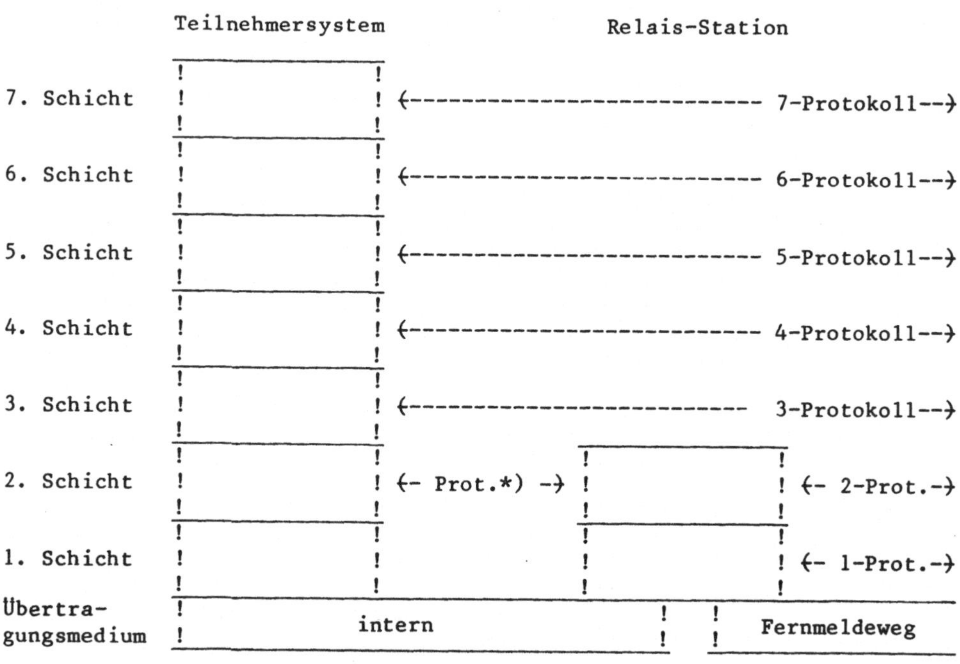

*) Zusätzliches zu normendes Protokoll

läßt sich über das empfangende Teilnehmersystem und seine Relais-Station sagen.

Um den Grundsatz der Service-Hierarchie zu erhalten, muß man also etwas vom Grundsatz der Symmetrie aufgeben. Das liegt allerdings allein daran, daß die konventionellen Netzknoten nicht entschlüsseln und verschlüsseln können, daß sie also schichtenspezifisch nicht die gleichen Funktionen durchführen können wie die Teilnehmersysteme. Der Symmetriedefekt ist also die Folge der Asymmetrie der technischen Einrichtungen. Die Symmetrie zwischen den Teilnehmern bleibt allerdings auch mit der Relais-Vorstellung erhalten.

9.2.3.2 Managementaktivitäten

Das ISO-Schichtenmodell sieht Kategorien von Managementaktivitäten vor (Application Management, Systems Management, Layer Management), die im wesentlichen der Harmonisierung des Kommunikationsbetriebs dienen. Als eine solche Aktivität könnte auch die Schlüsselbeschaffung aus einer Schlüsselverteilungszentrale aufgefaßt werden. Sie erfordert, wie in 6.4 gezeigt, einen getrennten Kommunikationsvorgang, der der Kommunikation der Nachricht oder einer Authentikatorbeschaffung (siehe 6.5) vorausgeht. Insofern kann durch diese Managementaktivität Schlüsselbeschaffung und Übermittlung der Nachricht koordiniert werden.

Angenommen, der Kommunikationssteuerungschicht fiele die Beschaffung des Sessionsschlüssels zu. Sie würde dazu ihren Layer Management Service ansprechen, der daraufhin als Instanz der Verarbeitungsschicht zunächst eine Session mit der Schlüsselverteilungszentrale in Auftrag geben würde. Hier ergäbe sich ein Verstoß gegen den Grundsatz der Service-Hierarchie, denn eine niedrigere Instanz forderte von einer höheren eine Dienstleistung. Man kann allerdings auch von der Vorstellung ausgehen, daß bei einem Kommunikationswunsch bezüglich verschlüsselter Übertragung der Management Service die Aufgabe von sich aus übernimmt, den benötigten Schlüssel zu beschaffen und die dazu notwendigen Sessionen zu koordinieren, und der Kommunikationssteuerungsschicht die Aufgabe der Schlüsselbeschaffung überhaupt nicht zufiele; sie würde den Schlüssel für ihre Aufgaben vorfinden.

Es sind noch weitere solche Service-Aktivitäten denkbar. Z.B. könnte auch der Verschlüsselungsservice (siehe 9.2.3.3) so aufgefaßt werden. Dieses läßt das Modell jedoch nicht zu. Es bezieht sich ausschließlich auf Vorgänge, die unmittelbar die Kommunikation der Daten betreiben, nicht etwa auf Dienste, die zur Unterstützung der Kommunikation z.B. vom Betriebssystem oder eben von der Verschlüsselungseinheit geleistet werden.

Sollte z.B. sowohl in der 6. als auch in der 4. Schicht verschlüsselt werden, dann wären das Leistungen, die von den unterschiedlichen Schichteninstanzen getrennt erbracht werden müssen. Sie würden aber in der Regel wohl von einer einzigen Dienstleistungseinheit geliefert. Diese Dienstleistungseinheit stellt sich im Modell nicht dar, das ja die Teilnehmer nur so sieht, wie sie sich kommunikationsseitig darstellen; dazu ist es unerheblich, wie im einzelnen vom Teilnehmersystem etwas implementiert wird.

Der Fall also, daß bei Berücksichtigung der Verschlüsselung die gleiche Dienstleistung mehreren Schichten angeboten wird, tritt zwar tatsächlich auf, führt aber nicht zu einer Korrektur des Schichtenkonzepts. Er würde nur dann vom Modell erfaßt, wenn er (wie die Schlüsselbeschaffung) einen vollständigen Kommunikationsvorgang zwischen Applikationsprozessen bedingte.

Nichtsdestoweniger ist der Verschlüsselungsservice bzw die von der betreffenden Schichteninstanz zu erbringende und in Auftrag gegebene Leistung wichtig und soll im folgenden kurz umrissen werden.

9.2.3.3 Verschlüsselungs-Service

Wenn schon die Verschlüsselung in unterschiedlichen Schichten durchgeführt werden soll, dann muß man es auch als wichtig erachten, sie als ein Konzept zu verstehen, das von den Schichten möglichst unabhängig ist. Schichtenabhängige Aspekte sollten in den Schichten an Ort und Stelle definiert werden; schichtenunabhängige jedoch sollten in der Verschlüsselungs-Service-Instanz ihren Platz finden.

Die Schnittstelle zwischen Schicht und Verschlüsselungs-Service-Instanz (siehe Bild 14) muß deshalb in die Normung einbezogen werden. Soll eine Schichtinstanz eine Verschlüsselung / Entschlüsselung durchführen, indem sie damit den Verschlüsselungs-Service beauftragt, so muß sie ihm folgendes spezifizieren:

- auszuwählender Algorithmus
- auszuwählender Modus
- auszuwählende Operation (Ver- oder Entschlüsselung)
- auszuwählender Schlüssel
- Stellen (Service Access Points), denen die Ergebnisse zugestellt werden sollen

Der Algorithmus kann z.B. der DEA1 oder der eines (asymmetrischen) RSA-Verfahrens sein.

Der Modus kann etwa eines der genormten Blockverschlüsselungsverfahren sein. Siehe auch 8.4.2.

Bei der Auswahl der Operationsrichtung geht es darum, eine der beiden komplementären Operationen (Verschlüsseln - Entschlüsseln) zu bestimmen.

Unter "auszuwählendem Schlüssel" ist nicht etwa die Schlüsselbeschaffung angesprochen; die Schlüsselbeschaffung ist ja als eigener Kommunikationsvorgang zu sehen. Gemeint ist, daß unter mehreren vorhandenen Schlüsseln (Master-Schlüsseln, Sessionsschlüsseln) einer spezifiziert und ausgewählt wird.

Schließlich muß auch der Service-Einheit angegeben werden, an welche Stellen des ISO-Schichtenmodells sie das Verlangte abzuliefern hat. Nach der Terminologie des Schichtenmodells müßten dies ein oder mehrere spezifizierte Service Access Points sein, welche allerdings im Schichtenmodell nicht auftreten, weil dieser Vorgang den Kommunikationsvorgang selbst nicht betrifft.

Der Verschlüsselungs-Service muß unter Vorgabe der o.a. Spezifikationen folgendes leisten:

- Auswahl des Algorithmus
- Auswahl des Modus

Bild 14 : Die Verschlüsselungs-Service-Instanz

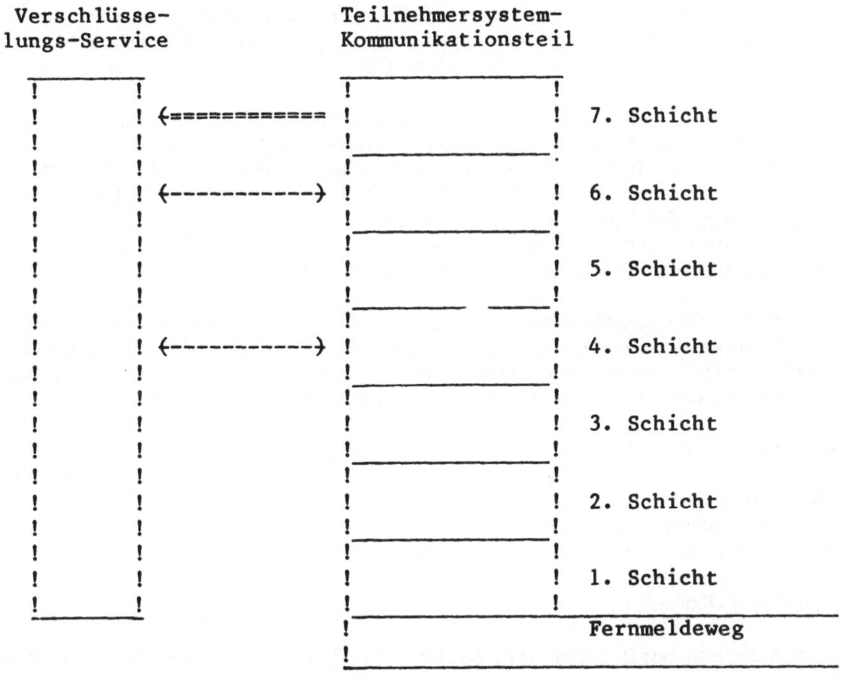

Verschlüsse-
lungs-Service
Teilnehmersystem-
Kommunikationsteil
7. Schicht
6. Schicht
5. Schicht
4. Schicht
3. Schicht
2. Schicht
1. Schicht
Fernmeldeweg

⟵========== Kontrolle

⟵---------⟶ Service-Anforderung / -Leistung

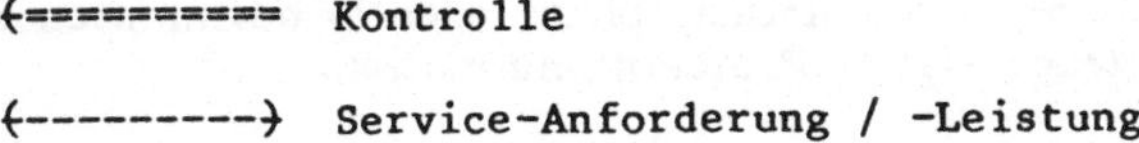

- Auswahl der Operationsrichtung
- Erzeugen / Erkennen des Initialisierungsvektors
- Auswahl des Schlüssels
- Durchführung und Kontrolle der verlangten Operation
- Abweisen unerlaubter Operationswünsche
- Sichern der gespeicherten Schlüssel
- Vernichten von Schlüsseln
- Abliefern des Ergebnisses
- Aufsetzen im Fehlerfall

Die Bedingungen zur Erzeugung des Initialisierungsvektors (2.2.5) und bezüglich der Weise seiner Verwendung ergeben sich aus der Wahl des Algorithmus, des Modus und eventuell der Operationsrichtung.

Ein unerlaubter Operationswunsch wäre z.B. eine Anforderung an den Verschlüsselungsservice, mit einem für eine Unterschrift vorgesehenen Schlüssel (siehe 3.6.2) die verbotene komplementäre Operation durchzuführen.

Die gespeicherten Schlüssel sind so zu sichern, daß sie weder einem Programm noch einer Person zur Kenntnis gelangen können. Notfalls sind sie zu vernichten. Allerdings muß man dabei darauf achten, daß etwa mit Hilfe der Schlüsselverteilungszentrale bestimmte Schlüssel regenerierbar bleiben, damit nicht mit dem Schlüssel auch die Daten, die mit ihm verschlüsselt sind, so gut wie gelöscht werden. Zur Schlüsselvernichtung gehört auch das Löschen von Sessionsschlüsseln, die nicht mehr gebraucht werden.

Unter abzuliefernden Ergebnissen sind nicht allein diejenigen zu verstehen, die direkt kommunikationsbezogen sind - also zu übertragende Schlüsseltexte oder entschlüsselte übertragene Nachrichten - sondern auch solche die etwa zu Nachweiszwecken aufbewahrt werden müssen (siehe auch 6.4 bis 6.6).

Im allgemeinen Falle wird der Verschlüsselungsservice nicht allein für die Datenkommunikation sondern auch für deren Speicherung verwendet werden, so daß nicht allein Instanzen des ISO-Schichtenmodells seine Dienste in Anspruch nehmen werden; es werden sich auch Service Acces Points zu anderen Instanzen - etwa zur Datenbankverwaltung - ergeben.

9.2.3.4 Sublayer-Konzept

Das ISO-Schichtenmodell sieht vor, bestimmte Funktionen einer Schicht zusammenzufassen und diese einem Sublayer, einer Schicht in der Schicht, zuzuschreiben, wenn bestimmte Kommunikationsdienste es erfordern. Ein solches Sublayer ist eine Einheit, die auch umgangen werden kann, sei es in der Verbindungsaufbauphase oder in der Übermittlungsphase oder in bestimmten Fällen in beiden. Das Sublayer erzeugt eigene Protokollinformation.

Die Verschlüsselung könnte diese Bedingungen erfüllen, insbesondere deshalb, weil sie ja optional angewendet werden soll. Es fragt sich aber, ob sie - wie oben gefordert - wirklich umgangen werden kann, oder ob nicht in jedem Falle spezifische Protokollinformation erzeugt werden muß (Verschlüsselung: ja oder nein) und somit die obige Bedingung nicht erfüllt werden kann.

Man mag dieses Sublayer-Konzept im Auge behalten wollen, wenn es darum geht, sicherzustellen, daß die Protokollinformation der verschlüsselnden Schicht bis auf die zur Verschlüsselung selbst und den Initialisierungsvektor verschlüsselt wird.

9.2.4 Schichtenprotokolle

Die Protokolle zwischen den gleichrangigen Instanzen (Peer-Entities) des ISO-Schichtenmodells ergeben sich aus der Automatik des Schichtenmodells: Die oberste Teilnehmerinstanz (z.B. der Anwendungsprozeß im ISO-Schichtenmodell) stellt eine Nachricht bereit, die an einen Empfänger übermittelt werden soll. Sie schreibt Empfängeradresse, Managementinformation etc in ein Kontrollfeld, das der zu übermittelnden Nachricht beigefügt wird. Diese zusammengefaßte Datenmenge wird an die Teilnehmerinstanz der nächst niedrigeren Schicht mit der Aufforderung nach einer Übermittlungsdienstleistung weitergereicht. Die Instanzen dieser Schicht strukturieren die Daten übermittlungsgerecht und fügen ihnen weitere, dem Empfänger (der gleichrangigen Empfängerinstanz) verständliche Protokoll-Information (über Struktur und Kommunikationsablauf) zu; dann wird der gesamte Informationsblock an die nächst niedrigere Schicht weitergereicht, die wiederum ihre Information zur Teilnehmerverbindung zufügt und so fort.

Der so angesammelte Nachrichtenübertragungsblock wird schließlich unterhalb der untersten Schicht an den gerufenen Teilnehmer übertragen. Dessen Schichteninstanzen werten in umgekehrter Reihenfolge die Protokollinformation aus, stellen in der Verbindungsaufbauphase im Dialog mit ihresgleichen auf Seiten des rufenden Teilnehmers (bzw im Dialog mit dem Datex-P-Dienst) die Verbindung her, wickeln in der Übermittlungsphase die Übermittlung ab und sorgen in entsprechender Weise für eine ordnungsmäßige Behandlung von Fehlzuständen sowie für die Beendigung der Verbindung.

Wird in einer der Schichten verschlüsselt, dann ist von da an die bis dahin angesammelte Information für die weiteren Teilnehmerinstanzen auf der sendenden und die entsprechenden auf der empfangenden Seite nicht mehr erkennbar. Erst die Empfängerinstanz der Schicht, in der (beim Sender) verschlüsselt wurde, kann die Information entschlüsseln und gegebenenfalls auswerten. Protokollinformation zur Verschlüsselung und Initialisierungsvektor dürfen also selbst nicht verschlüsselt sein.

Vom Ablauf her gesehen: Zumindest bis zum Vorliegen der Teilnehmerverbindung und der Einigung auf das Übertragungsverfahren (einschließlich der bezüglich der Verschlüsselungsparameter) kann nicht verschlüsselt werden, denn die zur Einigung notwendige Verständigung kann ja nur im Klartext erfolgen. Die Teilnehmerinstanzen, welche die Teilnehmerverbindung herstellen, kommunizieren also (mittels der unverschlüsselten Protokollteile) zunächst unverschlüsselt, entsprechend auch die darunterliegenden.

Man beachte aber, daß die hier beschriebene Protokollstruktur einen linearen Aufbau hat, während in 8.4.1 für die Veschlüsselung eine geschachtelte und zyklisch zu ananlysierende Struktur vorgeschlagen wird. Die Verschlüsselung bringt insofern eine neue Struktur in den Protokollaufbau. Der verschlüsselte Teil setzt sich grundsätzlich nicht etwa wie der unverschlüsselte linear aus verketteten Protokollelementen zusammen, die ein Dämon, der das Geheimnis der Verschlüsselung kennt, gegeneinander abgrenzen könnte; sie sind bei einer Blockverschlüsselung so ineinander verwürfelt, daß jedes Bit des unverschlüsselten Blocks jedes Bit des verschlüsselten Blocks mitbestimmen kann. Das drückt sich vor allem in der in 8.4.1 beschriebenen Semantik aus.

Noch ein Wort zum ISO-Schichtenmodell: Sein naives Verständnis geht davon aus, daß die Schichten über die Übertragungsstrecke hinweg in sich homogen sind. Dies ist in Wirklichkeit nicht immer der Fall, nicht wenn die Übertragungsstrecke (wie etwa bei einer PAD-Ankoppelung an das Datex-P-Netz) über unterschiedliche Netze führt, nicht z.B. zwischen bit-, zeichen- und asynchronen Verfahren. Auch steht die Vermittlungschicht (Network-Layer, 3. Schicht) nicht in jedem Fall zur Verfügung.*) Ähnliche Unterscheidungen, die sich gewissermaßen senkrecht zu den Schichtenlinien einführen lassen, wird es vermutlich auch in den noch nicht genau festgelegten (anwendungsorientierten!) höheren Schichten geben.

Die Kommunikation in den drei unteren Schichten des ISO-Schichtenmodells ist bereits weitgehend durch Normen und Implementierungen festgelegt. Wollte man hier die Verschlüsselung zur Nachrichtenkonzelation und -authentikation einführen, müßte man nicht nur die Verschlüsselungsprozesse einbauen, sondern auch die genormten Protokolle ergänzen. Man müßte zumindest Steuerzeichen vorsehen, die einen Verschlüsselungsmodus einleiten bzw beenden.

Soviel zur Frage, inwieweit die Verschlüsselung mit den allgemeinen Prinzipien des ISO-Schichtenmodells verträglich ist. Im nächsten Unterkapitel soll gezeigt werden, wie sich die Verschlüsselung in den einzelnen Schichten des ISO-Modells auswirkt.

9.3 Die Schichten im einzelnen

Die Frage danach, in welche Schicht die Verschlüsselung einzubetten ist (Nel), entscheidet sich daran, wofür letztere angewendet werden soll. Sie kann durchaus an mehreren Stellen einzubetten sein, wobei jede davon auf die Priorität der unterschiedlichen Anwendungen bezogen ihre Vor- und Nachteile haben dürfte. Man kann z.B. mit einer Verschlüsselung in einer der unteren Schichten des Transportsystems eine Konzelation bezwecken und unbhängig davon in einer höheren Schicht - etwa der sechsten - zur Teilnehmer- und Nachrichtenauthentikation verschlüsseln. Das SWIFT-System z.B. trennt in dieser Weise Konzelation und Authentikation, wobei für diese beiden Zwecke mit unterschiedlichen Verfahren verschlüsselt wird.

Generell gesagt: Je tiefer sie eingebettet ist, umso mehr Protokollinformation wird konzeliert, umso weniger läßt sich ihr Einsatz anwendungsabhängig differenzieren; je höher sie eingebettet ist, umso differenzierter ihre Einsatzmöglichkeiten, umso offener die Protokollinformation. Im ersten Fall si-

---

*) Eine am Paketvermittlungssystem angeschlossene PAD-Einheit z.B., die zwei inkompatible Kommunikationsnetze verbindet, müßte sich bis in die 7. Schicht erstrecken.

chert sie exponierte Übertragungseinrichtungen, im zweiten schützt sie sensitive Nachrichten.

Bei den unteren drei Schichten ging die Praxis der Modellentwicklung voraus. Aus der Praxis ließ sich erst die Notwendigkeit eines geeigneten Schichtenmodells erkennen. Obwohl die Praxis als Anschauung diente, verhinderte dies dennoch nicht, daß sich die getroffenen Normfestlegungen und die Theorie des Schichtenmodells nicht in Übereinstimmung bringen lassen (siehe z.B. die nachfolgend geschilderten Schwierigkeiten der Abgrenzung zwischen der 1. und der 2. Schicht). Neben den in 9.2 erwähnten systematischen Anwendungsschwierigkeiten des ISO-Schichtenmodells treten also auch solche auf, die sich aus Diskrepanzen einer pragmatischen Vorleistung gegenüber einer reinen Theorie ergeben.

Die einzelnen Schichten sind jeweils mit unterschiedlichen hierarchischen Stufen der Kommunikationsverbindung befaßt; die oberste z.B. mit der Verbindung von Anwendungsprozeß zu Anwendungsprozeß; die unterste mit Übertragungsteilstrecken.

Man kann sich in der Regel nicht etwa für die Einbettung in einer Schicht entscheiden und dabei die anderen Schichten vernachlässigen. Auch wenn z.B. in der sechsten Schicht verschlüsselt wird, verbleibt der siebten die Aufgabe, den Sessionsschlüssel zu beschaffen.

Der in 9.2.1 geschilderte zweite Fall z.B., daß die Verschlüsselung in der ersten, der Bitübertragungsschicht, erfolgt, hat durchaus seinen Belang für die anderen Schichten. Sieht z.B. die dritte, die Vermittlungsschicht, eine Leitungsvermittlung (und nicht etwa eine Paketvermittlung) vor, kann man mit der Verschlüsselung auch die Netzverbindung authentizieren. Erfolgt in der vierten, der Transportschicht, kein Multiplexen mehrerer Sessionen auf eine Verbindung und umgekehrt, können auch Session und Teilnehmer authentiziert werden etc. Je nachdem, wie der Anwender sein System in den einzelnen Schichten festlegt, kann er die Verschlüsselung für unterschiedliche Aufgaben einsetzen. "Festlegen" heißt in diesem Falle auch, daß statt eines Protokolls, mittels dessen die Teilnehmer den übertragenen Daten unterschiedliche Bedeutungen zugelegt werden können, eine feste Zuordnung getroffen wird, über die nicht mehr verhandelt wird.

Auch solche Grenzfälle von Protokollen lassen sich schichtenspezifisch einordnen. Man kann die Verschlüsselung nicht nur nach ihrer Einbettung beurteilen; auch die spezifischen Eigenschaften der Schichten, in der sie nicht eingebettet ist, können für ihre Anwendung von entscheidender Bedeutung sein.

Der Betreiber des Kommunikationssystems mag im Gegensatz zum Anwender nur an den Schichten interessiert sein, die in seinen Bereich fallen. Wollte z.B. die Bundespost eine unsichere Übertragungsstrecke - etwa eine Richtfunkverbindung - gegen Abhören sichern, dann mögen sie nur die unteren beiden Schichten in dieser Hinsicht interessieren. Sie wird nach eigenem Gutdünken ihre Maßnahmen treffen; diese werden für die darübergelegenen Schichten keine unmittelbaren Konsequenzen haben.

Der Anwender braucht von einer Verschlüsselung auf dieser Strecke nichts zu merken. Er merkt es ja nicht, ob seine Netzverbindung eine auf diese Weise gesicherte Strecke einschließt oder nicht; statt der Richtfunkstrecke kann ja auch eine andere Route - etwa über ein Kabel - vom System gewählt worden sein.

Umgekehrt mag es die Post wenig interessieren, ob sie verschlüsselte oder unverschlüsselte Daten transportiert, solange nur das Transportsystem für beliebige binäre Informationsdarstellungen transparent ist.

Im folgenden wird auf die einzelnen Schichten eingegangen. Sie werden so benannt, wie dies derzeit vom Arbeitsausschuß "Offene Kommunikationssysteme der Informationsverarbeitung" AA16 des Normenausschusses "Informationsverarbeitung" NI vorgeschlagen wird. Die englischen Bezeichnungen werden dahinter in Klammern gesetzt.

9.3.1 Bitübertragungsschicht (Physical Layer)

Diese Schicht - befaßt mit Übertragungsteilstrecken - wird im ISO-Modell für Open Systems Interconnections mit Physical Layer bezeichnet. Sie ist in ihren Schnittstelleneigenschaften zwischen Datenendeinrichtung DEE und den Datenübertragungseinrichtungen der Post DÜE in der CCITT-Empfehlung X.21 beschrieben. In der Empfehlung werden den Schnittstellenleitungen Funktionen zugeordnet, ihre physikalischen Eigenschaften, die Zeichenabstimmung, die Abläufe an der Schnittstelle, Zeichenformate, Dienstsignale, Anschlußkennungen und Störungsbedingungen angegeben. Die Steuerung erfolgt über die (besonderen) Steuerleitungen und nicht etwa durch Wahl und Erkennen besonderer Steuersignale.

Soll in dieser Schicht verschlüsselt werden, dann muß, was immer über die Datenleitung geht, auch Steuer- und Protokollinformation höherer Schichten, verschlüsselt werden, also z.B. auch die Information zur Synchronisation. Daraus ergäben sich die in 9.2.1 für den Fall der Systemnähe geschilderten Konsequenzen - vor allem die, daß eine Verschlüsselung in dieser Schicht allein gar nicht denkbar ist; in irgendeiner Weise müßten Funktionen einer darübergelegenen Schicht zur Verfügung stehen, um Ver- und Entschlüsselung an den beiden Enden der Übertragungsstrecke synchronisieren zu können.

Definiert man die Schicht so, wie es der vom zuständigen Normungsgremium dem NI-AA16 "Offene Kommunikationssysteme in der Informationsverarbeitung" benutzte Name "Bitübertragungsschicht" nahelegt, nämlich als die Schicht, in der Bits einzeln dem Übertragungsmedium übergeben werden, dann folgt aus den o.a. Überlegungen, daß eine Verschlüsselung in dieser Schicht grundsätzlich ohne eine zweite Schicht nicht möglich ist.

Es gibt Möglichkeiten, die dem nahekommen: Wenn es darauf ankommt, Bitfolgen zu übertragen, die sich nicht von reinen Zufallsfolgen unterscheiden lassen, so daß ein Angreifer nicht einmal feststellen kann, ob Nachrichten oder Leertext übertragen werden, kann die Verschlüsselung in der 1. Schicht eine Rolle spielen. Die Übertragung erfolgt dann ungesichert und nur bitsynchronisiert. Wenn solche Nachrichten mit ausreichend viel Redundanz ausgestattet sind, kann man sie empfängerseits etwa so synchronisieren, daß man den Schlüssel jeweils um ein Bit verschoben so lange auf den Schlüsseltext anwendet, bis sich ein sinnvoller Klartext ergibt. Damit ergäbe sich eine Synchronisiermöglichkeit etwa auf Grund der großen Redundanz natürlicher Sprachen; die Funktionen der 2. Schicht (ohne die es ja grundsätzlich nicht geht) schlügen sich in dem vor dem Übertragungsvorgang übermittelten Konsensus zum Kontext, in dem die Nachricht eingebettet ist, nieder.

Ein solcher Betrieb wird sich aber kaum für ein offenes Kommunikationssystem eignen; er wäre nur für aufwendige Spezialfälle vertretbar. Soll auf Grund der Redundanz natürlicher Sprachen synchronisiert werden, dann wird sich hier kaum eine Automation erreichen lassen. Man wird wohl die übertragene Bitfolge aufzeichnen und sie außerhalb des eigentlichen Kommunikationssystems "offline" geeignet entschlüsseln.

Allerdings ist man sich bei ISO über die Abgrenzung der 1. gegenüber der 2. Schicht noch nicht einig. Erstere wird z.B. gelegentlich auch X.21-Schicht genannt. Wollte man ihr den Umfang der X.21-Empfehlung zuordnen, dann wäre auch eine Zeichensynchronisation und damit eine Verschlüsselung in dieser Schicht möglich. Man müßte aber in Kauf nehmen, daß Übertragungsfehler von den Datenübertragungseinrichtungen nicht erkannt werden können bzw nicht erkannt werden dürfen, denn dazu wäre auf jeden Fall Redundanz in Form einer Art HDLC-Protokolls bzw eine Leistung der 2. Schicht erforderlich. Diese Verschlüsselungsart ließe sich nur auf durchgehende feste Übertragungsteilstrecken (ohne zwischengeschaltete Fehlerkontrolleinrichtungen) anwenden, welche an den Enden paarweise mit Geräten fest beschaltet sind, die ver- und entschlüsseln können. Die Fehlerprüfung könnte erst am Empfangsort nach der Entschlüsselung vorgenommen werden.

Anders ist es, wenn die Übertragung nicht über eine einfache Teilstrecke sondern über eine Netzverbindung erfolgt. Wie bereits in 9.2.3.1 ausgeführt, weisen die vorhandenen Netze insofern Asymmetrien auf, als die Netzknoten wohl über Einrichtungen der ersten zwei bis drei Schichten verfügen, eine Verschlüsselungsfunktion jedoch in keiner dieser Schichten vorausgesetzt werden kann. Treten Netzknoten auf, dann ist eine Fehlerprüfung unumgänglich; auch ein mit Synchronisierzeichen ausgestatteter und ansonsten ungeordneter Bitstrom könnte nicht übertragen werden, denn das Blockprüfungsfeld wäre ja ebenfalls verschlüsselt und die Fehlerkontrollautomaten würden eine solche Übertragung laufend als fehlerhaft erkennen und sie nicht zulassen. An dieser Stelle des Systems besteht keine Transparenz für beliebige Bitströme, denn es sollen ja die fehlerhaften erkannt und ihre flüssige Übertragung verhindert werden.

Man kann sich dazu - wie in 9.2.3.1 geschildert - mit der Vorstellung einer Relais-Station behelfen. Die Verschlüsselung, die ja der Übertragung vorausgeht (bzw die Entschlüsselung die ja auf die Übertragung folgt), wäre am oberen Rande der 1.Schicht anzusetzen. Synchronisation und Fehlerkontrolle müßten in der 2. Schicht der Relais-Station erfolgen; die Fehlerkontrollinformation würde zum verschlüsselten Text erzeugt. Dabei würde allerdings der übertragenen Information zusätzlich zur Synchronisation weitere Struktur verliehen werden.

Die Verschlüsselung in einer um die Zeichensynchronisation und - bei Auftreten von Netzknoten - um die Fehlerkontrolle am Schlüsseltext erweiterten Bitübertragungsschicht hat den Vorteil, daß ein Angreifer während der Übertragungsphase - abgesehen von Synchronisation und gegebenenfalls Blockprüfungsfeldern - mit kryptologischer Sicherheit keinerlei Regelmäßigkeit im Datenfluß entdecken könnte. Wenn die Verschlüsselung auch zu übertragungsfreien Zeiten (auf Leertext) angesetzt würde, könnte er nicht einmal feststellen, ob überhaupt zu einem bestimmten Zeitpunkt Nachrichten übertragen werden oder nicht.

Was unterscheidet aber den zuletzt geschilderten Fall von einer Einbettung am unteren Rande der 2. Schicht? Da man kaum eine besondere Schnittstelle an dieser Grenze definieren dürfte, wird sich wohl nie eine Unterscheidung finden lassen. Die Einbettung könnte auch am unteren Rande der 2. Schicht vorgenommen werden, was insofern einleuchtend wäre, als die 2. Schicht (der Relais-Station) in einem Netz ohnedies in Anspruch genommen werden muß.

9.3.2 Sicherungsschicht (Data Link Layer)

Sie bezieht sich auf einen Übermittlungsabschnitt. Gelegentlich wird sie auch HDLC-Schicht genannt. Dieser Name bezieht sich auf das HDLC-Protokoll, das für eine bit-synchrone Übertragung vorgesehen ist. Die englische Bezeichnung ist "Data Link Layer".

In dieser Schicht geschieht - ohne die Verschlüsselung zu berücksichtigen - folgendes mit den von der 3. Schicht empfangenen Daten (Data-Link-Service-Data-Unit):

- Ableiten und Anfügen der Blockprüfungszeichenfolge
- Anfügen des Steuerfelds (Befehle, Folgenummern)
- Anfügen der Adresse (einer der beiden Datenendeinrichtungen)
- Prüfen auf unerlaubte Zeichenfolgen, Einfügen/Entfernen von 0-bits
- Anfügen der Blockbegrenzung

Im Gegensatz zum Fall der Bitübertragungsschicht erfolgt die Kontrolle der Übertragung nicht über Steuerleitungen, sondern mittels Protokollinformation, die über Datenleitungen übertragen wird. Diese Protokollinformation kann also mit den Daten verschlüsselt werden (ausgenommen die zur Verschlüsselung), je nachdem an welcher Stelle der oben angegebenen Folge verschlüsselt wird.

Wird die Verschlüsselung unten angesetzt, ergeben sich die zuletzt geschilderten Schwierigkeiten: Der Datenblock ist u.U. für das Netz nicht übertragungsgerecht. Die Synchronisation mittels der Blockbegrenzung ist nicht möglich, da einerseits die dafür typischen Bitkombinationen durch die Verschlüsselung verändert werden und andererseits solche verbotene Bitkombinationen an anderer Stelle nach der Verschlüsselung entstehen können. Die Prüfung auf Übertragungsfehler spricht in der Regel auch ohne Auftreten einer Übertragungsstörung an, da die erforderliche Zuordnung der Blockprüfungszeichenfolge zu den Daten nicht mehr vorhanden ist. Auch das Adressfeld ist verschlüsselt, so daß bei einer Übertragung an einen von mehreren angeschlossenen Empfängern (Party Line, Multidrop) dieser nicht festgestellt werden kann.

Verschlüsselt man also am unteren Rande der Schicht, dann muß man den Datenblock wieder übertragungsgerecht machen, etwa indem man ihn im Klartext (siehe 9.2.3.1) einer Verschlüsselungseinheit, die als Relais-Station funktioniert, übergibt und diese die geforderte Aufgabe übernimmt, ihn zuerst zu verschlüsseln und dann Blockprüfungsfeld und Blockbegrenzung zu erzeugen.

Wird die Verschlüsselung oben angesetzt, bleibt die Protokollinformation unverschlüsselt und der zu übertragende Block kann übetragungsgerecht den Übertragungseinrichtungen übergeben werden. Allerdings ist es dann einem Angreifer möglich, Adreß- und Steuerfeld des HDLC-Protokolls einzusehen.

Wenn dieser Nachteil nicht allzusehr ins Gewicht fällt, kann man auch bei ganzen Übermittlungsabschnitten die Verschlüsselung am oberen Rande der Schicht einbetten und damit erreichen, daß der Schlüsseltext kontrolliert übertragen wird und daß bei einem Multidrop-Betrieb nur der gemeinte Empfänger seine Daten erhält und entschlüsselt, nicht aber auch die anderen an der Party Line Beteiligten.

Bei dieser Einbettung der Verschlüsselung kann man mit ihr praktisch nur Nachrichten konzelieren und authentizieren. Eine Teilnehmerauthentikation (durch die Teilnehmer selbst) wäre (abgesehen von nachträglichen Plausibilitätsschlüssen) nicht möglich.

Für die Sicherungsschicht liegen Normvorschläge vor, die unterschiedlich hoch in ihr eingebettet sind.

Das American National Standards Institute ANSI schlägt vor, daß nur die Eingangs-Blockbegrenzung eines Datenübertragungsblocks unverschlüsselt bleibe und daß ferner der Initialisierungsvektor im Klartext übertragen werde. In diesem Falle muß zur Prüfung auf Übertragungsfehler jeweils entschlüsselt werden, weil ja das Blockprüfungsfeld des HDLC-Protokolls mit verschlüsselt ist - ein kryptologischer Nachteil an der Stelle, wo entschlüsselt wird, dem aber der Vorteil entgegensteht, daß eine Verkehrsanalyse eines Angreifers im Übertragungssystem erheblich erschwert wird.

Auch ein Einschleusen verschlüsselter (bereits übertragener und vom Angreifer zwischengespeicherter) Information bietet kryptologische Schwierigkeiten, da die Folgenummer im Steuerfeld des HDLC-Protokolls ebenfalls verschlüsselt ist und deshalb vom Angreifer nicht so manipuliert werden kann, wie es notwendig wäre, um den eingeschleusten Block als regulär erscheinen zu lassen und seine Existenz nicht zu verraten.

Im Falle des ANSI-Vorschlags wäre also die Verschlüsselung am unteren Rande der Schicht eingebettet (bzw am oberen Rande der ersten Schicht - siehe oben).

Der Federal Standard FS 1026 der US-Bundesregierung will hingegen sämtliche Kontrollinformation im Datenübertragungsblock (der Sicherungsschicht) unverschlüsselt lassen, desgleichen auch den Initialisierungsvektor. Die Sicherungsschicht empfängt die Daten von der darübergelegenen Schicht, verschlüsselt sie und versieht sie erst danach mit der Kontrollinformation. Hier ist also die Verschlüsselung am oberen Rande der Schicht angesetzt; die Nachricht ist für das Netz transparenter als im obigen Falle. Allerdings ist sie das auch für einen Angreifer; die oben aufgezeigten Vorteile fallen weg.

9.3.3 Vermittlungsschicht (Network Layer)

Diese Schicht - englisch Network Layer - bezieht sich auf Netzverbindungen; sie bietet (wohl aufgrund der vorliegenden CCITT-Empfehlungen im Gegensatz zu den anderen) nicht die Möglichkeit, mit dem Kommunikationspartner Protokollvereinbarungen zu treffen. Solche Vereinbarungen erfolgen in ihr zwischen den Teilnehmern und dem Kommunikationssystem. Die Teilnehmer verkehren nicht miteinander über ein transparentes System, sondern beauftragen das System als Partner, die angebotenen Daten zu übertragen, wobei dieses keine schichtspezifischen Sicherungsleistungen anbietet (Nel).

Das bedeutet, daß in dieser Schicht die Verschlüsselung nicht von Teilnehmer zu Teilnehmer durchgeführt werden könnte. Die Netzverbindung zerfiele in drei Abschnitte mit unterschiedlichen Verschlüsselungskonventionen zwischen Post und Teilnehmern und für die Netzverbindung selbst: Rufender Teilnehmer - Netzanschluß, Netzanschluß - Netzanschluß, Netzanschluß - gerufener Teilnehmer. An den Enden dieser Abschnitte müßte getrennt ver- bzw entschlüsselt werden.

Soll der Teilnehmer an der Verschlüsselung allein beteiligt sein, so kann er in dieser Schicht nur seine Anschlußleitung an den Netzknoten sichern, sofern sich ihm die Post als Verschlüsselungspartner zur Verfügung stellt.

Eine Verschlüsselung im System allein ist zwar denkbar; sie würde aber einerseits den (besonders gefährdeten) Verkehr vom Teilnehmer zum verschlüsselnden Netzknoten im Klartext belassen; andererseits wären erhebliche Ergänzungen des Paketvermittlungsnetzes erforderlich, etwa in Form eines komplizierten Schlüsselmanagements.

Eine Kombination dieser beiden Möglichkeiten würde die Schlüsselverteilung zusätzlich komplizieren und wäre sehr aufwendig. Aus diesen Gründen dürfte die Vermittlungsschicht (3. Schicht) für die Verschlüsselung ausscheiden.

9.3.4 Transportschicht (Transport Layer)

Sie bezieht sich auf eine Transportverbindung und ist die unterste Schicht, die von den Transportfunktionen des Netzes Gebrauch macht und voll unter Kontrolle der Teilnehmer ist. Hier bietet sich also für die Teilnehmer die Möglichkeit, die Verschlüsselung und das Schlüsselmanagement selbst zu organisieren.

Man kann die Verschlüsselung wiederum entweder am unteren oder am oberen Rande der Schicht einbetten.

Bettet man sie unten ein, so erfolgt sie grundsätzlich für eine bestimmte Netz-Verbindung (Network Connection). Über den Schlüssel verfügen, die beiden Systeme, die miteinander verkehren, nicht aber die Anwenderprozesse im einzelnen. Das bedeutet, daß entweder alle angeschlossenen Anwenderprozesse oder keiner davon mit ihresgleichen am anderen Ende der Netz-Verbindung verschlüsselt verkehren, denn am unteren Rande sind dieser Schicht die Einzelanwendungen nicht bekannt.

Dem entsprechend läßt sich mit Hilfe der Verschlüsselung keine direkte Teilnehmerauthentikation durchführen. Eine Teilnehmerauthentikation könnte nicht für die diesbezüglich interessanten Anwenderprozesse sondern nur für den Netzanschluß erbracht werden.

Man kann auch keine anwendungsabhängigen Forderungen an die Verschlüsselung stellen. Z.B. kann man nicht während des Betriebs zwischen Einfach- und Mehrfachverschlüsselung, Total- und Teilverschlüsselung, Verschlüsselung zur Übertragung und solcher zur lokalen Speicherung etc wählen.

Das stört so lange nicht, wie man eventuell nur an Konzelation und Authentikation der Nachrichten denkt, oder wenn Netzanschluß und Teilnehmer einander eindeutig zuzuordnen sind. Eine solche Einbettung der Verschlüsselung wäre also privaten Netzen angemessen, die sich mit einer einzigen Anwendung der Verschlüsselung bescheiden können, und deren Teilnehmer hinsichtlich der Verschlüsselung lokaler Dateien anders verfahren. In offenen Systemen hingegen wird man sich damit nicht zufrieden geben können.

Ein kryptologischer Vorteil dieser Einbettung liegt darin, daß ein Angreifer die Anwendungsprozesse nicht feststellen kann, da ja nach dem Treffen der Zuordnung (Mapping) der Transport-Adressen zu den Netz-Adressen verschlüsselt wird und deshalb nur die Netz-Adressen im Klartext übertragen werden.

Bettet man die Verschlüsslung hingegen am oberen Rande der Schicht ein, erfolgt das Zuordnen und Multiplexen zwischen Transport-Adressen und Netz-Adressen nach der Verschlüsselung; nicht jede Nachricht, die über die Netz-Verbindung geht, braucht verschlüsselt zu werden. Die Sessionen können nach Verschlüsselungs-Modi differenziert behandelt werden. Entsprechend differenziert kann die Teilnehmerauthentikation vorgenommen werden.

Das erscheint als umso wesentlicher, je vielfältiger man die Verschlüsselung anwenden möchte. Dieser Gesichtspunkt mag derzeit noch etwas zu kurz kommen, weil man noch nicht genügend Phantasie zu den Anwendungen der Verschlüsselung entwickelt hat. Er dürfte aber eine große Bedeutung erlangen, wenn mit den Erfahrungen neue Anwendungsideen kommen. Aus diesem Grunde sollte der Einbettung am oberen Rande der Vorzug gegeben werden. Es fragt sich lediglich, ob nicht auch eine noch höhere Einbettung - etwa in der 6. Schicht diese Vorteile und u.U. noch weitere bringen könnte.

Gegenüber der Einbettung in der 6. Schicht ergäben sich folgende Nachteile: Eine Session müßte entweder verschlüsselt werden oder nicht; der Verschlüsselungsmodus ließe sich während einer Session nicht wechseln. Sofern dies nicht in einem besonderen Verschlüsselungsmodus fest vorgesehen ist, hätte ein Anwendungsprozeß nicht die Freiheit, je nach Bedarf nur Teile der übermittelten Information zu konzelieren oder zu unterschreiben. Allerdings könnte man (mit mehr Kosten für die Verschlüsselungseinheit) einen parametergesteuerten gemischten Modus so vorsehen, daß ein solches Kombinieren möglich wäre.

Sollte der von ISO/TC97/SC16 "Open System Interconnections" vorgesehene Quarantine Service der 6. Schicht - der empfangene Daten erst sammelt, bevor der empfangende Prozeß dessen gewahr werden kann und die Übergabe von bestimmten Bedingungen abhängig macht - genormt werden, dann müßten diese Daten bei Verschlüsselung in der 4. Schicht im Klartext abgelegt werden. Setzte man hingegen die Verschlüsselung darüber - in der 6. Schicht - an, könnten diese Quarantäne-Daten verschlüsselt zwischengespeichert werden. Dies wäre sicherlich ein Vorteil für den Fall, daß man damit einen "Postkasten" für verschlüsselte Daten einrichtete, der nur von deren Adressat geöffnet werden dürfte.

Ein weiterer Nachteil, den eine Einbettung in der 4. Schicht gegenüber Einbettungen in höheren Schichten mit sich bringt, ist der Umstand, daß die Verschlüsselung in jedem Falle für die Zwecke des Transports über Fernmeldewege erfolgt. Eine Verschlüsselung zur Speicherung der Daten am Ort, für die man etwa die Leistungen der Darstellungsschicht in Anspruch nehmen möchte, ließe sich nur entsprechend umständlich (über eine Netzschnittstelle) realisieren.

Wird am oberen Rand der 4. Schicht verschlüsselt, wird die Protokollinformation dieser Schicht - einschließlich der zur Verschlüsselung - nicht verschlüsselt. Erfolgt die Verschlüsselung am unteren Rande, wird ein Teil der Protokollinformation (Mapping, Multiplexing) verschlüsselt; Protokollinformation zur Verschlüsselung aber müßte nach der in 9.2.3.4 gebrachten Auslegung des ISO-Schichtenmodells unverschlüsselt an die nächst tiefere Schicht, die Vermittlungsschicht, weitergeben werden. Diese würde also neben der verschlüsselten Information das unverschlüsselte Verschlüsselungsprotokoll (als übergebene Service Data Unit) erhalten und um das eigene Protokoll ergänzt über die Netzverbindung übertragen.

Dies führt praktisch dazu, daß die Verschlüsselung am unteren Rande der Transportschicht einen eigenen Schichtcharakter gewinnt und ihr einen Sublayer-Status zuzubilligen wäre.

9.3.5 Kommunikationssteuerungsschicht (Session Layer)

In dieser Schicht - englisch Session Layer - wird im allgemeinen die Gesprächsverbindung zweier Teilnehmer errichtet (Session Administration Service) und der Datenfluß zwischen beiden kontrolliert (Session Dialogue Service).

Der Session Dialogue Service ist nach der Theorie des Schichtenmodells mit der Kontrolle des zeitlichen Ablaufs einer Teilnehmerverbindung befaßt. Die Verschlüsselung dürfte kaum besondere Ansprüche an den Dialogue Service stellen. Der Dialog sollte in dem Sinne halbduplex geführt werden, daß jeweils nur in einer Richtung übertragen wird, d.h. daß das "Gespräch" von den Partnern abwechselnd geführt wird und nicht etwa beide gleichzeitig "sprechen". Sollte der Dialog so lange dauern, daß aus Sicherheitsgründen der Sessionsschlüssel gewechselt werden muß - was durch einen Layer Management Service (der 7. Schicht) erfolgen könnte (siehe unten) - wären dafür Vorkehrungen zu treffen.

Durch den Session Administration Service werden den Teilnehmerpaaren der 6. Schicht (Presentation Entities) die Mittel angeboten, untereinander Sessionen zu errichten. Das können z.B. die Mittel zu einem Dialog oder zu einem (nur in einer Richtung gehenden) Abrufverkehr etc sein. Man kann zwar bei der Verschlüsselung voraussetzen, daß sie auf die Wahl dieser Mittel einen Einfluß hat (z.B. keine gleichzeitige Übertragung in beiden Richtungen), aber man wird sie selbst für diese Aufgaben nicht einsetzen können.

Als hierunter fallend könnte man auch die Aufgabe sehen, den Presentation Entities eine authentizierte Verbindung - d.h. eine Verbindung zwischen authentischen Teilnehmern - zu beschaffen. Wird die Teilnehmerauthentikation - wie in 3.4 bzw in 8.2 und 8.3 geschildert - durch die Schlüsselverteilung vorgenommen, so bedeutete dies, daß ein besonderer Kommunikationsvorgang über eine besondere Verbindung (rufender Teilnehmer zur Schlüsselverteilungszentrale) eingeschaltet werden muß. Dieser ist jedoch nach der Theorie des ISO-Schichtenmodells als voller Kommunikationsvorgang zu werten, der vom Anwenderprozeß (der 7. Schicht) einzuleiten ist. Es kann sich hier also nicht um eine Aufgabe der 5. Schicht handeln, diesen durchzuführen; er wird vielmehr vom entsprechenden Layer Management Service (der 7. Schicht) zu behandeln sein.

Von einem Vorschlag, die Verschlüsselung in der Kommunikationssteuerungsschicht einzubetten, wurde also abgesehen. Man muß aber bedenken, daß eine Einbettung am unteren Rande mit einer am oberen Rande der Transportschicht identisch sein kann; desgleichen eine am oberen Rande mit einer am unteren Rande der Darstellungsschicht. Insofern stellt sich auch hier die Einbettung der Verschlüsselung gewissermaßen (wie im Grenzbereich der 1. und der 2. Schicht) als ein Zwischenschicht-Phänomen dar.

9.3.6 Darstellungsschicht (Presentation Layer)

Folgende Funktionen werden von der Darstellungsschicht - englisch Presentation Layer - wahrgenommen (ISO 1):

- Anforderung eines Sessionsaufbaus
- Aushandeln der Darstellungsform (Presentation Image) der Daten
- Datentransformation und -formatierung
- besondere Transformationen (z.B. Kompression und Verschlüsselung)
- Anforderung einer Sessionsbeendigung

Die Darstellungsform der Daten ist diejenige, die sich einer Sessionsverbindung bietet. Werden die Daten an der Schnittstelle zur Sessionsverbindung grundsätzlich in verschlüsselter oder unverschlüsselter Form angeboten, so muß dies in der Darstellungsschicht ausgehandelt werden. Wird aber die Verschlüsselung nicht in dieser Schicht eingebettet, dann braucht es dort auch nicht ausgehandelt zu werden. Das Aushandeln sollte in der Schicht oder unmittelbar darüber stattfinden, in der die Daten verschlüsselt werden; nur gegebenenfalls in der Darstellungsschicht. Was soll z.B. die empfangende Darstellungschicht an der Verschlüsselung interessieren, wenn ihr die Daten von ihrer Sessionsschicht unverschlüsselt dargeboten werden.

Bei der Datentransformation und -formatierung geht es im wesentlichen darum, ungleichartige Partnerprozesse (7. Schicht) einander anzupassen. Es sind dies Transformationen zwischen unterschiedlichen Zeichensätzen und Darstellungsformaten (Virtual Terminal). Solche anwendungsorientierten Transformationen sind aber nicht Aufgabe der Verschlüsselung.

Offensichtlich wird die Verschlüsselung neben der Datenkompression vom ISO-Schichtenmodell als eine kommunikationsorientierte "besondere Transformation" verstanden. Alle diese Transformationen müssen im zeitlichen Hintereinander erfolgen, zuerst die anwendungsorientierten dann die kommunikationsorientierten. Dabei stellt sich die Frage, an welcher Stelle die Verschlüsselung stattzufinden hat. Sinnvollerweise wird man sie nach der Datenkompression ansetzen, da verschlüsselte Daten praktisch eine ideale Zufallsverteilung binärer Zeichen aufweisen und ihre Kompressibilität in gleichem

Maße ausgeschlossen ist. Erst recht würden nicht die anwendungsorientierten Transformationen - Zeichenkonversion und Formattransformation - ihren Zweck erfüllen, wenn man sie auf verschlüsselte Daten ansetzte. Man wird deshalb die Verschlüsselung einschließlich des Aushandelns der Darstellungsform gegebenenfalls am unteren Rande der 6. Schicht einführen. Nur der Quarantine Service könnte, falls er genormt wird, darunter angesiedelt sein.

Die Funktionen der Darstellungsschicht sind nicht ausschließlich transportorientiert wie die der Kommunikationssteuerungsschicht; eine Übertragung der Daten auf Fernmeldewegen kann noch vermieden werden. Das bedeutet, daß die Verschlüsselung in der Darstellungsschicht auch für die Kommunikation zur Datenspeicherung am Ort eingesetzt werden kann, ohne daß unnötige Protokolle zwischen den niedrigeren Schichteninstanzen ausgetauscht werden müssen.

Ansonsten ergeben sich die Vorteile, die in 9.3.4 als solche gegenüber der 4. Schicht herausgestellt wurden: Die Darstellungsform - im vorliegenden Falle der Verschlüsselungsmodus - kann flexibler gehandhabt werden; ein Quarantine Service könnte die Daten verschlüsselt ablegen. Ein Aufwärts-Multiplexen der empfangenden Kommunikationssteuerungsschicht ist möglich, ohne daß die Zuordnung zum Anwendungsprozeß dadurch relativiert würde.

Eine weitere auf die Verschlüsselung bezogene Dienstleistung wird von (NI) vorgeschlagen: ein Darstellungsdienst zur Identifikation von verschlüsselten Daten und für die notwendige Information über die Verschlüsselung. Dabei geht man von der Vorstellung aus, daß die Daten nicht im Kommunikationssystem verschlüsselt werden, sondern diesem (also bereits der 7. Schicht) verschlüsselt angeboten werden. Für diesen Fall wäre ein solcher Darstellungsdienst notwendig, der z.B. Algorithmus, Modus, Initialisierungsvektor und Klartext-/Schlüsseltextfelder angibt bzw analysiert. Findet aber die Verschlüsselung unterhalb dieses Darstellungsdienstes, im Anwenderteil des Kommunikationssystems statt, ist er nicht sinnfällig. Die bislang besprochenen Einbettungsmöglichkeiten würden also einen solchen Dienst nicht erfordern.

9.3.7 Verarbeitungsschicht (Application Layer)

Diese Schicht - englisch Application Layer - ist die höchste, die sich in einem offenen allgemein verwendbaren Kommunikationssystem sinnvoll normen läßt. In ihr verkehren miteinander (über Protokolle) Anwendungsprozesse *), die nicht etwa einer noch höheren Schicht sondern dem Anwender direkt ihre Dienstleistungen erbringen, und das nicht ausschließlich zur Kommunikation.

In dieser Schicht verständigen sich die Anwendungsprozesse über die Semantik bzw über die bei der Kommunikation verwendeten Begriffe. In ihr werden nach (ISO 1)

a) die Teilnehmer identifiziert,

b) Verfügbarkeiten der Teilnehmer geprüft,

c) die Teilnehmer zur Kommunikation autorisiert,

d) mit den Teilnehmern Vereinbarungen zur Beanspruchung von Mechanismen zur Wahrung der Vertraulichkeit getroffen,

e) die Teilnehmer einander authentiziert,

f) Methoden der Kostenberechnung festgelegt,

g) die Anforderungen von Ressourcen festgestellt und auf ihre Erfüllbarkeit hin geprüft,

h) die Forderungen nach akzeptabler Qualität der Dienstleistungen (Antwortzeiten, Fehlerraten, Kostenrahmen) festgestellt und auf ihre Erfüllbarkeit hin geprüft,

i) kooperierende Anwendungen miteinander synchronisiert,

j) Dialogformen einschließlich der Einleitungs- und Beendigungsprozeduren ausgewählt,

k) Verantwortlichkeiten für die Auflösung von Fehlzuständen vereinbart,

l) Prozeduren für die Feststellung der Verbindlichkeit von Daten vereinbart,

m) Beschränkungen der Daten-Syntax (Zeichensätze, Datenstruktur) festgestellt,

n) Nachrichten und sonstige Information übergeben,

etc.

Hier werden auch durch einen Layer Management Service ansonsten eigenständige Kommunikationsprozesse miteinander verkettet, etwa die Schlüsselbeschaffung (Session mit der Schlüsselverteilungszentrale) mit dem eigentlichen Kommunikationsvorgang zwischen den regulären Teilnehmern (siehe auch 9.2.3.2).

Die Verschlüsselung kann also in mehrfacher Hinsicht betroffen sein:

- bei der Identifikation bzw Authentikation der Teilnehmer durch das System,
- bei der gegenseitigen Authentikation der Teilnehmer,
- als unterschiedlich ausreichendes Mittel zur Wahrung der Vertraulichkeit,
- als Einflußgröße auf Antwortzeiten, Fehlerraten, die Auflösung von Fehlzuständen, die Wahl von Daten-Syntax und Dialogformen,
- als Mittel zur Feststellung der Verbindlichkeit von Daten.

---

*) Das ISO-Schichtenmodell versteht darunter ein Phänomen mit Teilnehmercharakter.

Sofern die Verschlüsselung zur Identifikation des Teilnehmers - etwa der Person, die sich des Systems bedienen will - durch das System gebraucht wird, muß sie wohl der Verarbeitungsschicht zur Verfügung stehen. Hier kann allerdings auch ein anderer Algorithmus verwendet werden als der zur Sicherung der Datenübertragung. Z.B. könnte es auch eine Einwegfunktion sein (siehe 2.2.3), die ja für die Teilnehmerauthentikation gewisse Vorteile aufweist.

Verschlüsselungsdienste, die der Übermittlung von Daten und der Authentikation des Partners dienen, können der Verarbeitungsschicht auch von tieferen Schichten erbracht werden. Die Authentikation des Kommunikationspartners erfordert nicht eine Verschlüsselung in der Verarbeitungsschicht. Das zu prüfende Norm- und Prüf-Authentikator-Paar, z.B. As* und As in K38 von 6.4.1, kann ihr von der Darstellungsschicht in entschlüsselter Form zur Verfügung gestellt werden. Besser noch wäre es wohl, Entschlüsselung und Vergleich von Norm- und Prüfauthentikator als eine Dienstleistung aufzufassen, die der Anwendungsschicht von der Darstellungschicht erbracht bzw vermittelt wird, so daß die Anwendungsschicht die Authentizität des Kommunikationspartners feststellen kann. Auch kann ihr auf dem gleichen Wege das Authentikationsergebnis zur Nachricht bzw zur Unterschrift des Kommunikationspartners gemeldet werden, so daß sie deren Verbindlichkeit feststellen kann.

Auf die Aufgaben hinsichtlich der Datensyntax kann die Verschlüsselung insofern Einfluß haben, als der Anwendungsschicht vom Anwendungsprozeß bereits verschlüsselte Daten angeboten werden können, die im Gegensatz zu einem Klartext eine für die Kommunikation relevante syntaktische Struktur aufweisen. Z.B. mag eine Initialisierungsvektor (im Klartext) mitübergeben werden; desgleichen ein Protokollangaben über Algorithmus, Modus, Abgrenzung von Klar- und Schlüsseltextabschnitten etc.

Das kann zu weiteren Aufgaben der Anwendungsschicht führen, z.B. dazu, daß ein Transaktions-Service gewählt und beauftragt wird, der die Daten im "Briefkasten" ablegt.

Wenn man die von a) bis n) aufgelisteten Dienste einerseits und die Aufgabe der Verkettung von Sessionen andererseits betrachtet, so drängt sich der Eindruck auf, daß ersteres und letzteres auf unterschiedlichen Ebenen liegt. Die Dienste a) bis n) werden gebraucht, gleich ob Sessionen zu verketten sind oder nicht. Sie werden bei verketteten Sessionen für jede einzelne davon in Anspruch genommen; eine Teilnehmeridentifikation und -authentikation z.B. fällt sowohl bei der Session mit der Schlüsselverteilungszentrale als auch bei der mit dem Partner-Teilnehmer an. Der Verkettungsdienst wäre also in der Schicht höher anzusetzen als die Dienste a) bis n).

Es ist zu erwarten, daß noch andere Verkettungsdienste notwendig werden: Z.B. dann wenn bei elektronischem Zahlungsverkehr, wie etwa von (Rau) vorgeschlagen, Debitor, Kreditor und die Banken der beiden an dem komplexen Kommunikationsvorgang beteiligt werden müssen. Angebot, Auftrag, Rechnungsstellung (bei Informationsdiensten auch die Leistung) und Zahlung können elektronisch erfolgen und könnten miteinander zu verketten sein. Entsprechende Verkettungsdienste wären in der Anwendungsschicht höher anzusetzen als der zur Schlüsselbeschaffung, denn sie können sich zur verschlüsselten Kommunikation des Schlüsselbeschaffungsdienstes bedienen. Für eine einfache Nachrichtenübermittlung zwischen zwei Teilnehmern wäre nur der letztere nötig.

Darin zeigt sich auch, daß vertrauenswürdige Dritte, bzw M-Teilnehmer (siehe 10.7), also Teilnehmer, die eine Kommunikationsdienstleistung erbringen, in einer hierarchischen Ordnung zueinander stehen können; die Schlüsselverteilungszentrale tiefer als die Bank. Entsprechende Unterschiede werden auch die schichtenspezifischen Protokolle aufzuweisen haben.

9.4 Diskussion der Möglichkeiten

In den unteren drei Schichten fällt die Verschlüsselung grundsätzlich in die Zuständigkeit des Netzbetreibers. Dessen Transportsystem sollte dabei für das Anwendersystem so transparent sein, daß dieses von der Verschlüsselung nichts zu merken braucht. Sie wird nur dann für den Anwender technisch relevant, wenn das Netz privaten Charakter hat und er mit dem Netzbetreiber identisch sein könnte. In offenen Kommunikationssystemen kann es innnerhalb der Bundesrepublik Deutschland diese Identität in der Regel nicht geben; der Betreiber des Netzes ist in jedem Falle die Post.

Ein privat betriebenes geschlossenes System braucht auch hinsichtlich der Verschlüsselung mit keinem anderen geschlossenen System kompatibel zu sein, um überhaupt betrieben werden zu können. Eine allgemeine und entsprechend öffentliche Normung der Verschlüsselung würde eventuell einen Rationalisierungseffekt haben, könnte aber auch den Sinn privater Netze verfehlen. Der private Betreiber mag z.B. Wert darauf legen, daß sein Verschlüsselungsverfahren nicht öffentlich bekannt ist. Dort wo diese Bedenken nicht zutreffen, muß man sich fragen, ob nicht auch für die Normung die gleichen Gesichtspunkte gelten wie die bei offenen Systemen und ob man sie nicht gemeinsam mit der Post durchführen sollte.

In den oberen Schichten ist die Normung im wesentlichen Sache der Anwender. Das Transportsystem muß dazu nur hinreichend transparent sein, um auch verschlüsselte Nachrichten übertragen zu können; dann braucht es seinerseits nichts davon zu wissen, ob die Nachrichten, die es überträgt, verschlüsselt sind oder nicht.

Die Verschlüsselung im Transportsystem und die Verschlüsselung durch den Anwender können also völlig getrennt gehalten werden. Sie können auch mit unterschiedlichen Verfahren arbeiten. Nur in solchen Fällen, in denen Anwender und Betreiber eines Transportnetzes identisch oder einander hinreichend nahe sind, mag es von Vorteil sein, den gleichen Verschlüsselungs-Service (siehe 9.2.3.3) sowohl für die Verschlüsselung im Transportnetz als auch für die durch die Anwendersysteme einzusetzen. Jedoch ist es auch da zweifelhaft: Z.B. sind diese Verfahren beim SWIFT-System (SWI) sehr verschieden.

Da aber bislang Anwender der Datenverarbeitung zum weit überwiegenden Teil geschlossene Systeme für die automatische Kommunikation ihrer Daten einsetzen, konnte sich der Bedarf an Datenverschlüsselung praktisch nur bei geschlossenen Systemen zeigen. Das darf aber nicht darüber hinwegtäuschen, daß der geplante und dabei rationellere und leistungsfähigere Regelfall in Zukunft die Kommunikation in offenen Systemen sein wird. Die Normung in offenen Systemen mag deshalb derzeit nicht vordringlich erscheinen; sie ist aber für die Zukunft im Vergleich zur Normung in geschlossenen Systemen um Größenordnungen wichtiger.

In offenen Systemen hat der Anwender keinen unmittelbaren Einfluß auf die Gestaltung des Transportdienstes. Ein solcher Einfluß würde ihm auch nicht ausreichen, um damit die Probleme zu lösen, für die sich die Verschlüsselung einsetzen läßt, denn sie muß problemorientiert und anwendungsgerecht angewandt werden. In offenen Systemen ist es deshalb die Verschlüsselung in den Schichten 4 und darüber, die besonders wichtig ist und obendrein der Normung auf Grund der Offenheit des Systems dringender bedarf.

Von den im vorhergehenden Unterkapitel diskutierten Einbettungsfällen, kommen für den Anwender - abgesehen von der Kommunikation bereits verschlüsselt übergebener Daten - nur zwei deutlich in Frage. Diese sind die Einbettung

- am oberen Rande der 4. Schicht (Transport-Schicht)
- am unteren Rande der 6. Schicht (Darstellungsschicht)

Man beachte, daß zwischen dem oberen Rand der 4. Schicht und dem unteren Rand der 6. Schicht nur die Kommunikationssteuerungsschicht liegt, daß also die Unterschiede nicht allzu groß sein können. Sie liegen für die beiden Einbettungsmöglichkeiten folgendermaßen:

- In der 4. Schicht sind die Daten bereits für eine Session - d.h. für die Übertragung mittels des angesprochenen Transportsystems - bestimmt. Eine lokale Speicherung der so auf ihrem Weg befindlichen Daten ist ohne Durchlaufen der Vorkehrungen eines Transportvorgangs - d.h. ohne überflüssige Umstände - nicht möglich. In der 6. Schicht wäre ein Vermeiden des Transports über den Fernmeldeweg möglich.

- In der 4. Schicht können die Sessionsprotokolle gegebenenfalls verschlüsselt übertragen werden. Einem Angreifer wäre es z.B. nicht möglich, die Verständigung der Session Entities über Datenverlust im Transportsystem durch Fälschungen zu beeinflussen, was bei einer Verschlüsselung in der 6. Schicht nicht ausgeschlossen wäre.

- Bei ankommenden Rufen, wäre mit Verschlüsselung in der 4. Schicht die Adresse der gerufenen Presentation Entity ebenfalls verschlüsselt und damit einem Angreifer nicht zugänglich, nicht hingegen mit Verschlüsselung in der 6. Schicht.

- Im Falle eines Quarantäne-Service (den man bei verschlüsseltem Verkehr u.U. bevorzugt in Anspruch nehmen dürfte) würden bei Entschlüsselung in der 4. Schicht die entschlüsselten Daten auf Quarantäne gelegt werden, bei Entschlüsselung in der 6. Schicht dagegen die verschlüsselten. Letzteres mag eher im Sinne des Senders sein, der dem Empfänger nur eine vollständige Nachricht zukommen lassen möchte.

Man sieht: Obwohl das ISO-Schichtenmodell (ISO 1 S.52) die Verschlüsselung als Special Purpose Transformation für die 6. Schicht empfiehlt, hätte eine Einbettung in der 4. Schicht demgegenüber eher mehr Vor- als Nachteile.

Neben den hier und in Bild 15 herausgestellten Gesichtspunkten sollten auch Erfahrungen in der Normung berücksichtigt werden. Man muß z.B. damit rechnen, daß die Normung der Darstellungsschicht erheblich länger auf sich warten lassen wird als die der Transportschicht. Für beide liegen bereits Vorschläge (EHK1, EHK2) vor, ohne daß bereits internationale Festlegungen getroffen wären - ein für die Normung günstiger Zeitpunkt.

Ferner muß man bedenken, daß die Normung in der Darstellungsschicht anwendungsorientiert erfolgen wird. Das bedeutet einerseits, daß sie anwendungsabhängig und deshalb uneinheitlich sein könnte; die Norm würde - mit geringem Nutzen - eventuell nur von wenigen Anwendern oder für wenige Anwendungen gebraucht. Andererseits bedeutet es, daß damit Anwendungsgesichtspunkte, wie erwünscht, besser und differenzierter zur Geltung gebracht werden könnten.

Was ebenfalls für eine Einbettung in der 4. Schicht spricht: Die Verschlüsselung sollte auch für Systeme benutzbar sein, die nur teilweise offen sind, d.h. nur ein offenes Transportsystem bieten (NI), bei denen die Schichten darüber nicht einer allgemein akzeptierten Norm genügen.

Die für die weitere Normung praktisch bedeutsame Frage ist aber weniger die nach dem besten Ort der Einbettung - 4. oder 6. Schicht - sondern folgende: Soll bei der derzeit anlaufenden Normung der Transport-Protokolle die Verschlüsselung berücksichtigt werden oder nicht? Erst später kann sich die Frage nach der Berücksichtigung in der Darstellungsschicht stellen; sie kann wohl auch - da anwendungsorientiert - erst später beantwortet werden.

Es spricht nichts dagegen, bei der Normung der Protokolle der 4. Schicht die Verschlüsselung zu berücksichtigen. Man sollte wohl mit der derzeitigen Normung nichts für die künftige verbauen; dies ist aber nach der Sachlage nicht zu befürchten. Eine Einbettung der Verschlüsselung in der Transport-Schicht verhindert keineswegs eine weitere Einbettung in der Darstellungsschicht, wenn diese etwa für einen erweiterten Quarantäne-Service notwendig sein sollte. Beide Schichten könnten vom Verschlüsselungs-Service nach 9.2.3.3 Gebrauch machen, wie auch teilweise die Verschlüsselung für Speicherzwecke.

9.5 Unmittelbare Normungsaufgaben

Das vorliegende Thema betrifft derzeit unmittelbar folgende internationale Normenausschüsse:

- ISO/TC97 "Information Processing" und dort das Subcommittee SC16 "Open System Interconnection", die Working Group WG1 "Data Encryption" und, soweit die Datenübertragung betroffen sein könnte, Subcommittee SC6 "Data Transmission"
- ISO/TC68 "Banking" und dort Subcommitte 2 Working Group 2 "Test Key"

Bild 15 : Vor- und Nachteile der unterschiedlichen Einbettungen

	Vorteile	Nachteile
Bitübertragungsschicht	völlige Verschlüsselung Angleichung an ideale Zufallsfolgen *)	unsichere Übertragung, für offene Kommunikationssysteme ungeeignet *)
Sicherungsschicht unten (mit Relais-Station)	gesicherte Übertragung Protokollinformation verschlüsselt bis auf Blockbegrenzung, Blockprüfungsfeld (Initialisierungsvektor unverschlüsselt)	Entschlüsseln in Netzknoten erforderlich, bei Multidrop-Betrieb nur gemeinsamer Schlüssel, keine Teilnehmerauthentikation, Berücksichtigung in festgelegten Normen erforderlich, nur vom Netzbetreiber zu realisieren
Sicherungsschicht oben	Verschlüsselung über volle Verbindung, Anwenderprotokolle verschlüsselt	Netzanschluß erkennbar, Verschlüsselung nur auf besonderen Leitungen, Teilnehmerauthentikation nicht möglich, Berücksichtigung in bereits festgelegten Normen erforderlich, nur vom Netzbetreiber zu realisieren
Transportschicht unten	Ende-zu-Ende-Signifikanz, Transportprotokoll verschlüsselt - Anwender nicht erkennbar, Anschlußauthentikation möglich, vom Anwender zu realisieren	Netzanschluß erkennbar, Schlüssel anschluß- nicht anwenderverfügbar, Teilnehmerauthentikation nicht möglich
Transportschicht oben	Sessionsprotokoll verschlüsselt, Teilnehmerauthentikation möglich, Schlüssel und Modus für jede Session wählbar, vom Anwender zu realisieren	Anwender erkennbar (Transportprotokoll unverschlüsselt), Verschlüsselung auf Fernmeldeübermittlung beschränkt
Darstellungsschicht unten	Teilnehmerauthentikation möglich, Schlüssel und Modus für jede Session wählbar, Verschlüsselung nicht auf Fernmeldeübermittlung beschränkt, vom Anwender zu realisieren	Anwender und Sessionsablauf erkennbar (Sessionsprotokoll unverschlüsselt)

*) Diese Aussage ist von der noch nicht geklärten Definition der 1. Schicht abhängig.

9.5.1 ISO TC97/SC16 "Open System Interconnection"

Es hat sich gezeigt, daß das ISO-Schichtenmodell für die Datenverschlüsselung noch einige Fragen offenläßt:

- Die Verschlüsselung stört die Symmetrie des Modells, wenn übermittelte Nachrichten verschlüsselt gespeichert oder weitergegeben werden sollen. Es ist deshalb zu empfehlen, die Frage der Transaktionen möglichst bald zu behandeln.

- Bezüglich des Management Service für dessen Einsatz zur Schlüsselbeschaffung wäre zu prüfen:

  Welche Entity fordert den Service an?
  Welche Entity ist für die Lieferung des Service zuständig?
  Über welche Entities gelangt die Anforderung an die zuständige?
  Wie erfolgt die Verkettung Schlüsselbeschaffung / Datenübermittlung?
  Wie wird der Service ordentlich und wie außerordentlich beendet?

- Es sollten Überlegungen dazu angestellt werden, wie ein Presentation Service auszulegen wäre, der die Kommunikation von Daten regelt, die dem Kommunikationssystem bereits ganz oder teilweise verschlüsselt angeboten werden.

- In Zusammenarbeit mit ISO/TC97/WG1 "Data Encryption" wäre zu klären, in welcher Schicht bzw in welchen Schichten die Verschlüsselung einzubetten ist und in welcher Schicht die einzelnen notwendigen Authentikationsaufgaben wahrgenommen werden sollen.

- In Zusammenarbeit mit ISO/TC97/WG1 "Data Encryption" wären das Verschlüsselungsprotokoll und die an das Kommunikationssystem gestellten Anforderungen festzulegen.

9.5.2 ISO/TC97/WG1 "Data Encryption"

Bevor dieser Arbeitskreis weitere Algorithmen und Operationsmodi normt, sollten von ihm folgende Fragen geklärt werden:

- Welche Verfahren eigenen sich in welcher Weise für

  - die Konzelation von Nachrichteninhalten
  - die Schlüsselverteilung
  - die normale (digitale) Unterschrift
  - die beglaubigte (digitale) Unterschrift
  - etc

  und sollten deshalb genormt werden?

  Welche Aspekte der Normung bieten sich einer rechtlichen Würdigung an, wie z.B.:

- Beweiskraft der digitalen Unterschrift
- Verschlüsselung für Notariatsdienste
- Verschlüsselung für die Zugangs- und Zugriffssicherung gegen Unbefugte
- Kompetenzen einer Schlüsselverteilungszentrale

und sollten deshalb vor einer Normung von Verfahren geklärt werden?

ISO/TC68/SC2/WG2 "Test Key" ist offensichtlich mit einem Sonderfall der Verschlüsselung (Ableitung eines Nachricht-Authentikators ohne Konzelation der Nachricht) zur Anwendung im Kreditwesen befaßt; diese Working Group hat sich dazu angeboten, TC97/WG1 "Data Encryption" über seine Arbeiten auf dem laufenden zu halten, und hat sich bereit erklärt, nicht ohne Abstimmung zu normen.

Im übrigen bieten sich der Normung noch viele konzeptionelle Schwierigkeiten, die zunächst geklärt werden müssen, und von denen die vorliegende Arbeit einen Eindruck vermitteln sollte.

10. Aspekte der Einbettung im Rechtsystem

Die Einrichtung der Möglichkeit, digitale Daten in offenen Kommunikationssystemen und auch sonst zu verschlüsseln, sie so gegen Mißbrauch zu sichern und als gesicherten Nachweis zu führen, hat unverkennbar ihre rechtlichen Aspekte. Diese reichen einerseits so weit, wie die der eigenhändigen Unterschrift und der Dokumentenechtheit. Andererseits sind Sicherheitsinteressen des Einzelnen (z.B. Datenschutz) und der Allgemeinheit (Sicherheit öffentlicher Kommunikationsmittel, eventuell auch öffentliche bzw nachrichtendienstliche Sicherheit) betroffen.

Diese rechtlichen Aspekte sind nicht allein von der Art, wie sie die Datenverarbeitung oder andere Phänomene der menschlichen Gesellschaft - etwa der Leistungssport oder die Touristik - mit sich bringen; die Datenverschlüsselung ist nicht ein Phänomen, das durch die rechtliche Regelung zwar geordnet aber in seinen Grundzügen unverändert belassen würde; sie wird durch die Regelung rechtlicher Aspekte weitgehend erst zu dem, was sie ist. So will man z.B. mit der Datenverschlüsselung das verhindern, was auch die Rechtsbestimmungen zum Fernmeldegeheimnis und der Datenschutz verhindern wollen; mit der Nachweiserstellung will man Entscheidungskriterien bereitstellen. Datenverschlüsselung ist ein Mittel, Recht anzuwenden und durchzusetzen.

Für die Weiterentwicklung des Rechts kann die Datenverschlüsselung nicht Nebensache bleiben, geht es doch darum, die moderne Automation in den Griff zu bekommen und umgekehrt zu einem automationsgerechtem Recht zu finden. Damit ist nicht gemeint, daß sich das Recht der Automation anpassen solle, wohl aber den Lebensumständen des Menschen, die zunehmend mehr durch die Automation beeinflußt werden. Die positiven Aspekte der Automation, insbesondere die bezüglich der Wirtschaft, die Rationalisierung von Arbeits- und Verwaltungsvorgängen dürfen nicht an unzeitgemäße rechtliche Schranken stoßend zu Krüppelwuchs führen.

Negative Auswirkungen der Automation erfordern gleichfalls ein Eingehen auf das ihnen zugrunde liegende Phänomen. Gerade für letztere stellt die Verschlüsselung ein beachtliches Ordnungspotential zur Verfügung; man denke z.B. an den Datenschutz bzw die Sicherung von Sammlungen personenbezogener Daten, die durch die moderne Datenverarbeitung zu einer massiveren Gefahr für den Menschen werden können, als sie es bis dahin ohne Automation waren.

Man denke auch daran, daß bereits gegen geltendes Recht verstoßen wird, indem man - etwa in Versicherungsunternehmen - automatisierte Zahlungssysteme Orderscheckvordrucke ausfüllen läßt, die eine faksimilierte Ausstellerunterschrift aufweisen. Nach Art.1 Nr.6 ScheckG mit § 126 BGB ist jedoch für einen Scheck eine eigenhändige Unterschrift des Ausstellers erforderlich (-Loe-). Damit soll nicht gesagt sein, daß dieser Gesetzesverstoß verhindert werden müsse; er hat offensichtlich bislang weder einem Aussteller noch einem Empfänger solcher Schecks noch einem Dritten merklich geschadet. Das scheinbar unterschriebene Papier ist dem Empfänger unverdächtig und erfüllt offensichtlich aufgrund vertraglicher Regelungen zwischen Aussteller und Bank seinen Zweck, auch wenn es nur das Surrogat eines Schecks ist. Die Facsimile-Unterschrift ist aber lediglich eine kosmetische Beigabe. Mehr Sicherheit und Nachweiseignung erhielte man, wenn der relevante Text des

Schecks zu einem Authentikator verschlüsselt und die Zeichenfolge als "Unterschrift" an Stelle des Facsimile gesetzt würde.

Ein solcher Gebrauch braucht nicht auf so ungefährliche Fälle wie den obigen beschränkt zu bleiben; aber auch scheinbar ungefährliche Fälle können virulent werden, wie z.B. Mißbrauchsmöglichkeiten der Scheckkarte. In 1980 verlor der Postscheckdienst damit DM 17,6 Millionen (BRH, 66.1). Mit der Verschlüsselung ließen sich solche Verluste vermeiden.

Es ist nicht gesagt, daß technischer Fortschritt nur durch eine neue Gesetzgebung zu aktivieren ist. Auch durch eine automationsgerechte Auslegung und Anwendung bestehenden Rechts ließe sich wohl eine Verrechtlichung der Datenverschlüsselungsanwendungen bis zu derzeit noch ungewissen Grenzen erreichen.

Letzteres könnte jedoch den technischen Sachverstand von Juristen unangemessen beanspruchen. Für einen Richter ist es schwierig, eine Argumentation darüber nachzuvollziehen, daß eine digitale Unterschrift im speziellen Falle diejenigen Forderungen an die eigenhändige Unterschrift erfüllt, auf die es dort ankommt. Besser wäre es, solchen Sachverstand für die legislatorische Anpassung von Rechtsnormen zu mobilisieren, die damit deutlich auf das Thema zugeschnittenen und dem auslegenden Juristen verständlicher werden.

Eine rechtliche Einbettung ist die Basis für den Einsatz der Verschlüsselung in offenen Kommunikationssystemen: Solange der Authentizitätsnachweis digitaler Texte nicht rechtswirksam ist, fehlt der "digitale Unterschrift" ihr besonderer Wert. Man könnte sie nur zur Sicherung eines technischen Systems verwenden. Die Authentikationsaufgaben der Schlüsselverteilungszentrale wären weitgehend überflüssig; aufgrund des dann zu erwartenden geringen Zuspruchs wären es auch die Zentrale selbst. Die Entwicklung der Verschlüsselung müßte im Grunde genommen dort stehen bleiben, wo sie heute ist: In privaten Kommunikationssystemen würde man sie für die Sicherung gegen Mißbrauch einsetzen. Für eine Verwendung in offenen Systemen würde kein ausreichender Bedarf vorliegen.

Erst eine rechtliche Regelung oder die Aussicht darauf kann zur Weiterentwicklung der Datenverschlüsselungsanwendungen führen.

10.1 Einbettung der digitalen Unterschrift

Das am Eingang des Unterkapitels 3.6 Gesagte sei hier wiederholt: Der Gebrauch der Bezeichnung "Unterschrift" soll, obwohl er irreführen kann, trotzdem verwendet werden; er ist einprägsamer als eine neue Benennung und dient so letzten Endes der Verständlichkeit. Die digitale Unterschrift ist der eigenhändigen vergleichbar, entspricht ihr aber nicht in jeder Hinsicht. Die Formerfordernisse einer eigenhändigen Unterschrift können und brauchen auch nicht von der digitalen identisch erfüllt sein.

Wie die digitale Unterschrift die Forderungen an eine Unterschrift erfüllt, ist eine dringliche Frage, die aber je nach Rechtsgebiet unterschiedlich zu beantworten sein dürfte. Im Handelsrecht z.B. erzeugt die Unterschrift durch ihren Echtheitsanschein Vertrauen zwischen zwei Partnern, auf dem sich eine Geschäftsbeziehung entwickeln kann. Nur selten wird dabei die Nachweiseignung der Unterschrift beansprucht, indem sie z.B. von einem Sachverständigen auf ihre Echtheit geprüft wird. Von der digitalen Unterschrift wird man also nicht allein Nachweiseignung sondern auch Eignung zur Vertrauensbildung verlangen. Im Urkundenrecht hingegen wird man der Nachweisfunktion eine wesentlich größere Bedeutung zuweisen, während dort die vertrauensbildende Funktion wohl kaum eine Rolle spielen dürfte.

Die vertrauensbildende Funktion der eigenhändigen Unterschrift wirkt aber zu undifferenziert; das Vertrauen stellt sich auch bei einer Fälschung ein, weil diese nicht prompt erkannt wird. Ein Dieb, der Scheckheft und Scheckkarte gestohlen hat, wird ohne ein großes Risiko einzugehen einen Scheck auf Anhieb so mit einer gefälschten Unterschrift versehen, daß ihm dessen Gegenwert ausgehändigt wird. Die Fälschung mag erst viel später entdeckt und nachgewiesen werden. Die digitale Unterschrift aber kann unmittelbar auf ihre Echtheit hin geprüft werden. Entweder man entdeckt eine Fälschung sofort oder (in extrem wenigen Fällen) überhaupt nicht.

Es fällt nicht leicht, direkte Entsprechungen zu realisieren. Z.B.: Etwas der Eigenhändigkeit Entsprechendes, also etwas, das dem Unterschreibenden unverlierbar, unveräußerbar und unverwechselbar eigen ist, läßt sich bei der digitalen Unterschrift nur mit größerem Aufwand erreichen. Allerdings muß man sehen, daß diese oben der Eigenhändigkeit zugeordneten Eigenschaften auch bei der eigenhändigen Unterschrift keineswegs gesichert sind; es ist nicht gesichert, daß Fälschungen in jedem Falle erkannt werden; man geht nur von der Fiktion aus, daß sich immer ein Sachverständiger finden läßt, der die Echtheit der Unterschrift zweifelsfrei feststellen kann. Ob er und beliebig viele andere seiner Kollegen dies in der Tat geleistet haben, wird dann vom Richter nicht mehr in Zweifel gezogen. Vermutlich könnte zumindest der Sachverständige, der ja weiß, worauf es ankommt, eine Unterschrift unerkennbar fälschen. Es bleibt eine Unsicherheit. Der Betroffene sieht sich durch eine Risikobegrenzung oder eine Versicherung gegen Schäden vor. Ähnlich wären die (vermutlich geringeren) Schwächen der digitalen Unterschrift aufzufangen.

Hier zeigt sich auch die Interessenbedingtheit der Ansprüche an eine Unterschrift im speziellen und an die Authentikation im allgemeinen. Es gibt Fälle, in denen kein Zweifel an der Echtheit der Unterschrift aufkommt, weil derjenige, der sie falsch leistete, sich damit nur Nachteile einhandeln würde. Zumeist reicht es aus, daß die Unterschrift sicher authentiziert werden kann, damit eine Prüfung selbst praktisch nie vorgenommen werden muß.

Wie sich vor allem in 3.6 gezeigt hat, haben digitale Unterschriften und Dokumente auch andere und zudem differenziertere Eigenschaften als die eigenhändige Unterschrift bzw ein herkömmliches eigenhändig unterschriebenes Dokument. Ja, ein solcher direkter Vergleich erscheint vom Standpunkt der Realisierung des technischen Systems aus gesehen als unpassend. Nicht Unterschriften und ihre zufälligen Eigenschaften sind erforderlich - wenn überhaupt - sondern die Sicherung der Echtheit einer Nachricht und deren Zuordnung zu ihrem Aussteller sowie eine nachweisgeeignete Dokumentation; genauer gesagt: die Erfüllung der einschlägigen Forderungen A bis I nach 3.6. Solchen Erfordernissen werden eigenhändige und digitale Unterschrift in unterschiedlicher Weise und mit unterschiedlichen Leistungsmerkmalen gerecht.

Es ist deshalb auch nicht immer sinnvoll, Eigenschaften der eigenhändigen Unterschrift bei der digitalen zu realisieren. Z.B. macht es die Abschlußfunktion der eigenhändigen Unterschrift erforderlich, daß sie unmittelbar auf den unterzeichneten Text folgt, damit nicht der Text unbefugt erweitert werden kann. Bei einer digitalen Unterschrift ist dies nicht notwendig; gleichgültig ob sie vor, im oder nach dem Text übertragen wird, eine unbefugte Änderung oder Erweiterung des Textes würde die geheime Zuordnung von Nachricht und Authentikator stören und deshalb entdeckt werden. In diesem Sinne bietet die digitale Unterschrift ein viel zuverlässigeres Mittel, die Abschlußfunktion zu realisieren bzw die Immutabilität sicherzustellen, als es die eigenhändige kann.

Eine Blanko-Unterschrift liegt gewissermaßen dem digtalen Verfahren weniger; sie ist vergleichweise nur sehr umständlich zu realisieren (siehe 3.6.9). Man kann die Verhinderung einer Blanko-Unterschrift auch als Vorteil sehen, denn es sollte in jedem Falle erkennbar sein, ob es wirklich die Willenserklärung des Unterzeichners ist, unter der die Unterschrift steht. Vielfach wird z.B. die autorisierte Unterschrift (3.6.5) den unterliegenden Zweck besser erfüllen.

Zu beachten ist auch, daß der Anreiz, eine eigenhändige Unterschrift zu fälschen, viel größer ist als der, das Gleiche bei einer digitalen Unterschrift vorzunehmen. Jeder hat sich schon einmal - zumeist als Kind - damit versucht, eine solche Unterschrift nachzumachen, nicht immer ohne Erfolg, denn für einen Laien, gegen den sich die Fälschung richtet, ist der Unterschied zwischen echter und gefälschter Unterschrift schon bei geringer Qualität der Fälschung nicht erkennbar. Eine digitale Unterschrift zu fälschen, erfordert dagegen sehr viel Sachverstand. Es wird kaum vorkommen, daß jemand einer aufkommenden Laune nachgebend einige Sekunden darauf verwendet, eine digitale Unterschrift nachmachen zu wollen.

Im folgenden soll auf bereits derzeit augenfällige Detailprobleme hingewiesen werden.

10.1.1 Rechtscharakter der digitalen Unterschrift

Ein Problem, das sich bei der technischen Authentikation im Gegensatz etwa zur personalen Unterschrift ergibt, ist folgendes: Während man bei der personalen Unterschrift (nicht voll gesichert) davon ausgeht, daß sie von einem Sachverständigen nachprüfbar stets

- ihrem Träger individuell anhaftet

- einem anderen Träger in dieser Form nicht anhaften kann,

läßt sich dieses mit Mitteln der technischen Authentikation (noch) nicht realisieren. Ein Inhaber kann seinen Schlüssel oder Authentikator verlieren, verraten oder in anderer Weise proliferieren. Wer immer dann diesen kennt, kann sich als sein rechtmäßiger Träger maskieren.

Es ist denkbar, daß jemand mittels seines Schlüssels unterschreibt und später behauptet, der Schlüssel sei verraten worden; die Unterschrift sei offensichtlich von einem Unbefugten geleistet worden. Es wird schwer sein, ihm nachzuweisen, daß dies nicht der Fall ist. Gleichzeitig müßten dann sämtliche anderen um diese Zeit mit dem gleichen Schlüssel geleisteten Unterschriften in Frage gestellt werden.

Im Zivilrecht mag der Verlierer für den entstandenen Schaden aufkommen müssen, so daß er aus einem solchen Widerruf keinen Nutzen ziehen könnte. Im Strafrecht hingegen wird man seine (schlecht zu prüfende) Behauptung zu seinem Vorteil berücksichtigen müssen.

10.1.2 Anforderungen an die Robustheit

Man muß auch den Fall bedenken, daß der Unterzeichner seinen Schlüssel wirklich in dem Sinne verloren hat, daß er einem Teil der Öffentlichkeit zur Kenntnis gekommen ist. Dann wären alle Dokumente von Dritten fälschbar, die er mit diesem Schlüssel unterschrieben hat, es sei denn daß das System der Unterschriftsleistung im Sinne von Forderung I in 3.6 ausreichend robust ausgelegt ist.

Von einem ausreichend robusten Verfahren muß erwartet werden, daß der Schaden, der durch einen Fehler oder einen Angriff entsteht, auf ein tragbares Minimum begrenzt wird. Anderenfalls kann es nicht für einen öffentlichen Dienst empfohlen werden. Insbesondere kann es nicht gut genug sein, eine eigenhändige Unterschrift dort zu ersetzen, wo sie heute noch gefordert werden muß.

In der Möglichkeit, daß ein Unterschriftsschlüssel Unbefugten zur Kenntnis kommt, dürfte das wohl schwierigste Problem, das eine Einbettung der digitalen Unterschrift vorfindet, begründet sein: Wenn dies nämlich eintritt, dann tangiert es nicht allein die von diesem Zeitpunkt an möglicherweise gefälschten Unterschriften sondern auch die bis dahin ordentlich geleisteten.

Wie schon in 3.3 erwähnt, kann man dem begegnen, indem man zur Unterschrift den authentikablen (immutablen) Zeitpunkt ihrer Leistung setzt. Wenn also nachgewiesen werden kann, daß der Unterschriftsschlüssel erst später proliferiert wurde, braucht an der Echtheit der Unterschrift nicht gezweifelt zu werden, vorausgesetzt daß die Immutabilität der Zeitangabe nicht durch den gleichen Schlüssel festgelegt wurde und gefälscht werden kann. Sie muß also durch einen anderen Schlüssel gesichert sein, was sie aber schon aus anderen Gründen sein muß (siehe 3.3).

Die Schwierigkeit verlagert sich dann aber nur auf den Nachweis, daß ein Schlüssel nicht früher als zum behaupteten Zeitpunkt prolifiert wurde. Besser ist es also, wenn nicht nur der Zeitpunkt der Unterschrift festgehalten wird, sondern wenn der Unterschriftsschlüssel jeweils nur ein einzigesmal verwendet wird, wie dies etwa durch eine Schlüsselverteilungszentrale sichergestellt werden kann. Diese Überlegung legt nahe: Für zuverlässige Unterschriften bzw robuste Unterschriftsverfahren dürften Schlüsselverteilungszentralen unentbehrlich sein.

An diesem hier aufgezeigten Problem der Kompromittierung eines Schlüssels könnten die ansonsten so überzeugenden asymmetrischen Verfahren scheitern, denn mit den bislang angebotenen dürfte sich nicht für jede zu leistende Unterschrift ein besonderer Schlüssel generieren lassen, weil dies zu aufwendig wäre. Die Nachweiseignung einer asymmetrisch geleisteten Unterschrift wäre damit u.U. entscheidend erschüttert, weil asymmetrische Verfahren, z.B. das RSAVerfahren im vorliegenden Sinne nicht ausreichend robust sein könnten.

Die symmetrischen Verfahren sind zwar nicht ganz frei von diesem Dilemma: Wenn ein Master-Schlüssel eines Teilnehmers z.B. usurpiert wird, kann der Usurpator sich mit ihm so verhalten, als wäre er der rechtmäßige Besitzer, was auch zur Fälschung von Unterschriften führen kann. Jedoch ist beim symmetrischen DEA1-Verfahren der Master-Schlüssel einerseits leicht und schnell zu erzeugen bzw auszuwechseln; jede Zufallszahl von 56 bit kann als Schlüssel verwendet werden; andererseits muß er ohnedies besonders gesichert werden und wird aus diesem Grunde erheblich weniger exponiert als z.B. ein Sessionsschlüssel oder das diesem entsprechende Equivalent bei asymmetrischen Verfahren.

Es mag aber auch Gründe geben, einen Unterschriftsschlüssel nicht von einer Unterschrift zur nächsten zu wechseln. Z.B. wurde in 6.4 angenommen, daß die Schlüsselverteilungszentrale in der Aktivität K14 mit ihrem Master-Schlüssel unterschreibt, also mit einem Schlüssel, der nicht häufig gewechselt werden kann. Wird er gegen einen neuen ausgetauscht, so muß dennoch der alte dokumentiert werden, damit ein Nachweis der bis dahin mit ihm geleisteten Unterschriften überhaupt möglich ist. Eine umfangreiche Dokumentation von abgelegten Schlüsseln bietet ebenfalls Sicherheitsrisiken. Wenn sie aber vereinzelt auftreten, wie z.B. bei der Schlüsselverteilungszentrale, kann ihnen wirksamer begegnet werden, als wenn sie etwa die Regel sind. Dies ist mit dem Zweck der Schlüsselverteilungszentrale durchaus verträglich, Sicherungsnotwendigkeiten an eine Stelle zu verlagern und dort zu konzentrieren; diese Stelle kann dann effektiv und wirtschaftlich geschützt werden.

Die Sicherheit der beglaubigten Unterschrift, z.B. Qpd in Aktivität K25 von 6.4.1, hängt grundsätzlich von zwei Schlüsseln ab: Will sie jemand fälschen, muß er sich den Unterschriftsschlüssel Ks beschaffen. Er findet aber nur das mit dem Master-Schlüssel der Schlüsselverteilungszentrale verschlüsselte Ks, nämlich Qpd. Es müßte also den Master-Schlüssel der Schlüsselverteilungszentrale kennen, um Ks zu finden. Sollte ihm dieser bekannt sein, dann würde er zwar zunächst von den geleisteten Unterschriften nur eine einzige fälschen können, würde aber ansonsten mit der Kenntnis des SVZ-Master-Schlüssels die Sicherheit des gesamten Kommunikationssystems entscheidend gefährden. Das muß auf alle Fälle durch intensive Sicherungsmaßnahmen verhindert werden. Sollte es ihm gelingen, Ks auf andere Weise zu bestimmen, dann bliebe der Schaden auf die Fälschung der einen Unterschrift beschränkt.

Hinsichtlich dessen, was das Kommunikationssystem für seinen von ihm zugelassenen Teilnehmr leisten kann, läßt sich das Unterschriftsverfahren ausreichend robust anlegen, allerdings unter erheblichen Anstrengungen, die Geheimhaltung vor allem der Master-Schlüssel zu sichern.

Hinsichtlich des dem Teilnehmer gewährten Zugriffs hingegen bieten sich die in 3.4.1 geschilderten Schwierigkeiten einer gesicherten Teilnehmer-Authentikation. Es sind dies die herkömmlich bekannten Sorgenfälle verlorener Scheckkarten und sonstiger Dokumente, die nicht ihren rechtmäßigen Eigentümer sondern ihren tatsächlichen Besitzer logisch evident als berechtigt ausweisen. Maßnahmen dagegen wurden in 3.4.3 eingehender besprochen. In diesem

Bereich ergeben sich für die Teilnehmer-Zugangsgewährung zu einem verschlüsselten Verkehr keine grundsätzlich neuen Gesichtspunkte.

Sollen solche Ausweise von einem Automaten honoriert werden, so kann man von diesem eine erheblich intensivere Authentikation des zugangheischenden Teilnehmers erwarten als etwa von einem Schalterbeamten. Insofern sollte man die bereits verwendeten Verfahren hinsichtlich der Zugriffsgewährung zum Zwecke digitaler Unterschriften als mindestens so robust betrachten wie z.B. das Scheck- oder das Kreditkartenverfahren.

10.1.3 Motivation durch Interessen

Die Erfüllung der einschlägigen Forderungen A bis H von 3.6 ist auf den Idealfall gemünzt, daß ein fehlerfrei funktionierendes System vorliegt. Forderung I (nach Robustheit) relativiert dies bereits auf praktische Fälle technischer Sicherheit. Doch trägt nicht allein die technische Sicherheit zur Sicherheit der Unterschrift bei. Interessen und Motivationen spielen eine erhebliche Rolle. Wenn nur die Chance besteht, daß eine Fälschung entdeckt und geahndet werden kann, werden zumindest reguläre Kommunikationsteilnehmer von Fälschungsversuchen absehen; das Risiko, daß ihnen daraus ein Nachteil entsteht, mag viel zu groß sein; dann mag es ausreichen, wenn ihre Fälschungsversuche erkennbar gemacht und nur Fälschungen durch Dritte verhindert werden. Wollte etwa eine Bank einer anderen gegenüber eine Unterschrift im fernmeldetechnischen Zahlungsverkehr fälschen, dann würde dies wohl anhand des schriftlichen Avis aufgedeckt werden und der Bank auch wenn sie gerne betrügen wollte keinen Vorteil einbringen; im Gegenteil, sie hätte empfindliche Sanktionen zu befürchten.

Bei der in 3.6.3 geschilderten vereinbarten Unterschrift mag z.B. nach relativ wenigen Versuchen eine Fälschung gelingen. Wenn sie jedoch nicht auf Anhieb gelingt, wird dies vom Automaten mit Sicherheit entdeckt, registriert und eventuell auch bestraft. Wer würde es riskieren, eine Unterschrift zu fälschen, wenn die Wahrscheinlichkeit, daß dies unmittelbar aufgedeckt wird und er dafür prohibitive Sanktionen in Kauf nehmen muß (etwa Einbehalten der Ausweiskarte), auch nur 50% ist? Anders verhält sich dies mit einer eigenhändigen Unterschrift; der Fälscher kann davon ausgehen, daß die Fälschung zumindest nicht sofort entdeckt wird. Das kann ihn zu Mißverhalten motivieren.

Interessenabhängig ist auch die disputable Unterschrift nach 3.6.2. Ihr Nachweis ist nur dann zu erbringen, wenn beide Disputationspartner kooperieren; sie müssen die (ungünstig verteilten) Beweismittel füreinander verwahren und bereithalten; da derjenige, der das Beweismittel verifizieren kann, es auch fälschen könnte, muß es vom potentiellen Gegner verwahrt werden, der es nicht fälschen (höchstens zerstören) kann. Er muß das von ihm Verwahrte gegen sich gelten lassen. Tun beide Partner dies, dann ist die Unterschrift allerdings auch disputabel. Tun sie es nicht, kann der Nachweis nicht angetreten werden. Man könnte z.B. eine Rechtsbestimmung vorsehen, welche die Partner dazu bestimmt, die Beweismittel für den jeweils anderen zu verwahren. Jedoch kann dies vermieden werden, wenn eine Schlüsselverteilungszentrale die Unterschrift beglaubigt (siehe 3.6.4 und K26 in 6.4.1).

Die Interessenabhängigkeit ergibt sich wohl in erster Linie aus der Anwendung. Einen Privatbrief, einen Scheck oder ein Testament zu unterschreiben, ist ein von differenzierten Interessen bestimmter Vorgang. Eine ähnlich nach Interessen diffenrenziertes Phänomen ist das Recht. Es sieht für die einzelnen Fälle Spezialregelungen vor. Deshalb wäre es sinnvoll, die einzelnen einschlägigen Rechtsgebiete - Urkundenrecht, Handelsrecht, Grundbuchrecht, Notariatsrecht, Scheckgesetz etc - gesondert nach der Interessenverankerung und den entsprechenden Anforderungen an die digitale Unterschrift zu untersuchen. *)

In diesem Zusammenhange darf folgendes nicht aus dem Auge verloren werden: Die Motivierung durch positive Interessen und die Strafbedrohung von Mißbrauch erhöhen - wie auch sonst - die Sicherheit, in diesem Falle die des Schlusses auf die Authentizität. Sie haben jedoch wenig Einfluß auf die Nachweiseignung. Daß jemand zu einer Fälschung nicht motiviert ist, schließt ja nicht aus, daß er sie in der Tat vornehmen kann; umgekehrt: erst wenn dies ausgeschlossen ist, ist er erst voll zur Ehrlichkeit motiviert. Zur Nachweiseignung muß man wesentlich härtere Forderungen an die Sicherheit des Systems stellen als zur Sicherung des Kommunikationsvorgangs. Dort wo man glaubt, solche harten Forderungen nicht stellen zu müssen, setzt man die Sache dem Verdacht aus, daß auf die Nachweiseignung einer Unterschrift verzichtet werden kann (siehe oben zur Facsimile-Unterschrift).

10.1.4 Sackgassen für eine Regelung

Auf entdeckte Fälschungsversuche drohen dem Täter unmittelbare Nachteile. Auch die Rechtsordnung sieht für solche Irreführungen Sanktionen vor. Der Tatbestand muß einem Richter einsichtig und von der Rechtsordnung erfaßt sein.

Angenommen, ein Richter hätte die von einer Partei vorgelegten Beweise zu würdigen, und darunter wäre auch eine digitale Unterschrift. Er hätte zu prüfen, ob diese die für den Fall notwendigen Formerfordernisse erfüllt und ob damit die Willensbekundung, für die sie geleistet wurde, authentisch ist. Er wird von der bestehenden Rechtsordnung ausgehend feststellen, daß die digitale Unterschrift keineswegs einer eigenhändigen gleichgesetzt werden kann, und wird deshalb einesteils Schwierigkeiten haben, bestehendes Recht anzuwenden; anderenteils wird es ihm schwer fallen die Nachweiseignung des technischen Verfahrens sicher zu beurteilen. Er wird sich eventuell nicht bereitfinden, die digitale Unterschrift zu würdigen und damit eine Einbettung im Rechtssystem zu fördern, für die er den Gesetzgeber für zuständig halten mag.

---

*) Dabei wäre darauf zu achten, daß in erster Linie vorhandenes Recht weiterzuentwickeln ist und nicht etwa der Versuch gemacht wird, neues Recht auf eine grüne Wiese zu setzen. Bevor diese Arbeit angegangen wird, sollte eine Kosten-Nutzen-Abschätzung gemacht werden, die sich an Handelsbräuchen orientiert und die auch einen eventuellen legislatorischen Aufwand miteinbezieht. Aus dieser Abschätzung ließe sich ein Plan für ein sinnvolles Vorgehen ableiten.

Man könnte, diese Gefahr im Auge, als Teilnehmer eines Kommunikationssystems versuchen, solche Tatbestände selbst in die Rechtsordnung einzubetten, indem man sie eindeutig beschreibt und mit den in Betracht kommenden Partnern vertraglich regelt, wie das z.B. für die vereinbarte Unterschrift nach 3.6.3 notwendig ist und wie es (für Verhältnisse in den USA) von <Rab, Kon> vorgeschlagen wird.*) Zwei Kommunikationspartner schließen in herkömmlicher Weise - per eigenhändiger Unterschrift - einen Vertrag, in dem sie ein als sicher empfundenes Verfahren spezifizieren. Darin wird bestimmt, daß ein digital übertragener Text als unterschrieben gilt, wenn bei seiner Übermittlung das Verfahren nachweisbar eingehalten wird.

Es fragt sich aber, ob diese Einbettung wirklich weiterhilft. Sie leuchtet für den Fall ein, daß die Vertragspartner sich einig bleiben. Es könnte aber zu leicht eintreten, daß sich ein Verfahren, auf das sich zwei Partner vertraglich geeinigt haben, als unsicher erweist oder zumindest einer der Partner nach späten Erkenntnissen dessen Nachweiseignung abstreitet. Damit zweifelt er eine Vertragsgrundlage und die Gültigkeit des Vertrags an. Was sonst als die Nachweiseignung könnte zwischen den Partnern disputiert werden, wenn die Überprüfung des Nachweisverfahrens keinen Verstoß gegen die Vereinbarung ergeben, trotzdem aber die Kontrahenten uneins gelassen hat? Der Richter hätte einen Vertrag über Formerfordernisse vorliegen, die für den gleichen Zweck in anderer Weise - für die eigenhändige Unterschrift - bereits gesetzlich geregelt sind. Er wäre wiederum gehalten, diese Regelung anzuwenden, und sich eine gesicherte Einsicht in die Nachweiseignung der digitalen Unterschrift zu verschaffen. Mit dieser Art von Einbettung steht man sich also im Streitfalle kaum anders, als ohne sie.

Eben diese Frage nach der Nachweiseignung wäre - wenn nicht von der Gesetzgebung - früher oder später von der Rechtsprechung zu beantworten. Diese könnte sich wie üblich daran orientieren, ob etwas Handelsbrauch geworden ist oder nicht. Der Handelsbrauch würde sich aber nach Lage der Dinge nicht in einen Rahmen hinein entwickeln, zumal ja ein solcher - wie der mögliche sinnvolle Gebrauch in offenen Kommunikationssystemen - nicht vorgegeben ist. Er würde sich auch kaum von der Rechtssprechung unbeeinflußt frei bis zu dem Punkt entwickeln können, an dem er für die Rechtsprechung genügend ausgereift ist.

Vermutlich würde er sich aus solchen oder ähnlichen Vertragsverhältnissen zwischen Einzelpartnern, wie oben geschildert, oder aus Spezialanwendungen wie etwa SWIFT ergeben, also nicht aus dem Gebrauch in offenen Kommunikationssystemen bzw in einer offenen Gesellschaft. Diese Bedenken teilt anscheinend auch <Rau>: Es sei zu beobachten, daß Anwender von Informationsdiensten es vorziehen, sich nur an einen oder wenige Dienstleister zu halten und damit geschlossene Anwendungssysteme offenen Systemen zu überlagern, obwohl die Anwender durchaus über Terminals verfügen, die für den Gebrauch in offenen Systemen international genormt sind. Dieser Beobachtung kann zugestimmt werden; vermutlich aber ergibt sich die Entwicklung an dem Umstand, daß die Dienstleister derzeit wenig Interesse daran zeigen, Systeme zu ent-

---

*) Auch der o.e. Fall der Facsimile-Unterschrift unter dem Scheck der Versicherungsgesellschaft scheint mit einer solchen vertraglichen Einbettung geregelt zu sein.

wickeln, an die sich dann die Konkurrenz mit weitaus geringeren Investitionen anschließen kann.

Das dürfte durch den Umstand unterstützt werden, daß solche Systeme, Dienstleistungen und Unterschriftstechniken in den USA entwickelt werden, wo sich auch die neuen Kommunikationssysteme wie die konventionellen anders entwikkeln als in der Bundesrepublik Deutschland; private Drahtfernmeldeanlagen sind dort nicht die Ausnahme sondern die Regel und die Verschlüsselung wird dieser Regel angepaßt. Das könnte bewirken, daß sich Unterschriftsverfahren einführen, die für einen allgemeinen Gebrauch im offenen Kommunikationssystem der Deutschen Bundespost ungeeignet - z.B. zu umständlich sind.

Ein pragmatisches Abwarten einer ständigen Rechtsprechung, die sich am aktuellen Handelsbrauch orientiert, ist nicht zu empfehlen. Der in 10.1.3 gemachte Vorschlag, sich bei der Aufbereitung des Themas an Handelsbräuchen zu orientieren, muß also dahingehend modifiziert werden, daß diese Handelsbräuche unter dem Aspekt der Datenverschlüsselung auf ihre Sinnfälligkeit hin geprüft und gegebenenfalls gedanklich weiterentwickelt werden müssen. Es wäre anzustreben, daß die Nachweisführung in offenen Kommunikationssystemen gesetzlich und für alle verbindlich geregelt wird. Das Thema der Nachweiseignung unterschiedlicher Verschlüsselungsverfahren sollte deshalb nicht allein für die Rechtsprechung sondern auch für die Gesetzgebung aufbereitet und zur Einrichtung neuer Kommunikationssysteme geregelt werden. Die Gefahr, daß die pragmatische Methode in eine Sackgasse führt, ist sehr groß.

10.1.5 Zusammenstellung einschlägiger Funktionen

Ohne daß das Folgende Anspruch auf Vollständigkeit erhebt, sollen die Forderungen, die man an eine Unterschrift stellen kann und die auch von der digitalen erfüllt werden müssen, aufgelistet werden; sie wurden im Verlaufe dieser Abhandlung an unterschiedlichen Stellen aufgestellt.

- Perpetuierbarkeit

  Die Unterschrift darf nicht flüchtig sein, sondern muß dokumentiert und auf diese Weise perpetuiert werden können.

- Immutabilität

  Die Unterschrift muß dem unterschriebenen Text unveränderbar, eindeutig und unübertragbar zugeordnet sein. Dies wird z.B. bei der eigenhändigen Unterschrift zum Teil damit erreicht, daß diese unter den Text gesetzt wird und diesen abgrenzt.

- Visualisierbarkeit

  Die Unterschrift muß wie auch der unterschriebene Text sichtbar sein bzw sichtbar gemacht werden können.

- Identifizierbarkeit

  Der die Unterschrift Leistende muß aus dieser zu erkennen und zu identifizieren sein.

- Disputabilität

  Die Unterschrift muß von einem neutralen kundigen Dritten so beurteilt werden können, daß ein Disput von ihm entschieden werden kann. Dazu muß sie nachweisgeeignet und prüfbar sein.

- Signifikanz

  Die Unterschrift muß dazu geeignet sein, durch ihre Erbringung die Rechtslage zu verändern, etwa eine Garantie oder eine Beweislastverschiebung zu bewirken. Sie soll insbesondere den Unterschreibenden auf die Bedeutung des mit ihr vollzogenen Rechtsaktes hinweisen.

- Unmittelbarkeit

  Die Unterschrift muß so erkennbar und beurteilbar sein, daß sich Vertrauen zwischen Aussteller und Empfänger unmittelbar einstellt.

- Transparenz

  Die Unterschrift sollte möglichst erkennen lassen, zu welchem Zweck sie geleistet wird, ob sie z.B. den Unterschreibenden auf eine Willenserklärung festlegt oder ob dieser durch sie eine solche Willenserklärung (eines anderen) bezeugt. Sie sollte möglichst auch ihren Empfänger und gegebenenfalls einen Vollmachtgeber erkennen lassen. Man sollte ihr z.B. entnehmen können, ob sie die Unterschrift eines Prokuristen ist.

10.2 Versiegelungsprobleme

Wie sich in 3.6 gezeigt hat, ist abhängig vom gewählten Verschlüsselungsverfahren die Versiegelung von Verschlüsselungseinheiten notwendig, wenn eine Unterschrift bzw ein Dokument in Bezug auf Richtigkeit, Originalität etc disputabel sein soll. Die Versiegelung ist in diesem Sinnzusammenhange so zu verstehen, daß es öffentlich bezeugbar jedem - auch ihrem rechtsmäßigen Besitzer - unmöglich gemacht wird, der Verschlüsselungseinheit einen Schlüssel zu entnehmen oder sie für unerlaubte Operationen zu mißbrauchen.

10.2.1 Orderdokumente

Wie in 3.6.8 ausgeführt, besteht ein internationaler Bedarf dafür, Handelsdokumente über Fernmeldewege so zu übertragen, daß nur der Empfänger allein das Original in seine Hände bekommt und daß dieses von niemandem - auch nicht von seinem rechtmäßigen Eigentümer - so vervielfältigt werden kann, daß eine Kopie als solche nicht leicht zu erkennen wäre (Orderdokument). Man will also über Dokumente verfügen können, deren Einmaligkeit gewahrt werden kann und deren Besitz bestimmte Rechte gewährt. Wer immer ein solches Dokument vorweist, soll z.B. damit wie mit einem Seefrachtskonnossement oder einem Kraftfahrzeugbrief einen Titel nachweisen, den er etwa bezüglich einer Ware beansprucht.

Wäre das Dokument so vervielfältigbar, daß man eine Kopie vom Original nicht leicht unterscheiden kann, liefe man Gefahr, daß mehrere Besitzer des gleichen Dokuments Rechte beanspruchen, die aber nur einem von ihnen zustehen können. Dann müßte der Besitzer nicht allein den Besitz des Dokuments deutlich machen; er müßte sich vielmehr auch als der rechtmäßige Eigentümer (eines Rectadokuments) ausweisen können. Der rechtmäßige Eigentümer müßte entweder persönlich mit dem Dokument erscheinen oder dem Überbringer eine spezielle Vollmacht ausstellen. In beiden Fällen müßte aber die Stelle, der das Dokument angeboten wird auf die Rechtmäßigkeit der Ansprüche prüfen. Dies ist offensichtlich bei bestimmten Handelstransaktionen unüblich.

Der in 3.6.8 gemachte Vorschlag zeigt dazu eine technische Möglichkeit auf. An der Erstellung solcher Orderdokumente wären aber zwei vertrauenswürdige Dritte - etwa Notare - zu beteiligen; auf der Sendeseite ein Notar, der den Dokumentenschlüssel verdeckt generiert, das Dokument mit ihm verschlüsselt und beides - Dokument und Schlüssel - gesichert an den (authentizierten) Empfänger-Notar sendet. Der Empfänger-Notar speichert den von niemandem erkannten Dokumentenschlüssel in eine Ausweiskarte mit Entschlüsselungseinheit und versiegelt die Ausweiskarte so, daß ihr niemand den Schlüssel entnehmen kann. Er entschlüsselt probeweise den übertragenen Dokumententext und händigt Ausweiskarte und verschlüsselten Text (etwa auf einem genormten Magnetdatenträger) dem rechtmäßigen, als solchen ausgewiesenen Empfänger aus.

10.2.2 Notariatsrecht

Damit eine solche Art von Dokument rechtswirksam sein kann, müssen neben seinem Rechtsgutcharakter auch die Umstände der notariellen Betätigung geregelt werden. Das mag Auswirkungen auf das Notariatsrecht haben, die wohl kaum de lege lata aufgefangen werden können.

Es sei auch daran erinnert, daß z.B. 6.6 von einem Notar handelt, der mit eigener Datenverarbeitungs- und -verschlüsselungseinheit an ein offenes Kommunikationsnetz angeschlossen ist und u.a. Unterschriften, die von der Schlüsselverteilungszentrale beglaubigt wurden, ihrem Empfänger und Aussteller gegenüber verifiziert. Dies könnte auch von der Schlüsselverteilungszentrale direkt vorgenommen werden, allerdings gegen Bedenken bezüglich der Sicherheit; möchte man doch, daß die Sicherheit nicht durch andere Aufgaben beeinträchtigt werden kann. Siehe auch 10.6. Man kann diesen Notariatsdienst auch so sehen, daß der Notar für notarielle Beurkundungen den technischen Dienst der Schlüsselverteilungszentrale in Anspruch nimmt.

Hier ist also von einem Notar die Rede, der über einen besonderen Anschluß an ein allgemeines Kommunikationssystem verfügt und besondere Dienste einer Schlüsselverteilungszentrale in Anspruch nehmen kann. Der Notarsanschluß sollte z.B. sicherstellen lassen, daß bei der Erstellung eines originalen Handelsdokuments der Schlüssel des Dokuments in der Verschlüsselungseinheit des Notars entschlüsselt und unmittelbar ohne diese zu verlassen in die versiegelte Ausweiskarte eingetragen wird. Für diesen Fall müßte also eine besondere in der rechtlichen Regelung ausgewiesene Verschlüsselungseinheit vorgesehen werden.

10.3 Authentizierbare anonyme Kommunikationspartner

Die Teilnehmerauthentikation kann in der Regel so gehalten werden, daß jeder Teilnehmer seinen jeweiligen Partner authentiziert. Unterläßt er es, oder vollzieht er es fehlerhaft, trägt er die Gefahr, die sich daraus ergibt. Für die Teilnehmerauthentikation ist also -, von Effektivitätsgesichtspunkten abgesehen - keine besondere Netzinstanz erforderlich.

Soll aber mindestens ein Teilnehmer zum anderen anonym gehalten werden, kann dieser nicht dessen Authentikation durchführen; dazu müßte er ihn ja kennen. Für diesen Fall ist ein für beide Teilnehmer vertrauenswürdiger Dritter erforderlich, der den anonymen Teilnehmer für den anderen authentiziert und so sicherstellt, daß der anonyme Teilnehmer den vom anderen gestellten Bedingungen genügt.

Ein solcher Fall liegt vor, wenn im Bildschirmübertragungs-Dienst ein Abrufer von Texten eines Anbieters aus Datenschutzgründen diesem gegenüber anonym bleiben soll; in diesem Falle will die Bundespost Anonymisierung, Authentikation und Inkasso übernehmen. Ob sie diese durch Verschlüsselung gegen Mißbrauch sichert, liegt soweit in ihrer Entscheidungskompetenz.

Es ist aber durchaus denkbar, daß sich die Fallbeispiele nicht auf den Bereich des gesetzlichen Datenschutzes beschränken, daß z.B. auch ein Makler seine im Bildschirmtext-Übertragungssystem nachfragenden und anbietenden Kunden anfangs zueinander anonym halten möchte. Es mag sein, daß er zudem die vermittelten Informationen gegen unbefugte Kenntnisnahme durch Dritte mittels der Datenverschlüsselung sichern möchte.

Hieraus ergeben sich eine Reihe von Rechtsfragen, z.B. haftungsrechtlicher Art.

10.4 Nachweissicherung im Interesse Dritter

Wie in 5.4.2 ausgeführt, kann es sein, daß die Kommunikationspartner selbst weniger Wert auf eine Nachweissicherung legen als ein Dritter. Der Dritte bzw die Öffentlichkeit mag in diesem Sinne wünschen, daß in einem Kommunikationssystem die Kommunikationspartner nachweislich miteinander verkehren und daß nicht etwa Unbeteiligte einem Verdacht oder Schaden ausgesetzt werden.

10.4.1 Gegen anonyme Teilnehmer

Das in 5.4.2 angeführte Beispiel des Versandhandelsunternehmen, das den Besteller nicht authentiziert, bevor es ihn beliefert, zeigt daß ein solches System zum Schaden eines Unbeteiligten mißbraucht werden kann, der durch eine gefälschte Bestellung erheblich belästigt wird. Dem regulären Kunden ist nicht daran gelegen, daß ihm das Versandhaus eine Bestellung nachweisen kann. Der benachteiligte Dritte möchte jedoch durch die Nachweisbarkeit der Bestellung einen Mißbrauch ausgeschlossen wissen. So sei es schon vorgekommen, daß sehr große Gegenstände wie z.B. Schwimmbecken zur Belustigung der

Nachbarschaft angeliefert worden seien. Ein anonymer Teilnehmer kann also durch einen Kommunikationsprozeß sowohl seinem Kommunikationspartner (im Beispiel dem Versandhandelsunternehmen) als aber auch einem Dritten (dem ungeliebten Nachbarn) schaden.

In diesem Falle genügt es, wenn die Nachweise zwischen den beiden Partnern disputabel sind, denn neben dem Dritten ist ja auch der Kommunikationspartner geschädigt, der seine Nachweise dem geschädigten Dritten ohne Schaden für seine eigenen Interessen zur Verfügung stellen kann. Es mag also eine rechtliche Regelung sinnvoll werden, die in bestimmten Anwendungsfällen eine nachweisgeeignete Dokumentation von Kommunikationsvorgängen vorsieht. Daß dies in dem oben verwendeten Falle eines Versandhandelunternehmens so sein sollte, soll damit keineswegs hier vorgeschlagen werden. Eine solche Regelung könnte einen erheblichen wirtschaftspolitischen Effekt haben und müßte deshalb wohl abgewogen sein.

10.4.2 Gegen konspirierende Teilnehmer

Zuweilen besteht die Gefahr, daß zwei Kommunikationspartner miteinander gegen einen Dritten konspirieren und für diesen Zweck vereint Nachweise fälschen. Sie können einen Geschäftsverkehr vortäuschen, Briefe umdatieren etc. Man kann dies nur so verhindern, daß ein vertrauenswürdiger Dritter eingeschaltet wird, der jedem anderen die Richtigkeit der Nachweise bezeugen kann. Das kann z.B. ein Notar sein. Bei verschlüsselten Nachweisen und organisierter Schlüsselverteilung ist ein solcher vertrauenswürdiger Dritter in Form der Schlüsselverteilungszentrale grundsätzlich vorgesehen.

In einem solchen System kann diese Disputabilität von Nachweisen gegenüber Dritten ohne bemerkenswerte Mehrkosten die Regel bzw grundsätzlich vorzusehen sein.

10.5 Rechtsgutcharakter von Schlüsseln und Authentikatoren

Der Berliner Datenschutzbeauftragte fordert in seinem Jahresbericht 1981 (Ker S.14) einen rechtlichen Schutz für "Codes" bzw Authentikatoren, welche die Inanspruchnahme bestimmter Bildschirmtext-Dienstleistungen zulassen. Er fordert auch Strafrechtsbestimmungen. Dabei weist er darauf hin, daß solche "Codes" selbst keine eigenständigen Rechtsgüter seien, sondern nur den Zugang zu Rechtsgütern gewähren.

Anders ist dies wohl im "Entwurf für ein Gesetz über die Neuen Medien - Landesmediengesetz Baden-Württemberg -" (LBW) vorgesehen. Dort wird unter § 9 (2) vorgeschlagen: "Sendungen, die ganz oder teilweise durch Abonnement oder Einzelentgelte finanziert werden, dürfen codiert oder auf andere Weise so verbreitet werden, daß sie nur von Berechtigten empfangen werden können." Hier wird offensichtlich das vorgeschlagen, was in Frankreich bereits versuchsweise praktiziert wird (Gui). Wer dort eine solche "codierte" bzw verschlüsselte Sendung empfangen will, muß sich den in seiner Wirksamkeit zeitlich begrenzten "Code", mit dem sie entschlüsselt werden kann, etwa in Form einer Steckkarte kaufen. Wenn er diese in sein Fernsehgerät steckt, kann ihr von einer vorgesehenen Steuerung der "Code" entnommen und für die Entschlüsselung der Sendung verwendet werden. Das geht so lange, bis die sendende Stelle den "Code" wechselt. Entweder steht der nächste "Code" ebenfalls in der Steckkarte bezahlt und abholbar bereit, oder der Empfänger muß auf einen erkennbaren Empfang verzichten. Er muß erst eine aureichende Anzahl von "Codes" erworben haben, bevor er eine Sendung ungetrübt genießen kann.

Der "Code" vereint offensichtlich die Eigenschaften eines Authentikators, der authentiziert, daß der Empfang bereits bezahlt wurde, und eines Schlüssels, mit dem die Sendung für alle nichtzahlenden Fernsehteilnehmer konzeliert wird. Er ist ein Stück Information, wie auch die Fernsehsendung Information ist. Wie sich die Ansicht aufrecht erhalten läßt, daß wohl eine Fernsehsendung nicht aber ein "Code" ein eigenständiges Rechtsgut ist, obwohl gerade der "Code" käuflich erworben wird, wäre noch durch irgendeine Form der Rechtsetzung zu entscheiden.

10.6 Rechtsstatus der Schlüsselverteilungszentrale

Es hat sich im Verlaufe der bislang angestellten Betrachtungen gezeigt, daß man in einem offenen Kommunikationssystem, das allen Teilnehmern die Möglichkeit bietet, miteinander verschlüsselt zu verkehren, auf eine organisierte Schlüsselverteilung nicht verzichten kann. Ebenso hat es sich gezeigt, daß die Unsicherheiten des Kommunikationssystems durch Verschlüsselung und Schlüsselverteilung nicht beseitigt werden, sondern auf die Verschlüsselungseinheiten der Teilnehmer und insbesondere auf die Schlüsselverteilungszentralen übertragen und dort konzentriert werden.

In einem offenen Kommunikationssystem muß die Schlüsselverteilungszentrale eine Verantwortung gegenüber der Öffentlichkeit übernehmen. Diese Verantwortung sollte sich möglichst auf die hinsichtlich der Sicherheit beschränken. Die Schlüsselverteilungszentrale sollte keine Funktionen übertragen erhalten, welche die Sicherheit in irgendeiner Weise gefährden könnten. Notariatsaufgaben z.B., zu denen sie wohl befähigt wäre, die aber einen Parteienverkehr erfordern, sollten ihr besser nicht übertragen werden. Sie sollte im Grunde genommen weiter nichts als ein gegen Eingriffe und Betriebsstörungen besonders gesicherter Automat sein, der vom Personal der Stelle im wesentlichen nur gewartet und beschützt wird.

Es stellt sich die Frage nach der Art der Rechtsperson, von der eine Schlüsselverteilungszentrale betrieben werden sollte. Bei Diensten der Bundespost, die über Transportdienstleistungen hinausgehen z.B. Teletex, Telefax, Bildschirmtext - läge es nahe, die Schlüsselverteilung als Teil des Dienstes zu betrachten und sie entsprechend in die Verantwortlichkeit der Bundespost zu legen. Für den Fall eines integrierten Datennetzes, das der Anwender nur hinsichtlich des Datentransports nutzt, läge die Verschlüsselung nicht im Bereich der Post-Dienstleistung, entsprechend auch nicht notwendigerweise die Schlüsselverteilung.

Es ist durchaus denkbar, daß sich Anwendergruppen zusammenfinden, welche ihre Daten verschlüsselt kommunizieren möchten, ohne daß die Bundespost davon betroffen zu sein braucht. Entsprechend könnten sie auch eine Schlüsselverteilung einrichten. Sie müßten sie dort so sicher machen, wo und wie es ihnen nötig erscheint. In diesem Falle handelt es sich aber offensichtlich um geschlossene Anwendergruppen, die im Grunde genommen auch mit einem privaten Netz auskämen und nicht als typisch für ein offenes Netz gesehen werden dürfen, auch wenn sie die ersten sein mögen, die einen expliziten Bedarf angeben können.

In der Untersuchung zu diesem Thema, über die im Anhang berichtet wird, wurde für die Anwendung der Transportnetze der Post festgestellt, daß potentielle Anwender zumeist davon ausgehen, daß sie jeweils unter ihresgleichen verschlüsselt kommunizieren würden und daß deshalb die Schlüsselverteilung eine branchenbezogene Aufgabe sein sollte. Es zeigt sich aber, daß dies u.U. eine Fehlvorstellung ist, die deutlich vom Beispiel SWIFT geprägt ist. Ausgerechnet Banken, für die ja SWIFT eingerichtet wurde, haben z.B. den Wunsch, daß sie vorzugsweise mit ihren Kunden verschlüsselt verkehren können, sei es mit den Rechenzentren der Großkunden, sei es mit kleinen Kunden an Geldautomaten und Bildschirmtext-Geräten.

Dies würde dafür sprechen, daß die Schlüsselverteilungszentralen nicht branchenbezogen sondern regional operieren sollten, ohne daß damit SWIFT und dessen Branchenorientierung ersetzt werden könnte. Die Entwicklung würde also dahin verlaufen, daß branchenorientierte Systeme in der Art des SWIFT-Systems geschlossene Kommunikationssysteme bleiben. Die regional organisierte Schlüsselverteilung würde sich aber auf offene Kommunikationssysteme beziehen und die ursprünglich favorisierte Branchenorientierung käme für offene Systeme nicht in Frage. Nicht eine branchentypische Stelle sondern eine in dieser Hinsicht den Knotenämtern der Wählnetze ähnliche regional orientierte Stelle wäre als Träger der Schlüsselverteilung geeigneter.

Im offenen Netz, in dem es keine Gruppenverantwortlichkeit gibt, wird die Sicherheit zur öffentlichen Aufgabe. Entsprechend müßte diejenige öffentliche Stelle dafür sorgen, die vom Gesetz dafür bestimmt ist oder noch bestimmt wird. Im ersteren Sinne, kann es sich um die Bundespost handeln, soweit es darum geht, bestimmte (sichere) Kommunikationsdienste der Allgemeinheit zur Verfügung zu stellen. Sieht man in der Verschlüsselung ein Kommunikationsproblem, dann wird man die politische Verantwortung dem Bundespostminister zuschreiben.

Man könnte aber als Anwender seine Daten außerhalb des Kommunikationssystems verschlüsseln und sie diesem in verschlüsselter Form übergeben, ohne daß es von der Verschlüsselung in irgendeiner Weise berührt zu sein brauchte. Auch wenn die Verschlüsselung außerhalb des eigentlichen Transportsystems der Post in öffentlich genormter Weise im Kommunikationssystem eingebettet wird, dann kann und wird sie vermutlich in dem Teil eingebettet werden, der etwa bei Computernetzen (nicht Teletex, Telefax und Bildschirmtext) außerhalb des Transportnetzes bzw des Verantwortungsbereichs der Post liegt. Auch von der Schlüsselverteilung brauchte die Post entsprechend nichts zu merken.

Dann handelte es sich um ein Sicherungsproblem; die Innenministerien könnten zuständig sein, zumal auch für die öffentliche Verwaltung dem Bundesminister des Inneren DV-Koordinationsaufgaben, darunter die Schlüsselverteilung, zufielen. Es könnte aber sein, siehe 10.9.2, daß gerade aus Gründen der öffentlichen Sicherheit, die Schlüsselverteilung von der Post übernommen werden müßte.

Hier könnte es also einen Disput über Kompetenzen geben, der zur Zeit eher die Tendenz zeigte, dem jeweils anderen die Kompentenz zuzusprechen. Jedoch wird sich zumindest in Hinblick auf höhere Dienste, wie Teletex, Telefax und Bildschirmtext, schlecht dagegen argumentieren lassen, daß die Post die Schlüsselverteilung dafür und wegen der damit verfügbaren fachlichen Kompentenz auch für die anderen Systeme organisieren sollte. Dabei sollte bedacht werden, daß die Schlüsselverteilungszentrale - wie oben erklärt - möglichst nur aus einem Automat bestehen sollte.

Es fragt sich auch, ob nicht die Fernmeldehoheit des Bundes verletzt wäre, wenn Private ein offenes System betrieben, das sich von einem öffentlichen nur durch den höheren Grad an Sicherheit unterschiede.

Eine explizite neue Rechtsnorm wäre vermutlich die beste Lösung.

10.7 M-Teilnehmer

Wie sich gezeigt hat, muß damit gerechnet werden, daß in neuen Kommunikationssystemen die Teilnehmer nicht gleichartig sind. Bei den herkömmlichen Systemen hat jeder Teilnehmer grundsätzlich den gleichen Zugang zum Dienst; der Fernsprechteilnehmer wählt seine Verbindung und spricht mit seinesgleichen (wenn man von der unbedeutenden Ausnahme der Fernsprechansagedienste absieht); auch beim Fernschreibnetz sind die Endstellen mit gleichartigen Fernschreibgeräten beschaltet. Beim Bildschirmtext-Dienst verhält es sich bereits anders; es gibt drei Arten von Teilnehmern: den normalen Teilnehmer, der an seinem Fernsehgerät bzw Fernsprechanschluß Dienstleistungen entgegennimmt; den Anbieter, der mit andersartigem Gerät, z.B. einem externen Rechner, Dienste leistet; und die Bildschirmtext-Zentrale, die solche Dienste vermittelt. In (Rih) werden diese Teilnehmerarten mit A-Teilnehmer (Anwender), Z-Teilnehmer (Anbieter) und M-Teilnehmer (Mittler) bezeichnet.

Im Verlaufe der hier angestellten Überlegungen hat es sich gezeigt, daß für Kommunikationsdienste, die Verschlüsselung anbieten, M-Teilnehmer notwendig werden. Die Schlüsselverteilungszentrale wäre ein solcher M-Teilnehmer; sie vermittelt den anderen Teilnehmern Kommunikationsmöglichkeiten, indem sie ihnen passende Schlüssel und Authentikatoren beschafft. Neben der Schlüsselverteilungszentrale war aber auch von anderen besonderen Teilnehmern die Rede, die vermittelnde Rollen übernehmen, z.B. dem Netz-Notar, dem Makler-Dienst, der Bildschirmtext-Zentrale. Sie vermitteln, anonymisieren, beglaubigen, versiegeln etc. Diese M-Teilnehmer beteiligen sich an der Kommunikation, nicht um selber Nachrichten auszutauschen und einander auf den gleichen Wissenstand zu bringen; sie fördern die Kommunikation der anderen und bereichern sie um bestimmte Leistungsmerkmale.

Bei einem elektronischen Zahlungssystem - siehe z.B. (Rau) - kann auch die Bank ein M-Teilnehmer sein. Sie vermittelt im Zahlungsverkehr zwischen den beiden Partnern. In der Regel werden es zwei Banken sein, die Bank des Debitors und die des Kreditors.

Solche M-Teilnehmer nehmen die Rolle eines vertrauenswürdigen Dritten wahr, eine Rolle, die bereits im den Datenschutzgesetzen anklingt. Z.B. unterscheidet das Bundesdatenschutzgesetz zwischen Betroffenen, speichernden Stellen und Auftragnehmern der speichernden Stellen (§ 2 Abs.3 BDSG). In einem technischen Kommunikationssystem kann man sich die Betroffenen im wesentlichen als A-Teilnehmer, die speichernden Stellen als Z-Teilnehmer und die Auftragnehmer als M-Teilnehmer vorstellen.

Die Auftragnehmer sind dort, bezogen auf das Verhältnis von Betroffenen und speichernden Stellen, in bestimmter Weise herausgehobene Dritte. Sie arbeiten im Auftrag der speichernden Stelle und sind nur dafür verantwortlich, daß sie ihrem Auftrag korrekt nachkommen, insbesondere die notwendigen Maßnahmen zum Schutze personenbezogener Daten treffen. Sie werden nicht wie (sonstige) Dritte behandelt; eine Weitergabe von Daten an Auftragnehmer ergibt z.B. nicht den Tatbestand einer Übermittlung und braucht nicht die ansonsten dazu geforderten Maßnahmen auszulösen. In diesem Sinne werden sie wie vertrauenswürdige Dritte behandelt.

In neuen Kommunikationssystemen - mit Schlüsselverteilungszentrale, Netz-Notar, Maklerdienst, Bildschirmtext-Zentrale etc - dürfte das Phänomen des vertrauenswürdigen Dritten eine Ausweitung erfahren. Auch Mentoren eines computerunterstützten Unterichtssystems und Forscher oder Statistiker, die für ihre Zwecke auf bestimmte Datenbestände zugreifen, könnten als solche vertrauenswürdige Dritte angesehen werden. Um beim Thema zu bleiben: Der "Vertrauenswürdige Dritte" bzw der M-Teilnehmer sollte - ähnlich wie im BDSG - in Überlegungen zu neuen einschlägigen Rechtsnormen aufgenommen und auch für den Fall der Verschlüsselung in Betracht gezogen werden. Zur Einbettung im Kommunikationssystem siehe auch und 9.3.7.

10.8 Verschlüsselung und Datenschutz

Gemeint ist hier ein Datenschutz in dem Sinne von § 19 (1) Satz 1 BDSG, der sich nicht auf die im Bundesdatenschutzgesetz angegebenen Fälle beschränkt, sondern auch "andere Vorschriften über den Datenschutz" einbezieht, wie es z.B. auch die über das Fernmeldegeheimnis nach Art.10 GG ist.

10.8.1 Datenschutz nach BDSG

Für den Datenschutz ist die Verschlüsselung in erster Linie eine Sicherungsmaßnahme nach § 6 Abs.1 BDSG. Solche Maßnahmen sind nach den Bestimmungen des BDSG mit einem Aufwand zu treffen, der dem Schutzzweck angemessen ist. Es liegt im Ermessen der speichernden Stelle, des Herrn der Daten, den Schutzzweck zu beurteilen und danach den Aufwand zu bestimmen. Bislang hat es zwar noch kaum eine speichernde Stelle für nötig erachtet, personenbezogene Daten zu verschlüsseln, doch kann sich dies aus folgenden Gründen ändern:

Neben den speichernden Stellen gibt es auch die zuständigen Aufsichtsstellen, die zur Datensicherung eine Meinung entwickeln. Sie haben dazu Verwaltungsvorschriften (VWV) erarbeitet und vereinzelt auch Kataloge von Datensicherungsmaßnahmen (BDS), in denen die Datenverschlüsselung als Datensicherungsmaßnahme Eingang gefunden hat. Der Bundesbeauftragte für den Datenschutz empfiehlt zuweilen besonders exponierten speichernden Stellen, personenbezogene Daten zu verschlüsseln (Bul). Diese behandeln in der Regel eine solche Empfehlung wie eine Anweisung, weil sie bei ihrer Erfüllung davon ausgehen können, daß damit der Grund für die Beanstandung beseitigt wird.

Die Datenverschlüsselung wird zwar derzeit noch als eine relativ undifferenzierte, im Aufwand dem Schutzzweck schlecht anzupassende Maßnahme empfunden; man neigt dazu, in ihr das non-plus-ultra zu sehen, sie in ihrer Wirksamkeit hoch anzusetzen und entsprechend auch den Aufwand einzuschätzen. Das dürfte sich mit ihrer Weiterentwicklung ändern. Sollte sich die Datenverschlüsselung in offenen Netzen generell einführen, dürfte sie auch stärker für die Sicherung der Übermittlung personenbezogener Daten eingesetzt werden.

Sie wird dann wohl weniger exklusiv erscheinen aber dennoch undifferenziert eingesetzt werden. Wie sich aus der im Anhang geschilderten Untersuchung ergibt, neigt man in der öffentlichen Verwaltung dazu, bei der Verfügbarkeit der Datenverschlüsselung sämtliche personenbezogenen Daten zu verschlüsseln. Da bei solchen Stellen der öffentlichen Verwaltung die meisten Daten personenbezogen sind, würde es kaum überraschen, wenn sie grundsätzlich alle ihre Daten verschlüsseln würden. Der Datenschutz kann also zumindest in bestimmten Bereichen der öffentlichen Verwaltung dazu führen, daß alle zu übermittelnden Daten verschlüsselt werden. Auch für die private Wirtschaft könnte der Grundsatz von Entscheidungsträgern, sich möglichst alle spontan zu treffende Entscheidungen zu ersparen, dazu führen, lieber alles zu verschlüsseln und alles authentikabel zu haben als nur einen unsicher abgrenzbaren Teil.

Hier stellt sich auch die Frage, inwieweit die Bundespost ihre Transportnetze so sicher machen sollte, daß sie den Datenschutzanforderungen genügen, daß die Kommunikationsteilnehmer ohne Verletzung ihrer Datensicherungspflichten - etwa nach § 6 Abs.1 BDSG - personenbezogene Daten dem System überantworten können. Wie die Untersuchung (siehe Anhang) ergeben hat, legen die Postkunden Wert auf eine Verschlüsselung unsicherer Teilstrecken durch die Post. In diesem Sinne sollte also die Post technische Vorkehrungen zur Sicherung des Fernsprechgeheimnisses treffen. Es wird aber auch die Ansicht vertreten, daß die Verschlüsselung sich nach der Sensitivität der übertragenen Daten richten und deshalb im Entscheidungsbereich des Anwenders belassen bleiben sollte. Diese Meinung wird derzeit insbesondere auch von der Post selbst vertreten.

10.8.2 Fernmeldegeheimnis

Fernmeldegeheimnis und Datenverschlüsselung haben ein gemeinsames Ziel: Sie wollen eine unbefugte Kenntnisnahme bzw Weitergabe von Daten verhindern. Die Datenverschlüsseluung ist eine technische Maßnahme. Die Bestimmungen zum Fernmeldegeheimnis sind eine Rechtsnorm.

Die Rechtsnorm ist notwendig geworden, weil in historischen und derzeitigen Kommunikationssystemen eine Kenntisnahme - sei sie zufällig oder beabsichtigt unbefugt - technisch möglich ist. Als Rechtsnorm, die auch Sanktionen vorsieht, verändert sie die Interessen der potentiellen Mißbrauchstäter dergestalt, daß ihnen eine solche Kenntnisnahme unattraktiv erscheint und sie deshalb davon absehen.

Die Sicherungsmaßnahme soll einen Mißbrauch nicht nur unattraktiv sondern unmöglich machen. Sofern ein solcher Mißbrauch in der Tat unmöglich wird, wird die Rechtsnorm an dieser Stelle überflüssig, wenn auch nicht schädlich. Auch hier ergibt sich aus der Verschlüsselung nicht nur ein Sicherheitszuwachs sondern auch ein Zuwachs an Nachweisqualität; wenn z.B. ein Postbediensteter keine unter das Fernmeldegeheimnis fallende Information zur Kenntnis nehmen kann, kann er es auch sehr glaubhaft machen, daß er das Fernmeldegeheimnis nicht verletzt hat.

Wenn auch kein Grund besteht, das Fernmeldegeheimnis aufzuheben, sollte doch die Datenverschlüsselung in Bezug auf dieses rechtlich gewürdigt werden.

10.9 Öffentliche Sicherheit

Auf Kommunikationssysteme bezogene Belange der öffentlichen Sicherheit können gegensätzlicher Natur sein, wird ja die Sicherheit nicht von der Kommunikation sondern von Personen gefährdet, die sich die Kommunikation zunutze machen. Solche Personen können einesteils subversiv tätig werden, indem sie z.B. bestimmte Nachrichten abhören. Sie können aber auch als reguläre Teilnehmer subversiv agieren; dann wird man den Sicherheitsbehörden ein Abhören bestimmter Personen ermöglichen wollen.

10.9.1 Sicherheit der Kommunikation

Die Datenverschlüsselung trägt als eine Maßnahme zur Erhöhung der Sicherheit von Kommunikationssystemen zweifellos auch zur Erhöhung der allgemeinen öffentlichen Sicherheit bei. Sie soll ja Mißbrauch verhindern. Sie ist aber, wie schon des öfteren ausgeführt, keine eigentliche Sicherungsmaßnahme; sie verlagert nur ein Sicherungsproblem in einen leichter zu sichernden Bereich. Die Sicherung dieses Bereichs erspart sie keineswegs.

Das führt z.B. dazu, daß mit der Schlüsselverteilungszentrale eine neue Einrichtung geschaffen werden muß, die einer intensiven Sicherung bedarf. Zwar erreicht man damit, daß die Sicherheit der Schlüsselverteilungszentrale den Sicherheitsstandard des gesamten Kommunikationssystems bestimmt bzw heraufsetzt; sie bleibt aber trotzdem ein Problem der öffentlichen Sicherheit. Wenn vergleichsweise ein zu sicherndes Grundstück mit einer unüberwindbaren Mauer umgeben wird, muß man doch ein Tor vorsehen, durch das man in das Grundstück gelangen kann. Das Tor bietet ein Sicherungsproblem. Man würde aber wohl das Verhältnis von Nutzen und Risiko verkennen, wenn man deshalb das Tor oder gar die ganze Mauer ablehnte.

Das analoge Argument, daß eine Schlüsselverteilungszentrale ein Risiko und deshalb abzulehnen sei, hört man allerdings häufig. Die Alternative, welche dieses Argument anzubieten hat, ist vergleichsweise die, auf Tor und Mauer zu verzichten, nicht das gesamte Grundstück sondern nur gefährdete Objekte darin zu sichern. In Bezug auf die Datenverschlüsselung bedeutet dies, daß demnach von einer Sicherung des Kommunikationssystems abgesehen werden und es den einzelnen Teilnehmern überlassen bleiben solle, ihre Kommunikation selbst zu sichern. Damit stellt sich das Argument keineswegs als absurd heraus, aber das Vorhaben, ein offenes Kommunikationssystem hinsichtlich der Vertraulichkeit und Nachweisbarkeit der übermittelten Informationen zu sichern, wäre damit als unnötig oder gar als gefährlich abgelehnt.

Der Verfasser zweifelt nicht daran, daß die Einbettung der Verschlüsselung in offene Kommunikationssysteme unter Berücksichtigung von Nutzen und Risiken neben einem größeren allgemeinen Gebrauchswert auch einen deutlichen Sicherheitszuwachs bringt. Wer immer sich durch die von der Schlüsselverteilungszentrale ausgehenden Gefahr bedroht fühlte, hätte so und so die Möglichkeit, seine Objekte einzeln zu sichern. Der Sicherheitszuwachs wäre in diesem Sinne kaum gemindert. Er muß aber für seine juristische Beurteilung wenn nicht quantifizierbar dann doch wenigstens in anderer Weise konkonkretisierbar gemacht werden.

10.9.2 Gesetzliche Einschränkungen des Fernmeldegeheimnisses

Die öffentliche Sicherheit wird von der Datenverschlüsselung auch in einer anderen Weise berührt:

Die Strafprozeßordnung (§ 100 StPO) bestimmt, daß der Richter und, bei Gefahr im Verzuge, auch der Staatsanwalt die "Überwachung und die Aufnahme des Fernmeldeverkehrs auf Tonträger" anordnen können. "Auf Grund der Anordnung hat die Deutsche Bundespost dem Richter, dem Staatsanwalt und ihren im Polizeidienst tätigen Hilfsbeamten das Abhören des Fernsprechverkehrs und das Mitlesen des Fernschreibverkehrs zu ermöglichen", § 100b (3) StPO.

Das Gesetz zu Art.10 Grundgesetz G 10 berechtigt unter bestimmten Voraussetzungen die Verfassungsschutzbehörden des Bundes und der Länder, das Amt für Sicherheit der Bundeswehr und den Bundesnachrichtendienst dazu, dem Brief-Post und Fernmeldegeheimnis unterliegende Sendungen zu öffnen und einzusehen, sowie den Fernschreibverkehr mitzulesen, den Fernmeldeverkehr abzuhören und auf Tonträger aufzunehmen, Art.1 § 1 (1) G 10.

Grundsätzlich ist auch möglich, daß es der Gesetzgeber bei neuen leistungsfähigen grenzübergreifenden Kommunikationssystemen (etwa analog zu den Bestimmungen des Gesetzes zur Überwachung strafrechtlicher und anderer Verbringungsverbote vom 24. 05. 1961 mit Änderungen vom 24. 05. 1968 und vom 27. 02. 1974) bestimmten Stellen gestatten möchte, in besonderen Fällen übermittelte Nachrichten einzusehen.

Wird z.B. der Fernschreibverkehr zu Konzelationszwecken verschlüsselt, dann werden damit die oben genannten Stellen an der Ausübung dieses Rechts gehindert. Insofern würde eine Datenverschlüsselung mit dieser Bestimmung kollidieren, es sei denn, daß die Deutsche Bundespost in der Lage ist, den berechtigten Stelle das Mitlesen des Fernschreibverkehrs zu ermöglichen. Das ist sie aber nur dann, wenn sie über den Schlüssel verfügt, mit dem das Fernschreiben konzeliert ist. Soll also den oben zitierten Bestimmungen genügt werden, dann müßte die Post die Schlüsselverteilung im Zugriff haben, was praktisch darauf hinausliefe, daß sie von ihr voll besorgt wird. Anderenfalls könnte die Post ihren diesbezüglichen Pflichten nicht nachkommen.

Aus dem Umstand, daß sich die Bestimmung über die Auskunftspflicht an die Post richtet, läßt sich ableiten, daß der Gesetzgeber keine andere Stelle (z.B. keine private) für diese Aufgabe vorsieht. Man kann daraus auch folgern, daß es die Post nicht zulassen könnte, daß private Stellen die Schlüsselverteilung übernehmen oder daß die Teilnehmer ohne eine organisierte Schlüsselverteilung individuell und für die o.e. Stellen nicht mitlesbar verschlüsseln.

Es wird auch kaum daran zu zweifeln sein, daß die Post bei ihren Fernschreibdiensten gegebenenfalls die Schlüsselverteilung vornimmt. Das "gegebenenfalls" könnte sich zu einem "jedenfalls" wandeln, wenn z.B. den Teletex-Teilnehmern grundsätzlich verschlüsselter Verkehr ermöglicht werden sollte; wie sonst könnte die Post bei diesem Dienst ihrer Pflicht nach StPO und G 10 nachkommen?

Denkt man an höhere Kommunikationssysteme, z.B. offene Computernetze, erscheint die Schlüsselverteilung durch die Post zunächst nicht als die einzige Möglichkeit. Sollen aber die Bestimmungen der StPO und des G 10 dem Sinne nach angewendet werden, dann stellen sich die gleichen Forderungen wie bei den Fernschreibdiensten. Zwar gilt dies nur bezüglich der Konzelation; grundsätzlich braucht es die Sicherheitsbehörden nicht zu stören, wenn Teilnehmer etwa dem übermittelten Klartext einen verkürzten (verschlüsselten) Authentikator anhängen. Was aber, wenn zum Klartext ein anderer Schlüsseltext an Stelle von dessen Authentikator übertragen wird? Dies ließe sich auch nicht mit der Versiegelung von Verschlüsselungseinheiten verhindern. Die durch das Gesetz berechtigten Stellen könnten mit guten Grund darauf bestehen, auch die Authentikationsschlüssel mitgeteilt zu bekommen.

Dies alles spricht dafür, daß eine Schlüsselverteilung

- grundsätzlich zentral durchgeführt und
- von der Post als der nach § 100 StPO und Art.1 § 2 (2) G 10 verpflichteten Stelle vorgenommen werden muß.

In den Fällen, die dies erfordern, müßte die Post der im Einzelfall berechtigten Behörde den gesuchten Schlüssel oder den entschlüsselten Klartext mitteilen. Sinnvollerweise wird der Schlüssel mitzuteilen sein, denn die Post selbst braucht ja nicht mit den Bestimmungen zum Fernmeldegeheimnis in Konflikt zu kommen; sie sollte keineswegs eine reguläre Möglichkeit haben, eine verschlüsselte Nachricht samt Initialisierungsvektor registrieren und entschlüsseln zu können.

Die Post würde mit der Schlüsselverteilung sowohl für die Sicherheitsbedürfnisses ihrer Kunden als auch indirekt für die "Sicherheit der freiheitlich demokratischen Grundordnung, des Bundes oder eines Landes einschließlich der in der Bundesrepublik Deutschland stationierten Truppen der nichtdeutschen Vertragsstaaten des Nordaltlantik oder der im Land Berlin anwesenden Truppen einer der Drei Mächte" sorgen. Der einzelne Teilnehmer muß, wie auch sonst, zugunsten der öffentlichen Sicherheit auf etwas private Sicherheit verzichten.

Allerdings ist es mit einer Schlüsselbereitstellung allein nicht getan. Auch der Initialisierungsvektor kann nicht beliebig gewählt werden. Er ist bei den DEA1-Modi eine beliebige Binärzahl von 64 bit, wird von der sendenden Station gewählt und für die Verschlüsselung verwendet. Entsprechend ist er auch für die Entschlüsselung erforderlich und muß deshalb dem Empfänger im Klartext mitgeteilt werden. Dies erfolgt regulär zu Beginn der Session vor der Übertragung der verschlüsselten Nachricht. Wer also die Session mitschreibt, erfaßt damit auch den Initialisierungsvektor. Zur Entschlüsselung fehlt dann nur der Schlüssel.

Die Übertragung des Initialisierungsvektors ist aber nur bei der ersten Session notwendig, die zwei Teilnehmer miteinander führen. Sie können z.B. auch vereinbaren, jeweils die letzten 64 bit des Schlüsseltexts als Initialisierungsvektor zur Ver- bzw Entschlüsselung der nächsten Nachricht zu verwenden. Damit hätten sie sogar eine (zusätzliche) Möglichkeit zu prüfen, ob nicht eine Nachricht verloren wurde. In einem solchen Fall müßte also die zum Mitlesen berechtigte Sicherheitsbehörde auch die vorangegangene Nachricht im Schlüsseltext erfassen.

Die Teilnehmer könnten aber auch vereinbaren, den Klartext der letzten Nachricht für den Initialisierungsvektor zu verwenden. Dann würde sich das Problem für die Sicherheitsbehörde beliebig weit in die Vergangenheit perpetuieren; sie müßte von der Schlüsselverteilungszentrale im Extremfall sämtliche bereits angefallenen Sessionsschlüssel und die Schlüsseltexte der beiden Teilnehmer anfordern. D.h. die Post müßte Sessionsschlüssel und Schlüsseltexte dokumentieren, und das auf Verdacht hin bezüglich aller Teilnehmer.

Das ergäbe ein höchst unhandliches und unsicheres System. Wenn also den Sicherheitsbehörden die Möglichkeit erhalten bleiben soll, übertragene Nachrichten in Sonderfällen zu entschlüsseln, dann kann man die Wahl des Initialisierungsvektors nicht dem Teilnehmer überlassen. Er muß, wie oben geschildert, im Klartext übertragen werden, wobei das Kommunikationssystem an Sicherheit einbüßt - naturgemäß, denn schließlich soll ja ein Dritter die Möglichkeit zum Mitschreiben erhalten.

Mit asymmetrischen Verfahren würde sich eine entsprechende Befriedigung der nach StPO oder G10 Berechtigten nur sehr kostspielig sicherstellen lassen. Aus wirtschaftlichen Gründen wird man nicht für jede Session einen besonderen Schlüssel generieren wollen; mit der Preisgabe des geheimen Schlüssels würde dann nicht nur eine einzige sondern alle bis dahin mit ihm konzelierten Nachrichten preisgegeben werden; wenn dies nicht auch die künftigen Nachrichten betreffen soll, muß der geheime Schlüssel ersetzt werden, woraus der Betroffene unmittelbar schließen könnte, daß er abgehört wurde. Ein besonderer Vorteil asymmetrischer Verfahren, daß nämlich die geheimen Schlüssel nicht in der Authentikationszentrale gespeichert zu werden brauchen, müßte aufgegeben werden.

Allerdings ändert sich die Situation, wenn man grundsätzlich nicht konzelieren ,sondern nur authentizieren will. Mit asymmetrischen Verfahren lassen sich Konzelation und Authentikation gut trennen. Man muß nur verhindern, daß öffentliche Schlüssel auf Klartexte oder geheime Schlüssel auf Schlüsseltexte angewendet werden. Jeder - einschließlich der nach StPO und G10 Berechtigten - kann dann einen solchen Schlüsseltext mit Hilfe des öffentlichen Schlüssels in Klartext überführen. Mit symmetrischen Verfahren ist dies nicht möglich; der Nachweisschlüssel kann nicht öffentlich gehalten werden; jeder Schlüsseltext ist damit auch konzeliert. Allerdings würde eine solche Beschränkung auch für asymmetrische Verfahren eine Versiegelung des Verschlüsselungseinheit erfordern.

Eine an die öffentliche Verschlüsselung angepaßte Strafprozeßordnung und ein entsprechend angepaßtes G10-Gesetz könnten für die Konzelation in offenen Kommunikationssystemen eine schwere Hürde sein. Konnte es bislang von denjenigen, die den Persönlichkeitsrechten Vorrang vor der staatlichen Sicherheit geben, hingenommen werden, daß die ohnedies ungesicherte Kommunikation unter bestimmten Umständen abgehört bzw mitgeschrieben werden kann, wird dies eventuell nicht hingenommen, wenn die Verschlüsselung dem Bürger das Gefühl der Sicherheit und Vertraulichkeit vermittelt. Der Gesetzgeber hat versucht, die Minderung der Vertraulichkeit auf das notwendige Minimum zu beschränken. Mit der Verschlüsselung wird sich ein anderes solches Minimum ergeben, über das man sich bereits vor ihrer Einführung Gedanken machen sollte. Danach könnte es zu spät sein. Macht man es den Sicherheitsbehörden zu schwer, könnte man sie dazu zwingen, in der Verfolgung ihrer pflichtgemäßen Aufgaben undifferenzierter vorzugehen und damit unnötigerweise die Privatheit unverdächtiger Kommunikation einzuschränken.

Man kann zwar beschwichtigend ins Feld führen, daß es auch derzeit möglich ist, den Sicherheitsbehörden ein Schnippchen zu schlagen, indem man z.B. einen Fernschreibtext dem Kommunikationssystem bereits verschlüsselt übergibt. Auch im Fernsprechnetz werden auch derzeit mancherorts verschlüsselte Daten übertragen. Die Post könnte dort zwar ihrer Verpflichtung nachkommen, indem sie etwa das Mitschreiben ermöglichte; jedoch könnte die Sicherheitsbehörde (bei qualifizierter Verschlüsselung) bestenfalls feststellen, daß verschlüsselt übertragen wird. Hier handelt es sich allerdings nicht um den Regelfall; offensichtlich konnte bislang auf eine Anpassung der gesetzlichen Bestimmungen verzichtet werden. Ob dies aber so bleiben kann, wenn grundsätzlich verschlüsselt wird, ist fraglich.

Man mag sich aber fragen, ob es wirklich die Konzelation ist, die man mit der Verschlüsselung erreichen möchte, oder ob man sich nicht damit begnügen könnte, daß für die Authentikation gesorgt ist, daß man ein unterschriftssicheres Kommunikationsmedium hat, in dem Verträge geschlossen werden können. Dann würde ein asymmetrisches Verfahren den Vorteil bieten,. daß man mit ihm Konzelation und Authentikation trennen bzw die Authentikation zulassen und die Konzelation im Regelfall verhindern und in Ausnahmefällen ermöglichen kann.

10.10 Haftungsrechtliche Fragen

Die heutigen technischen Kommunikationssysteme sind in der Hinsicht unsicher, daß man ein Mithören durch einen Unbefugten oder eine Täuschung eines Kommunikationspartners durch den anderen über dessen Identität nicht ausschließen kann. Vergleichsweise: Das Mithören eines Ferngesprächs kann nicht nur zufällig, etwa durch Übersprechen zwischen Übertragungskanälen, auftreten; einem technisch sachkundigen Unbefugten bereitet es keine großen Schwierigkeiten, ein solches Gespräch gezielt abzuhören oder aufzuzeichnen.

Ähnliche Unsicherheiten gibt es auch dort, wo der menschliche Teilnehmer mit einem technischen System kommuniziert, das von seinen Betreibern für eine solche Kommunikation programmiert worden ist, etwa eines, das für mehrere Banken eine Reihe von Geldausgabeautomaten bedient.

Die Datenverschlüsselung erhebt den Anspruch darauf und vermittelt den Anschein, gegen solche Gefahren wirksam zu schützen. Diesbezügliche Dienstleistungen würden aus diesem Grunde ihren Preis finden. Mit dem damit verbundenen Anspruch auf Leistung, verbindet sich auch einer auf Schadensersatz für Fehlleistungen oder Leistungsausfall. Hier stellt sich also die Frage nach der Art der Schäden, die einem Beteiligten entstehen können und nach der Art der Haftung für solche Schäden. Insbesondere interessieren Schäden, die durch besondere Einrichtungen und Maßnahmen der Datenverschlüsselung entstehen, wie z.B. durch den Verlust eines Schlüssels und dessen Mißbrauch, durch Fehlfunktion oder Korruption der Schlüsselverteilungszentrale, aber auch durch Fehler des Notars, die entweder auf sein eigenes Fehlverhalten oder auf Fehlfunktion seiner Teilnehmerendeinrichtung zurückzuführen sind.

Hier werden Fälle privatrechtlicher Art und solche der Staatshaftung zu unterscheiden sein. Führt der Verlust des Schlüssels eines Privaten zum Schaden, wird der Fall privatrechtlich zu beurteilen sein. In den o.e. Fällen handelt es sich jedoch um Fragen der Staatshaftung, wenn neben dem Notar auch die Schlüsselverteilungszentrale eine im staatlichen Verantwortungsbereich liegende öffentliche Funktion ausführt.

Wenn man sich die hier geschilderte Problematik der Einbettung ins Rechtssystem überlegt, ist man beunruhigt: Tut man in dieser Hinsicht nichts, ist die Gefahr groß, daß die Entwicklung in Sackgassen läuft. Läuft sie in Sackgassen, dann braucht man sich an den Handelsbrauch haltend nicht viel zu tun. Etwas zu tun, erfordert aber, daß man der Entwicklung vorgreift, fordert also einen riskanten Sprung ins Unbekannte. Der Weg in die Sackgasse liegt aber vor der Tür; ihr Ende bietet stets einem sehr stabilen Zustand. Im Falle der Verschlüsselung wäre dies der, daß sich dem offenen Kommunikationssystem geschlossene überlagern, zwischen denen ein verschlüsselter Verkehr nicht möglich ist. Jedes dieser geschlossenen Systeme wäre ein weitgehend geschlossener Markt für seinen Betreiber. Der Wettbewerb wäre stark reduziert und damit letzten endes auch der Wille, Besseres zu entwickeln. Eben dieses macht die Stabilität des Sackgassenendes aus. Es wäre zwar kein großes Unglück für die Menschheit aber viel weniger noch ein Glück.

11. Literatur

11.1 Zitate

{AFN} AFNOR, French contribution: Use of an asymmetric system for payment cards authentication, ISO/TC97/WG1, Februar 1982

{BDS} Bayerischer Koordinierungsausschuß, Katalog der technischen und organisatorischen Eigenschaften zum Datenschutz gem. § 6 BDSG bzw Art.15 BayDSG, Bayerischer Datenschutzbeauftragter

{Bau} Bauer, F.L., Kryptologie - Verfahren und Maximen, Informatik Spektrum 5/2 Juli 1982

{Bit} Bitzer, W., persönliche Mitteilung, Juni 1981

{BPo} Deutche Bundespost, Bildschirmtext - Beschreibung und Anwendungsmöglichkeiten, Bundesminister für das Post- und Fernmeldewesen, Bonn 1977

{Bra} Branstad, D.K., Security of computer communication, IEEE Communication Society Magazin, Special Issue on Communications Privacy, November 1978, SS.33-40

{BRH} Bundesrechnungshof, Bemerkungen des Bundesrechnungshofs zur Bundeshaushaltrechnung für das Haushaltjahr 1980, Bundestagsdrucksache 9/2108, 16. 11. 1982

{Bu1} Bundesbeauftragter für den Datenschutz, Vierter Tätigkeitsbericht des Bundesbeauftragten für den Datenschutz, Bonn, Dezember 1981

{Bur} Burkhardt H.-J., persönliche Mitteilung, August 1981

{Dav 1} Davies, D.W., Price, W.L., A protocol for secure communication, National Physical Laboratory, NPL Report NACS 21/79, November 1979

{Dav 2} Davies, D.W., Teletex with encryption and signature facilities, National Physical Laboratory, Teddington, England, 1981

{DES} Federal Information Processing Standards Publication 46, Data encryption standard, FIPS PUB 46, Januar 1977

Federal Information Processing Standards Publication 74, Guidelines for implementing and using the NBS data encryption standard, FIPS PUB 74, April 1981

Federal Information Processing Standards Publication 81, DES Modes of Operation, FIPS PUB 81, Dezember 1989

{Dif} Diffie, W., Hellman, M.E., New directions in cryptography, Trans IEEE Inf.Theory, IT-22, November 1976, SS.644-654

{DIN 1} Deutsche Normen DIN 19226, Beuth-Verlag Berlin

{DIN 2} Deutsche Normen DIN 66221, Bitorientierte Steuerungsverfahren zur Datenübermittlung, HDLC, Aufbau des Datenübertragungsblocks

{Dow} Downey, P.J., Multics security evaluation, Vol.III, Password and file encryption techniques, Springfield Va. Juni 1977

{ECE} United Nations, Economic Commisssion for Europe, Authentication of trade documents by means other than signature, Recommendation No.14 adopted by the Working Party on Facilitation of International Trade Procedures, Genf März 1979

{EHK1} Hrsg. Bundesministerium des Innern, Einheitliche höhere Kommunikationsprotokolle, Schicht 4, Vieweg, Braunschweig 1983

{EHK2} Hrsg. Bundesministerium des Innern, Einheitliche höhere Kommunikationsprotokolle, Schichten 5 und 6, Vieweg, Braunschweig 1983

{Eva} Evans, A., Kantrowitz, W., Weiss, E., A user authentication scheme not requiring secrecy in the computer, Comm ACM, August 1974, SS.437-442

{Eve} Everton J.K., Public key cryptography, digital signatures and authentication via encryption key management, to be published in the Proceedings of the International Conference on Computer Communication, Oktober 1980

{Fak} Fak, V., Loops as building blocks for computer one-way functions, Linköping University, Mai 1979

{Gui} Guillou, L., Lorig, B., The impact of cryptography in the design of data services, Proc. 4th ICCC, Kyoto, sept. 1978

{Hel} Hellman, M. E., How secure should commercial encryption be?, Vortrag Computer Conference 2/82, San Franzisko

{IBM} IBM Systems Network Architecture - Allgemeine Information, IBM Form GA12-2137-0, 1975

{ISO 1} ISO Draft Proposal ISO/DP 7498, Dezember 1980

ISO/TC97/SC16, American National Standards Institute, Computer Networks 5, 1981, SS.81-118

{ISO 2} ISO/TC97/WG1 N14, Data Encipherment Algorithm, 1981

{Jar} desJardins, R., Overview and status of the ISO reference model of open system interconnection, Comp. Networks 5, 77-80, 1981

{Ker} Der Berliner Datenschutzbeauftragte, Jahresbericht 1981, Abgeordnetenhaus von Berlin, DS 9/248, Kulturbuchverl. Berlin

{Kli} Kline, C.S., Popek, G.J., Public key vs. conventional key encryption, Proc AFIPS-NCC 1979, SS.831-837

{Köh} Köhn, G.-P., Verbraucherbank AG, Hamburg, Vortrag am 30. 04. 1981, Nürnberg

{Kon} Konheim, A.G, A one-way sequence for transaction verification, Research Report RC 9147 (Nr.40034) 11/24/81, IBM Research Division

{LBW} Entwurf für ein Gesetz über neue Medien - Landesmediengesetz Baden-Württemberg 16. 03. 1982, Stuttgart

{Len} Lennon, R,E., Cryptography architecture for information security, IBM Systems Journal, Vol. 17/2, 1978

{Lip} Lipton, M., Matyas, S.M., Making the digital signature legal and safeguarded, Data Communications, 41-52 Februar 1978,

{LMM} Lennon, R.E., Matyas, S.M., Meyer, C.H., Applying cryptography to electronic funds transfer systems - personal identification numbers and personal keys, TR 21.830, System Products Division Kingston, N.Y. 1982

{Loe} Aufgabenbeschreibung zu einem Forschungsvorhaben "Wechselwirkungen zwischen Recht und Technik der Datenverschlüsselung in Kommunikationssystemen" Juli 1982, unveröffentlicht

{Mat} Matyas, S.M., Meyer, C.H., Generation, distribution and installation of cryptographic keys, IBM Syst.Journal, 17/2/1978 126-137

{Mer} Merkle, R.C., Hellman, M.E., Hiding information and signatures in trap-door knapsacks, Trans IEEE Inf.Theory, IT-24, September 1978, SS.525-530

{Mey 1} Meyer, C.H., persönliche Mitteilung, November 1980

{Mey 2} Meyer, C.H., Matyas, S.M., Cryptography: A new dimension in computer data security, John Wiley, New York 1982

{Mon} Monopolkommission gemäß § 24 b Abs. 5 Satz 4 GWB, Die Rolle der Deutschen Bundespost im Fernmeldewesen, Sondergutachten, Februar 1981

{Nee} Needham, R.M., Schroeder, M.D, Using encryption for authentication in large networks of computers, Comm ACM, 21/12 Dezember 1978

{Nel} Nelson, J., Implementation of encryption in an "open systems" archticture, Computer Networking Symposium, US National Bureau of Standards, Gaithersburg,Maryland, Dezember 1979

{NI} Normenausschuß Informationsverarbeitung, Einordnung der Datenverschlüsselung in das Referenz-Modell, NI-16.1 / 93-81

{Ong} Ong H., Schnorr C.P., Signatures through approximate representations by quadratic forms, unveröfentlicht, August 1983

{Poh} Pohlig, S.C., Algebraic and combinatoric aspects of cryptology, Stanford, Oktober 1977

{Pon} du Pontavice, E., Automatic data processing and foreign trade documents, UN Economic and Social Council, Economic Commisssion for Europe, TRADE/WP.4/R.116, August 1980

{Pow} Powers, S.A., Schanning, B.P., Kowalchuck, J., Memo: An application of secret cryptography and public key distribution Proceedings of the IEEE Computer Society's Fourth International Computer Software & Application Conference, 1980

{Rab} Rabin, M.O., Digitalized Signatures, in Foundations of secure computation, Academic Press, Copyright 1978

{Rau} Raubold, E., Project proposal OSIS "Open shops for information services", Gesellschaft für Mathematik und Datenverarbeitung GMD - IFV, Darmstadt, 25. 02. 1982

{Rih1} Rihaczek, K., Datenschutz und Kommunikationssysteme, Vieweg Braunschweig 1981

{Rih2} Rihaczek, K., OSIS - Open shops for information services, DuD 2/83 1983

{Riv} Rivest, R.L., Shamir, A., Adleman, L., A method of obtaining digitial signatures and public-key cryptosystems, Comm ACM, Februar 1978, SS. 120-128

{Rys} Ryska, N., Herda S., Kryptographische Verfahren in der Datenverarbeitung, Berlin 1980

{SÄK} SÄKdata, Sealing electronic money in Sweden, Ingeniörscentrum, 191 78 Sollentuna, 1982

{Sen} Sender, J., Bildschirmtext im Rechnerverbund, IBM Nachrichten, Dezember 1982

{Sha} Shannon, C.E., Communication theory of secrecy systems, Bell Systems Technical Journal, 28, 1949, SS.657-715

{Shm} Shamir, A., A polynomial time algorithm for breaking Merkle-Hellman cryptosystems, Research announcement - preliminary draft 20. 04. 1982, The Weizmann Institute, Rehovot, Israel

{Smi} Smid, M.E., A key notarization system for computer networks, National Bureau of Standards, Spec. Publ., SS.500-554, 1980

{SWI} SWIFT Society for Worldwide Interbank Financial Telecommunication 1980

{Tur} Turbat, A., Security aspects in a chipcard payment system, Chipcard News No 5, INTAMIC Paris April 1983

{VWV} u.a. Bergmann, L., Möhrle, R., Datenschutzrecht Teil IV, Länderverwaltungsvorschriften zum Bundesdatenschutzgesetz, Richard Boorberg Verlag, Stuttgart

{Wil} Wilkes, M.V., Time sharing computer systems, Amsterdam 1978

11.2 Weitere benützte Literatur

Bitzer, W., Bornemann, H., vor der Brück, H., Goldenbohm, W., Stachowitsch, A. — Datensicherung durch Chiffrierung (Verschlüsselung), GDD - Dokumentation No. 20, August 1979

Davies, D.W., Bell, D.A. — Protection of data by cryptography, Information Privacy, 2/3, May 1980

Diffie, W., Hellman, M.E. — Privacy and authentication: an introductrion to cryptography, Proc IEEE V. 67, No.3, März 1979

Diffie, W., Hellman, M.E. — Multiuser cryptographic techniques, AFIPS-Conference Proceedings. V 45, SS. 109-112

Lagger, H., Müller-Schloer, Unterberger H. — Sicherheitsaspekte in rechnergesteuerten Kommunikationssystemen, Elektronische Rechenanlagen, 1980 Heft 6

Lorig, B., Guillou, L. — New services on public data networks and the quality of life, Proceedings of the fourth international conference on computer communication, Kyoto September 1978

Price, W.L. — Encryption in computer networks and message systems, International Symposium on Computer Message Systems, IFIP TC-6, April 1981

Rihaczek, K. — Datenverschlüsselung ohne Vorurteile, Datenschutz und Datensicherung, Heft 3/1981

Rihaczek, K. — Authentikation in Kommunikationssystemen mit Hilfe der Verschlüsselung, Datenschutz und Datensicherung, Heft 2/1982

Wiesner, B. — Der Schutz von Daten in Computersystemen ist durch Kryptographie allein nicht gewährleistet, Datenschutz und Datensicherung, Heft 4/1981

ANLAGE

AUSWERTUNG EINER FRAGEBOGENAKTION ZU DEN BEDÜRFNISSEN FÜR DATENVERSCHLÜSSELUNG

0. ABSTRAKT: WICHTIGE ERKENNTNISSE

Eine allgemeine Beurteilung der Umfrageergebnisse führt zu dem Eindruck, daß die Zielgruppe in erster Linie Wert auf die Belange der technisch-organisatorischen Sicherheit legt. In zweiter Linie sind es rechtliche Aspekte wie der der Nachweisbarkeit.

Die Verschlüsselung wird nicht etwa dem Klischee folgend allein als Mittel zur Verheimlichung von Informationen angesehen. Die Befragten bewerteten z.B. das Sicherstellen, daß der richtige Empfänger die Nachricht erhält (2,8), und den Nachweis, daß der tatsächliche Kommunikationspartner mit dem identisch ist, der er zu sein vorgibt (2,6), höher als das Verbergen des Inhalts der Nachricht vor Dritten (2,5).

```
                                 0       1       2       3
                                 I       I       I       I
Zustellsicherheit                MMMMM 2,8 MMMMMMMMMMMMMMMMMM
Prüfung Partneridentität         MMMMM 2,6 MMMMMMMMMMMMMMMM
Unkenntlichkeit der Nachricht    MMMMM 2,5 MMMMMMMMMMMMMMM
Disputable Unterschrift          MMMMM 2,1 MMMMMMMMMMM
Zustellungsurkunde               MMMMM 2,0 MMMMMMMMMM
Nachweis Eingriffe Dritter       MMMMM 1,8 MMMMMMMM
```

(Siehe 2.2.2 Frage 2.2)

Diese Bewertung mag damit zusammenhängen, daß sich die Gruppe im wesentlichen aus Datenverarbeitern und Organisatoren zusammensetzte; das war unvermeidlich; eine andere Zusammensetzung hätte kaum den erforderlichen Sachverstand sichergestellt.

Der überwiegende Teil der Befragten hält die Verschlüsselung nicht nur für nützlich sondern auch für notwendig.

```
                               0          1          2          3
                               I          I          I          I
notwendig                      MMMMMMMMMMMMMMMMMMMM  2,0

nützlich                       MMMMMMMMMMM           1,1

für den Partner notwendig      MMMMM                 0,5

nicht notwendig                M                     0,1

nachteilig                     M                     0,1
```

(Siehe 2.2.11, Frage 11.1)

Allerdings muß auch hier bedacht werden, daß die Zielgruppe mit der Absicht ausgesucht wurde, Gesprächspartner zu finden, die einen Bedarf für Verschlüsselung haben könnten. Insofern kann man aus dem hier gefundenen Grad an Interesse nicht etwa auf den des gesamten Datenverarbeitungsmarkts schließen. Ferner ist zu berücksichtigen, daß nicht nach dem derzeitigen Bedarf gefragt wurde sondern nach den Bedürfnissen von etwa 1985 und später. Das macht die Antworten einerseits unsicherer, als wenn man nach ersterem gefragt hätte; andererseits kann man aber auf Grund der Erfahrungen auf dem Gebiet der technischen Innovation annehmen, daß sich das Interesse erhöhen wird und daß aus diesem Grunde die relativ stark interessierte Zielgruppe gar nicht so unrepräsentativ ist.

Aus dem Vorrang, der der technischen Sicherheit gegeben wird, kann man schließen, daß es vor allem unmittelbare sachliche Gründe sind, die eine Verschlüsselung als erforderlich erscheinen lassen. Bei der öffentlichen Verwaltung will man sich freilich an Rechtsbestimmungen halten, die eine Verschlüsselung gegebenenfalls verlangen werden. Die Bestimmungen der Datenschutzgesetze werden zwar häufig als Grund für die Verschlüsselung personenbezogener Daten angeführt aber nicht als zwingend für ihre Anwendung aufgefaßt. Eine praktische Ausnahme bilden die Fälle, in denen der Bundesbeauftragte für den Datenschutz entsprechende Auflagen machte - etwa bezüglich der Verschlüsselung von personenbezogenen Daten im Berlin-Verkehr. Man rechnet mit einer Zunahme solcher und ähnlicher Auflagen.

Bezüglich der Antwort auf die Menge der zu verschlüsselnden Daten, zeichnen sich zwei Gruppen ab:

```
Anteil ver-                 Anteil der Befragten
schlüsselter
Daten          0%        10%       20%       30%       40%       50%
               I         I         I         I         I         I
0%  -  25%      MMMMMMMMMMMMMMMMMMMMMMMMMMMMMMMMMMMMMMMMMMMMMMMMMMMM

26% -  50%      MMMMMMMMMM

51% -  75%      MMM

76% - 100%      MMMMMMMMMMMMMMMMMMMMMMMMMMMMMMMMMMM
```

Eine Gruppe (52% der Befragten) hält den voraussichtlichen Anteil der verschlüsselt übertragenen Daten für gering (unter 25%), die andere (35%) hält ihn für hoch (über 75%). Zur ersten Gruppe zählen überwiegend Stellen der Wirtschaft, zur letzteren Stellen der öffentlichen Verwaltung. Bei dieser rechnet man mit Rechtsbestimmungen, die gegebenenfalls eine undifferenzierte Verschlüsselung jeweils aller betroffenen Daten erforderlich machen.

Hinsichtlich der Frage zu geschlossenen oder offenen Netzen, in denen auch verschlüsselt übertragen werden kann, zeigt sich, daß man eine Zunahme der Anwendungen offener Netze erwartet (70% der maximalen Punktzahl). Desungeachtet gibt es eine Reihe von Befragten, die das zwar erwarten aber zumindest vorläufig auf eine Realisierungsmöglichkeit in geschlossenen (privaten) Netzen Wert legen.

Überwiegend möchte man "unter vier Augen" verschlüsselt kommunizieren können. Durch eine vorhandene Bereitschaft, sich in größeren Gruppen mit einem einzigen Schlüssel zufriedenzugeben, könnten etwa 20% der maximal notwendigen Anzahl von Schlüsseln eingespart werden.

Unter einer Anwendergruppe, die ihre Schlüssel laufend von einer ihr zugeordneten Schlüsselverteilungszentrale bezieht, stellt man sich im Durchschnitt etwa 800 Teilnehmer vor, allerdings mit einer Varianz von 2.500.

Die Vorstellung, daß Anwendergruppen interessengebunden sein sollten - etwa mit dem Kreditgewerbe als einer Anwendergruppe - hält den Befragungsergebnissen nur bedingt stand; mit den vorliegenden Ergebnissen lassen sich solche Gruppen nicht gegeneinander abgrenzen. Es könnte sich empfehlen, im regulären offenen Netz Anwendergruppen regional zusammenzufassen und interessengebundene Anwendergruppen vorzugsweise in geschlossenen (privaten) Netzen oder sonstwie privat zu realisieren.

Die Antworten auf die Frage nach der Organisationsform des Schlüsselmanagements fallen sehr eindeutig zugunsten einer Schlüsselverteilungszentrale aus.

```
                                 0       1       2       3
                                 I       I       I       I
Kurier                            MMMMMMMM

Relais-System                     MMMMMMM

Schlüsselverteilungszentrale      MMMMMMMMMMMMMMMMMMMMMMM
```

Dazu kommt noch, daß manche Befragte aus Sicherheitsgründen neben der Schlüsselverteilungszentrale auch andere Formen des Schlüsselmanagements mit mehr als null bewerteten. Ablehnend gegenüber einer Schlüsselverteilungszentrale verhielten sich aber insbesondere diejenigen (wenigen) Befragten, die sich dem SWIFT-System verbunden fühlen, also solche, die überdurchschnittlich viel Erfahrung mit der Datenverschlüsselung - allerdings ohne eine derartig organisierte Schlüsselverteilung - gesammelt haben.

Bezüglich der Schlüsselverteilungszentrale ist man weit überwiegend der Meinung, daß sie der eigentliche Schlüssel zur Sicherheit würde. Sie sollte nach Ansicht der meisten Befragten nicht nur sehr sicher organisiert und realisiert sein; sie sollte auch auf eine (vorzugsweise öffentliche) gesetzliche Grundlage gestellt werden.

Die Erwartungen, die an die Post gerichtet sind, beruhen offensichtlich nicht allein auf technisch-organisatorischen Überlegungen; sie sind fernmeldepolitisch eingefärbt. Demnach erwartet man von der Post häufig eine Verschlüsselung in allen einschlägigen Diensten, aber auch ein Abrücken vom Fernmeldemonopol und eine Anregung des freien Wettbewerbs.

Von manchen Befragten - vor allem von kundigen - wird bei den Antworten differenziert. Diese erwarteten von der Post etwa die Sicherung der Scatteringstrecke Bundesrepublik-Berlin sowie Verschlüsselung im Telex-Dienst, Telefax-Dienst und bei der Bildschirmtextübertragung (nach absteigender Wichtigkeit aufgezählt).

Viele der Befragten fühlten sich bei der Beantwortung der einschlägigen Fragen unsicher, weil eine sinnvolle Antwort vom Geschäftsverhalten der Post abhänge.

Es zeichnet sich die Möglichkeit zweier Pilotprojekte ab, eines im Bereich der öffentlichen Verwaltung und eines in dem des Kreditgewerbes.

Die Antworten bezüglich der akzeptablen Kosten werden - wenn überhaupt - nur sehr zögernd gegeben. Man ist mit bemerkenswert geringer Varianz bereit, im Durchschnitt 1.2 % der Datenverarbeitungskosten (einschließlich Personalkosten) für die Verschlüsselung auszugeben. Die Angaben über die absoluten Kosten sind zwar mit 9 gegebenen Antworten wenig signifikant, weisen aber ebenfalls eine relativ geringe Varianz auf. Demnach wären die Befragten im Durchschnitt bereit, etwa DM 100.000 pro Jahr für die Verschlüsselung auszugeben.

1. EINLEITUNG

1.1 Der Auftrag

Der Normenausschuß Informationsverarbeitung NI des Deutschen Instituts für Normung und sein Unterausschuß 2.1 "Datenverschlüsselung" erachteten es für notwendig, die Bedürfnisse für die Datenverschlüsselung in offenen Kommunikationssystemen wenigstens annähernd festzustellen, bevor dazu Normen erarbeitet werden. Der NI-UA2.1 regte deshalb die Gesellschaft für Mathematik und Datenverarbeitung GMD an, einen damit befaßten Forschungsauftrag durchzuführen.

Die GMD beantragte die Förderung eines solchen Auftrags beim Bundesministerium für Forschung und Technologie BMFT. Der Antrag wurde genehmigt. Daraufhin erteilte die GMD dem Ersteller dieser Auswertung einen Unterauftrag zur Durchführung der Untersuchungen. Die Laufzeit des Vertrags erstreckt sich (nach einer Verlängerung um einen Monat) vom 01. 11. 1980 bis zum 28. 02. 1982.

Der NI-UA2.1 "Datenverschlüsselung" behielt es sich vor, das Projekt zu begleiten und zu steuern.

Der Unterauftrag verlangt die Durchführung einer Befragung und eine quantitative Verdichtung der Befragungsergebnisse. Dazu heißt es im Unterauftrag:

"Hier wird von der Annahme ausgegangen, daß derzeit und auf absehbare Zeit auch für die Einführungsphase der Datenverschlüsselung der Kreis der Interessenten zwar bedeutend aber zahlenmäßig klein ist. Man rechnet mit bis zu 40 zu befragenden Stellen.

Die zu Befragenden dürften über die Anwendungsmöglichkeiten der Datenverschlüsselung noch nicht ausreichend informiert sein, so daß zumindest das erste Gespräch mit einem zu Befragenden jeweils zur Hauptsache informierender Natur sein muß. Daraus ergibt sich, daß mindestens zwei Fragerunden eingeplant werden müssen. Sollte es sich herausstellen, daß man bei der ersten Befragung nicht den richtigen Partner angetroffen hat, so wird dies (zum Teil) eine dritte Befragungsrunde erfordern.

Es ist zu erwarten, daß die zu Befragenden ihrerseits mehr Fragen stellen werden als umgekehrt. Dies braucht nicht von Schaden zu sein, solange trotzdem die gesuchte Information erfaßt werden kann. Der potentielle Anwender soll über den Aufwand insbesondere auch organisatorischer Art, den er sich mit einer Verschlüsselung aufbürdet, nicht im Unklaren gelassen werden."

Ferner heißt es im Unterauftrag: "Die erfragten Ergebnisse sind, soweit dies nicht bereits durch den Fragebogen bewirkt wurde, miteinander vergleichbar zu machen."

1.2 Die Abwicklung

Der Auftragnehmer untersuchte zunächst die einschlägige theoretische Problemstruktur und erstellte dazu einen Statusbericht, den er im Verlaufe des Projekts fortschrieb. Mit Unterstützung des UA2.1 "Datenverschlüsselung" wurde eine Adressenliste erstellt. An die darin aufgeführten Adressaten wurde der im Anhang 1 angeführte Brief B1 *) versandt. Mit den ersten theoretischen Erkenntnissen gerüstet führte daraufhin der Auftragnehmer die erste Befragungsrunde durch, wobei er die Bedeutung der Datenverschlüsselung für die Praxis abzuschätzen lernte und die zu Befragenden über die Datenverschlüsselung informierte. Die oben zitierten Erwartungen des Auftraggebers stellten sich als richtig heraus. Insbesondere reichte vielfach ein einziges informierendes Gespräch je zu Befragendem nicht aus; einschließlich der abschließenden Runde waren oft drei Besuche und zum geringen Teil auch mehr notwendig.

Mit den in der ersten Runde gewonnenen Erfahrungen erstellte der Auftragnehmer einen Fragebogen und stimmte diesen in mehreren Gesprächen mit den Mitarbeitern des UA2.1 "Datenverschlüsselung" ab. Der Fragebogen wurde daraufhin mit dem im Anhang 2 angeführten Begleitbrief B2 *) und einem Exemplar des Statusberichts an die zu Befragenden versandt. Von seiner vollständigen Wiedergabe im Anhang wird abgesehen, da sein Inhalt zur Gänze in Abschnitt 2 dieses Papiers enthalten ist.

Der Fragebogen wurde grundsätzlich von den Befragten und unter Mitwirkng des Auftragnehmers ausgefüllt; es stand zu erwarten, daß er trotz eines Versuchs, ihn selbsterklärend abzufassen, nicht ausreichend gut und einheitlich verstanden werde. Dieses Vorgehen stellte einerseits weitgehend sicher, daß die Antworten vergleichbar ausfielen. Andererseits barg es die Gefahr, daß sich die Meinung des Auftragnehmers zu stark in den Antworten niederschlagen könnte. Die Gefahr wurde aber erkannt und nach Möglichkeit eliminiert. Z.B. wurde darauf hingewirkt, daß sich mehrere zu Befragende zur Ausfüllung des Fragebogens mit dem Auftragnehmer trafen. Dabei diskutierten sie ihre Ansichten weitgehend untereinander und nicht ausschließlich mit dem Auftragnehmer.

Die Gesprächsbereitschaft der zu Befragenden war größtenteils gegeben. Gelegentlich wurde ein Gesprächsangebot - vor allem im Bereich einschlägig erfahrener staatlicher Stellen - nicht angenommen, wobei zu vermuten stand, daß dies entgegenstehende Dienstvorschriften den Angesprochenen versagten. In einem Falle (privater Bereich) fand sich der Auftragnehmer vorübergehend dem Verdacht ausgesetzt, das Sicherheitssystem ausspähen zu wollen. Auch bei der Fragebogenaktion lehnten es zwei Gesprächspartner ab, bestimmte Fragen zu beantworten, weil sie damit gegen die ihnen gebotenen Sicherheitsvorkehrungen verstoßen würden.

Überraschend war für den Auftragnehmer das große Maß an Verständnis für seine Aufgabe und die Bereitwilligkeit, sich informieren zu lassen. Die Gespräche einschließlich der Ausfüllung des Fragebogens beanspruchten die

---

*) Dieser Brief bzw Anhang wird hier nicht ausgeführt.

befragten Stellen (zumeist bei mehreren beteiligten Mitarbeitern) in einem Ausmaß von jeweils mehreren Manntagen. Der Umstand, daß die Ausfüllaktion vornehmlich in die Zeit zwischen Sommerurlaub und Jahresende fiel, bedingte viele Terminverlegungen. Von den insgesamt 91 angesprochen Stellen, erwiesen sich 59 als gesprächsbereit. Von diesen konnten aber nur 40 ihren Fragebogen rechtzeitig ausfüllen. Zwei dieser Fragebögen sind (von unterschiedlichen Stellen) identisch ausgefüllt.

Den Befragten wurde zugesichert, daß die Auswertung der Fragebögen anonym erfolgen würde. Zum guten Teil wurde dies von ihnen sogar gefordert. Ferner wurde ihnen ein Exemplar der Auswertung der Fragebogenaktion versprochen.

Die Fragebögen wurden vom Auftragnehmer, wie in Abschnitt 2 beschrieben, ausgewertet. Die Auswertungsergebnisse sind in Anhang 3 *) aufgelistet.

---

*) "Anhang 3" erscheint hier als Abschnitt 3. (Seite 304)

1.3 Die Zielgruppe

Die Bestimmung der Zielgruppe erfolgte vor allem durch den UA2.1 "Datenverschlüsselung". Darüberhinaus wurden auch im Verlaufe des Projekts von einzelnen Ausschußmitgliedern Gespräche vermittelt.

Obwohl zehntausende von datenverarbeitenden Stellen als Adressaten in Frage gekommen wären, konnte nur ein sehr kleiner Teil davon - vor allem wegen des Befragungsaufwands angesprochen werden. Die Wahl der Anzusprechenden verlief jedoch nicht völlig willkürlich. Man suchte letztere vor allem dort, wo die Datenverschlüsselung aus Geheimhaltungsgründen (öffentliche Verwaltung) oder aus Authentikationsgründen (Banken) benötigt werden könnte. Ferner wurden Hersteller von Datenverarbeitungsanlagen und einschlägige Forschungsinstitute bevorzugt angesprochen, weil man bei ihnen einen überdurchschnittlichen Sachverstand voraussetzen konnte. Um trotz der Beschränkung auf nur vierzig Stellen einen möglichst großen Durchschnitt zu berücksichtigen, wurden auch Verbände angesprochen, vor allem solche, bei denen einschlägiger Sachverstand zu vermuten war.

Die Liste der 40 im folgenden erfaßten Stellen gliedert sich folgendermaßen:

I	Industrieunternehmen	14
B	Kreditgewerbe	7
H	Handelsunternehmen	1
Ö	Öffentliche Verwaltung	10
F	Forschungsinstitute, Universitäten	8

In Bereich Handelsunternehmen gelang bedauerlicherweise nur ein Gespräch. In diesem gelangte der Auftragnehmer zu der Einsicht, daß mehr als sonstige gewerbliche Unternehmen der Handel auf Vertrauen zum Kunden aufbaut und dessen dagegen verstoßendes Verhalten einkalkuliert. Man verzichtet weithin auf Geheimhaltung und vertragliche Sicherheit. Die Wahrscheinlichkeit, daß sich dies in Zukunft ändert, dürfte gering sein.

1.4 Schwierigkeiten - Qualität der Ergebnisse

Im Verlaufe des Projektes stellte es sich heraus, daß der Zeitaufwand eher zu niedrig angesetzt war. Dies war allerdings bereits von dem das Projekt entwikkelnden UA2.1 "Datenverschlüsselung" vermutet worden; die Laufzeit des Projekts war anbetrachts der Dringlichkeit der Ergebnisse bewußt kurz angesetzt worden.

Ebenfalls vorausgesehen wurde die Schwierigkeit der Befragten, Fragen zu beantworten, die sich ihnen praktisch noch nicht gestellt hatten. Die informierende Tätigkeit des Auftragnehmers nahm deshalb zuweilen einen bedeutenden Umfang ein, was die Gefahr vergrößerte, daß die so informierten Befragten ihre Antworten nicht selbst ausreichend reflektieren konnten und die Meinung des Auftragnehmers einen zu großen Einfluß auf die Antworten hatte. Hier ergaben sich also einerseits Schwierigkeiten für die Befragten und andererseits für den Auftragnehmer.

Den Befragten wurde grundsätzlich freigestellt, eine Frage nicht zu beantworten und dies durch Auslassung oder einen Querstrich anzudeuten. Allerdings trachtete der Auftragnehmer stets danach, möglichst überall dort Bewertungen zu erhalten, wo dies zumutbar und von sachlichem Wert war. Anderenfalls hätte die Gefahr bestanden, daß es sich einige Befragte mit dieser Regelung zu leicht gemacht hätten.

In einer Anzahl von Fällen versuchten die Befragten innerhalb ihrer Stelle eine geschlossene Meinung zum Fragebogen einzuholen. Dies mißlang grundsätzlich. In einem Falle wurde dem Auftragnehmer sogar erklärt, daß man keinen ausreichenden Konsens hatte finden können und daß man sich deshalb (in einem bedeutenden Industrieunternehmen) nicht in der Lage sah, den Fragebogen zu beantworten.

Aus diesem Grunde wurde grundsätzlich vor dem abschließenden Gespräch dem Befragten folgendes gesagt: Es handelt sich bei diesem Projekt nicht um eine Bedarfserfassung sondern um eine Abschätzung zukünftiger Bedürfnisse. Die Fragen richten sich an Experten; gesucht sind deren persönlichen Meinungen. Man solle sich etwa die Jahre nach 1985 vorstellen; man solle aber kein Utopia im Auge haben, sondern eine Zukunft, auf die man aus der Gegenwart gut extrapolieren könne; es müsse möglich sein, sich die unmittelbare Entwicklung dahin gut vorzustellen. Aus diesem Grunde sei es wichtig, daß der befragte Experte von der Basis seines konkreten Falles ausgehen könne.

In wenigen Fällen hatte der Auftragnehmer den Eindruck, daß die Antworten subjektiv gefärbt waren. Die Färbungen traten aber nach beiden Richtungen auf. In der Terminologie des Fragebogens gesprochen: Man trug bevorzugt die stärksten oder die schwächsten Bewertungen ein. Man kann deshalb annehmen, daß sich solche subjektiven Verfärbungen mit dem angewendeten Auswertungsverfahren herausmitteln.

Man mag ferner vermuten, daß die Befragung so weniger Experten nicht repräsentativ genug sei. Jedoch wäre es vermutlich eine weiter gestreute und weniger intensiv betreute Befragung noch weniger gewesen. Diese Ansicht wird von folgendem Umstand gestützt: Bei einer gegen Ende der Laufzeit dieses Auftrags bekanntngewordenen britischen Untersuchung zu diesem Thema *), wurde ebenfalls ein Fragebogen zu den Bedürfnissen für Datenverschlüsselung entwickelt und an eine große Anzahl von Stellen verschickt. Der Rücklauf war sehr spärlich. Die Auswerter vermuten, daß viele Fragen von den Befragten nicht richtig verstanden und deshalb auch nicht brauchbar beantwortet wurden. Dies dürfte den hier eingeschlagenen (allerdings kostspieligeren) Weg rechtfertigen.

---

*) Kingslake, R., Survey on use of encryption, Information Privacy, Vol.3, No 5, September 1981

2. AUSWERTUNG DES FRAGEBOGENS

2.1 Methode

Dem verteilten Fragebogen wurden folgende Vorbemerkungen vorausgeschickt:

"Dieser Fragebogen dient der Ermittlung des Bedürfnisses nach Datenverschlüsselung in offenen Kommunikationssystemen. Solche offenen Kommunikationssysteme werden in der Bundesrepublik Deutschland von der Deutschen Bundespost allgemein in Form von Fernmeldedienstleistungen angeboten. Als offene Systeme unterscheiden sie sich von privaten (zumeist ebenfalls mit Einrichtungen der Bundespost realisierten) Systemen, die nicht allgemein sondern nur einer beschränkten Gruppe von Teilnehmern zugänglich sind. Die Teilnehmer eines geschlossenen (privaten) Systems sollten nicht mit der im folgenden erwähnten "geschlossenen Anwendergruppe" verwechselt werden; diese wiederum nicht mit dem Datex-Leistungsmerkmal "geschlossene Benutzergruppe".

Für die hier verwendete Definition von "offenen Systemen" ist es nicht maßgeblich, daß sich die Partner verständigen können. Entscheidend ist, daß sie miteinander verbunden werden können. Die Verständigung ist nicht die Sache des Kommunikationssystems sondern die der Teilnehmer. Sie ist dann möglich, wenn die Teilnehmer zueinander kompatibel sind - u.a. auch bezüglich der Datenverschlüsselung.

Die Verschlüsselung dient der Sicherung der Daten auf den Übertragungsstrecken sowie in Datenspeichern gegen Mißbrauch und damit auch der Sicherung ihrer Nachweisqualität. Sie kann deshalb für die Ordnungsmäßigkeit der Datenkommunikation unerläßlich sein.

"Mißbrauch" bedeutet, daß man gegen die Intelligenz und gegen den wirtschaftlichen Aufwand sichern muß, den ein Angreifer einzusetzen bereit ist. Der Umstand, daß das Lesbarmachen von digital gespeicherten Daten in der Regel für den nicht Eingeweihten ohnedies mühsam ist und daß deshalb die Datenverschlüsselung eine übertriebene Maßnahme sein könnte, sollte nicht ein Grund für deren Ablehnung sein. Z.B. wäre ohne Verschlüsselung eine Fälschung digital übertragener oder gespeicherter Daten nicht ausgeschlossen und ein Nachweis des Gegenteils nicht möglich.

Es ist also im wesentlichen das Bedürfnis nach dieser Ordnungsmäßigkeit, das hier gefragt ist (nicht etwa ein spezielles Interesse an einer Geheimwissenschaft).

Bitte gehen Sie bei der Beantwortung des Fragebogens im Zweifelsfalle davon aus, daß die technischen Probleme gelöst werden können und daß die Datenverschlüsselung in absehbarer Zeit allgemein zur Verfügung stehen wird. Legen Sie dort, wo nicht anders gefragt wird, Ihren Antworten den voraussichtlichen Zustand der vollen Bedarfsabdeckung zu Grunde, nicht etwa die derzeitige Situation.

Es ist möglich, daß Sie mehr als eine Anwendung der Datenkommunikation Ihren Antworten zu Grunde legen möchten. Sofern sich diese Anwendungen nicht allzu sehr unterscheiden, läßt sich dem insbesondere mit dem nachfolgend beschriebenen Markierungsverfahren Rechnung tragen. Unterscheiden sich die Anwendungen so, daß Sie zu gegensätzlichen Antworten führen, sollte man dies dadurch vermeiden, daß man für jede der Anwendungen einen eigenen Fragebogen ausfüllt. Z.B. mögen die Antworten teilweise sehr unterschiedlich ausfallen, wenn man einerseits an die Kommunikation in Rechnernetzen andererseits an die herkömmliche Textkommunikation (Telex, Teletex, Ersatz für Briefpost etc) denkt.

Bitte markieren Sie die Felder grundsätzlich mit den Ziffern 0, 1, 2, 3 und bezeichnen Sie damit den Grad der Häufigkeit, Wahrscheinlichkeit oder Wichtigkeit.

0 überhaupt nicht
1 gering
2 mittelmäßig
3 sehr

Bei gleicher Häufigkeit etc verwenden Sie bitte die gleiche Ziffer. Bei dieser Bewertung sollten Sie die Fragen auf <u>Ihre</u> Anwendungsfälle beziehen, nicht etwa auf allgemeine Ansprüche bezüglich eines Standards.

Wenn Sie die Antwort auf eine Frage nicht wissen bzw in Erfahrung bringen können, sehen Sie bitte von einer Markierung des entsprechenden Feldes ab."

Die ausgefüllten Fragebögen wurden folgendermaßen ausgewertet:

Zur quantitativen Bewertung wurden bei Zahlenangaben grundsätzlich die nachstehend beschriebenen Mittelwerte gebildet:

Es wurde der arithmetische Mittelwert M abgeleitet, indem die zur Bewertung eingetragenen Zahlen W_i addiert und durch die Anzahl der Eintragungen Z dividiert wurden.

$$M = 1/Z \sum_i W_i$$

Der Mittelwert M gibt also an, wie stark im Mittel eine zur Frage gestellte Aussage bewertet wurde.

Dann wurde die Varianz V der eingetragenen Zahlen W abgeleitet:

$$V = \sqrt{1/Z \sum_i (W_i - M)^2}$$

Die Varianz V zeigt an, wie stark im Mittel die Bewertungen vom arithmetischen Mittelwert abweichen. Sie kann also - je nach Problemlage - als ein

Maß dafür gewertet werden, wie stark sich die Interessen der Befragten unterscheiden oder wie stark die (unsicheren) Meinungen der Experten auseinandergehen.

Ferner wurden die Prozentzahlen der zur Beantwortung einer Frage eingetragenen Bewertungen ermittelt. Z.B. haben die Frage 11.1/1 26% mit 0, 8% mit 1,9% mit 2 und 57% mit 3 beantwortet.

Bei Zahlenangaben, die nicht solche einfachen Bewertungen darstellen, z.B. bei Antworten auf die Frage der gewünschten Übertragungsgeschwindigkeit (4.10), wurden Bereiche gebildet und diese wie oben mit Prozentangaben versehen.

Auf die Ableitung anderer z.B. korrelierter Mittelwerte wurde verzichtet. Die vom Auftragnehmer beobachtete Unsicherheit der Antworten könnte bei der Auswertung zu leicht zu falschen Schlüssen führen.

Im folgenden wird der Fragebogen abschnittsweise dargestellt, wobei an den zur Beantwortung vorgesehenen Stellen der Mittelwert (oben) und die Varianz (unten) eingetragen sind. Rechts hinter dem Text der Frage sind die Zahl der eingetragenen Antworten und die Prozentanteile der Antworten 0 bis 3 angegeben.

Steht z.B. bei der Frage 4.1 im Kästchen oben "1,7" und unten "1,3",

!1,7!
!1,3! 39 / 26-18-13-43

dann bedeutet dies, daß die Befragten die Wichtigkeit geschlossener Systeme im Durchschnitt mit 1,7 (minimal 0, maximal 3) bewerteten. Die Antworten streuten dabei um diesen Mittelwert um 1,3.

Die Zahlenreihe rechts bedeutet: Von 39 Antworten fielen 26% für "0", 18% für "1", 13% für "2" und 43% für "3" (mit "3" als höchster Bewertung).

Die geforderten textlichen Antworten, werden hinter der Frage gesammelt und nach Häufigkeit und Quelle angegeben. Hinsichtlich der Angabe der Quelle werden die in 1.3 festgelegten Kurzbezeichnungen der Zielgruppenunterteilung verwendet. Der Quellenbezeichnung ist jeweils eine Zahl nachgestellt, die angibt, wie oft die bezeichnete Antwort so oder ähnlich gegeben wurde.

So bedeutet also z.B.

(B-2, F-3, I-1, Ö-3)

daß die davorstehende Antwort zweimal aus dem Bereich des Kreditgewerbes, dreimal aus dem der Forschungsinstitute und Universitäten, einmal aus dem der Industrieunternehmen und dreimal aus dem der öffentlichen Verwaltung gegeben wurde.

Die "Vorbemerkungen" sind wie auch die Fragen direkt dem Fragebogen entnommen. Die "Nachbemerkungen" stellen wie auch die eingetragenen Mittelwerte und Prozentangaben sowie die gesammelten Antworten einen Teil der Auswertung dar.

2.2 Die Fragebogenabschnitte im einzelnen

2.2.1 Empfundene Notwendigkeit der Verschlüsselung

Vorbemerkung:

Hier geht es darum, wie oft wohl statt eines Fernschreibens ein Brief geschrieben werden muß, der Text eines Fernschreibens (einem Dritten) unklar gehalten wird, ein Fernschreiben brieflich bestätigt werden muß etc. Diese Fragen beziehen sich also im wesentlichen auf die herkömmliche Textkommunikation.

FRAGE 1.1

Wie häufig sahen Sie sich in der Vergangenheit veranlaßt, von einer Übermittlung von Information über Fernmeldewege abzusehen,

!0,7! weil Sie befürchten mußten, daß ein Dritter die Information mißbräuch-
!0,8! lich zur Kenntnis nimmt? 40 / 45-42-08-05

!0,5! weil Sie befürchten mußten, daß sie von einem Dritten manipuliert
!0,8! wird? 40 / 65-27-00-08

!1,3! weil eine Unterschrift notwendig war (deren Rechtscharakter sich auf
!1,0! dem Fernmeldewege nicht übermitteln läßt)? 39 / 26-36-20-18

!0,9! weil andere Gründe vorlagen?
!1,1! Welche? 40 / 55-13-17-15

....
17
....

Antworten:

Vorliegen von Verschlußsachen (F, Ö-2), Beweisgründe gegenüber dem Adressaten (B), Dokumentencharakters der übermittelten Nachricht (Ö),

persönliches Gespräch eforderlich (F), Fernschreiben zu unpersönlich (F), Brief von anderer Qualität (F),

nicht jeder Adressat auf dem Fernmeldewege erreichbar (F, I), Fernschreibanschluß zumeist nicht am Arbeitsplatz (I),

begrenzte Möglichkeiten, Kosten (B-2, Ö-6, I-2), Fehlen einer entsprechenden Organisation (Ö-2),

FRAGE 1.2

Für wie wahrscheinlich halten Sie eine Zunahme dieser Fälle zufolge einer Abwendung vom Briefverkehr, weil

!1,4! Briefporto und Postbearbeitung relativ zur Fernmeldeübermittlung teu-
!1,0! erer werden? 40 / 22-40-18-20

!2,0! eine Beschleunigung der Kommunikation gegenüber dem Schriftverkehr
!0,9! notwendig wird? 40 / 07-15-45-33

FRAGE 1.3

!2,0! Wie wichtig ist es Ihnen, neben Text andere Information verschlüsseln
!1,2! zu können (z.B. Computerdaten, Zeichnungen, Facsimile etc)? Welche?
40 / 17-17-18-48

....
30
....

Antworten:

Computerdaten (I-8, F-4, B-3, Ö-5), Zeichnungen, Graphiken (F-2, I-3, Ö-1), Facsimile (I-6), Bildübertragung (I-1, F-2), Telefax (I-1), Bildschirmtext (Ö-1), Dienstsiegel (Ö-1), Sprache (I-1)

Zahlungsverkehrsdaten (B-3),Kontospiegeldaten (Ö-1), Lageinformation (I-1), sehr vertrauliche Angebote (I-1),

Nachbemerkung:

Dieser erste Abschnitt sollte der Einstimmung dienen. Er sollte an Gedanken anknüpfen, die sich der Befragte bereits gemacht haben könnte. Insofern steht er in einem scheinbaren Gegensatz zu der Absicht, Vorstellungen über die Zukunft zu erfassen.

Gelegentlich wirkte er ernüchternd, da mancher Befragte schon eingangs feststellen mußte, daß er bislang wenig Bedarf für Verschlüsselung gehabt hatte. In manchen Fällen war es schwierig, für den Befragten die Spannung zwischen der derzeitigen Realität und den Vorstellungen über die zukünftige Entwicklung zu lösen. Nur in einem Falle, dem des Handelsunternehmens, war dies aus sachlichen Gründen nicht möglich; es müßte seine Geschäftsgrundlagen erheblich verändern, wenn es die Verschlüsselung im Verkehr mit seinen Kunden sinnvoll einsetzen wollte. Zwar könnte man mit ihr die Ordentlichkeit des Geschäftsverkehrs erhöhen, jedoch würde dieses insbesondere bei der Dokumentation einen so großen Aufwand erfordern, daß die erlangten Vorteile mehr als aufgewogen würden.

Bemerkenswert ist,

- daß bei der Frage 1.1 der Rechtscharakter einer Nachricht offensichtlich zu wichtigeren Gründen für die Einführung der Verschlüsselung führt als die Befürchtungen, daß die Nachricht von Dritten mißbraucht werden könnte.

- daß in Frage 1.2 das Argument einer schnelleren deutlich gegenüber dem einer billigeren Kommunikation bevorzugt wird.

2.2.2 Nutzanwendung der Verschlüsselung

Vorbemerkung:

Die Verschlüsselung dient zur Verheimlichung (Konzelation) von Information, zum Nachweis der Echtheit (Authentikation) von Information und zur Identifikation von Information insbesondere von Teilnehmern. Die Information kann dabei die Nachricht selbst, die Identität der Kommunikationspartner, Ort und Zeitpunkt eines Vorgangs, anfallende Daten zum Kommunikationsprozeß etc sein.

FRAGE 2.1

Wie großen Wert würden Sie auf folgende Nutzanwendungen der Verschlüsselung legen?

!2,5! Verhindern von Mißbrauchsfällen (Kenntnisnahme und Manipulation durch
!0,8! Dritte) 40 / 02-13-20-65

!1,9! Ausreichende Beweisqualitäten für Rechtsfolgen von Mißbrauchsfällen
!1,1! (z.B. für Schadensersatzforderungen) 40 / 12-28-18-42

!1,7! Erfüllung von Formerfordernissen einer Willenserklärung (z.B. analog
!1,3! zur Eigenhändigkeit der Unterschrift) 40 / 27-18-15-40

!1,5! Ermöglichen einer DV-gestützten Dienstleistung *)
!1.1! 40 / 27-25-23-25

!0,3! Andere Nutzanwendungen
!0,8! Welche? 39 / 87-03-05-05

....
5
....

Antworten:

Anwendungen für Zwecke des Datenschutzes (B-1), Geheimhaltung individueller Beratung (Ö-1), Sicherung gespeicherter sensibler Daten (Ö-1),

weltweiter Mailservice (F-1)

---

*) Z.B. wäre es denkbar, ein Fernsehprogramm (Videotext) zu verschlüsseln und entweder Schlüssel zu verkaufen oder Schlüssel mit dem Programm zu senden, um sie bei Gebrauch in einem "Zähler" zu registrieren. Auf diese Weise könnte sichergestellt werden, daß für Kostenberechnungszwecke festgehalten werden kann, wer welche Sendung enpfangen hat.

FRAGE 2.2

Wie großen Wert würden Sie dabei im einzelnen auf folgende möglichen Funktionen der Verschlüsselung legen?

!2,5! Verbergen des Inhalts der Nachricht vor Dritten (die nicht über den
!0,8! Schlüssel verfügen) 40 / 05-08-25-62

!1,1! Verbergen der Existenz der Nachricht vor Dritten (die mißbräuchlich
!1,1! den Nachrichtenfluß analysieren können) 40 / 38-35-07-20

!0,7! Verbergen des Empfängers/Abrufers von Daten gegenüber dem Partner und
!0,8! Dritten 39 / 49-33-15-03

!0,5! Verbergen des Senders/Zustellers von Daten gegenüber dem Partner und
!0,7! Dritten 39 / 59-31-08-02

!2,8! Sicherstellen, daß der richtige Empfänger die Nachricht erhält
!0,6! 39 / 03-03-08-86

!1,8! Nachweis - mit Hilfe des Kommunikationspartners zu führen - daß kein
!1,1! Dritter die Nachricht gefälscht, verkürzt oder sonst wie manipuliert haben kann 40 / 20-17-28-35

!2,1! Nachweis - auch gegen den Kommunikationspartner zu führen - daß weder
!1,2! ein Dritter noch man selbst die Nachricht gefälscht, verkürzt oder sonst wie manipuliert haben kann 40 / 17-13-15-55

!1,4! Nachweis wie oben jedoch mit der Bedingung, daß die Nachricht im Klar-
!1,2! text übertragen wird 39 / 31-26-15-28

!1,5! Nachweis - mit Hilfe des Kommunikationspartners zu führen - daß die
!1,0! Nachricht zeitgerecht zugestellt wurde 40 / 20-28-32-20

!2,0! Nachweis - auch gegen den Kommunikationspartner zu führen - daß die
!0,9! Nachricht zeitgerecht zugestellt wurde 40 / 07-23-35-35

!2,6! Nachweis, daß der tatsächliche Kommunikationspartner mit dem iden-
!0,8! tisch ist, der er zu sein vorgibt 40 / 03-10-15-72

!0,3! Andere Funktionen
!0,8! Welche? 39 / 90-00-05-05

4

....

Antworten:

Nachweis ohne Kommunikationspartner, daß kein Dritter die Nachricht gefälscht, verkürzt oder sonstwie manipuliert hat (I-1), Erhöhung der computerinternen Sicherheit (F-1), Verschlüsselung der Protokolle bei Massenübertragung und Speicherung der Daten im Klartext (Geheimnisschutz durch Unauffindbarkeit) (F-1), Realisierung differenzierterer Zugriffsbeschränkungen zu Daten (F-1)

FRAGE 2.3

Wie wichtig ist Ihnen der Umstand,

!2,0! daß Sie die Verschlüsselung auch zum Sichern gespeicherter Daten gegen
!1,1! Kenntnisnahme anwenden können? 40 / 12-18-25-45

!1,7! daß Sie mit der Verschlüsselung Daten im Sinne des Bundesdatenschutz-
!1,2! gesetzes sperren können? 39 / 20-26-18-36

!2,3! daß Sie die Verschlüsselung auch für Legitimationszwecke (Zugang, Zu-
!1,0! griff etc) anwenden können (indem das System die für den Identifikationsvergleich benötigten legitimierenden Kennwörter grundsätzlich verschlüsselt speichert) 40 / 07-13-20-60

!0,3! Andere Anwendungsmöglichkeiten bei gespeicherten Daten
!0,8! Welche? 39 / 90-00-05-05

....
3
....

Antworten:

Verschlüsselung auf Transport-Datenträgern (I-1), Sicherung von Archivdaten (F-1, I-1)

FRAGE 2.4

!2,5! Wie wichtig ist Ihnen der Umstand, daß Sie mit der Verschlüsselung Zu-
!0,9! gangsbeschränkungen und damit Zugangskontrollen zu Programmen und Daten realisieren können (indem abhängig vom Besitz eines Schlüssels z.B. nur die Unternehmensleitung, der Betriebsrat, der Datenschutzbeauftragte etc von Daten Kenntnis nehmen können)?
37 / 05-11-14-70

Nachbemerkung:

Dieser Abschnitt sollte festzustellen helfen, worin der eigentliche Gebrauchswert der Verschlüsselung gesehen wird. Die Antworten zeigen, daß die Befragten nicht von konventionellen Vorstellungen zur Verschlüsselung als Hilfsmittel für Nachrichtendienste ausgingen, sondern in der Tat von ihren praktischen Problemen. Insofern qualifiziert diese Erkenntnis auch den Wert der weiteren Aussagen.

Bei der Beantwortung der Frage 2.2 überrascht, daß offensichtlich die Verkehrssicherheit am wichtigsten erscheint. Die Nachweise über die Authentität der Kommunikationspartner und des richtigen Empfängers haben eine außerordentlich hohe Bewertung erhalten.

Bei der Beantwortung der Fragen 2.3 und 2.4 wurde von den Befragten erkannt, daß ein wichtiger - wenn nicht der eigentliche - Sicherheitsengpaß bei der Realisierung der Zugangs- bzw Zugriffssicherheit liegt.

Die Befragten setzten bei Frage 2.1 das Verhindern von Mißbrauchsfällen eindeutig an die erste Stelle. Sie waren sich aber in der Bewertung hinsichtlich der ausreichenden Beweisqualitäten einiger (wohl auch daß diese erst an zweiter Stelle steht).

2.2.3 Rechtlich/formale Gründe zur Verschlüsselung

Vorbemerkung:

Sollten Ihrer Meinung nach die Rechtsvorschriften durch einfachere Mittel als die Datenverschlüsselung zu befriedigen sein, dann wäre diese im vorliegenden Sinne nicht erforderlich. Denken Sie bitte bei den folgenden Fragen aber auch an die Fälle, in denen ein hohes Maß von Ordnungsmäßigkeit angestrebt wird, so daß bei Einführung der Verschlüsselung deren Inanspruchnahme vorausichtlich verlangt sein dürfte. Das Bundesdatenschutzgesetz (das eine Datenverschlüsselung zur Sicherung der Daten in das Ermessen der speichernden Stelle stellt) sollte nicht der alleinige Prüfstein für Ihre Antwort sein.

FRAGE 3.1

Wie wichtig sind für Sie

!1,5! gesetzliche oder durch Rechtsverordnung verfügte Bestimmungen, die
!1,1! eine Verschlüsselung erforderlich machen? 37 / 19-32-24-25

!1,3! sonstige Vorschriften und Anordnungen, die eine Verschlüsselung erfor-
!1,1! derlich machen? 37 / 30-30-21-19
Welches sind diese Bestimmungen?

....
16
....

Antworten:

Datenschutzgesetze (F-1), weitergeltende Rechtsvorschriften im Sinne des § 45 BDSG (F-1), eventuell zukünftiges Bundeszentralregistergesetz und Verwaltungsvorschriften (Ö-1), Bestimmungen über Verschlußsachen (F-1, Ö-1, B-1), Prüfungsordnungen (F-1), Verwaltungsvereinbarungen (Ö-1, F-1), Verwaltungsanordnungen (F-1), "Handbuch"-Anordnungen (F-1)

Auflagen des Bundesbeauftragten für den Datenschutz (Ö-1)

zentrale Dienstvorschriften (I-1), verbandsinterne Vorschriften (B-1, Ö-1), unternehmensbezogene Regelungen auch über den nationalen Rahmen hinaus (I-2)

FRAGE 3.2

Wie häufig/wahrscheinlich ist es, daß bei vertraglicher Regelung

!1,5! Sie eine Verschlüsselung von Daten zur Bedingung machen?
!1,0! 37 / 19-30-35-16

!1,5! Ihr Vertragspartner eine solche Bedingung stellt?
!0,9! 37 / 19-22-51-08

Nachbemerkung:

In diesem Abschnitt war das Auseinanderklaffen von derzeitiger Realität und Zukunft der Datenkommunikation besonders spürbar. Die Realität ist die, daß es (wohl auf Grund des Fehlens der technischen Möglichkeit) mit wenigen Ausnahmen zur Zeit keine rechtlich/formalen in die Breite wirkenden Gründe für die Datenverschlüsselung gibt. Auch die Bestimmungen der Datenschutzgesetze werden nicht als zwingend für die Anwendung der Datenverschlüsselung aufgefaßt.

Allerdings ist man sich vor allem in der öffentlichen Verwaltung dessen gewahr, daß entsprechende Gesetze nicht ausbleiben werden, wenn sich die technische Möglichkeit der Datenversachlüsselung auftun sollte. Der Bundesbeauftragte für den Datenschutz macht - insbesondere in Berlin - gelegentlich Auflagen, bestimmte Daten zu verschlüsseln.

2.2.4 Beanspruchung von Post-Diensten

Vorbemerkung:

Bitte beachten Sie den Unterschied: Die Verschlüsselung kann durch den Anwender erfolgen; die Post brauchte sich darauf nur in beschränktem Umfange einzustellen. Die Verschlüsselung kann auch alternativ durch die Post erfolgen.

Bei voll standardisierten Diensten, die zur Hauptsache unmittelbar in Anspruch genommen werden (z.B. Telex, Teletex), könnte die Post sich die Verschlüsselung vorbehalten. In privaten (geschlossenen) Kommunikationssystemen wird in der Regel die Verschlüsselung durch den Anwender erfolgen.

FRAGE 4.1

!1,7!
!1,3!

Wie wichtig ist Ihnen die Möglichkeit, Verschlüsselung in geschlossenen Systemen realisieren zu können (etwa Geldausgabeautomaten, Point-of-Sale-Terminals in privaten Netzen)? Bitte führen Sie diese Systeme an. 39 / 26-18-13-43

13
....

Antworten:

Firmeninternes Netz (I-2), Geldausgabeautomaten (B-5, F-1, Ö-1), SWIFT (B-1), elektronischer Zahlungsverkehr (B-2), Point-of-Sales-Terminals (B-3, F-1),

Rechnerverbundsysteme (B-1), eigenes geschlossenes System (Ö-1), "Regierungsnetz" (Ö-1), lokales Hochschulnetz (F-1), Auskunftssystem (Ö-2), Informationsverbund hessischer Universisitätskliniken (F-1),

Führungsinformationssystem (I-1), Vertriebssteurungsnetz (I-1),

Bildschirmtext mit geschlossenen Anwendergruppen (B-1),

FRAGE 4.2

!2,1!
!0,6!

Für wie wahrscheinlich halten Sie es, daß Anwendungen, für die heute geschlossene Systeme favorisiert werden, in absehbarer Zeit auf offene Netze umgestellt, bzw in offenen Netzen eingerichtet werden?
38 / 00-16-57-27

FRAGE 4.3

Für wie wahrscheinlich halten Sie es, daß Sie folgende Leistungen der Post - falls angeboten - für die Übertragung verschlüsselter Daten in Anspruch nehmen werden?

!1,1! !1,2!	Mietleitungen	39 / 46-23-05-26
!1,6! !1,2!	Hauptanschluß für Direktruf	40 / 28-22-12-38
!1,7! !1,0!	Fernsprechwählnetz	37 / 16-26-31-27
!1,8! !1,2!	Datex-L	38 / 21-18-16-45
!2,2! !1,0!	Datex-P	39 / 13-08-28-51
!1,2! !1,0!	Telex	38 / 34-26-27-13
!1,8! !1,0!	Teletex	38 / 13-18-45-24
!1,4! !1,1!	Telefax	38 / 26-26-26-22
!1,7! !1,1!	Bildschirmtext	39 / 15-28-23-34
!0,2! !0,7!	(gegebenenfalls) andere Welche?	38 / 95-00-00-05

.... 2
....

Antworten:

Fernsprechen (Ö-1, F-1), "Regierungsnetz" (Ö-1)

FRAGE 4.4

!2,1!
!1,1!
Für wie wichtig halten Sie es, daß die Post in ihrem Bereich verschlüsselt? In welchen der o.a. Dienste? 38 / 13-13-19-55

30
....

Antworten:

Teletex (B-2, F-2, I-7, Ö-5), Telefax (B-2, F-4, Ö-1), Datex-P (F-2, I-1, Ö-3), Datex-L (I-4, Ö-2), Bildschirmtext (B-1, F-2, I-1, Ö-1), Mietleitungen (F-1, Ö-1), HfD (I-1), Fernsprechnetz (I-1), Telex (B-1), Ferngespräche (I-1)

Richtfunkstrecken (Ö-1), Berlin-Verkehr (B-1, Ö-3)

in allen Diensten als Alternative zur Anwenderverschlüsselung abhängig von der Wirtschaftlichkeit (B-1, I-3, Ö-1), alle Dienste außer Fernsprech- und Telexdiensten (Ö-1),

sollte Teilnehmerfunktion bleiben (I-1),

Verschlüsselung der Protokollinformation (F-1),

FRAGE 4.5

!1,9! Für wie zweckmäßig halten Sie dabei, daß eine für die o.a. Dienste
!1,1! genormte Verschlüsselung in Einrichtungen der Post durchgeführt wird? In welchen der o.a. Dienste? 37 / 14-19-27-40

22

....

Antworten:

Teletex (B-1, F-2, I-3, Ö-4), Telefax (B-2, F-1), Bildschirmtext (B-2, F-1), Datex-P (F-2, Ö-1), Datex-L (I-2, Ö-1), Fernsprechwählnetz (B-1, I-1), Telex (B-2), HfD (I-1), Mietleitungen (F-1),

Berlin-Verkehr (B-1, Ö-1)

grundsätzlich in allen Diensten (F-1, I-1, Ö-1), "Regierungsnetz" (Ö1), "Regierungsnetz", Teletex, Datex, nicht ausschließlich und vorgeschrieben sondern alternativ zu 4.6 (Ö-1), Vermeiden von Monopolen (I1)

Verschlüsselung der Protokollinformation (F-1),

Nur als Zusatzsicherung (I-1)

FRAGE 4.6

!2,3! Für wie wie zweckmäßig halten Sie dabei, daß eine für die o.a. Dienste
!1,0! genormte Verschlüsselung durch Einrichtungen im Endgerät durchgeführt wird? In welchen der o.a. Dienste? 34 / 12-09-14-65

20

....

Antworten:

Datex-P (B-3, F-2, I-2, Ö-6), Datex-L (B-3, I-1, Ö-4), Fernsprechwählnetz (B-1, I-3), Teletex (B-1, I-1, Ö-1), Mietleitungen (Ö-3), Facsimile (F-1), "sicheres Fernsprechen" im "Regierungsnetz" (Ö-1), HfD (B-1),

in allen Diensten (B-1, I-2, Ö-1)

Vermeiden von Monopolen (H-1)

FRAGE 4.7

Grob geschätzt: Wieviel Zeichen (Bytes) pro Tag werden Sie voraussichtlich im Durchschnitt von einer Teilnehmerstation aus verschlüsselt übertragen wollen?

5,000.000
.... Zeichen/Tag
12,000.000

19 / - $5x10^3$ 21
- $5x10^4$ 16
- $5x10^5$ 26
- $5x10^6$ 21
- $5x10^7$ 16

FRAGE 4.8

Wie groß ist der voraussichtliche durchschnittliche Anteil der verschlüsselt zu übertragenden Daten an der gesamten Übertragungsmenge?

45
................%
40

29 / - 25 52
- 50 10
- 75 03
-100 35

FRAGE 4.9

Wie lang sind die zu übertragenden Nachrichten

51.000
.... Zeichen im Mittel
124.000

20 / - $5x10^2$ 25
- $5x10^3$ 50
- $5x10^4$ 05
- $5x10^5$ 20

390
.... Zeichen minimal
503

19 / - $5x10^2$ 79
- $5x10^3$ 21

1,874.045
.... Zeichen maximal
3.089.400

20 / - $5x10^3$ 30
- $5x10^4$ 15
- $5x10^5$ 10
- $5x10^6$ 35
- $5x10^7$ 10

FRAGE 4.10

Wie hoch ist die gewünschte Übertragungsgeschwindigkeit?

20.000
.... bit/s
21.000

32 /	- $5x10^3$	12
	- 10^4	63
	- $5x10^4$	12
	- 10^5	13

Nachbemerkung:

Dieser Abschnitt wurde mit dem Fernmeldetechnischen Zentralamt besonders abgestimmt. Die Absicht war, eine Antwort darüber zu erhalten, wie wohl die bestehenden Dienste für verschlüsselten Datenverkehr beansprucht würden und welche zusätzlichen Dienstleistungen sich die potentiellen Anwender wünschen.

Die Befragten wurden darauf aufmerksam gemacht, daß es sich um Dienstleistungen handelt, die hinsichtlich ihres Organisationsgrades nicht durchwegs miteinander vergleichbar sind, daß sie von der Zurverfügungsstellung von technischen Einrichtungen über Transportdienste zu Diensten reichen, die auf diesen aufbauen und in allen Ebenen des ISO-Schichtenmodells zu definieren sind. Entsprechend differenzierte Antworten wären zu erwarten gewesen.

Letzteres kann aber anhand der Fragebogenergebnisse nicht festgestellt werden.

Es gab drei miteinander nicht voll verträgliche fernmeldepolitische Grundansichten:

- Die Post soll für alles sorgen.
- Verschlüsselung ist Anwendersache und geht die Post nichts an.
- Verschlüsselung sollte (aus Gründen der Förderung des Wettbewerbs) sowohl von der Post als auch von Privaten angeboten und durchgeführt werden.

Diesen Grundansichten überlagerte sich die Meinung bezüglich eines objektiven Bedürfnisses.

Von manchen Befragten - vor allem von kundigen - wurde bei den Antworten auf die Fragen 4.4 bis 4.6 differenziert. Diese erwarteten von der Post etwa die Sicherung der Scatteringstrecke nach Berlin sowie Verschlüsselung im Telex-Dienst, Telefax-Dienst und bei der Bildschirmtextübertragung (nach absteigender Wichtigkeit aufgezählt).

Bei der Beantwortung der Frage 4.3 wurde nach Beobachtung des Auftragnehmers kaum in dem Sinne differenziert, daß die Datenverschlüsselung wesentlich zur Bewertung beigetragen hätte. Hätte man nach der Übertragung beliebiger Daten gefragt, hätte sich kaum eine andere Verteilung ergeben. Hier spiegeln sich also zur Hauptsache die Vorlieben der Befragten bezüglich der angebotenen Dienste.

Hinsichtlich der Frage zu geschlossenen oder offenen Netzen zeigt sich deutlich, daß man eine Zunahme der Anwendungen offener Netze erwartet (4.2). Desungeachtet gibt es eine Reihe von Befragten, die das zwar erwarten aber zumindest vorläufig auf eine Realisierungsmöglichkeit in geschlossenen Netzen Wert legen (4.1).

Bei den Fragen zur Übertragungskapazität und -menge sind die Varianzen dort hoch, wo eine Entscheidungsfreiheit nicht durch logische oder organisatorische Grenzen eingeengt ist, wie etwa bei der Prozentangabe über den Anteil der verschlüsselten Übertragung an der Gesamtübertragung (4.8) oder beim Minimalumfang der übertragenen Nachrichten (4.9).

Wie man aus der Verteilung der Antworten auf Frage 4.8 ersehen kann, zeichnen sich zwei Gruppen ab: Eine Gruppe (50% der Befragten) hält den voraussichtlichen Anteil der verschlüsselt übertragenen Daten für gering (unter 25%), die andere (35%) hält ihn für hoch (über 75%) ; nur 15% der Befragten haben sich für den mittleren Bereich (25% 75%) entschieden.

Nach den Beobachtungen des Auftragnehmers zeigt sich hier ein Unterschied zwischen Stellen der Wirtschaft und der öffentlichen Verwaltung. In der Wirtschaft tendiert man dazu, nur so viel zu verschlüsseln, wie gerade sachlich gerechtfertigt erscheint; in der öffentlichen Verwaltung will man so viel verschlüsseln, wie durch Rechtsbestimmungen erforderlich wird; man erwartet offensichtlich eine allgemeine Festlegung auf die Verschlüsselung vor allem personenbezogener Daten. Dies zeigt sich auch in manchem Hinweis auf Auflagen des Bundesbeauftragten für den Datenschutz.

Viele der Befragten fühlten sich bei der Beantwortung der Fragen 4.4 bis 4.6 und 4.10 unsicher, weil eine sinnvolle Antwort vom Geschäftsverhalten der Post abhänge. Insbesondere die Frage nach der gewünschten Übertragungsgeschwindigkeit (4.10) fällt darunter. Realistischer Weise dachte man vorwiegend an 9.600 bit/s (etwa 60%) wünschte sich aber auch höhere Geschwindigkeiten - vorwiegend 64 kbit/s zu günstigen Preisen.

Die Frage nach dem Datenanfall pro Teilnehmerstation (4.7) wurde häufig als unglücklich gestellt empfunden, da bei Rechnersystemen ein großer Unterschied besteht, je nachdem ob man den Rechner oder ein Terminal als Teilnehmer betrachtet.

2.2.5 Kommunikationsverhalten

Vorbemerkung:

Für die Einrichtung eines Systems der verschlüsselten Kommunikation kommt es sehr auf das entsprechende Kommunikationsverhalten der Teilnehmer an. Man muß sich dieses um den Transport der Schlüssel ergänzt denken, der ja jeweils der eigentlichen Kommunikation vorausgehen muß und der aufwendigste Teil der Verschlüsselungsmaßnahmen sein könnte. Er hängt vom allgemeinen Kommunikationsverhalten - einschließlich der Speicherung der Daten für Wiedergewinnungszwekke - und von den Sicherheitsansprüchen der Teilnehmer ab.

FRAGE 5.1

Mit etwa wievielen verschiedenen Teilnehmeranschlüssen würden Sie (besonders häufig) verschlüsselt verkehren wollen?

800
....
2.500

32 / - 5x10 59
- $5x10^2$ 31
- $5x10^3$ 03
darüber 07

FRAGE 5.2

Würden die Kommunikationspartner der FRAGE 5.1 nur untereinander (und mit Ihnen) verschlüsselt verkehren wollen? Wenn diesbezüglich weitere Wünsche nach Kommunikationsmöglichkeiten dazukämen, würde sich die o.a.Zahl der Teilnehmer erhöhen. Auf etwa wieviel?

920
....
2.000

25 / - 5x10 16
- $5x10^2$ 60
- $5x10^3$ 20
darüber 04

FRAGE 5.3

Mit etwa wievielen der Teilnehmer nach FRAGE 5.1 soll die Kommunikation mit Ihnen "unter vier Augen" erfolgen können, also so, daß ein einziger Schlüssel, der allen der oben bezeichneten Teilnehmeranschlüssen bekannt ist, nicht ausreichen würde?

740
....
2.500

29 / - 5x10 69
- $5x10^2$ 24
- $5x10^3$ 00
darüber 07

FRAGE 5.4

Wieviele Gruppen, die einen Schlüssel gemeinsam haben können, würden sich unter den Teilnehmer nach FRAGE 5.2 ergeben?

8
.... 27 / - 5 70
13,5 - 50 30

FRAGE 5.5

Für wie wahrscheinlich halten Sie es, daß das vorwiegende Kommunikationsverhalten in Ihrem Kommunikationsbereich folgende Strukturen annimmt:

!1,2! !1.3! Die Kommunikation erfolgt zwischen einer zentralen Stelle und den ihr zugeordneten Teilnehmern, ohne daß diese direkt untereinander kommunizieren (Stern-Struktur). 35 / 46-14-11-29

!1,0! !0,9! Wie oben, jedoch kommunizieren die Teilnehmer (in geringerem Maße) auch direkt untereinander (vermaschte Sternstruktur). 35 / 31-46-14-09

!1,3! !1.2! Es ergeben sich mehrere Sternstrukturen, wobei einzelne Teilnehmer mit mehr als einer zentralen Stellen kommunizieren (peripher gekoppelte Vielfach-Sternstrukturen). 35 / 34-20-23-23

!1,4! !1,1! Es ergeben sich mehrere Sternstrukturen, wobei die zentralen Stellen miteinander kommunizieren (zentral gekoppelte Vielfach-Sternstruktur) 36 / 28-22-31-19

!1,7! !1,2! Die Teilnehmer sind gleichwertig und kommunizieren untereinander direkt (vermaschte Struktur). 35 / 20-31-12-37

FRAGE 5.6

Für wie wahrscheinlich halten Sie es, daß der Schlüssel, mit dem Sie die zu übertragenden Nachrichten verschlüsseln, mit der unten bezeichneten Häufigkeit (aus Sicherheitsgründen) gewechselt werden muß? Bitte gehen Sie davon aus, daß einerseits das verfügbare Schlüsselmanagement einen beliebig häufigen Schlüsselwechsel leisten kann und daß andererseits das Verfahren sicher genug gegenüber mathematischen Angriffen ist. Denken Sie vielmehr daran, daß dem Angreifer der Schlüssel bei größerer Lebensdauer mehr wert ist und er deshalb größere subversive Anstrengungen unternehmen dürfte.

!1,1! !1,3! vor jeder Verbindungsanforderung 35 / 51-14-09-26

!0,3! !0.6! stündlich 35 / 77-17-06-00

!1,1! täglich 35 / 43-23-14-20
!1,2!

!1,6! seltener 35 / 23-29-11-37
!1,2!

FRAGE 5.7

!0,4! Für wie wichtig halten Sie in diesem Zusammenhange, daß auch während
!0,8! einer (langen) Session / Verbindung der Schlüssel auswechselbar sein muß? 37 / 73-16-06-05

FRAGE 5.8

!0,8! Für wie wichtig halten Sie es, daß gespeicherte Information aus Si-
!0,8! cherheitsgründen in bestimmten zeitlichen Abständen umgeschlüsselt wird? Wie groß sollen diese sein? 36 / 44-36-17-03

11

....

Antworten:

bewegte Daten: 1 Woche - archivierte Daten: 1 Jahr (Ö-1), ein Jahr und mehr (F-1), sporadisch etwa einmal im Jahr (I-1), alle zwei Monate (F-1), monatlich (F-1)

abhängig von Menge, Sensitivität und Schnelligkeit des Verlusts an Sensitivität (I-1), abhängig vom Aufwand (I-),

nicht wichtig wegen rascher Veralterung der Daten (Ö-2),

Nachbemerkung:

Für eine verschlüsselte Kommunikation in offenen Netzen ist bei ausreichend reger Beteiligung eine organisierte Schlüsselverteilung unerläßlich. Diese sollte jedoch dem Kommunikationsverhalten der Teilnehmer angepaßt sein, wenn man sie rationell durchführen will. In diesem Abschnitt sollte das Verhalten nach Intensität und Struktur untersucht werden.

Die konsolidierte Antwort auf die Fragen 5.1 bis 5.3 fiel unbefriedigend aus. Dies liegt u.a. daran, daß ein sehr maßgeblicher Befragter weit aus dem Rahmen fallend alle drei Gruppen mit 10.000 bezifferte. Immerhin ergibt die Antwort eine relativ einheitliche Größenordnungsvorstellung.

Die Frage nach der Anzahl der Gruppen, die einen Schlüssel gemeinsam haben können, wurde so ausgelegt, daß der Fall von je zwei Teilnehmern als Gruppe nicht beachtet wurde, sondern nur solche Fälle, bei denen erheblich mehr Teilnehmer über einen gemeinsamen Schlüssel verfügen dürfen. Die Antwort ist auch nicht so auszulegen, daß sich die im Mittel 829 Teilnehmer große Gruppe nach Frage 5.2 in durchschnittlich 8 Untergruppen aufteilen ließe und deshalb nur 8 Schlüssel benötigt würden. Für den überwiegenden Teil der Gruppe nach Frage 5.2 - nämlich für die im Durchschnitt 741 Teilnehmer große Gruppe nach Frage 5.3 würde Kommunikation "unter vier Augen" bevorzugt werden. Die Anzahl der Schlüssel ließe sich im Mittel um 20% (auf etwa 275.000 im Mittel) reduzieren.

Zur Frage 5.5 nach der Struktur wurden sehr unterschiedliche Antworten gegeben. Der Auftragnehmer gewann jedoch den Eindruck, daß dies nicht auf Unsicherheit sondern auf die Unterschiedlichkeit der gewachsenen Strukturen zurückzuführen ist. Der allgemeinste Fall - die vermaschte Struktur - wird am deutlichsten gewünscht.

Bei Frage 5.6 - nach der Häufigkeit des Schlüsselwechsels - zeigen sich wiederum zwei Gruppen: Die größere davon hält offensichtlich einen häufigen Schlüsselwechsel für unnötig; die kleinere möchte den Schlüssel vor jeder Verbindungsanforderung wechseln; für einen stündlichen Wechsel optierten nur wenige.

Dies liegt nach den Beobachtungen des Auftragnehmers weniger daran, daß die zweite Gruppe einen so häufigen Schlüsselwechsel für unbedingt erforderlich hielte, sondern daran, daß sie die Einrichtung einer Schlüsselverteilungszentrale, die solches leistet, für angebracht erachtet. Um zur erforderliche Häufigkeit eine begründete Meinung zu haben, fehlt es derzeit noch an der notwendigen Erfahrung. Zumal man derzeit auch ohne die Verschlüsselung auskommt, tendiert man eher zu weniger harten Forderungen. Man erkennt dies auch aus den Antworten auf die Fragen 5.7 (Auswechselbarkeit des Schlüssels während einer langen Session) und 5.8 (Umschlüsselungsintervalle bei gespeicherter Information).

2.2.6 Geschlossene Anwendergruppe

Vorbemerkungen:

Bei der geschlossenen Anwendergruppe handelt es sich um eine begrenzte Gruppe von Teilnehmern, die allein Zugang zu bestimmten ihnen exklusiv gewährten Dienstleistungen haben. Unter diesen Dienstleistungen kann die der Schlüsselverteilung ein besonders wichtige Position einnehmen.

Das Organisationsprinzip der Schlüsselverteilung bedeutet lediglich, daß nur der verschlüsselte Verkehr auf die geschlossene Anwendergruppe beschränkt ist, nicht jedoch auch der unverschlüsselte. Unverschlüsselt können die Teilnehmer mit jedem anderen Teilnehmer des (offenen) Netzes kommunizieren.

Eine besondere Ausprägung der Schlüsselverteilung ist die mit Hilfe einer Schlüsselverteilungszentrale, die mit jedem der von ihr betreuten Teilnehmer einen (Master-) Schlüssel gemeinsam hat und auf einen Verbindungswunsch hin den beiden Kommunikanten einen Sessionsschlüssel (mit dem Masterschlüssel verschlüsselt) zustellt. Die Masterschlüssel werden nicht auf Fernmeldewegen zugestellt und relativ selten gewechselt. Ein Sessionsschlüssel wird für ein einzelnes Gespräch bereitgestellt und angewendet. Danach kann er gelöscht werden.

Es kann auch zwischen geschlossenen Anwendergruppen (z.B. mit Hilfe jeweils zweier Schlüsselverteilungszentralen und deshalb mit etwas verminderter Sicherheit) verschlüsselt verkehrt werden.

Die Schlüsselverteilung muß besonders gesichert sein.

FRAGE 6.1

Wie wichtig wäre es Ihnen, einer der nachstehend aufgeführten geschlossenen Anwendergruppen anzugehören? Bitte fassen Sie die nachstehend angeführten Möglichkeiten als Anregung auf; beachten Sie vorzugsweise das Kästchen "Andere".

!0,9! !1,2!	Kreditgewerbe	37 / 57-16-08-19
!0,3! !0,6!	Privates Versicherungswesen	36 / 83-11-03-03
!0,7! !1,2!	Öffentliches Versicherungswesen	36 / 69-08-03-20
!0,6! !1,0!	Öffentliches Meldewesen	36 / 69-06-17-08
!0,2! !0,6!	Finanzämter / Steuerberater	36 / 89-08-00-03
!0,3! !0,7!	Gesundheitswesen	35 / 77-17-03-03

!0,1! Kirchlicher Bereich 34 / 91-06-03-00
!0,4!

!0,3! Maklerdienste 35 / 86-00-11-03
!0,8!

!1,4! Eigenes Unternehmen, eigene Unternehmensgruppe 36 / 46-08-08-38
!1,4!

!1,5! Andere - Welche? 37 / 32-11-30-27
!1,2!

....
24
....

Antworten:

Ministerien (F-3, Ö-5), Post (F-1, Ö-5), Bundesministerium für Arbeit und Sozialordnung (Ö-1)

Auftraggebende Behörden (I-1), Statistisches Bundesamt (Ö-2, I-1), statistische Landesämter (F-1, I-1), Bundeszentralregister (Ö-2),Ausländerzentralregister (Ö-2),Sicherheitsbehörden (Ö-1), Aufsichtsbehörden (F-1), KfZ-Register (Ö-1), Bundesversicherungsanstalt für Angestellte (F-1), Justizbehörden (Ö-1), Wehrbereich (I-1), Inpol-Netz (Ö-1), Bundeskriminalamt (Ö-1), Kraftfahrtbundesamt (Ö-1), DVS Nordrhein-Westfalen (Ö-1)

Forschungsinstitute, Universitäten, Großforschungseinrichtungen (F-5), ARPA-Netz (F-1)

mittelständische Kundengruppen (B-1), Lebensmittelgewerbe (I-1), Industrie (I-1),

Verbände (I-2), Krankenkassenverbände (Ö-1, F-1), Schufa-Netz (B-1)

Untergruppen des Unternehmens (I-1)

regional abgegrenzte Anwendergruppen (B-1)

FRAGE 6.2

Welche Stellen müßten Ihrer Anwendergruppe unbedingt angehören?

....
32
....

Antworten:

Ministerien (F-2, Ö-1), Post (I-2), Bundesbahn (I-1), Finanzämter (Ö1), Bundeskriminalamt (Ö-1), Statistisches Bundesamt (Ö-1), Bereich soziale Sicherung (Ö-2), RV-Träger (Ö-3), Bundesversicherungsanstalt für Angestellte (Ö-1), Bundesanstalt für Arbeit (Ö-1), Gerichte (Ö-1), Staatsanwaltschaften (Ö-1), Justizvollzugsanstalten (Ö-1), Gnadenbehörden (Ö-1), Bundeswehrbeschaffungsamt (I-1), Polizei (Ö-1), hessische Kliniken (F-1)

Kreditgewerbe (B-5), Lebensmittelgewerbe (I-1)

Forschungsinstitute (F-2)

Krankenversicherungen (Ö-3), Arbeitslosenversicherung (Ö-1), Unfallversicherungen (Ö-1)

Zentrale und zum Geschäftsbereich zugeordnete Stellen, eigene Unternehmensgruppe (I-6, F-1), externe anwendungsorientierte Teilnehmer gruppen (I-1), Industrie (I-1)

FRAGE 6.3

Welche Stellen möchten zwar aber dürften nicht in Ihrer Anwendergruppe sein?

....
13
....

Antworten:

Finanzämter (B-1, Ö-1), Auskunfteien (B-1), Versicherungen (B-1), Staatsanwaltschaften (Ö-1), private Nachrichtenagenturen (Ö-1), Stellen ohne Behördencharakter z.B. Privatbanken (Ö-1), Bundeskriminalamt (Ö-1), außerhalb einer geschlossenen Anwendergruppe liegende Teilnehmer (I-1), Versicherungen (F-1)

FRAGE 6.4

Wie wichtig waren Ihnen folgende Kriterien zur Beantwortung dieser Fragen?

!2,2! !1,1!	Größtmögliche Sicherheit	38 / 13-11-18-58
!0,5! !0,7!	Ausnutzung der Verkehrskapazitäten	36 / 58-31-11-00
!1,3! !1,2!	Interessenverträglichkeit bei den Teilnehmern	38 / 39-13-24-24

!1,6! Gleichartigkeit des Bedarfs an bestimmten Spezialservice
!1,0! 38 / 21-24-34-21

!0,1! Andere 37 / 97-00-00-03
!0,5! Welche?

....
1
....

Antworten:

gesetzliche Regelung z.B. Bundeszentralregistergesetz (Ö-1)

FRAGE 6.5

!2,3! Für wie repräsentativ halten Sie Ihre zuletzt gegebenen Antworten bezüglich der von Ihnen ins Auge gefaßten geschlossenen Anwendergruppe?
!0,9! 35 / 06-09-34-51

FRAGE 6.6

Wieviele Teilnehmeranschlüsse würden Ihrer Schätzung nach in der für Sie wichtigsten geschlossenen Anwendergruppen in einem fortgeschrittenen Entwicklungszustand anfallen? Siehe auch FRAGE 5.2.

2.200
....
7.300

30 / - $5x10^2$ 27
- $5x10^3$ 47
- $5x10^4$ 20
- $5x10^4$ 06

FRAGE 6.7

Wie hoch schätzen Sie den Anteil der verschlüsselten Sessionen / Verbindungen an der Gesamtzahl, die nicht innerhalb der für Sie wichtigsten geschlossenen Anwendergruppe geführt werden?

31
.... %
33

30 / - 25 67
- 50 10
- 75 00
- 100 23

FRAGE 6.8

Wie wichtig wäre es Ihnen, daß gegebenenfalls die Schlüsselverteilungszentrale

!1,9! eine besondere gesetzliche Grundlage erhält 37 / 30-05-14-51
!1,3!

!2,1! unabhängig ist 36 / 19-08-20-53
!1,2!

!1,7! unter der Kontrolle einer (bewährten) vorhandenen Stelle gestellt wird
!1,4! Welches sollte in Ihrem Falle diese Stelle sein?
36 / 36-06-14-44

20
....

Antworten:

unabhängige staatliche Behörde (I-2), Post aufgrund eines besonderen Gesetzes (B-1, F-1, I-1, Ö-1), Bundesbeauftragter für den Datenschutz (Ö-1), Landesdatenschutzbeauftragter (F-1), Datenschutzbehörden (F-1), behördlicher Sicherheitsbeauftragter (I-1), Bundesbank (B-1)

derzeit branchen-zentrale DV-Stellen (z.B. Börsendatenzentrale) (B-1), Institution des Kreditgewerbes (B-1), Deutsche Zahlungsverkehrsgesellschaft (B-1),

Datenschutzstelle des Unternehmens (I-2), Universitätsrechenzentrum (F-1)

Verband Deutscher Rentenversicherungsträger (Ö-1),

den Kommunikationspartnern überlassen (Ö-1)

Bitte geben Sie die nach Ihrer Meinung wichtigsten Sicherheitskriterien an, die zu entsprechenden Forderungen an Schlüsselverteilungszentralen führen können.

....
23
....

Antworten:

Einrichtungen in einem besonders geschützten Bereich (I-1)

volle Automatisierung (F-2, Ö-2), sicherer Algorithmus (F-1), zuverlässiges Kontrollsystem (B-1), Geheimhaltung der Schlüssel auch vor den Kommunikanten (Ö-1)

Zugangskontrolle mit Authentikation (F-2, I-3), physikalische Sicherung der Teilnehmerschlüssel (B-2, F-1, I-2, Ö-1), Sicherung der Zustellung z.B. durch Verschlüsselung (I-2, Ö-4), Löschung der Schlüssel nach Zustellung (Ö-1)

Geheimhaltung und hohe Ausfallsicherheit (I-1, Ö-1), Ständige Verfügbarkeit - Redundanz (F-1, I-4), Unmanipulierbarkeit (I-2), Unzerstörbarkeit (I-2), Unbestechbarkeit (Ö-1), Unausforschbarkeit (Ö-1), Flexibilität (Ö-1)

Unabhängigkeit (B-1, F-1, I-1), Öffentlichkeit (F-1), begrenzte Personalzahl (B-1, F-1, I-1), Verpflichtung auf Verschlußsachenbestimmungen (I-1, Ö-1), Gesetz über Schlüsselverteilungszentralen (Ö-1)

Kontrolle durch befugte Stelle (Ö-1), Offenlegung der Organisation (F-1)

eine vom Kreditgewerbe kontrollierbare Stelle (B-1)

Garantien an die Benutzer (F-1)

Nachbemerkung:

In diesem Abschnitt galt es, einen Eindruck davon zu gewinnen, in welcher Weise Teilnehmer in Gruppen zusammengefaßt und von jeweils einer Schlüsselverteilungszentrale betreut werden könnten (wobei die Schlüsselverteilungszentralen auch Teilnehmern unterschiedlicher Gruppen Schlüssel zur Verfügung stellen).

Zu den erteilten Antworten muß man miteinrechnen, daß einerseits die Gruppe der Befragten klein und willkürlich gewählt war und daß diese andererseits etwa bei den Antworten auf die Frage 6.1 nicht voll zur Geltung kommt. Wenn z.B. der Bundesminister des Innern unter den Bundesministerien nicht explizit erscheint, darf man daraus nicht schließen, daß etwa das Bundesministerium für Arbeit und Soziales ein vergleichsweise wichtigerer Partner wäre; der Fragebogen wurde vom ersteren ausgefüllt, woraus zu schließen wäre, daß er sich selbst ein dementsprechendes Gewicht zulegt.

Wie aus den Antworten zu ersehen ist, sind reichlich Vorschläge eingegangen. Der Ausgangspunkt des Fragebogens, daß anwendungsorientierte Gruppen - etwa wie derzeit bereits das Kreditgewerbe - eine Kommunikationssystem unterhalten sollten, innerhalb dessen die Teilnehmer miteinander verhältnismäßig häufig verschlüsselt verkehren würden, daß darüber hinaus durch Vermittlung zweier Schlüsselverteilungszentralen auch ein verschlüsselter Verkehr zwischen Teilnehmern unterschiedlicher Anwendergruppen möglich sein sollte, wurde von den Befragten in der Regel gutgeheißen und regte sie zu Vorschlägen an.

Es sei aber auf die Schwierigkeiten hingewiesen, welche die meisten Befragten hatten, als sie im 5.Abschnitt des Fragebogens die Frage nach der Größe der Anwendergruppe und deren Grad an Geschlossenheit beantworten sollten. Aus der näheren Analyse der Antworten auf die Fragen 6.1 bis 6.3 und 6.6 ergibt sich, daß die sich anbietenden geschlossenen Anwendergruppen einander so stark überlappen, daß sich nur wenige sinnvoll isolieren ließen.

Die reichlichen Vorschläge lassen also keineswegs vermuten, wie sich eine interessenorientierte Struktur in eine Organisationsstruktur umsetzen ließe. Die Interesenorientierung selbst ist schlecht eingrenzbar. Zuweilen möchte eine Branche eine geschlossene Anwendergruppe bilden. Das gilt dann jedoch zumeist nur für eine besondere Anwendung der Datenkommunikation. Solche Anwendungen gehen aber sehr häufig über die geschlossene Anwendergruppe hinaus.

Eine große Bankgesellschaft z.B. möchte keineswegs in erster Linie oder gar allein einer aus dem Kreditgewerbe bestehenden Anwendergruppe angehören. Wichtiger erscheint es ihr, daß ihre Filialen regionalen Anwendergruppen angehören, in denen auch die Kunden der Bank erfaßt sind. Die Bankgesellschaft, deren Datenkommunikation sich nicht im Kundenverkehr erschöpft, möchte auch eine firmeninterne Schlüsselverteilung vornehmen können. Dabei möchte sie sich aber nicht kontrollieren lassen. Für den Zahlungsverkehr zwischen den Kreditinstituten möchte man mit diesen unter sich bleiben. Hier ergäben sich also drei Anwendergruppen für eine Bank: eine regional kundenorientierte, eine intern orientierte und eine branchenorientierte.

Unter diesen Umständen wäre zu erwägen, ob nicht die Schlüsselverteilung im offenen Netz grundsätzlich auf regionaler Basis erfolgen sollte und es den Betreibern von Privatnetzen freigestellt bleiben sollte, ihre eigene Schlüsselverteilung nach anderen Gesichtspunkten vorzunehmen. Dabei wäre die Frage zu klären, inwieweit die unterschiedlichen Schlüsselverteilungszentralen miteinander verkehren sollten bzw dürften.

Letztere Frage stellt sich nach einer Analyse der Antworten auf Frage 6.8. Hier war man weit überwiegend der Meinung, daß die Schlüsselverteilungszentrale der eigentliche Schlüssel zur Sicherheit ist. Sie sollte nach Ansicht der meisten Befragten nicht nur sehr sicher organisiert und technisch implementiert sein; sie sollte auch auf eine (vorzugsweise öffentliche) gesetzliche Grundlage gestellt werden.

Dies kann man uneingeschränkt erwarten, wenn die Schlüsselverteilung regional durchgeführt werden sollte. In abgeschwächter Form ließe sich dies auch von branchenorientierter oder anwendungsorientierter Schlüsselverteilung fordern. Fraglich wird dies aber dann, wenn die Schlüsselverteilungszentrale nur ein privates Unternehmen allein bedient, dieses jedoch über seine Schlüsselverteilungszentrale auch Sessionsschlüssel zu Teilnehmern des offenen Netzes erhalten möchte.

Als wesentlichstes Kriterium für die Beantwortung der Fragen wird die größtmögliche Sicherheit angegeben. Dem Befragten wurde dazu erklärt, daß dabei nur an die Sicherheit gedacht sei, die der Umstand geben mag, daß man einer überschaubaren Gruppe angehört. Diese Haltung könnte einer regionalen Gliederung entgegenstehen, da den Befragten die geschlossene Anwendergruppe als interessenverträgliche Gruppe geschildert wurde. Beachtet man aber, daß die Interessenverträglichkeit von den Befragten nur als zweitrangig klassifiziert wurde, erscheint eine ausreichende Akzeptanz einer regionalen Gliederung wiederum als möglich.

Die Frage 6.8 nach der Natur der Schlüselverteilungszentrale hätte erwarten lassen, daß wenigstens einer der Forderungen, die sich ja grundsätzlich nicht ausschließen, eine besonders deutliche Zusage erteilt wird. Daß dies nicht in dem Maße der Fall ist, dürfte nach Ansicht des Auftragnehmers darin liegen, daß manchen Befragten eine Schlüsselverteilungszentrale in Hinblick auf die Sicherheit der Übermittlung als eine Gefährdung erschien; siehe dazu auch die Nachbemerkung zu 2.2.7.

2.2.7 Organisationsprinzip

Vorbemerkung:

Bei der Verschlüsselung in einem offenen Netz ist der Transport der Schlüssel ein besonders wichtiges Problem, will man doch in der Lage sein, mit praktisch beliebig vielen Teilnehmern eines öffentlichen Netzes zu beliebigen Zeitpunkten verschlüsselt zu verkehren. Letzteres erfordert eine Schlüsselanzahl, die mit dem Quadrat der Teilnehmermenge wächst; entsprechend wächst das Transportproblem.

Bitte beachten: Es geht hier allein um die Organisation der Schlüsselverteilung, nicht etwa um die des oben erfragten Verkehrsverhaltens.

FRAGE 7.1

Wie sehr würden folgende Organisationsformen des Schlüsselmanagements in einem offenen Kommunikationssystems Ihren Anforderungen entsprechen?

!0,8! Zustellung von Schlüsseln per Kurier bei entsprechend seltenem Schlüs-
!1,1! selwechsel 37 / 59-11-16-14

!0,7! Wie oben aber mit Offenlegung der Schlüsselpartnerpaare, so daß Teil-
!0,8! nehmer mit mehreren Schlüsselbeziehungen eine verschlüsselte Kommunikation zwischen ihren Partnern vermitteln können (Relais-Übermittlung) *) 36 / 50-36-08-06

!2,3! Schlüsselverteilungszentrale, die mit jedem der von ihr betreuten
!1,1! Teilnehmer einen (Master-)Schlüssel gemeinsam hat und auf einen Verbindungswunsch hin den beiden Kommunikanten einen Sessionsschlüssel (verschlüsselt) zustellt 36 / 11-14-11-64

!0,4! Andere 34 / 88-00-00-12
!1,0! Welche?

7

....

Antworten:

gegenwärtige Methoden zur Ausfallsicherung (I-1), Schlüsselverteilungszentrale mit täglicher Vergabe von Schlüsseln (Ö-1), Public-Key-Distribution-Systeme (F-1), Schlüsselverteilungssystem mit dezentralen Verteilungsstellen (I-1), interne Prinzipien (I-1)

---

*) Z.B. gibt es solche Übermittlungen im SWIFT-Netz, wobei Überweisungen über das Konto des Adressaten bei einer Geschäftsbank (mit der beide Partner je einen Schlüssel gemein haben) laufen und von einem direkt zugestellten schriftlichen Avis begleitet sind.

Es ist darauf zu achten, daß der vermittelnde Partner entweder vertrauenswürdig ist, oder ein Mißbrauch der Daten ausgeschlossen ist, denn er erhält Kenntnis des Klartexts.

FRAGE 7.2

An SWIFT-Kunden: Wie oft kommt es bei Anwendung der SWIFT-Dienstleistungen zu Relais-Übermittlungen (an Geschäftsbank mit Avis an den Empfänger)? Bitte schätzen Sie die Angaben in % der Gesamtzahl von Übermittlungsfällen.

14,6
.... %　　　　6 / - 10　67
17,0　　　　　　　　　　- 50　33

FRAGE 7.3

!1,9! Für wie wichtig halten Sie es, daß man bei zentraler Schlüsselverteilung ein Relais-Übertragungs-System organisiert, auf das bei Ausfall
!1,1! der Schlüsselverteilungszentrale zurückgegriffen werden kann?
37 / 16-22-22-40

FRAGE 7.4

Für wie wichtig halten Sie es, daß man bei der Einrichtung des Schlüsselmanagements folgende (z.B. für eine Maklerdienstleistung wichtigen) Leistungsmerkmale eines verschlüsselten Verkehrs berücksichtigt?

!0,2! Sender bleibt gegenüber Empfänger anonym　38 / 89-05-03-02
!0,6!

!0,2! Empfänger bleibt gegenüber Sender anonym　38 / 89-08-00-03
!0,5!

!0,6! Abrufer bleibt gegenüber Anbieter (von Information) anonym
!1,1!　39 / 74-00-16-10

!0,2! Anbieter (von Information) bleibt gegenüber Abrufer anonym
!0,6!　39 / 90-05-03-02

!0,2! Verbindung in einer Richtung für verschlüsselten Verkehr gesperrt
!0,5!　38 / 87-08-05-00

!0,2! Verbindung in beiden Richtungen für verschlüsselten Verkehr gesperrt
!0,5!　38 / 90-05-05-00

FRAGE 7.5

Wie wichtig wären Ihnen folgende Gründe dafür, auf ein höheres Organisationsprinzip überhaupt zu verzichten und z.B. Schlüssel per Kurier zuzustellen?

!0,9! Zahl der Partner für verschlüsselten Verkehr klein
!1,1! 36 / 56-19-08-17

!0,7! Eventuelle größere Sicherheit 36 / 59-22-08-11
!1,0!

!0,3! Verheimlichung der Partnerbeziehungen 36 / 78-17-05-00
!0,6!

!0,4! zusätzliche Möglichkeit zur organisierten Schlüsselzuteilung - Grund:
!0,9! 35 / 83-06-03-08

....
8
....

Antworten:

Mißtrauen gegenüber der Verwaltung der Schlüsselverteilungszentrale; um nicht auf diese angewiesen zu sein (I-1), Ausweichmöglichkeit (F-1), bilaterale Schlüsselvereinbarungen (B-1), Erfordernisse höherer Sicherheitsforderungen (Ö-1, I-1), um ein off-line-Geldausgabesystem zu ermöglichen (B-1), zusätzliche Zugangsdifferenzierung (F-1)

FRAGE 7.6

Wie wichtig wären Ihnen die folgenden Gründe (etwa anbetrachts einer anfänglich geringen Zahl in Frage kommender Kommunikationspartner) auf ein höheres Organisationsprinzip anfangs zu verzichten?

!1,4! Sammeln von Erfahrungen mit der Verschlüsselung am Ort
!1,2! 36 / 36-11-25-28

!1,5! Bedarf an einer Schlüsselverteilungszentrale feststellen
!1,1! 36 / 31-11-36-22

!0,2! Andere Gründe. Welches sind diese? 35 / 91-03-00-06
!0,7!

3
....

Antworten:

eigenen Bedarf feststellen (I-1), um einefrühzeitige Realisierung von

Verschlüsselungssystemen zu ermöglichen (I-1), wegen einer eventuelle beschränkten Funktionsfähigkeit des öffentlichen Schlüsselverteilungssystems (F-1), eventuelle ungünstige Kosten-Nutzen-Relation (F-1)

Nachbemerkung:

Hier sollte das Prinzip der Schlüsselverteilungszentrale in Frage gestellt werden und dem Befragten Gelegenheit geboten werden, eigene Vorschläge zum Organisationsprinzip zu machen. Die Antworten fielen sehr eindeutig zugunsten der Schlüsselverteilungszentrale aus (7.1, 7.5). Sie wurde allerdings in wenigen Fällen ohne Ersatzvorschlag oder mit der Ansicht abgelehnt, daß die Verschlüsselung weiterhin Angelegenheit solcher Teilnehmer bleiben sollte, die auf sie nicht zu verzichten können glauben und die dafür die Beschwernisse des Schlüsseltransport auf sich nehmen sollten.

Ablehnend gegenüber einer Schlüsselverteilungszentrale verhielten sich aber insbesondere diejenigen (wenigen) Befragten, die sich dem SWIFT-System verbunden fühlen, also solche, die überdurchschnittlich viel Erfahrung mit der Datenverschlüsselung - allerdings ohne eine derartig organisierte Schlüselverteilung - gesammelt haben.

2.2.8 Realisierung / Betrieb

Vorbemerkung:

Zur Anwendung der Verschlüsselung kann nicht vorausgesetzt werden, daß sie sich allerorts in gleicher Weise realisieren läßt. Man wird Zugeständnisse machen müssen. Hier wäre z.B. festzustellen, ob etwa die Realisierung per Software ein solches vorübergehendes Zugeständnis sein sollte, oder ob sie gar auch in einem entwickelten System erhalten bleiben sollte. Wichtig ist z.B. einerseits zu bedenken, welches die Folgen sein können, wenn ein Verschlüsselungsautomat ausfällt. Andererseits muß man in Betracht ziehen, daß eventuell (auf Grund benötigter Beweisqualitäten) eine versiegelte Verschlüsselungseinheit notwendig wird, die sich per Software nicht realisieren ließe.

FRAGE 8.1

!2,3! Wie wichtig ist es Ihnen, daß die Verschlüsselung allein mit Hardware
!1,1! / Firmware realisiert wird, damit die Verschlüsselungsrate für hohe Übertragungsraten ausreicht und die Beweissicherheit nicht durch Software-Simulationsmöglichkeiten in Frage gestellt wird.

38 / 13-10-11-66

FRAGE 8.2

!1,3! Wie wichtig ist es Ihnen, daß die (genormte) Verschlüsselung auch mit
!1,1! Software realisiert werden kann, auch wenn Sicherheit, Effektivität und Beweisqualität erheblich geringer wären als bei einer Hardware-Realisierung?

38 / 34-26-20-20

FRAGE 8.3

!0,8! Wie wichtig ist es Ihnen, daß die (genormte) Verschlüsselung auch ma-
!1,1! nuell mit Tischrechnern durchgeführt werden kann?

39 / 54-22-11-13

FRAGE 8.4

Welcher Mehraufwand an Computer-/Übertragungszeit für die verschlüsselte Übertragung ist für Sie gegenüber der unverschlüsselten hinnehmbar?

10,7
.... %
23,4

33 /	- 25	91
	- 50	03
	- 75	00
	- 100	06

FRAGE 8.5

!1,3! !1,1! Für wie wahrscheinlich halten Sie es, daß Sie einen räumlich abgesonderten besonders gesicherten Kryptobereich einrichten werden, in dem ausschließlich und vollständig nur die zu verschlüsselnden Daten verarbeitet und die Schlüssel sowie die zu verschlüsselnden und die verschlüsselten Daten gespeichert werden? 39 / 28-44-05-23

FRAGE 8.6

Wie würde sich ein Ausfall Ihrer Verschlüsselungseinrichtung auswirken?

vor der Verschlüsselung

....
32
....

Antworten:

Klartext übertragen (B-1, I-2, Ö-1), Kurier (F-2), vorübergehender Verzicht auf Datenübertragung (B-2, Ö-1), Fehlerbehebung abwarten (F-1, I-1), Ausweichen auf andere Übermittlungsmöglichkeiten (F-1), Ausweichen auf Software (B-1), briefliche Abwicklung (B-1), Herausnehmen empfindlicher Daten aus den zu übertragenden Beständen (I-1)

allgemeine Ausfallösung (B-2, I-1),

Übertragungsart den Empfänger bestimmen lassen (Ö-1), Verunsicherung (I-1), Übermittlung mit Vorbehalt (bezüglich der Authentität (F-1), Einhalten der Verschlußsachenbestimmungen, keine verbotene Übertragung (Ö-1, I-1)

geringe Auswirkung (B-1, F-1, I-3, Ö-5), Zeitverlust bei Wahl anderer sicherer Übertragungswege (I-1), Inkaufnahme möglicher Verzögerungen (F-1, I1, Ö-1)

vor der Entschlüsselung?

....
32
....

Antworten:

Klartext anfordern, wenn mit Sicherheitsvorschriften verträglich (B-2, F-2, I-2, Ö-3), Ausweichen auf Entschlüsselung durch Software (Ö-1, B-1), Übertragung zurückstellen (I-1), bei kurzem Ausfall Fehlerbehebung abwarten (F-2, I-1); bei langem Kurier (F-1, I-1), Daten zwischenspeichern (B-1, Ö-1), vorläufiger Verzicht auf Datenverkehr bzw. -verarbeitung (B-2), Inkaufnahme erträglicher Verzögerungen (Ö-1), Sperrung der Übertragung in beiden Richtungen (Ö-1), Wiederholung der Übertragung bei Betriebsbereitschaft (Ö-1), Herausnahme der empfindlichen Daten aus den zu übertragenden Beständen (I-1)

allgemeine Ausweichlösung (B-2),

sehr unangenehm (I-2), starke Auswirkung (Ö-4), ohne Sicherungskopien beim Absender katastrophal (I-1), geringe Auswirkungen (F-1), Zeitverlust bei Wiederholung (F-1, I-1), bei Wahl anderer Sicherheitseinrichtungen (B-1)

FRAGE 8.7

Wie würde sich für Sie der Ausfall der Schlüsselverteilungszentrale auswirken?

....
29
....

Antworten:

auf Notsystem ausweichen (B-2, F-4, I-2, Ö-4), Weiterbenutzung eventuell alter Schlüssel (F, Ö-2), Ausweichen auf andere Übermittlungsmöglichkeiten (F-1), über eine interne Schlüsselverteilung auf andere regionale Schlüsselverteilungszentralen zugreifen (B-1), Klartext übertragen (B-1, I-1, Ö)

kommt auf Anwendung an (I-1), Zeitverlust bei Wahl anderer Sicherheitseinrichtungen (B-1), vorübergehender Verzicht auf Datenübertragung (B-1, Ö-1), Inkaufnahme erträglicher Verzögerungen (Ö-1)

anbetrachts hoher Teilnehmerzahl katastrophal (I), sehr unangenehm (I-2), nur kurze Ausfälle akzeptabel (Ö-1), Verunsicherung (I-1), geringe Auswirkungen (B-1, F-1, Ö-1),

Nachbemerkung:

Hier stand vor allem die Frage zur Diskussion, wie ausfallsicher die Verschlüsselung gemacht werden muß bzw kann. Die Forderung nach ausschließlicher Realisierung durch Hardware, erhielt eine sehr hohe Wertung. Dies schloß aber nicht aus, daß nicht auch der Realiserung durch Software etwa für Ausweichfälle oder bei Fehlen von Hardware zugesprochen wurde. Die Realiserung mit Tischrechnern sah man zumeist für besondere Anwendungen und besondere Algorithmen als sinnvoll an.

Hinsichtlich der hinnehmbaren Verzögerung der Übertragung zeigte sich eine ungewöhnlich hohe Varianz. Sie mag darauf zurückzuführen sein, daß mancher für die Software-Verschlüsselung eingenommene Befragte eine entsprechend größere Verzögerung zulassen wollte. Ein Vergleich der Ergebnisse (siehe "Auswertung der Fragebögen" Anhang 3) zeigt jedoch, daß die entsprechenden Reihen schlecht miteinander korrelieren und kaum ein solcher Zusammenhang festgestellt werden kann. Das läßt nur den Schluß zu, daß sich die Befragten zur Frage des zeitlichen Mehraufwands kein einheitliches Bild machen konnten. Das kann vom Auftragnehmer bestätigt werden, der an dieser Stelle zumeist Verlegenheit feststellen mußte.

Was in den oben angeführten Antworten nicht klar zum Ausdruck kommt: Die Befragten waren überwiegend der Meinung, daß sich der Ausfall der Verschlüsselung nur geringfügig nachteilig auswirken würde. Das sollte anbetrachts des Umstandes nicht verwundern, daß bislang fast alle ohne Verschlüsselung auskommen. Jedoch schätzen auch Befragte, die bereits Erfahrungen mit der Verschlüsselung haben, das Schadensrisiko durch Ausfall nicht hoch ein.

2.2.9 Sicherheit Ihres Kryptobereichs

Vorbemerkung:

Die Verschlüsselung allein erhöht nicht die Sicherheit der Übertragung. Sie erleichtert lediglich die Sicherung; statt aller Kommunikationswege braucht man z.B. nur den Kurierweg zu sichern. Letzteres ist zwar einfacher aber um so wichtiger. Bei einem unsicheren Kryptobereich bleiben auch Übertragungswege und Speicher unsicher.

FRAGE 9.1

!2,2! !1,1! Für wie wahrscheinlich halten Sie es, daß Sie bei Einsatz der Verschlüsselung über eine gute Zugangssicherung des Kryptobereichs verfügen, so daß Sie eine unbefugte Benutzung Ihres Teilnehmeranschlusses ausschließen können? 38 / 13-16-11-60

FRAGE 9.2

Wieviele Personen müßten in Ihrem Anwendungsfall (differenzierten) Zugang zum Kryptobereich haben?

cca .... (18 / 57) 26 / - 5 50
- 50 46
- 500 04

FRAGE 9.3

!1,0! !1,0! Für wie wichtig halten Sie es, daß jeder Zugriffsberechtigte über ein eigenes gesichertes Terminal verfügt, damit ein sicherer Betrieb möglich sei? 37/ 41-35-09-15

FRAGE 9.4

!1,3! !1,2! Für wie wichtig halten Sie es, daß dabei jedes Terminal mit einer Verschlüsselungseinheit ausgestattet ist? 35 / 37-17-20-26

FRAGE 9.5

Für wie wichtig halten Sie es, daß verschlüsselt empfangene Information nur für bestimmte natürliche Personen vom System entschlüsselt werden darf und daß deshalb

!1,1! !1,4! Verbindungswünsche ohne ihre Annahme durch den gesuchten Empfangsberechtigten zurückgewiesen werden? 36 / 58-06-06-30

!2,0! der empfangene Schlüsseltext zwischengespeichert werden kann?
!1,2! 36 / 19-11-20-50

Bitte führen Sie weitere ähnliche Forderungen an.

.... 7
....

Antworten:

Gerät muß seinen Bediener identifizieren können (I-1), Sender sollte Rückmeldung erhalten und bis zum Empfang der Daten auf diese einwirken können (F-1), Entschlüsselung darf nicht personen- sondern muß stellengebunden sein (B-1), Berechtigung für Sekretärin / Sicherheitsbeauftragten / Vertreter die Nachricht zu entschlüsseln (F-1), gesicherte persönliche Schlüsselaufbewahrung (I-1), Protokollierung zurückgewiesener Verbindungswünsche (F-1, I-1)

Nachbemerkung:

Die Frage nach dem Kryptobereich löste bei den meisten Befragten Unsicherheit aus. Sie waren bereit, zu erklären, daß ihr Rechenzentrum in einem ausreichend gesicherten Bereich untergebracht ist, konnten sich jedoch nur wenig mit der Vorstellung anfreunden, daß es für den Umgang mit der Verschlüsselung einen besonderen Kryptobereich geben sollte. Es stellte sich zudem die Frage, wo dieser Kryptobereich liegen sollte, ob nur in der Umgebung des zentralen Rechners oder etwa auch an jedem Terminal.

Bei den Antworten auf die Frage nach der Behandlung von verschlüsselter Information, die einer abwesenden natürlichen Person zugedacht ist, fiel dem Auftragnehmer auf, daß bei der öffentlichen Verwaltung das Problem, daß Daten gesichert persönlich übernommen werden müssen, nicht besteht; die Entgegennahme von Daten ist dort immer stellen- und nie personengebunden.

2.2.10 Negative Aspekte

Vorbemerkung:

Bitte lassen Sie bei der Beantwortung der folgenden Fragen die Höhe der Kosten in Ihre Überlegungen richtig eingehen. Nicht die Verschlüsselung sollte als kostenverursachend angesehen werden, sondern die Sicherheit, für die sie eingesetzt wird. Wenn Sicherheit erreicht werden soll, dann kann die Verschlüsselung kostensparend wirken.

Bitte halten Sie Ihre Daten nicht schon dann für sicher, wenn es einem Datenverarbeitungsfachmann erhebliche Mühe bereitet, sie lesbar zu machen.

FRAGE 10.1

Was spricht Ihrer Meinung nach wie sehr (vorläufig) gegen den Einsatz der Verschlüsselung in Ihrem Bereich?

!1,1! Die Sicherheit der Übertragungswege reicht aus; eine Nachweisführung
!1,1! ist nicht erforderlich; der Aufwand wäre unangemessen hoch.
39 / 43-18-26-13

!1,1! Andere Systemkomponenten (z.B. Betriebssystem) sind so unsicher, daß
!1,1! die Verschlüsselung allein zur erforderlichen Sicherheit nicht ausreichen würde; sie könnte zu Leichtsinn verführen. 38 / 42-18-29-11

!0,8! Andere 38 / 66-03-21-10
!1,1! Welche?

....
14
....

....

Antworten:

technische Entwicklung nicht fortgeschritten genug (I-1), noch kein akzeptables Kryptosystem vorhanden (B-1), zu große technisch-organisatorische Komplexitätsprobleme (B-1), räumliche Sicherung nicht ausreichend (F-1), fehlende Normung (Ö-1), andere Aspekte der Kommunikationssysteme vorläufig vorrangig (F-1), andere Sicherungssysteme vorhanden (I-1)

geringer Bedarf (F-1), wenig eigenes Interesse (nur Interesse des Kommunikationspartners) an der Verschlüsselung (Ö-1), Verschlüsselung nur fallweise notwendig (I-1), vorhandene Alternativen zur Verschlüsselung ausreichend (F-1), hoher Investitionsaufwand (I-2),

vorhandene entgegengerichtete bilaterale Vereinbarungen mit anderen

Stellen, z.B. SWIFT (B-2)

zuviel "Verschlüsselung" (F-1)

FRAGE 10.2

Wie sehr sprechen Ihrer Meinung nach folgende Argumente gegen eine Normung der Verschlüsselung (angenommen, daß der Algorithmus geeignet ist, bekanntgegeben zu werden, ohne daß sich dabei die Sicherheit entscheidend verringert)?

!0,6! !1,0!	Abhängigkeit von nur einem oder wenigen Algorithmen durch die normungsbedingte wirtschaftliche Verfestigung	40 / 62-23-05-10
!0,1! !0,5!	Andere Gründe - Welche?	38 / 95-03-00-02

....
3
....

Antworten:

Die Normung würde gegen bislang kommerziell erhältliche (ungenormte) Geräte diskriminierend wirken (I-1), Behinderung der technischen Entwicklung durch einseitige Festlegungen (F-1)

Nachbemerkung:

An dieser Stelle sollte den Befragten, die eine Datenverschlüsselung ablehnen, die Möglichkeit geboten werden, sich deutlich zu artikulieren. Mit Absicht wurde danach gefragt, was "vorläufig" gegen den Einsatz spreche, um negativen Argumenten eine bessere Chance zu geben. Die Eintragungen wurden vielfach unter Berufung auf "vorläufig" gemacht. Sie sind durchwegs typisch für die Einführung neuer Technologien bzw. sind die grundsätzlichen Nachteile einer technischen Normung.

Nach den Beobachtungen des Auftragnehmers und, wie es sich anhand der Ergebnisse belegen ließe, kamen aber die differenzierten kritischen Antworten von Befürwortern der Datenverschlüsselung.

Das könnte darauf schließen lassen, daß die Ablehnung zuweilen auch unsachliche Gründe haben mag. In diesem Zusammenhange sei erwähnt, daß von einer Stelle dem Auftragnehmer vorgeworfen wurde, der Fragebogen sei suggestiv ausgerichtet und lasse dem Befragten keine andere Wahl, als die, sich positiv zur Verschlüsselung zu erklären. Jedoch konnte diese Stelle kein negatives Argument vorbringen und verlangte unter 10.2 lediglich, daß die Anwender selber Vereinbarungen treffen sollten - als ob eine Normung etwas anderes wäre. Aus diesem Grunde erschien dem Auftragnehmer dieser sonst nie gehörte Vorwurf als zu unsachlich, um ihn an auffälligerer Stelle zu erwähnen.

2.2.11 Dringlichkeit

Vorbemerkung:

Abhängig von Ihren unterschiedlichen Anwendungen der Daten- und Textkommunikation können sich für die Verschlüsselung unterschiedliche Dringlichkeiten ergeben. Bitte denken Sie beim Beantworten der folgenden Fragen gegebenenfalls an mehrere Anwendungen. Sollten Sie z.B. nur eine einzige in Betracht ziehen, dann wäre höchstens in einem Felde eine von 0 verschiedene Ziffer einzutragen.

FRAGE 11.1

Wie wichtig sind Ihnen die Anwendungen, für welche die Aussage über die Notwendigkeit zutrifft?

!2,0! Datenverschlüsselung ist notwendig. 38 / 26-08-09-57
!1,3!

!1,1! Datenverschlüsselung ist nicht notwendig aber so nützlich, daß man
!1,3! sie - falls angeboten - in Anspruch nehmen würde.
38 / 55-05-19-21

!0,5! Datenverschlüsselung ist weder notwendig noch nützlich genug, um sie
!0,9! deshalb in Anspruch zu nehmen. Wenn jedoch einer der Partner auf einer Verschlüsselung bestehen sollte, würde sie in Anspruch genommen.
37 / 73-14-08-05

!0,1! Datenverschlüsselung ist nicht notwendig, auch nicht bei den voraus-
!0,5! sichtlichen Kommunikationspartnern. 36 / 94-03-00-03

!0,1! Datenverschlüsselung würde für die Anwendung so große Nachteile bedeu-
!0,6! ten, daß sie nicht eingeführt werden kann. 36 / 94-00-03-03

FRAGE 11.2

Wie wichtig sind ihnen die Anwendungen, für welche die jeweilige Aussage über die Dringlichkeit zutrifft?

!0,8! Die (genormte) Verschlüsselung sollte sofort ermöglicht werden.
!1,1! 37 / 57-19-08-16

!1,8! Die (genormte) Verschlüsselung sollte 1985 möglich sein.
!1,2! 37 / 27-08-27-38

!1,0! Die (genormte) Verschlüsselung kann später kommen.
!1,2! 37 / 46-27-05-22

!0,1! Die (genormte) Verschlüsselung wird nicht gebraucht werden.
!0,5! 37 / 97-00-00-03

FRAGE 11.3

Welche Kosten der Verschlüsselung (in % der DV-Kosten) wären für Sie akzeptabel?

1,26
.... % 20
1,28

Höhe der DV-Kosten:

Einmalkosten ......1,100.000...... DM 2
900.000

Laufende Kosten ......8,900.000...... DM/Jahr 9
8,870.000

Nachbemerkung:

Nur einer der Befragten hielt die genormte Datenverschlüsselung in großem Maße (3) für nicht notwendig und zugleich im Mittelmaße (2) für schädlich, ohne daß er die Möglichkeit wahrnahm, Gründe für seine Ansicht darzulegen (siehe auch Nachbemerkungen zu 2.2.10). Der größere Teil der Befragten hielt sie nicht nur für nützlich sondern auch für notwendig. Allerdings muß bedacht werden, daß die Zielgruppe auch nach dem Gesichtspunkt ausgesucht wurde, Gesprächspartner zu finden, die einen Bedarf für Verschlüsselung haben könnten. Insofern kann man aus dem hier gefundenen Grad an Interesse nicht etwa auf den des gesamten Datenverarbeitungsmarkts schließen.

Bezüglich der Frage 11.2 waren die meisten Teilnehmer der Meinung, daß eine Verschlüsselungsmöglichkeit in 1985 so gut wie eine sofortige ist. Insofern würden sich die beiden ersten Alternativen nicht unterscheiden.

Die Antworten bezüglich der akzeptablen Kosten wurden - wenn überhaupt - nur sehr zögernd gegeben. Man wäre mit bemerkenswert geringer Varianz bereit, im Durchschnitt 1.2 % der Datenverarbeitungskosten für die Verschlüsselung auszugeben. Auf Fragen hinsichtlich des gemeinten Umfang der Datenverarbeitungskosten gab der Auftragnehmer auch die Personalkosten im DV-Bereich an.

Die Angaben über die absoluten Kosten sind zwar mit 9 gegebenen Antworten wenig signifikant, weisen aber eine relativ geringe Varianz auf. Demnach wären die Befragten im Durchschnitt bereit, etwa DM 100.000 pro Jahr für die Verschlüsselung auszugeben.

2.2.12. Pilotprojekt

FRAGE 12.1

!1,2! Wie gerne würden Sie sich an einem Pilotprojekt zur Datenverschlüsse-
!1,2! lung innerhalb der o.a. geschlossenen Anwendergruppe beteiligen?
38 / 45-18-13-24

FRAGE 12.2

Welche weiteren Teilnehmer an diesem Pilotprojekt würden Sie vorschlagen?

....
12
....

....

Antworten:

Bundeswehr (I-1), Post (I-1), öffentliche Verwaltung z.B. BMFT (F-1), Teilnehmer des "Regierungsnetzes" (Ö-1),

Konzernschwestern (I-1)

Girozentralen (B-1), Landesbanken (B-1), Großbanken (B-2), Westdeutsche Landesbank (B-1)

Forschungsinstitute / Großforschungseinrichtungen z.B. GMD / Universitäten (F-4), hessische Universitätskliniken (F-1)

regionale Anwendergruppen (B-1)

Nachbemerkung:

In den Antworten auf die Frage nach der Beteiligung an Pilotprojekten war für den Auftragnehmer kein System zu entdecken. Man scheint in dieser Beziehung den öffentlichen und den Bereich des Kreditgewerbes zu bevorzugen.

Ersterer wird auch von Forschungseinrichtungen angeführt, die ebenfalls öffentlicher Natur sind. Auch Industrieunternehmen, die eigene Entwicklungen auf diesem Gebiete vorweisen können, sind an einer solchen Kooperation interessiert. Bis auf eine Stelle, die für ein bestimmtes Pilotprojekt bereits Verantwortung trägt, und eine weitere ebenfalls unmittelbar betroffene haben sich keine öffentlichen Stellen für die Beteiligung an einem Pilotprojekt bereit erklärt; das dürfte wohl daran liegen, daß dies nicht unter die jeweiligen Aufgabenzuweisungen fällt.

Der andere Bereich, der des Kreditgewerbes, interessiert im wesentlichen nur dieses selbst. Das Kreditgewerbe mag als typisch für Wirtschaft gesehen werden. Es artikuliert sich auch an dieser Stelle des Fragebogens deutlicher als andere, weil es einerseits bevorzugt unter die Zielgruppe fällt und andererseits - damit zusammenhängend - Erfahrungen auf dem Gebiet der Datenverschlüsselung aufweist. Man bedient sich seit längerem bereits der Dienstleistungen von SWIFT, ist dabei, Geldausgabeautomaten einzurichten und die Datenübertragung zum zentralen System mit Datenverschlüsselung zu sichern; ferner verwendet man ähnliche Methoden bei den Bildschirmtext-Übertragungs-Pilotprojekten.

3. Auswertung der Fragebögen

X bedeutet, daß eine textliche Eintragung vorliegt.
0,1,2 und 3 stellen die Bewertungen durch den Befragten dar.

Z	Zahl der Antworten
M	Arithmetischer Mittelwert
V	Varianz
%0	Prozentsatz der 0-Eintragungen
%1	Prozentsatz der 1-Eintragungen
%2	Prozentsatz der 2-Eintragungen
%3	Prozentsatz der 3-Eintragungen

Bei den Frage 4.7 bis 4.10, 5.1 bis 5.4, 6.6, 6.7, 7.2, 8.4, 9.2 und 11.3 werden nicht Bewertungen sondern Zahlenangaben ausgewertet. In diesen Fällen wird der Zahlenbereich unterteilt. Z.B. heißt bei Frage 4.7

- $5x10^3$	21
- $5x10^4$	16
- $5x10^5$	26
- $5x10^6$	21
- $5x10^7$	16,

daß 21% der an der Zielgruppe Beteiligten zwischen 0 und 5.000, 16% zwischen 5.000 und 50.000, 26% zwischen 50.000 und 500.000, 21% zwischen 500.000, 5,000.000 und 16% zwischen 5,000.000 und 50,000.000 zu übertragende Zeichen pro Tag angegeben haben.

Frage	1.1				1.2		1.3
Stelle							
I1	1	0	0	0	1	2	2X
I2	1	0	2	0	1	2	3X
F1	1	1	3	2X	1	2	1X
B1	0	3	2	2	2	2	3X
B2	0	0	-	3X	1	3	2X
Ö1	1	0	0	0	0	0	0
F2	2	0	3	0	1	3	3X
B3	0	1	3	0	2	2	3X
Ö2	0	0	1	3X	2	2	2X
Ö3	0	0	0	0	2	2	3X
Ö4	1	1	0	1X	1	2	0
B4	1	1	1	1X	1	1	1
Ö5	0	0	3	3X	0	1	3X
B5	0	0	0X	1X	0	0	0
I3	2	0	1	0	3	2	1X
B6	1	3	3	0	0	3	3X
I4	0	0	1	0	0	1	1X
I5	3	3	0	0	3	3	3X
F3	3	1	2	1X	1	3	3X
B7	1	1	3	0	3	2	3X
I6	2	1	1	0	1	3	3X
F4	1	0	2	3X	1	3	2X
Ö6	0	0	1	0	1	2	2X
Ö7	0	0	1	2X	3	2	3X
Ö8	0	0	1	2X	2	2	3X
Ö9	1	1	2	3X	3	2	3X
I7	0	0	1	2X	1	3	1X
I8	0	0	2	2X	1	3	0X
H1	0	0	0	0	0	0	0
I9	1	0	1	0	1	3	3X
I10	1	1	2	3	3	2	2X
F5	0	0	0	0	0	1	0
F6	1	1	0	0	3	3	2X
F7	0	0	0	0	2	2	0
I11	1	0	1	0	1	2	1X
F8	1	1	3	1X	2	3	3X
I12	0	0	1	0	0	1	1
Ö10	0	0	1	2X	3	2	3X
I13	1	0	1	0	1	1	3
I14	1	0	2	0	0	3	3X
M	0,725	0,500	1,308	0,925	1,350	2,025	1,950
V	0,806	0,837	1,042	1,149	1,038	0,880	1,161
%0	45	65	26	55	22	7	17
%1	42	27	36	13	40	15	17
%2	8	0	20	17	18	45	18
%3	5	8	18	15	20	33	48

Frage	2.1					2.2				
Stelle										
I1	2	1	0	0	0	3	1	1	0	3
I2	2	1	1	2	0	2	1	0	0	2
F1	2	2	2	1	0	3	2	1	1	3
B1	3	2	3	2	0	2	0	1	1	3
B2	3	1	3	2	2X	3	0	0	0	3
Ö1	2	1	0	0	1X	2	0	0	0	1
F2	1	1	2	1	0	2	0	0	0	2
B3	3	2	3	1	0	2	1	1	1	3
Ö2	3	1X	0	0	0	3	0	0	0	3X
Ö3	3	3	2	3	0	3	0	0	0	3
Ö4	3	3	3	3	0	3	3	2	2	3
B4	3	3	3	3	0	1	0	0	0	3
Ö5	3	3	2	1	0	3	1	1	1	3
B5	3	3	3	0	0	1	1	0	0	3
I3	3	1	1	1	0	2	0	1	0	3
B6	3	3	3	0	0	3	0	0	0	3
I4	3	1	0	0	0	0	1	0	0	2
I5	3	0	3	0	0	3	3	3	3	3
F3	3	3	3	2	3X	3	1	2	2	3
B7	3	3	3	3	0	3	3	1	1	3
I6	3	3	3	3	0	3	3	-	-	3
F4	2	1	1	0X	0	2	1	0	0	3
Ö6	1	2	1	0	0	2	0	1	0	3
Ö7	3	0	0	2	3X	3	0	0	0	3
Ö8	3	3	0	1	0	3	1	0	0	3
Ö9	3	0	0	2	0	3	0	0	0	3
I7	3	2	2	1	0	3	2	1	1	-
I8	3	3	3	3	0	3	1	2	0	3
H1	0	0	0	0	0	0	0	0	0	0
I9	1	3	3	1	0	3	3	1	1	3
I10	2	3	3	2	0	1	1	1	1	3
F5	2	1	1	3	0	3	1	2	1	3
F6	3	3	2	3	2X	3	3	2	2	3
F7	1	1	3	2	0	3	0	0	0	3
I11	2	0	1	2	0	2	1	2	1	3
F8	3	3	0	3	0	3	0	0	0	3
I12	3	3	0	0	0	2	2	0	0	3
Ö10	3	2	0	1	0	3	1	0	0	3
I13	1	3	3	1	0	3	3	1	1	3
I14	3	2	1	3	-	3	3	1	1	3
Z	40	40	40	40	39	40	40	39	39	39
M	2,475	1,900	1,675	1,450	0,282	2,450	1,100	0,718	0,538	2,795
V	0.806	1,091	1,253	1,139	0,783	0,835	1,114	0,815	0,746	0,607
%0	2	12	27	27	87	5	38	49	59	3
%1	13	28	18	25	3	8	35	33	31	3
%2	20	18	15	23	5	25	7	15	8	8
%3	65	42	40	25	5	62	20	3	2	86

Stelle	Frage 2.2 Forts.						Frage 2.3			
I1	1	1	1	2	2	0	2	0	2	3X
I2	1	1	2	2	2	0	3	0	3	0
F1	3	1	1	1	2	0	2	2	3	0
B1	3	3	1	1	2	0	3	3	3	0
B2	3	2	0	3	3	0	2	3	3	0
Ö1	0	0	0	0	1	0	1	1	1	0
F2	2	1	2	2	1	0	2	0	1	0
B3	3	3	1	1	3	0	3	3	3	0
Ö2	0X	0X	0X	0X	3X	0	0X	0X	0X	0
Ö3	3	2	3	3	3	0	3	0	3	0
Ö4	3	0	2	2	3	0	3	1	3	0
B4	3	3	3	3	3	0	2	2	3	0
Ö5	3	0	1	1	3	0	3	1	1	0
B5	3	3	2	2	3	0	1	0	2	0
I3	2	1	2	2	3	0	3	0	3	0
B6	3	3	2	2	3	0	2	2	2	0
I4	0	0	1	1	3	0	0	1	2	0
I5	0	2	2	3	3	3X	1	1	3	2X
F3	3	2X	2	2	3	2X	3	3	2	2X
B7	3	3	3	3	3	0	3	3	3	0
I6	3	0	1	2	3	0	2	2	1	0
F4	2	-	2	2	3	0	3	-X	3	0
Ö6	2	2	0	1	3	0	0	1	2	0
Ö7	0	0	0	3	3	0	1	1	3	0
Ö8	3	3	0	3	3	0	1	1	3	0
Ö9	0	0	3	3	3	0	0	3	0	0
I7	2	1	1	1	3	0	2	2	2	0
I8	3	3	3	3	3	0	1	3	3	3
H1	0	0	0	0	0	0	0	0	0	0
I9	3	3	3	3	3	0	3	3	3	0
I10	3	3	2X	3X	3	0	3X	3	3	0
F5	1	1	1	1	1	2X	3	1	3	0
F6	3	1	1	2	3	0	3	3	2	0
F7	1	1	2	2	2	0	2	2	1	0
I11	1	0	2	2	3	3X	3	1	3	0
F8	3	1	1	1	3	0	3	3	3	0
I12	2	2	2	2	2	0	2	3	3	0
Ö10	3	0	0	3	3	0	1	2	3	0
I13	3	3	3	3	3	0	3	3	3	0
I14	3	0	3	3	1	-	3	3	3	-
Z	40	39	40	40	40	39	40	39	40	39
M	2,075	1,410	1,525	1,975	2,575	0,256	2,025	1,692	2,325	0,256
V	1,170	1,192	1,024	0,935	0,771	0,775	1,060	1,158	0,959	0,775
%0	17	31	20	7	3	90	12	20	7	90
%1	13	26	28	23	10	0	18	26	13	0
%2	15	15	32	35	15	5	25	18	20	5
%3	55	28	20	35	727	5	45	36	60	5

Frage	2.4	3.1		3.2		4.1	4.2	4.3		
Stelle										
I1	3	0	0	1	2	3	2	3	3	3
I2	3	1	1	1	2	1	2	1	1	0
F1	3	2	2X	1	1	3X	2	0	1	2
B1	3	3	2	2	2	3	3	3	3	1
B2	3	0	1X	2	2	3	3	1	3	1
Ö1	1	0	1X	0	0	0	2	0	0	1
F2	3	1	0	1	1	0	3	1	2	1
B3	3	1	1	3	2	3	3	1X	1	0X
Ö2	0	2	0X	1X	1X	2X	2	3	3	0X
Ö3	3	3	3	1	1	3X	1X	-	3	-
Ö4	3	3	1X	0	0X	3X	3	0	0	0
B4	3	1	1X	1	1	3X	2	0	2	2
Ö5	2	3	3X	1	2	0	2	1	1	2
B5	1	1	1	3	3	2	3	0	1	1
I3	3	1	0	2	1	1	2	0	0	2
B6	2	-	-	-	-	3X	1	0	3	3
I4	2	1	0	0	2	1	3	1	0	0
I5	2	0	3X	3	3	3	1	3	3	-
F3	2	3	2X	3	2	0	2	1	2	2
B7	3	1	3X	3	3	3X	3	0	3	3
I6	-	1	3X	1	2	3	3	0	3	3
F4	3	3	3X	2	0	2	2,5	0	0X	1,5
Ö6	1	1	1	0	1	0	2X	0	1	2
Ö7	1	2	2	2	2	1	1	3	3	3
Ö8	3	2	2	2	2	1X	1	3	3	3
Ö9	3	2	2	2	2	3X	2	0	0	3
I7	-	3	2	1	2	1	3	1	2	2
I8	3	3	0	2X	2	3	2X	0	0	1
H1	0	0	0	0	0	3	2	0	0	1
I9	3	2	0	2	2	0	2X	2	1	2
I10	3	-	-	-	-	2X	2	1	2	-
F5	3	-	-	-	-	3	-	0	0	0
F6	3	3	3X	3	1	3X	2	3	3	2
F7	-	1	1X	2	0	0	2	0	3	2
I11	3	0	0X	2	2	1X	-	0	0	3
F8	3	2	1	0	0	2X	1	3	0	1
I12	3	0	0	0	0	0	2X	0	1	1
Ö10	3	2	2X	2	2	0	2	3	3	3
I13	3	2	0	2	2	0	2	2	1	2
I14	3	1	1	1	2	-	2	3	3	3
Z	37	37	37	37	37	39	38	39	40	37
M	2,486	1,541	1,297	1,486	1,486	1,744	2,118	1,103	1,600	1,689
V	0,889	1,055	1,087	0,976	0,889	1,255	0,643	1,236	1,241	1,036
%0	5	19	30	19	19	26	0	46	28	16
%1	11	32	30	30	22	18	16	23	22	26
%2	14	24	21	35	51	13	57	5	12	31
%3	70	25	19	16	8	43	27	26	38	27

Frage	4.3 Forts.							4.4	4.5	4.6
Stelle										
I1	0	0	1	2	1	0	0	3	2	3
I2	2	2	2	2	2	1	0	3	3	3
F1	1	1	2	2	3	1	0	2X	1	2
B1	3	3	1	3	3	3	0	3	3	0
B2	2	3	1	1	1	3	0	3X	1	3
Ö1	0	0	0	0	1	2	0	3X	3X	0
F2	1	2	0	2	2	2	0	2	3	3
B3	3	3	2	2	0	2	0	0	0	2X
Ö2	3	2	0	2	1	1	0	3X	1X	3X
Ö3	-	3	-	-	-	2	0	3X	3X	-X
Ö4	0	0	1	2	2	1	3X	3X	3X	3X
B4	2	2	2	2	2	2	0	3X	3X	3X
Ö5	3	3	3	3	2	1	0	3X	3X	0
B5	1	2	2	2	1	1	0	2X	2X	2X
I3	1	3	2	1	2	3	0	3X	2X	2X
B6	3	3	0	0	0	3	0	0	0	3
I4	0	2	0	1	0	0	0	1X	-	-
I5	-	-	-	-	-	-	-	3X	3X	0
F3	2	3	0	3	3	3	0	3X	3X	3X
B7	3	3	3	3	3	3	0	3X	3X	3X
I6	2	3	1	2	2	3	0	0X	0	3
F4	0	1	2	0X	0	2X	0	2X	2	-X
Ö6	1	2	0	0	1	0	0	1X	2X	1X
Ö7	3	2	0	2	0	0	0	2X	2X	3X
Ö8	3	2	0	2	0	1	0	1X	2X	3X
Ö9	3	3	0	2	0	1	0	3X	3X	3X
I7	3	3	1	3	2	3	3X	3X	3	3
I8	1	3	0	3	1	2	0	2X	1	-
H1	0	2	3	3	3	1	0	0	3X	3X
I9	3	3	2	3	3	3	0	-	-	-
I10	3	3	1	2	2	3X	0	3X	2	3
F5	0	0	0	0	0	0	0	2X	1X	3
F6	3	3	1	1	2	3	0	3X	2X	1
F7	3	3	0	1	1	2	0	3X	3	1
I11	0	0	1	2	3	3	0	3X	0X	3X
F8	2	3	2	1	0	0	0	1	1X	2X
I12	1	1	1	1	1	1	0	0	0	3X
Ö10	3	2	3	2	0	1	0	1X	2X	3X
I13	3	3	2	3	3	3	0	-	-	-
I14	3	3	3	2	1	2	-	3X	1X	3X
Z	38	39	38	38	38	39	38	38	37	34
M	1,842	2,179	1,184	1,789	1,421	1,744	0,158	2,157	1,946	2,324
V	1,204	1,035	1,048	0,950	1,091	1,079	0,670	1,089	1,064	1,049
%0	21	13	34	13	26	15	95	13	14	12
%1	18	8	26	18	26	28	0	13	19	9
%2	16	28	27	45	26	23	0	19	27	14
%3	45	51	13	24	22	34	5	55	40	65

Frage	4.7	4. 8	4.9			4.10
Stelle						
I1	500.000X	10	100.000	1.000	5,000.000	9.600
I2	-	20	-	-	-	64.000
F1	2.000	10	500	200	1,000.000	9.600
B1	50.000	10	2.000	50	4.000	9.600
B2	20,000.000X	60	-	40	10,000.000	9.600
Ö1	-	-	-	-	-	-
F2	20.000	10	2.000	1.000	30.000	4.800
B3	10,000.000	100X	133	125	504	9.600
Ö2	450.000X	100	9.000	500	60.000	9.600
Ö3	50,000.000X	100	2.000	200	1,000.000	- X
Ö4	- X	- X	- X	-	-	64.000X
B4	1.000.000X	0,1	1.000	-	-	6.000
Ö5	60.000X	100	600	150	16.000	48.000X
B5	-	-	-	-	-	9.600X
I3	- X	50	-	-	-	64.000
B6	5,000.000X	1	500.000	1.000	1,000.000	9.600
I4	-	-	-	-	-	48.000
I5	-	-	-	-	-	48.000
F3	3.000	25	1.500	200	3.000	9.600
B7	- X	90	-	30	4.000	- X
I6	50.000	10	400	50	10,000.000	-
F4	- X		-	-	-	1.800
Ö6	- X	- X	20	-	2,000.000	4.800
Ö7	180.000X	100	1.000	80	350.000	9.600
Ö8	- X	100	-	-	- X	9.600
Ö9	700.000X	100	1.000	80	2.400	9.600
I7	- X	7	500	100X	1.000X	36.800X
I8	-	25	-	-	-	9.600
H1	-	-	-	-	-	- X
I9	-	41	-	-	-	9.600X
I10	-	-	-	-	-	64.000
F5	-	-	-	-	-	-
F6	500.000	80	300.000	500	5,000.000	-
F7	2.000	10	2.000	100	10.000	1.200X
I11	- X	5	-	-	- X	9.600
F8	1,000.000	5	100.000	2.000	2,000.000	9.600X
I12	-	-	-	-	-	-
Ö10	- X	100	-	-	-	9.600
I13	-	41	-	-	-	9.600
I14	5.000	5	2.000	-	-	7.200
Z	19	29	20	19	20	32
M	4,711.684	45	51.283	390	1,874.045	19.856
V	11,712.419	40	123.998	503	3,089.389	20.790

4.7		4.8		4.9				4.10	
- $5x10^3$	21	- 25	52	- $5x10^2$	25	79	0	- $5x10^3$	12
- $5x10^4$	16	- 50	10	- $5x10^3$	50	21	30	- 10^4	63
- $5x10^5$	26	- 75	3	- $5x10^4$	5	0	15	- $5x10^4$	12
- $5x10^6$	21	-100	35	- $5x10^5$	20	0	10	- 10^5	13
- $5x10^7$	16			- $5x10^6$	0	0	35	darüber	0
				- $5x10^7$	0	0	10		

Frage	5.1	5.2	5.3	5.4		5.5				
Stelle										
I1	20X	100	0	5		3	0	0	1	2X
I2	75	-	-	1		3	2	2	2	0
F1	15	1.000	15	0		0	1	1	1	3
B1	150	300	150	0		3	1	1	3	3
B2	10.000	-	10.000	-		3	2	2	3	1
Ö1	20	2.000	20	50		0	0	2	1	1
F2	20	20	20	1		0	0	0	0	3
B3	20	20	20	0		1	1	2	1	3X
Ö2	25	175	25	10		1	3	3	0	1
Ö3	20X	1.200X	20X	1		3	0	0	0	0
Ö4	20X	100X	20	-X		0	0	0	0	3
B4	500	-	300	0		0	1	1	2	3
Ö5	300	-	300	-		3	0	0	2	0
B5	- X	- X	- X	-X		0	0	0	0	3X
I3	3.500	3.500	100X	-		1	2	3	1	1
B6	10X	100	10	0		1	1	3	3	1
I4	-	-	-	-		-	-	-	-	-X
I5	100	1.000	100	-		0	2	3	3	1
F3	15	350	3	15		0	0	1	1	3
B7	- X	- X	- X	0		3	1	3	2	2
I6	10.000	10.000	10.000	0X		0	0	0	3	3
F4	-	-	- X	-		-X	-	-	-	-X
Ö6	250	-	-	-		2	1	0	0	0
Ö7	40	425	40	5		2	1	0	2	1
Ö8	40	425	40	5		3	1	0	2	1
Ö9	40	425	40	5		2	1	0	2	1
I7	40	500	8	25		0	1	1	1	3
I8	-	-	-	-		2	1	1	2	3
H1	-	-	-	-		-	-	-	-	-
I9	70	70	0	1		0	0	3	0	0
I10	100	-	100	0		0	3	0	0	0
F5	-	-	-	-		-	-	-	-	-
F6	50	500	35	15		0	3	2	0	1
F7	10	-	6	3		0	1	1	3	2
I11	50	300	10	50		-	-	-	3	-
F8	15X	50	15	8		3	1	2	1	3X
I12	-	-	-	-		0	1	2	2	3
Ö10	100	400	100	5		3	1	2	2	1
I13	70	70	0	1		0	0	3	0	0
I14	6	7	-	6		1	2	3	2	2
Z	32	25	29	27		35	35	35	36	35
M	803	921	741	8		1,229	1,000	1,343	1,417	1,657
V	2.450	2.000	2.521	13,26		1,289	0,894	1,170	1,090	1,170
- 5x10	59	16	69	- 5 70	%0	46	31	34	28	20
- $5x10^2$	31	60	24	- 50 30	%1	14	46	20	22	31
- $5x10^3$	3	20	0		%2	11	14	23	31	12
darüber	7	4	7		%3	29	9	23	19	37

Frage	5.6				5.7	5.8	6.1		
Stelle									
I1	2X	0	0	1X	0	-	0	0	0
I2	0	1	1	3	0	2	0	3	3
F1	1	1	2	1	1	1	1	1	1
B1	3	0	0	3	0	0	3	0	0
B2	1	0	2	3	0	0	3	0	0
Ö1	1	0	2	0	0	1X	0	0	2
F2	0	0	1	3	0	1	0	0	0
B3	2	-	-	-	1	1	3	-	-
Ö2	0	0	1	3	0	0	2	1X	3
Ö3	0	0	0	3	0	0	3	0	0
Ö4	1	1	1	1	0X	0X	0	0	0
B4	0	0	3	1	0	0	3	0	0
Ö5	0	0	3	0	0	0	0	0	0
B5	2	0	0	1	0	0	1	0	0
I3	0	1	2	3	0	2	1	0	1
B6	0	0	0	3	0	1	3	0	0
I4	-	-	-	-	-	-X	-	-	-
I5	3	0	0	0	1	2X	0	0	0
F3	3	1	2	0	1	2X	0	0	0
B7	-X	0	0	3	1	1	3	0	0
I6	3	0	0	0	-	2	0	0	0
F4	0	0	0X	3	0	1	0	0	0
Ö6	0	0	1	2	0	0	0	0	0
Ö7	1	0	3	1	0	0X	2	0	3
Ö8	0	0	3	1	0	0	1	0	3
Ö9	0	0	3	1	0	0	1	0	3
I7	3	2	1	0	2	-	0	0	0
I8	3	0	1	2	0	2X	0	0	0
H1	-	-	-	-	-	-	-	-	-
I9	3	0	0	0	3	1	0	0	0
I10	0	0	0	3	0	1X	0	0	0
F5	-	-	-	-	0	0	0	0	0
F6	0	0	0	2	2	3X	0	2	3
F7	0	0	0	3	0	0	0	0	0
I11	3	2	1	1	0	1X	-	-	-
F8	0	1	3	2	0	1	0	0	0
I12	0	0	0	3	0	0	0	0	0
Ö10	0	0	3	1	0	0X	2	1	3
I13	3	0	0	0	3	1	0	0	0
I14	-	-	-	-	1	1	1	1	1
Z	35	35	35	35	37	36	37	36	36
M	1,086	0,286	1,114	1,629	0,432	0,778	0,892	0,250	0,722
V	1,273	0,564	1,165	1,197	0,823	0,820	1,181	0,640	1,193
%0	51	77	43	23	73	44	57	83	69
%1	14	17	23	29	16	36	16	11	8
%2	9	6	14	11	6	17	8	3	3
%3	26	0	20	37	5	3	19	3	20

Frage	6.1 Forts.							6.2	6.3
Stelle									
I1	0	0	0	0	0	3	1X	X	-
I2	0	0	0	0	0	3	0	X	-
F1	1	1	1	1	2	3	2X	X	-
B1	0	0	0	0	0	0	0	-	X
B2	0	0	0	0	2	3	3X	X	-
Ö1	0	0	0	0	0	0	2X	X	X
F2	0	0	0	0	0	0	2	X	X
B3	-	-	-	-	-	3	-	X	-
Ö2	2X	0	1X	0	0	0	2X	X	-
Ö3	3	3	0	1	0	0	0	X	X
Ö4	1	1	1	0	0	0	3X	X	X
B4	0	0	0	0	0	0	0	X	X
Ö5	3	0	-	-	-	-	3X	X	X
B5	0	0	0	0	0	3X	3X	X	-
I3	0	0	0	0	0	3	1X	X	-
B6	0	0	0	0	0	0	0	X	-
I4	-	-	-	-	-	-	-	-	-X
I5	0	0	0	0	0	0	3X	-	-
F3	0	0	0	0	2	0	3	X	-
B7	0	0	0	0	3	3	0	X	-
I6	0	0	0	0	0	3	3X	X	X
F4	0	0	0	0	0	2	2X	-	-
Ö6	0	0	0	0	0	0	1X	X	-
Ö7	2	0	0	0	0	1	2X	X	-
Ö8	2	0	1	0	0	0	2X	X	-
Ö9	2	0	0	0	0	1X	2X	X	X
I7	0	0	-	0	0	2	0	X	-
I8	0	0	0	0	0	2	0	X	-
H1	-	-	-	-	-	-	-	-	-
I9	0	0	0	0	0	3	0	X	X
I10	0	0	0	0	0	3	0	X	-
F5	0	0	0	0	0	0	2X	X	-
F6	3	0	3	2	0	3X	0	X	X
F7	0	0	0	0	0	0	3X	-	-
I11	-	-	-	-	2	3	3X	X	X
F8	0	0	1	0	0	0	3X	X	-
I12	0	0	0	0	0	0	1X	-	-
Ö10	2	0	1	0	0	0	2X	X	-
I13	0	0	0	0	0	3	0	-	-
I14	2	1	2	-	-	1	2X	X	-
Z	36	36	35	34	35	37	37	32	13
M	0,639	0,167	0,314	0,118	0,314	1,378	1,514		
V	1,032	0,553	0,666	0,403	0,785	1,382	1,200		
%0	69	89	77	91	86	46	32		
%1	6	8	17	6	0	8	11		
%2	17	0	3	3	11	8	30		
%3	8	3	3	0	3	38	27		

Frage	6.4					6.5		6.6		6.7
Stelle										
I1	3	0	1	0	0	3		100		2
I2	3	1	2	0	0	3		75		25
F1	1	2	1	3	0	2		1.000		10
B1	0	0	3	2	0	3		300		20
B2	2	2	0	3	0	2		100X		80
Ö1	1	0	1	2	0	0		100		50
F2	0	0	0	2	0	1		20		30
B3	3	0	2	3	0	3		- X		5
Ö2	3X	1	3X	1	0	3		25		90
Ö3	3	2	3	2	0	3		120		10
Ö4	3	0	0	0	0	3		- X		-X
B4	3	0	0	3	0	2		40.000		0
Ö5	3	0	0	3	3X	3		-		10
B5	3	-	0	3	0	-X		- X		-X
I3	3	0	2	1	0	3		3.500		10
B6	2	0	0	3	0	3		100		-X
I4	-	-	-	-	-	-		-		-
I5	3	1	0	0	0	1		2.000		-
F3	2	0	1	2	0	2		500		25
B7	3	1	1	3	0	3		2.000		10
I6	3	1	3	2	0	3		10.000.		4
F4	2	1	2	2	0	-X		- X		5
Ö6	1	1	0	0	0	1		-		1X
Ö7	3	0	2	1	0	3		100		90
Ö8	3	0	3	1	0	3		100		90
Ö9	3	1	2	0	0	3		100		90
I7	2	1	3	2	0	2		50		8
I8	2	0	0	1	0	3		-		40
H1	-	-	-	-	-	-		-		-
I9	3	0	0	2	0	2		20		-
I10	3X	0	3	0	0	2		1.000		20X
F5	0	0	0	2	0	2		50		0
F6	3	1	2	2	0	2		400		85
F7	2	1	2	1	0	3		50		1
I11	1	-	3	1	0	2		2.500		5
F8	0	0	0	1	0	2		50X		-
I12	0	0	0	0	0	0		-		-
Ö10	3	0	3	1	0	3		100		90
I13	3	0	0	2	0	2		20		-
I14	3	2	2	2	-	-		60		20
Z	38	36	38	38	37	35		30		30
M	2,211	0,528	1,316	1,553	0,081	2,314		2.151		31
V	1,080	0,687	1,216	1,044	0,486	0,854		7.281		33
%0	13	58	39	21	97	6	- 5x10	27	- 25	67
%1	11	31	13	24	0	9	- $5x10^2$	47	- 50	10
%2	18	11	24	34	0	34	- $5x10^3$	20	- 75	0
%3	58	0	24	21	3	51	- $5x10^4$	6	- 100	23

Frage	6.8			7.1				7.2
Stelle								
I1	3	1	3XX	0	0	3	0	-
I2	3	-	-XX	2	1	-	3X	-
F1	3	3	0 X	0	0	3	0	-
B1	2	1	3	3	1	2	0	7.5
B2	3	3	3	2	1	3	0	-
Ö1	3	2	3XX	0	0	3	0	-
F2	2	0	3	0	0	3	0	-
B3	0	3	0	0	0	0	-X	5
Ö2	0	0	3XX	0	0	1	3X	-
Ö3	3	0	3XX	0	0X	3	0	-
Ö4	3	3	3XX	3	2	3	0	-
B4	2	2	2	2	0	2	0	50
Ö5	3	3	3XX	0	0	3	0	-
B5	2X	2X	2XX	0	1X	3	0	5
I3	3	1	2XX	0	1	3	0	-
B6	0	0	3XX	3	1	1	0	-
I4	-	-	-X	1	1	3	0	-
I5	0	0	0 X	0	0	3	0	-
F3	3	3	0 X	0	1	3	-X	-
B7	0	-X	-XX	0	3	1	0	20
I6	3	3	3XX	3	0	3	-X	0
F4	3	3X	3X	2	-	-X	-	-
Ö6	3	2	0	0	0	2	0	-
Ö7	0	0	3XX	0	0	3	0	-
Ö8	3	3	0	0	1	3	0	-
Ö9	3	3	0 X	1	0	3	0	-
I7	1	2	2XX	2	1	3	0	-
I8	3	3	1	0	0	3	0	-
H1	3	3	-	-	-	-	-	-
I9	0	3	0	1	1	3	0	-
I10	0	3	2XX	0	2	0	0	-
F5	0	2	1 X	-	-	-	-	-
F6	3	3	3XX	0	3	2	0	-
F7	1	2	3X	3	0	1	0	-
I11	-	-	3XX	-	-	3	3X	-
F8	2	3	0 X	2	2	1	0	-
I12	0	0	0	0	0	0	0	-
Ö10	3	3	0 X	0	1	3	0	-
I13	0	3	0	1	1	3	0	-
I14	-	3	0	0	0	0	3X	-
Z	37	36	36	37	36	36	34	6
M	1,865	2,056	1,667	0,838	0,694	2,278	0,353	14,58
V	1,319	1,177	1,354	1,127	0,844	1,070	0,967	16,98
%0	30	19	36	59	50	11	88	- 10 67
%1	5	8	6	11	36	14	0	- 50 33
%2	14	20	14	16	8	11	0	
%3	51	53	44	14	6	64	12	

Frage	7.3	7.4					
Stelle							
I1	1	0	0	0	0	0	0
I2	1	0	0	0	0	0	0
F1	0	0	0	2	1	1	0
B1	3	0	0	2	0	1	1
B2	1	0	0	2	0	0	0
Ö1	1	1	1	2	0	0	0
F2	3	0	0	0	0	0	0
B3	0	0	0	0	0	0	0
Ö2	0X	0	0	0	0	0	0
Ö3	3	0	0	0	0	0	0
Ö4	3	0	0	0	0	0	0
B4	0	0	0	0	0	0	0
Ö5	0	0	0	0	0	0	0
B5	3	0	0	0	0	1	1
I3	2	0	0	0	0	0	0
B6	1	0	0	0	0	0	0
I4	1	0	0	2	0	0	0
I5	1	0	0	0	0	0	0
F3	2	2	1	2	1	0	0
B7	3	0	0	3	0	0	0
I6	3	1	1	0	0	2	2
F4	-	-X	-X	3	0	0	0
Ö6	2	0	0	0	0	0	0
Ö7	2	0	0	0	0	0	0
Ö8	2	0	0	0	0	0	0
Ö9	2	0	0	0	0	0	0
I7	2	0	0	3	2	0	0
I8	3X	0	0	0	0	0	0
H1	3	3	3	3	3	-	-
I9	3	0	0	0	0	0	0
I10	3	0	0	0	0	0	0
F5	-	0	0	0	0	0	0
F6	3	0	0	0	0	2	2
F7	1	0	0	0	0	0	0
I11	3	0	0	0	0	0	0
F8	3	0	0	0	0	0	0
I12	0	0	0	0	0	0	0
Ö10	2	0	0	0	0	0	0
I13	3	0	0	0	0	0	0
I14	-	-	-	-	-	-	-
Z	37	38	38	39	39	38	38
M	1,865	0,184	0,158	0.615	0,179	0,184	0,158
V	1,119	0.601	0,539	1,077	0,594	0,506	0,488
%0	16	89	89	74	90	87	90
%1	22	5	8	0	5	8	5
%2	22	3	0	16	3	5	5
%3	40	2	3	10	2	0	0

Frage	7.5				7.6			8.1	8.2	8.3
Stelle										
I1	1	1	0	2X	0	1	0	3	1	0
I2	0	0	0	0	3	2	3X	3	0	0
F1	0	2	1	1X	1	2	0	2	1	1
B1	3	2	0	0	3	3	0	3	3	1.5
B2	3	0	2	0	1	3	0	3	1	1
Ö1	0	0	0	0	2	0	0	1	1	0
F2	1	1	0	0	1	2	0	1	0	3
B3	-	-	-	-	0	0	0	1	3	2X
Ö2	0	0	0	0	0	0	0	3	0	0
Ö3	0	0	0	0	3	3	0	3	2	1
Ö4	2	3	0	0	3	3	0	3X	1X	0
B4	1	0	0	0	-	-	-	0	2,5	3
Ö5	0	0	0	1X	3	3	0	3	1	0
B5	0	0	0	0	0	0	0	2	1	1
I3	0	0	0	0	2	2	0	3	0	0
B6	0	0	0	3X	2	0	0	1	2	2
I4	0	3	0	0	1	2	0	3	2	0
I5	0	3	0	3X	0	0	3X	3	0	0
F3	0	0	1	0X	0	1	0	3	2	0
B7	0	0	0	0	3	2	-	3	3	0
I6	1	3	0	0	0	0	0	0	3	3
F4	2	1X	0X	-	3	2	0	-X	-X	1X
Ö6	1	1	0	0	2	2	0	2	1	0
Ö7	0	0	0	0	0	0	0	3	0	0
Ö8	0	0	0	0	0	0	0	3	0	0
Ö9	0	0	0	0	0	0	0	3	0	0
I7	2	1	1	0	3	3	0	3	1	1
I8	0	0	1	0	0	2	0	3	2	2
H1	-	-	-	-	-	-	-	3	3	0
I9	1	1	1	0	2	2	0	3	0	0
I10	3X	0	0	0	0	3	0	3	0	3X
F5	-	-	-	-	2	1	0	0	3	1
F6	0	2	2	3X	2	2	1X	0	2	2
F7	3	1	0	0	3	2	0	0	1	3
I11	0	0	0	0X	3	3	0	3	0	1
F8	3	0	0	0	2	1	0	2	2	0
I12	3	0	0	0	-	-	-	-	-	-
Ö10	0	0	0	0	0	0	0	3	0	0
I13	1	1	1	0	2	2	0	3	0	0
I14	-	-	-	-	-	-	-	3	3	0
Z	36	36	36	35	36	36	35	38	38	39
M	0,861	0,722	0,278	0,371	1,444	1,500	0,200	2,289	1,250	0,833
V	1,134	1,017	0,558	0,897	1,235	1,143	0,709	1,098	1,122	1,064
%0	56	59	78	83	36	31	91	13	34	54
%1	19	22	17	6	11	11	3	10	26	22
%2	8	8	5	3	25	36	0	11	20	11
%3	17	11	0	8	28	22	6	66	20	13

Frage	8.4	8.5	8.6	8.7	9.1	9.2	9.3	9.4	9.5	
Stelle										
I1	5	1	X	X	3	20	1X	-	3	3X
I2	-X	3	X	X	3	2	0	0	3	3
F1	100	1	X	X	1	10	1	2	3	2X
B1	3	3	X	X	3	10	1	3	3	3
B2	10	0	X	X	0	-	1	2	2	2
Ö1	10	1	X	X	3	5	1	2	1	2
F2	10	0	X	X	1	5	1	0	0	2
B3	10X	0	X	X	-	3	1	1	0	3
Ö2	2,5	1X	X	X	3	9	2X	0	0	0
Ö3	1	0	X	X	0	-	0	0	0	0
Ö4	-X	3	X	X	3	-X	1	1	0	3
B4	5	3	X	X	3	10	3	3	3	3
Ö5	1	1	X	X	2	25	1	1	0	0
B5	0	1	X	X	3	-	0	3	0	3
I3	1X	2	X	X	3	3	0	0	0	3
B6	10	1	X	-	3	6	0	0	0	0X
I4	-	1	-	-	3	-	-	-	0	2
I5	-	3	X	X	3	-	0	3	3	3
F3	5	1	X	X	1	2	1	1	0	3X
B7	2,5	3	X	X	3	-X	2	2	0	3
I6	1	3	X	X	3	300X	0	3	-	-X
F4	-	0	-	-	2X	-X	2,5X	-X	2	0
Ö6	10	0	X	X	0	-	0	2	0	0
Ö7	2,5	1	X	X	3	0	0	0	0	1
Ö8	2	1	X	X	3	3	0	0	0	0
Ö9	2,5	1	X	X	3	10	0	0	0	1
I7	7	2	X	X	3	7	3	3	-	-
I8	30	1	X	-	1	-X	0	2	0	3
H1	0	0	-	-	3	-	-	-	-	-
I9	0	1	-	-	1	10X	1	3	0	3
I10	0	0	-	-	2	10X	3X	3X	3	3
F5	-	-	-	-	0	-	0	0	0	1
F6	12	0	X	X	3	5	3	2	3	2X
F7	100	0	X	X	2	2	0	0	1	3
I11	0,001	3	X	X	3	3	3	1	3	3X
F8	7	1	X	X	0	2	1	1	3	2
I12	0	0	X	-	-X	-	-	-	-	-
Ö10	2	1	X	X	3	5	0	0	0	1
I13	0	1	-	-	1	10	1	3	0	3
I14	-	3	-	-	3	-	2	0	3	3
Z	33	39	32	29	38	26	37	35	36	36
M	10,667	1,231			2,184	18,346	0.986	1,343	1,083	2,000
V	23,425	1,097			1,121	56,600	1,043	1,218	1,362	1,179

- 25	91	%0	28	%0	13	- 5	50	41	37	58	19	%0
- 50	3	%1	44	%1	16	- 50	46	35	17	6	11	%1
- 75	0	%2	5	%2	11	-500	4	9	20	6	20	%2
-100	6	%3	23	%3	60			15	26	30	50	%3

Frage	10.1			10.2		11.1				
Stelle										
I1	0	1	0	1	0	1	2	0	0	0
I2	0	0	3X	0	0	3	0	2	0	0
F1	1	1	2X	1	0	2	3	0	0	0
B1	1	0	0	1	0	3	2	3	0	0
B2	1	2	1X	0	0	2	2	1	0	0
Ö1	0	1	0	0	0	3	2	0	0	0
F2	2	2	2	2	0	0	3	2	1	0
B3	0	0	0	0	0	3	0	0	0	0
Ö2	1	0	0	0	0	3	0	0	0	0
Ö3	3	–	3X	0	0	0	3	0	0	0
Ö4	2	3X	0	0	0	2X	1	0	0	0
B4	3	3	–	0	0	3	–	–	–	3
Ö5	1	1	0	0	0	3	2	0	0	0
B5	–	–	2X	0	0	–	3	–	–	–
I3	2X	1	0	0	0	1	3	1	0	0
B6	1	2	3X	0	0	0	3	0	0	0
I4	0	0	0	1	0	1	0	0	0	0
I5	0	0	3X	0	3X	3	0	0	0	0
F3	0	0	0	0	0	3	0	0	0	0
B7	0	0	0	0	0	3	0	0	0	0
I6	0	0	0X	0	0	3	0	0	0	0
F4	2	3X	0	1	0	2,5	0	0	0	-X
Ö6	2	1	0X	0	0	0	1	1	0	0
Ö7	0	0	0	0	0	3	0	0	0	0
Ö8	0	0	0	1	0	3	0	0	0	0
Ö9	0	0	0	0	0	3	0	0	0	0
I7	3	2	0	0	0	0	0	2	0	0
I8	2	2	0	2	0	0	2	0	0	0
H1	3	3	0	3	0	0	0	1	0	0
I9	2	2X	2X	3	0	3	0	0	0	0
I10	2	2	2X	1	0	3	0	0	0	0
F5	0	0	2X	0	1X	3	0	0	0	0
F6	0	0	0	1	0	3	0	0	0	0
F7	2	2	0	0	0	0	3	0	0	0
I11	1	1	0	0	0	–	2	3	–	–
F8	0	2	2X	0	0	0	3	0	0	0
I12	3	0	0	3	-X	0	0	1	3	2
Ö10	0	0	0	1	0	3	0	0	0	0
I13	2	2	2	3	0	3	0	0	0	0
I14	0	2	–	0	–	3	–	–	–	–
Z	39	38	38	40	38	38	38	37	36	36
M	1,077	1,079	0,763	0,625	0,105	1,961	1,053	0.459	0,111	0,139
V	1,095	1,061	1,111	0,967	0,502	1,300	1,255	0,857	0,515	0,585
%0	43	42	66	62	95	26	55	73	94	94
%1	18	18	3	23	3	8	5	14	3	0
%2	26	29	21	5	0	9	19	8	0	3
%3	13	11	10	10	2	57	21	5	3	3

Frage	11.2				11.3			12.1	12.2
Stelle									
I1	0	3	0	0	1	-	6,000.000	3	X
I2	0	2	3	0	-X	-X	-X	1	-
F1	1	2	0	0	-X	-X	-X	1	-
B1	3	0	0	0	0.5	-	-	1.5	X
B2	1	3	1	0	1	-	12,000.000	2	X
Ö1	1	3	2	0	-	-	-	1	-
F2	0	2	0	0	5	200.000	10.000	3	X
B3	3	0	0	0	-	-	-	2	-
Ö2	0	1X	3X	0	1	-	30,000.000	0	-
Ö3	0	2	0	0	1X	-	-	0	-
Ö4	0	3	0	0	-X	-	-	3	X
B4	3	2	1	0	0,74	-	13,500.000	3	X
Ö5	2	3	0	0	1	-	11,000.000	0	-
B5	0	1	2	0	-	-	-	2	X
I3	0	2	3	0	-X	-	-	1	-
B6	0	3	0	0	1	-	-	3	X
I4	0	0	1X	0	-	-	-	0	-
I5	3	-	-	-	-	-	-	0	-
F3	1	3	0	0	0.5	-	1,000.000	3	X
B7	0	3	0	0	-	-	-	0	-
I6	3	2	1	0	-	-	-	2	-
F4	-X	-	-	0	-	-	-	-	-
Ö6	0	0	1	0	-X	-	-	0	-
Ö7	0	0	3	0	1	-	-	0	-
Ö8	0	0	3	0	1X	-	-	0	-
Ö9	0	0	3	0	1X	-	-	0	-
I7	2X	2	1	0	5	-	-X	1	-
I8	0	3	0	0	0,5X	-	-	0	-
H1	-	-	-	-	-	-	-	3	-
I9	1	3	1	0	-	-	-	0	-
I10	2	3	0	0	-X	-X	-X	0	X
F5	0	1	1	0	-	-	-	0	-
F6	0	3	0	0	2	2,000.000	600.000	3	X
F7	3	0	0	0	-	-	-	3	X
I11	-	2	3	-	0,0001	-	-	1	-
F8	0	2	1	0	1X		6,000.000	2	-
I12	0	0	0	3	0	-	-	0	-
Ö10	0	0	3	0	1	-	-	0	-
I13	1	3	1	0	-	-	-	0	-
I14	1	3	0	0	-	-	-	-	-
Z	37	37	37	37	20	2	9	38	12
M	0,838	1,757	1,027	0,081	1,262	1,100.000	8,901.111	1,171	
V	1,127	1,217	1,174	0,486	1,312	900.000	8,866 554	1,226	
%0	57	27	46	97				45	
%1	19	8	27	0				18	
%2	8	27	5	0				13	
%3	16	38	22	3				24	

Sachwortregister